농업 환경학

Ag-Environmental Science

집필대표 **양재의 · 정종배 · 김장억 · 이규승**

도서출판 CIR 씨·아이·알

『농업환경학』발간사

오랜 작업 끝에 『농업환경학』 책 2판이 발간되었습니다. 지난 2001년에 초판이 발간된 이후 본 교재는 많은 연구자와 학생들이 활용하여 농업환경학 분야가 농업과 환경분야에서 필수적인 학문영역으로 자리매김을 하는데 크게 기여하였다고 자부하고 있습니다. 현대농업의 목표는 생산성 향상과 환경보전의 두 가지 명제를 달성해야 하는 paradigm으로 전개되고 있습니다. 이번에 발간된 『농업환경학』 교재도 미래의 농업환경 연구와 교육의 지침을 제공하여 현대농업의 목표를 달성하는 데 크게 기여할 것이라는 기대를 갖고 발간하게 되었습니다.

대부분의 농업관련 대학에서는 농업환경학이 교육과정에 포함되어 있고 농업분야에서 차지하는 중요성이 날로 증대되고 있는 실정입니다. 초판으로 발간된 교재는 보다 다양한 영역의 내용을 포함하고 있었으나 학부 강의용으로는 다소 부담스러운 분량이었습니다. 이번에 발간된 『농업환경학』 2판은 농업과 생태계, 토양, 물, 기상, 농약, 미생물 및 환경관리 분야 일곱 개의 장으로 구성하여 학부 강의를 위한 교재에 적합하도록 기획하였습니다. 또한 대학원생과 연구자들을 위한 참고도서로서도 기능을 할 수 있으리라 기대합니다.

본 책자를 좋은 교재로 만들어 보겠다는 강한 의욕으로 지난 2년간 많은 노력을 했으나 출간을 앞두고서는 매우 두려운 심정입니다. 독자로부터의 어떤 반응이 있을지? 학생들에게 얼마나 유익한 지식을 전달해 줄 수 있을지? 책 발간의 기쁨보다는 이 책을 미로 속에 숨기고 싶은 마음입니다. 개선해야 할 부분이 많이 있다고 생각되나, 이는 미래에 또 다른 집필을 통해 향상되어 본 교재가 역서로 발전될 것이라는 믿음으로 출간에 이르렀습니다. 독자 여러분의 많은 조언을 기다리겠습니다.

『농업환경학』 책이 발간되는데 많은 힘을 실어주신 한국환경농학회의 회장님을 비롯한 임원진과 회원 여러분께 감사드립니다. 바쁘심에도 불구하고 짧은 시간 동안에 방대한 자료를 집대성하여 알찬 원고를 작성해 주신 저자 분들에게도 깊은 감사를 드립니다. 본 교재의 출판을 위해 아낌없는 성원과 노력을 기울여 주신 도서출판 씨아이알의 김성배 대표님과 임직원 여러분께 감사드립니다. 원고 정리, 편집, 작업, 수정을 위해 수없는 밤을 하얗게 지새운 이 분들의 노고가 있었기에 본 교재가 발간됩니다.

『농업환경학』의 발간을 계기로 환경의 보전과 농업의 지속적 발전이라는 현대농업의 메세지가 더 많은 사람들에게 전달되고, 독자 모두에게 유익한 정보가 되기를 기원합니다.

2008년 6월

집필대표 양재의 · 정종배 · 김장억 · 이규승

C·O·N·T·E·N·T·S

C·O·N·T·E·N·T·S

06 Chapter 농업환경과 미생물 ⋯⋯⋯⋯⋯⋯ 280

C·O·N·T·E·N·T·S

Ag-Environmental Science

Ag-Environmental Science

Chapter 01

농업환경과 생태계

Chapter 01 농업환경과 생태계

1.1 농업환경

1.1.1 서론

21세기는 하루가 다르게 새로운 기술이 개발 보급되고 있다. 사람들의 생활은 보다 편리해지고, 수명연장 등 인류역사상 가장 급격한 발전이 이루어지고 있다고 할 수 있다. 농업의 비중이 다른 산업에 비해 상대적으로 낮게 평가되고 있는 것이 사실이나 아직도 세계 도처에 굶주림으로 고통 받고 있는 사람들이 많은 것을 볼 때, 충분한 식량자원의 확보 여부는 인류 공영에 무엇보다도 중요한 요인이라는 것을 인식할 수 있을 것이다. 더욱이 20세기 과학발전의 후유증으로 환경오염의 문제가 범지구적으로 대두되었고, 지구온난화에 따른 기상변화와 오존층의 파괴에 따른 저파장 UV의 농작물에 미치는 영향과 날로 증가되는 이산화탄소의 영향 등은 향후 농업생산과 관련하여 많은 연구가 이루어져야 할 분야라고 생각한다.

또 농업 분야에서도 그간 추구해 온 생산위주의 농업에서 지속가능한 보전농업으로의 전환이 선진국을 중심으로 이루어지고 있으며, 우리나라도 안전한 고품질의 농산물에 대한 소비자의 욕구 증대와 농업환경보전의 두 가지 문제를 조화시키기 위한 많은 노력이 경주되고 있는 것이 현실이다. 또한 농업은 식량생산이라는 1차적 목적 이외에도 환경적 · 사회적 · 문화적 측면에서 다양한 기능을 가지고 있으므로 그 가치에 대한 재평가가 필요할 뿐 아니라 새로운 가치도 창출되고 있다.

1.1.2 농업환경의 정의 및 중요성

환경(Environment)과 생태계(Ecosystem)는 의미가 다소 다르다. 환경은 생태계를 구성하는 물리적 요소, 즉 토양, 물, 대기 등을 지칭하게 되며, 여기에 생물학적 요소를 포함할 때 이를 생태계라 지칭한다. 따라서 생태계가 환경보다 광범위하다.

농업환경은 농업이 이루어지는 생산의 장이며, 자연환경과 인위적인 산업 및 도시환경 사이에 위치하고 있다. 이러한 농업환경은 완충력과 보존력이 큰 특징을 가지고 있어, 산업화의 부작용을 막아 주며 자연생태계를 건전하게 유지시키는 데 큰 역할을 수행한다.

우리나라에서도 급격한 산업화와 도시의 팽창으로 대도시 주변 농경지의 훼손 및 축소 등 상당히 우려할 만한 현상이 발생하고 있는데, 이는 곧 자연생태계의 파괴를 불러와 더 큰 부정적 영향을 우리에게 되돌려 주게 될 것이다. 표 1-1은 우리나라에서의 경지면적 변화를 나타내 준

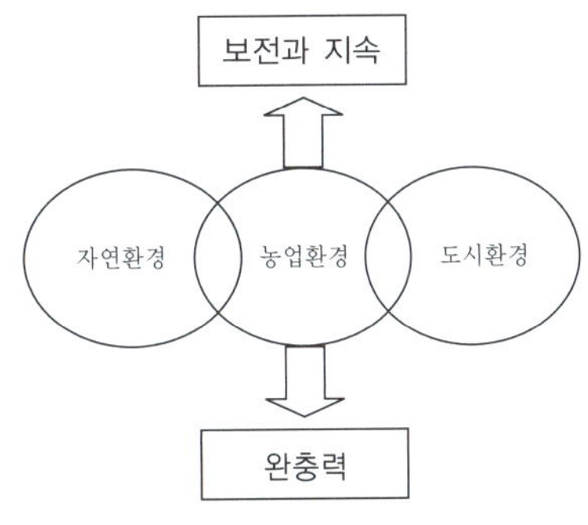

[그림 1-1] 농업환경의 위치 및 역할

다. 우리나라의 논면적은 1988년 13,578,570 ha로 최대였으나 2005년에는 11,048,110 ha로 1988년 대비 19%나 감소하였다. 또 밭면적은 1970년 10,330,970 ha로 최대였으나 점차 감소하여, 2005년에는 7,192,280 ha로 약 30%나 감소한 것으로 나타났고, 총경지면적은 1970년 23,166,535 ha를 최고로 2005년에는 약 21%나 감소한 18,240,390 ha 수준을 보이고 있다.

이런 농경지의 감소는 당연히 식량생산의 감소를 가져와 여러 해 전부터 우리나라의 양곡자급률은 30% 이하로 떨어지게 되었다. 식량자원의 부족은 수입량을 늘려야만 하는 문

(면적단위: 천 ha)

	1965	1970	1975	1980	1985	1990	1995	2000	2005
논면적	12,862	12,835	12,765	13,067	13,578	13,452	12,058	11,490	11,048
지수[1]	0.95	0.95	0.94	0.96	1.00	0.99	0.89	0.85	0.81
밭면적	9,701	10,330	9,630	8,890	7,800	7,635	7,793	7,397	7,192
지수	0.94	1.00	0.93	0.86	0.76	0.74	0.75	0.72	0.70
총계	22,563	23,166	22,396	21,958	21,379	21,088	19,852	18,887	18,240
지수	0.97	1.00	0.97	0.95	0.92	0.91	0.86	0.82	0.79

[1]지수는 논면적, 밭면적의 최대를 1로 하였음.
※자료: 농림부, 농업통계, 2006.

제점과 아울러 식량안보의 측면에서도 폭넓은 검토가 필요하다. 그리고 농경지의 감소는 환경훼손 및 오염확산의 문제를 가져오고 있으므로 농업환경보존의 당위성과 필요성이 점차 증대되고 있는 실정이다.

1.1.3 농업이 환경에 미치는 영향

과거 농경사회부터 농업은 자연에 순응하여 자연과 조화를 이루며 발전해 왔다. 지금도 개발도상국에서 발견할 수 있는 현상이지만 농업은 풍부한 노동력과 생활주변에서 손쉽게 구할 수 있는 재료들을 활용하며 자연순환적인 방법을 추구해 왔다. 그러나 일부 국가들은 생산성 위주의 영농방법과 대규모 경작지의 관리 등을 위하여 많은 농자재의 사용과 기계화 등을 통한 고에너지 투입형태의 영농방식을 유지해 오는 과정에서 많은 부작용을 인식하게 되었다. 한편으로 농업은 녹색의 공간을 제공하여 심리적인 안정감을 주거나 그 외의 많은 공익적 기능을 가지고 있다. 이와 같이 농업은 순기능과 역기능을 함께 가지고 있으나 역기능을 줄이고 순기능을 진작시키는 방향으로 계속해서 발전되어야 할 것이다.

(1) 농업의 환경보전기능

농작물은 생육하는 과정에서 대기 중의 이산화탄소를 흡수하고 산소를 방출하는 탄소동화작용을 함으로써 대기정화기능을 갖는다. 또한 대기 중에 방출된 아황산가스와 아질산가스 등의 산성비 물질을 흡수하며, 여름철 지표면 피복 및 논에서의 증발열 등에 의하여 발생되는 기온상승 억제효과나 습도조절 등의 효과는 우리가 항상 누리고 있는 농업의 순기능이다. 또 우리나라와 같이 하절기에 강우량이 집중되는 경우 논에 담아 둘 수 있는 물의 총량은 연간 약 20억 톤이 넘으므로 홍수의 조절 및 방지 효과도 클 뿐 아니라, 논을 통하여 상당량의 지하수가 저장되므로 수자원 증대효과도 매우 크다. 그리고 논물은 하천 생태계 유지에 크게 기여하고 있으며, 논에서 물의 정치와 여과 등을 통한 수질개선의 효과도 무시할 수 없다.

밭 또한 적절한 관리에 의해 토사유출이나 토양침식 등을 방지할 수 있으며, 아울러 토양에서의 우수한 완충력은 토양오염물질을 정화시킬 수 있는 능력이 매우 높다고 볼 수 있다. 한편 농업은 심리적 안정감이나 풍요감을 줄 뿐 아니라 휴식이나 휴양을 위한 공간을 제공해 줌으로써 현대인의 스트레스나 피로를 풀어주는 좋은 기능을 한다. 또한 전통문화와 미풍양속의 계승을 통하여 우리에게 상부상조 및 근면정신을 전해주는 사회적 기능도 매우 크다는 점 등도 모두 농업의 순기능이라고 볼 수 있다.

(2) 농업의 환경저해요인

농업이 환경론자로부터 비판받는 가장 큰 이유는 자연생태계를 파괴하여 농경지를 만들었다는 점이다. 또한 농경지의 확대를 위한 천연림이나 야산의 개발과 화전 및 간척지 개발 등은 환경을 훼손하는 행위이며, 수자원의 확보를 위한 저수지나 댐의 축조 또한 자연환경 훼손의 한 형태임에 틀림없는 사실이다. 그러나 이것은 농경지 확보와 원활한 영농을 위한 필연적인 과정이었으며, 향후에는 보다 철저한 검증과 평가를 통하여 무분별한 자연파괴는 방지되어야 할 것이다.

강원도 등 고랭지채소 재배지에서 보는 바와 같이 강우에 의한 토양유실문제뿐만 아니라 하류지역의 하천생태계에 미치는 영향도 크다. 특히 우리나라의 경우 집중호우로 인하여 정상적인 논밭에서 상당량의 토양이 유실되고 있으므로, 이를 막기 위한 적절한 기술의 개발 및 투자가 요구되고 있다.

그러나 무엇보다도 농업환경에서 문제가 되는 것은 비료와 농약의 과다한 사용이다. 우리나라도 1970년대부터 편의성이나 시비효과 때문에 요소와 같은 화학비료 위주의 농업정책을 지속해 온 결과 토양유기물의 감소와 더불어 토양의 산성화와 같은 장기적인 생산성 저하 문제를 불러왔으며, 이를 보완하기 위하여 보다 많은 비료를 시용하게 되는 모순을 가져오기도 했다. 또한 과도한 질소시비는 농작물의 병해충에 대한 감수성을 높이므로 농약사용량의 증대를 가져왔으며, 이 결과 익충은 물론 천적이나 길항미생물 등도 함께 피해를 봄으로써 농업생태계 내의 평형이 깨지는 문제점을 파생시켰다. 이는 농약사용량을 더욱 증가시켰을 뿐만 아니라 농산물 중의 잔류농약문제를 가져와 사회적인 관심의 대상이 되고 있다.

한편 우리나라의 농업용수는 전체 물 사용량의 거의 50% 수준에 달하고 있으므로 농업용수의 적절한 관리는 수자원 확보의 측면에서 매우 중요한 과제이다. 비점오염원(non-point source pollutant)으로서의 농경지 토양은 농업용수의 수질과 관련하여 적절한 관리가 필요하다.

또 논토양에서의 유기물의 부숙이나 반추동물의 되새김 과정에서 발생되는 메탄은 지구온난화가스이며 축산시설에서 발생되는 암모니아가스 등도 적절한 관리가 필요하다. 아울러 축산시설에서 발생되는 분뇨와 도축장의 혈액, 털, 내장 등 폐기물에 대한 적절한 관리와 시설원예에서 발생되는 폐비닐, 빈 농약병 등은 새로운 농업환경 영향물질이다.

1.1.4 우리나라 농업환경의 현황

농업환경의 변화를 주기적으로 모니터링 하는 것은 매우 중요한 과제이다. 장기적인 관점에서 주기적으로 조사된 자료는 대기, 수질, 토양 및 농산물 안전성 측면에서 어떤 변화가 있으며, 그 변화의 배후에는 어떤 정책과 사회적 이슈가 있었는지를 검토하는 것은 새로운 농업정책을 수립하는 데 중요한 의미를 갖게 될 것이다.

(1) 대기질

우리나라에서는 1960년대 말 산업화가 진행되면서 공장에서 발생되는 HF나 SO_2 가스 등에 의한 농작물 피해가 보고되기 시작하였다. 지금은 공장배출가스의 철저한 관리로 산업활동에 의한 가스 발생으로 농작물 피해가 발생되는 일은 거의 없다. 오히려 자동차의 배기가스나 매연 등으로 인한 오존이나 광화학적 산화물 등의 농도가 증가되고 있어 이와 관련된 조사와 연구가 필요한 단계이다. 산업화의 또 다른 문제는 산성비를 포함한 산성 강하물의 증가이다. 아직까지는 농작물에 피해를 줄 만한 수준은 아니지만 지속적인 산성 강하물은 토양의 pH를 낮추고, 토양미생물에 영향을 주어 부식 생성을 더디게 하며, 시비 효과를 감소시키는 결과를 가져올 수 있다. 또한 토양 중 Al 등의 농도를 증가시켜 작물생 육에 영향을 줄 수 있다.

농촌진흥청 농업과학기술원의 조사에 의하면 안성지역에서 1993~1998년에 초기 강우 (0~5 mm)의 pH를 볼 때 23.1~38.5%가 pH 4.0~5.0 범위로 나타났다는 점은 우리나라 의 산성강하물 중 상당량이 중국으로부터 이동해 온 결과라고 볼 수 있다. 표 1-2는 환경 부가 우리나라의 도시별 산성비의 pH 조사한 결과이다. 이 자료를 보면 1998년부터 강우 의 pH가 낮아지는 것을 알 수 있으며, 농촌지역에 분포한 중소도시의 강우 pH가 타 지역 보다 높은 것을 알 수 있다. 또한 해안도시 중 중국과 가까운 서쪽에 위치한 목포와 제주 의 강우 pH가 동해안의 강릉보다 훨씬 낮은 것은 중국의 영향과 관련하여 주목할 만한 결 과라고 본다.

한편 1994년 UNFCC(UN Framework Convention on Climate Change)의 정책에 따라 농업 부문에서도 온실가스에 대한 배출과 수용을 감시하도록 하였으며, 그 대상은 메탄과 아산화질소(N_2O)이다. 이들 두 가스는 지구온난화 잠재력(Global Warming Potential: GWP) 이 이산화탄소에 비하여 상당히 높은데, 100년을 기간단위로 하는 경우 메탄은 21배, 아 질산은 310배나 높은 것으로 보고되어 있다.

1998년 우리나라 논생태계의 지구온난화 잠재력을 평가해 볼 때, 이산화탄소 고정량은 연간 약 1,800만 톤이나 발생되는 메탄을 이산화탄소로 환산하면 약 750만 톤이 된다. 그 리고 농업에 사용되는 질소비료에 의해 방출되는 아질산가스는 약 170만 톤 수준이므로 농업에 의한 이들 지구온난화가스의 배출량은 이산화탄소를 기준으로 하여 약 920만 톤 정도에 해당한다. 그리고 축산 부문에서 발생되는 약 250만 톤을 감안하더라도 논농사가 지구온난화에 영향을 줄 수 있다는 점은 확실하다.

도시	년도	92년	95년	98년	00년	01년	02년	03년	04년	05년
대도시	서울	5.3	5.8	4.9(5.7)	4.8(5.7)	4.7(5.8)	5.0(6.0)	4.8(5.0)	4.5(4.9)	4.4
	부산	5.2	5.2	4.7(5.4)	4.9(5.8)	5.0(5.7)	6.2(6.3)	4.9(5.6)	5.0(5.3)	4.8
	대전	5.7	5.9	4.7(5.8)	4.7(6.1)	4.9(5.8)	5.1(5.6)	4.7(4.9)	4.8(5.0)	4.6
중소도시	제천	6.3	6.8	5.2(6.5)	4.7(6.0)	6.7(7.0)	5.7(6.1)	4.3(5.3)	4.8(5.8)	5.4
	안동	5.6	5.6	5.5(5.8)	5.5(6.2)	5.8(6.2)	5.5(5.9)	4.7(5.4)	5.2(5.4)	5.2
	원주	6.3	6.6	4.7(6.3)	5.1(6.1)	5.4(6.7)	5.3(5.8)	4.4(5.1)	4.9(5.4)	5.3
공업도시	안산	6.3	5.9	4.8(5.4)	4.8(6.0)	5.0(6.2)	4.9(5.1)	5.0(5.2)	4.5(5.0)	4.4
	창원	6	5.3	5.0(5.3)	5.2(6.0)	5.3(6.1)	5.2(5.3)	5.0(5.2)	4.8(5.0)	4.8
	광양	5.5	5.6	4.4(5.6)	5.3(6.0)	4.9(5.3)	4.6(5.2)	5.0(5.2)	4.9(4.9)	4.8
해안도시	강릉	5.8	6.8	4.7(6.1)	5.7(6.7)	5.5(6.5)	5.0(5.4)	4.4(4.5)	5.0(5.3)	5.5
	목포	5.8	6.7	4.5(5.7)	5.5(6.1)	5.0(6.0)	4.6(5.0)	5.0(5.2)	5.2(5.2)	4.8
	제주/북제주	5.9	5.5	5.1(5.4)	5.3(5.5)	5.0(4.4)	4.6(4.8)	4.8(4.8)	4.7(5.0)	4.5

※자료: 환경부, 2006.

(2) 수질

농업용수는 크게 지표수와 지하수로 구분할 수 있으며, 지표수는 댐이나 저수지 및 보 (논에 물을 대기 위한 수리시설의 하나) 등과 같은 저수시설과 하천수로 나누어 볼 수 있다. 농업용수 수질에 영향을 주는 오염원은 중금속, 농약 등도 포함되지만, 가장 큰 요인은 비료성분을 포함하는 영양염류라고 본다.

한국농촌공사는 매년 492개 시설용 농업용수의 수질에 대하여 「환경정책기본법」 제10호 동시행령 제2조에 규정된 호수수질환경기준 Ⅳ등급을 목표치로 하여 조사하고 있다. 1999년에는 77.7%, 2003년에는 84%, 2004년에는 83.7%가 목표수치를 달성한 것으로 보고되었다. 농업과학기술원은 농업용 소하천의 수질변화를 주기적으로 조사하고 있는데, 표 1-3은 그 결과를 요약한 것이다. 표 1-3에서 볼 때 2003년에는 2001년에 비하여 NH_4-N과 NO_3-N, 그리고 PO_4-P가 훨씬 낮아진 것을 알 수 있다. 그리고 2005년에는 COD_{cr}과 NH_4-N및 NO_3-N이 계속 감소하는 추세를 보이고 있어 소하천 수질이 개선되고 있는 것을 알 수 있다.

한편 농업용 지하수의 경우 논농사용 관정은 비교적 수질이 양호하나 시설원예 재배지의 농업용 지하수의 수질이 COD, T-N 등의 항목에서 농업용수 수질기준을 넘어서는 경우가 많이 있는 것으로 조사되었다.

특히 최근의 시설원예에서는 점적관수 방법으로 급수를 하므로 부영양상태의 농업용수를 사용하는 경우 과다한 비료성분의 공급이 이루어질 수 있어 철저한 농업용수 수질관리가 필요하다. 더욱이 친환경농산물은 농업용수의 수질이 기준에 적합한 경우에만 인증을 받게 되므로 현재까지보다는 좀 더 세심한 농업용수관리가 필요하다.

[표 1-3] 전국 농업용 소하천의 수질변화

연도	조사지점	pH	EC	COD_{cr}	NH_4-N	NO_3-N	PO_4-P	Cl^-	SO_4^{2-}
		(1:5)	dS/m	———————————— mg/L ————————————					
2001	307	7.55	0.26	6.89	0.62	5.83	0.14	34.89	14.79
2003	382	7.30	0.20	6.89	0.39	3.04	0.07	19.14	21.30
2005	368	7.44	0.20	5.84	0.33	2.61	0.12	22.07	14.14

※자료: 농협과학기술원, 2006.

(3) 토양

우리나라는 농경지 토양에 대해 주기적인 조사를 하고 있다. 농촌진흥청은 토양비옥도 측면에서, 그리고 환경부는 오염도 측면에서 토양조사를 수행하고 있다. 일반적으로 토양오염은 중금속, 농약과 같은 위해도 관점에서나 영양염류 및 토양의 물리화학적 성질을 조사하는 비옥도 관점에서 검토될 수 있다. 휴ㆍ폐광산 지역과 제련소 주변의 중금속류 오염이 문제가 될 수는 있으나 새로운 문제점이 발생되는 것은 아니며, 환경부와 지식경제부 등에서 문제점을 해결하려는 노력을 꾸준히 계속하고 있다.

또 농약도 신규농약은 단위면적당 주성분의 사용량이 기존의 농약들보다 훨씬 낮아졌을 뿐 아니라, 제형의 개선 등을 통해 단위면적당 사용량은 꾸준히 낮아지고 있다. 더욱이 농약의 경우 잔류성과 독성이 높은 과거 약제들이 선택성과 분해성이 높은 신규 약제로 대체되고 있어 토양환경에서의 농약의 잔류성은 전보다는 훨씬 적어졌다고 볼 수 있다. 그러나 최근 친환경농업이 발달함에 따라 비료사용량을 줄이고 토양검정 후에 필요량을 시비하는 정밀농업의 하나로 작물양분종합관리(Integrated Nutrients Management, INM)가 확산되고 있으므로, 기존의 생산 제일주의 농업과의 차별화가 이루어져 토양의 건전성이 향상될 것으로 예상된다.

표 1-4에는 농촌진흥청에서 제시한 농토배양 목표치이다. 이 목표치는 토양의 물리·화학성을 고려하여 제시된 것으로 용도별로 정상적인 경작토양의 범위를 알 수 있는 기준치라고 보아도 큰 문제가 없을 것이다. 이 기준을 중심으로 우리나라 논·밭토양의 조사 결과를 비교해 보면, 논토양의 경우 유기물함량이 1960년대부터 1995년까지는 적정수준 범위이나 1999년의 조사 결과는 평균 22g/kg 수준으로 적정수준보다 낮은 것으로 나타났다. 반면에 유효인산은 계속 증가하여 1960년대 60mg/kg 수준에서 1994년의 보고에서는 적정수준을 넘어가는 136mg/kg 수준으로 조사되었다.

밭토양의 유기물은 적정수준 범위이나 유효인산은 1992년 조사시점부터 적정수준을 넘어서 2001년 보고에서도 평균 547mg/kg을 나타내었다. 이와 같은 유효인산함량은 친환경농업이 태동되던 1999년의 489mg/kg보다 높아진 수준이지만, 시료의 상이성들 때문에 친환경농업과의 관련 여부는 직접 비교할 수 없다고 본다. 그러나 일부의 과수원이나 시설재배지토양에서는 유효인산이 1000mg/kg 이상으로 함유되어 있어 인산과다 현상이 문제가 되고 있으며, 또 일부이긴 하지만 NO_3-N의 함량이 매우 높아 염류집적의 원인이 되기도 한다는 것이 보고되었다.

[표 1-4] 우리나라 농토배양 목표치

구분	pH (1:5)	유기물 (g/kg)	유효인산 (mg/kg)	유효규산 (mg/kg)	양이온치환용량(cmolc/kg)				토양삼상(%)		
					K	Ca	Mg	보비능	고상	액상	기상
논	6.0~6.5	25~30	80~120	130~180	0.25~0.30	5.0~6.0	1.5~2.0	10~15			
밭	6.0~6.5	20~30	300~500	–	0.50~0.60	5.0~6.0	1.5~2.0	10~15	50	30	20
과수원	6.0~6.5	25~30	200~300	–	0.30~0.60	5.0~6.0	1.5~2.0	10~15	50	25	25
시설재배지	6.0~7.0	25~30	350~500	–	0.70~0.80	5.0~7.0	1.5~2.5	10~15	45	35	20

※자료: 농업과학기술원, '99 밭토양 환경기술 종합보고서, 2000.

(4) 농산물의 안전성

농산물의 안전성은 국민 모두가 관심을 가지고 있는 분야로 잔류농약, 항생물질, 중금속 및 마이코톡신 등이 주요 대상이며, 최근에는 유럽산 돼지고기 등의 수입식품류에 잔류된 다이옥신류나 PCBs 및 PAH(Poly Aromatic Hydrocarbon) 등도 검사대상이 되고 있다. 그러나 이 중 가장 비중 있게 다뤄지는 것은 독성이 높다고 알려져 있고 대부분의 농작물에서 사용되고 있는 잔류농약 문제라고 볼 수 있다.

따라서 농산물의 안전성을 높이기 위한 여러 가지 연구와 기술의 축적을 통하여 최선의 안전성 확보체계를 확립하였고, 이러한 노력의 결과로 식품중 농약잔류허용기준을 설정하고, 또 이를 바탕으로 농민들이 직접 농업현장에서 적용할 수 있도록 수확전 최종 살포 시기와 횟수를 정한 농약안전사용기준을 설정하고 있다.

우리나라의 농약잔류허용기준은 식품의약품안전청에서 설정하고 있으며, 마찬가지로 외국에서도 국가별로 서로 다른 농약잔류허용기준을 설정하고 있다. 이러한 현상은 농산물의 국제교역에서 국가간 마찰의 소지가 되고 있으므로, UR협상 타결 이후, FAO/WHO의 CODEX식품규격위원회(CODEX Alimentarius) 안에 설치된 잔류농약전문위원회에서는 국제적으로 통용될 수 있는 CODEX(Code of Index) 잔류허용기준을 설정하여 전 세계 국가에서 이를 수용하도록 촉구하고 있으나 지역별·국가별로 식이섭취량과 병·해충 및 잡초의 생태가 다르므로 일률적으로 적용하기가 쉽지 않다.

국내에서는 농약잔류검사 업무가 이원화되어 있다. 즉, 출하전 농작물의 상태에서는 농림수산식품부 관할이고, 상장 이후 유통과정에서는 식품이므로 보건복지가족부의 소관으로 되어 있다. 따라서 국립농산물품질관리원에서는 재배중인 농작물에 대하여 출하전 농약잔류검사를 수행하고 있으며, 식품의약품안전청과 각 시·도 보건환경연구원에서는 유통중인 농산물을 대상으로 농약잔류검사를 실시하고 있다. 표 1-5는 국립농산물품질관리원이 수행하고 있는 생산단계 농작물에 대한 농약잔류조사 결과를 연도별로 보여주고 있다.

[표 1-5] 연도별 생산단계 농약잔류조사 현황

연도	조사 작물수	조사건수			부적합건수 (B)	부적합비율 (B/A)
		정밀분석	간이분석	계(A)		
2005	155	23,689	40,035	63,724	730	1.1
2004	138	20,371	40,196	60,567	770	1.3
2003	135	19,328	40,242	59,570	880	1.5
2002	134	17,011	38,999	56,010	600	1.1
2001	128	15,110	40,234	55,344	636	1.1
2000	124	11,672	31,056	42,728	525	1.2
1999	111	8,154	20,527	28,681	473	1.6

※자료: 국립농산물품질관리원, 2006.

전체 조사건수 대비 부적합 비율은 2.0% 미만으로 매우 낮은 수준이며, 특히 생산단계 농약잔류검사는 출하 10일 전의 시료를 대상으로 하는 것이므로 유통 단계에서의 농작물은 이보다 더 낮은 수준의 농약이 잔류하는 것으로 판단하더라도 큰 무리가 없다고 본다.

1.1.5 우리나라 농업환경의 전망

우리나라 농업환경에 대한 향후 전망을 내놓기란 쉽지 않은 일이다. 그러나 몇 가지 진행중인 정책적 토대를 근거로 기술하고자 한다.

우선 우리나라는 OECD 회원국으로서 OECD 농업환경지표에서 제시하는 여러 가지 농업환경 관련 기준을 충족시키기 위한 노력을 하고 있다. OECD는 토양, 용수, 대기, 자연, 농장재정 및 사회문화의 6개 농업환경지표를 선정하여 양분사용, 농약사용, 농업용수 이용 등 총 13개 지표에 관하여 회원국은 그 변동 상황을 정기적으로 국가보고서로 제출하도록 하고 있다. 따라서 우리나라도 이와 같은 OECD 농업환경지표에 접근할 수 있도록 노력을 하고 있다는 점을 확실히 알아야 할 것이다.

또한 우수농산물인증제(GAP: Good Agricultural Practices)를 비롯한 농산물품질인증제의 도입과 확산으로 농약과 비료 사용량이 감소되고 있으며, 농업용수 수질 및 토양 검정의 필요성이 증가되고 있어 농업환경의 개선에 일조하고 있다.

아울러 안전농산물에 대한 소비자의 선호도가 높아짐에 따라 생산자의 의식 또한 높아지고, 농산물과 식품의 안전성 확보를 위한 정부의 노력도 증대되고 있으므로 이 점 역시 농업환경 개선을 위한 바람직한 현상이다.

그러나 농경지 토양에서의 영양염류 유출과 같은 비점오염원 문제와 축산오수 정화기술 등은 농업용수 수질개선과 맞물려 좀 더 많은 연구가 필요하다고 본다.

1.2 농업생태계와 지속성

1.2.1 농업환경과 생태계 개념

농업환경은 자연환경과 인위적인 산업환경 및 도시환경 사이에서 완충적인 역할을 하며 일반인에게는 손쉽게 만날 수 있는 녹색공간을 제공하고 동시에 생산의 장이기도 하다. 따라서 급격한 산업화로 인하여 농경지가 축소·훼손되는 경우에는 주변의 자연환경도 연쇄적으로 훼손되어 인간의 생활에 부정적인 영향을 주게 되므로 농업환경은 철저히 관리되고 보전되어야 하는 당위성을 지닌다.

흔히 생태계와 환경의 용어를 혼동하여 '환경생태학' 혹은 '생태환경'과 같은 하나의 뜻을 지닌 용어로 사용하기도 하지만 엄밀한 의미에서 옳은 것은 아니다. 환경과 생태를 분리하여 쓸 경우 정확한 의미가 전달되는데 그것은 생태계 내에서 환경은 일차적으로 생태계를 구성하는 물리적 요소로서 다시 생물요소와 어울려 생태계를 구성하고 생태계 안에서는 생물요소의 환경이 된다. 종합해 볼 때, 생태계는 환경을 포함하는 전체적인 구조를 이룬다. 그러므로 지구는 하나의 생태계로 이루어져 있다고 보는 것이 옳을 것이다. 그러나 과학의 환원주의적 특성에 따라 생태계를 세분화하려는 경향이 있다. 따라서 농업에서는 농업생태계(agroecosystem)를 따로 분리하여 생각하게 되었고, 육상생태계, 물생태계, 산림생태계 등으로 구분하게 되었다. 농업생태계는 공간적인 측면에서 농업생산이 이루어지는 장소에 편의상 경계를 두고 하나의 생태계로 보는 개념인 것이다.

생태계란 어떤 지역의 무기적(비생물적) 환경과 생물 공동체가 종합적으로 결합된 물질계 또는 기능계로 정의할 수 있다. 육상생태계에서 생물은 생산자인 녹색식물, 소비자인 동물 그리고 분해자인 미생물로 구분된다. 이들은 비생물적 환경요소인 대기·물·토양과의 상호작용을 통하여 물질과 에너지를 교환하고, 생물 상호간의 먹이사슬을 통하여 서로 의존하며, 환경과 생물 사이의 상호작용 결과로 생태계의 균형이 유지된다. 토양은 생태계에서 비생물환경의 인자로서 식물에게 물과 양분을 공급하고 생물 사체에 대한 분해자의 활동장소로 이용되는 기반이 된다. 이와 같은 시스템은 토양과 토양을 둘러싼 환경 사이에도 존재하며 이를 토양생태계로 정의한다(Serageldin, 1995).

1.2.2 생태계의 구조

모든 생태계는 생태계를 구성하는 생물적(biotic) 요인과 비생물적(abiotic) 요인인 환경이 상호작용을 하면서 평형상태를 유지하기 위하여 지속적으로 변화한다. 하나의 생태계는 특별한 관계를 가진 것들끼리 부분을 만들고, 그 부분이 모여 생태계의 구조를 이루게 된다. 이러한 구조가 생태계의 역동적 기능을 수행한다. 생태계의 바탕을 이루는 구조적 구성요소에는 환경과 상호작용을 가지는 생물요인과 물리적·화학적 환경요소인 토양, 물, 빛, 온도와 같은 비생물요인으로 구성되어 있다.

(1) 생태계 조직화 단계 (levels of organization in an ecosystem)

자연의 특징은 자생(自生), 자존(自存), 지속(持續)이다. 이 특징은 바로 자연생태계의 특징이고, 자연생태계의 발전의 힘은 자기조직력(self organization)에서 나온다. 그러므로 생태계에는 생태계를 구성하는 요소들의 조직화(organization) 단계(levels)가 있다.

- 가장 간단한 단계는 생물개체(individual organism)이다. 한 종의 개체를 대상으로 환경조건에 따른 생장과 발육, 스트레스에 견뎌내는 성질 등을 연구하는 분야를 개체생태학(autecology) 또는 생리생태학(physiological ecology)이라고 부른다.
- 그 다음 단계는 같은 종의 집단, 즉 개체군(個體群: population)이다. 농업에서 개체군의 예를 들면 논에는 여러 생물이 있지만 벼 하나만 대상으로 하면 벼가 하나의 개체군이다. 개체군을 대상으로 하는 개체군생태학(population ecology)의 목적은 개체군의 크기와 생장을 조정하는 요인을 찾아내고, 어떤 개체군이 지닌 환경의 수용능력을 이해하는 데 있다. 작물재배에서 작물의 품종, 재배양식, 재배시기, 재식밀도, 시비방법 등의 결정은 개체군생태학의 원리를 적용한 결과이다.
- 생태계 안에는 각기 다른 여러 종의 식물과 동물이 혼합되어 집단을 구성하는데 이러한 집단을 군집(群集: community)이라고 한다. 생태계 안의 군집상태는 생물종의 상호작용을 통하여 생존기능을 가진다. 군집단계에서는 하나의 군집을 형성하는 종별 존재비율과 생물들 사이의 상호작용으로 종이 서로 모이거나 뿔뿔이 흩어져 있는 배치상태를 파악하는 것이 중요하다. 농업에서 간작(inter-cropping)과 혼작(mixed-cropping)의 작부체계를 통하여 각기 다른 작물끼리 상호의존하게 하는 경우, 작물과 잡초 사이에 경쟁이 일어나는 경우, 거미가 벼멸구를 포식하고 무당벌레가 진딧물을 포식하는 것 등은 군집 단계에서 상호작용을 나타내는 좋은 보기이다.

생물조직의 단계	사진 예	특징
생태계 (Ecosystem)		농장과 수계로 구성된 전체
군집 (Community)		다른 생명체와 더불어 다양한 작물의 재배 (polyculture)
개체군 (Population)		단일 작물의 재배 (monoculture)
개체 (Organism)		단일 식물

[그림 1-2] 농업생태계에 비유한 생태계의 조직단계

그림 1-2는 생태계의 조직단계를 농업생태계에 비유하여 설명하고 있다. 생태계의 형성은 일정한 장소에서 생물의 개체, 개체군, 군집 등의 모든 단계와 군집의 무생물적 환경 요인을 포함한다. 생태계를 구성하는 요소들끼리 일어나는 상호작용은 생태계의 구조 안에서만 일어난다. 이러한 생태계의 구조는 바로 농업에 적용할 수 있다. 즉, 작물의 개체, 작물 또는 그 포장 안에 있는 다른 생물의 개체군, 포장 내의 군집, 전체 농업생태계 등이

다. 생태계의 중요한 특성 가운데 하나는 각 단계에서 출현되는 조직의 특성이 그 아래 단계에서는 나타나지 않는다는 것이다. 이러한 출현특성은 생태계를 이루는 구성요소들의 상호작용 결과이기 때문이다. 예를 든다면, 기능면에서 개체군은 같은 작물의 개체를 모아 놓은 것보다 크고, 개체 하나를 이해하는 것만으로는 개체군을 이해할 수가 없다는 뜻이다. 생태학에서는 흔히 "전체는 부분의 합이라는 말은 옳다. 그러나 부분의 합은 전체가 아니다."라는 말을 인용한다. 즉, 농업생태계와 관련하여 이 원리는 작물을 재배하는 포장은 작물의 개체를 하나하나 모은 것보다 크다는 뜻이다.

(2) 군집의 구조적 특성

군집의 특성은 군집을 구성하는 생물종들이 비생물적 환경변화에 대응한 결과와 이들 생물종끼리 일어나는 상호작용으로 결정된다. 군집의 구조는 생태계의 동태(fate)와 안정성(sustainability)을 결정하므로, 군집 수준에서 일어나는 상호작용의 결과를 자세하게 규명할 수만 있다면 바람직한 농업생태계 관리가 가능할 것이다.

1) 종 다양성

종 다양성(species diversity)이란 군집을 이루는 종의 수이다. 논을 예로 들어 어떤 논에서는 몇 종의 수서곤충만이 발견되고, 어떤 논에서는 이보다 훨씬 많은 종의 수서곤충이 발견되었다면 여기에 종 다양성의 차이가 있는 것이다.

2) 우점과 상대밀도

생태계를 이루는 군집의 구성을 보면 어떤 종은 상대밀도(relative abundance)가 높고, 또 다른 한 종은 상대밀도가 낮은 것을 볼 수 있다. 군집구성원인 생물들과 비생물 환경요소 모두에 영향을 주는 생물종을 우점종(dominant species)이라고 한다. 우점은 생물종의 상대밀도, 크기, 생태적 역할, 또는 이들 요인의 조합으로 나타나는 결과로 볼 수 있다. 농업생태계에서는 우점종은 재배하는 작물이며, 뜰에 큰 나무 몇 그루가 있다면 그 나무 그늘로 인하여 다른 종들이 영향을 받게 되는데 이와 같은 경우 나무의 개체수는 다른 종보다 적지만 생태계 내의 그 영향력으로 보아 군집의 우점종이 된다.

3) 식생의 구조

육상군집(terrestrial community)의 특징은 식생의 구조에 따라 결정되는데, 주로 우점 식물종이 대표가 되지만 군집의 형태와 다른 식물의 밀도와 차지하는 공간도 중요하다. 식생구조에는 수직구성(층위별 차이)과 수평구성(집단 또는 동질성)이 있기 때문에 여러 종이 각각 어떤 자리를 어떻게 차지하고 있는지를 밝혀야 한다. 비슷한 생장형태를 가진 종들이 식생을 구성하고 있을 때는 초지, 삼림, 관목림과 같이 부르는 것이 일반적이다.

4) 영양구조

군집 내에서 생물종들은 각기 다른 영양요구도를 가지고 있다. 먹이를 얻는 방법은 한 종이 다른 종과 마주쳐서 먹이관계의 구조를 이루는데, 이러한 구조를 군집의 영양구조(trophic structure)라고 한다. 녹색식물은 광합성으로 태양에너지를 화학에너지로 변환하여 생체량(biomass)을 형성하는 능력이 있기 때문에 군집 영양구조의 밑바탕을 이룬다. 녹색식물이 저장한 화학에너지는 다른 종의 먹이로 제공된다. 이러한 영양기능 때문에 녹색식물을 생산자(producer)라고 한다. 대부분의 식물은 다른 생물을 포식하지 않고 스스로 필요한 에너지를 얻을 수 있기 때문에 생리학적으로 독립영양생물(autotrophs)이다.

식물이 생산한 생체량은 군집 내의 소비자(consumers)들이 사용할 수 있다. 소비자에는 식물생체량을 동물생체량으로 바꾸는 초식자(hervivores)가 있고, 다른 포식자를 포식하는 기생포식자(parasitoids)를 포함하는 포식자(predators)와 기생자(parasites)가 있다. 모든 포식자는 다른 생물을 소비하여 필요한 영양을 얻기 때문에 종속영양생물(heterotrophs)이다. 소비의 각 단계는 각기 다른 영양 단계(trophic level)를 가지고 있다. 군집의 종들 사이의 영양관계는 그 복잡성 때문에 먹이사슬(또는 먹이연쇄, food chain) 또는 먹이망(food

[표 1-6] 군집의 영양구조 단계와 역할

개체 종류	영양 단계에서의 역할	영양구조 단계	영양구조 구분
식물	생산자	1차	자급영양
초식자	1차 소비자	2차	타급영양
포식자와 기생자	2차 및 상위단계 소비자	3차 및 상위단계	타급영양

※자료: Gliessman, 1998.

web)으로 표현한다. 농업생태계에서 이러한 복잡한 먹이관계를 이해하는 것은 병, 해충, 잡초의 관리 측면에서 매우 중요하다. 표 1-6은 군집에 있어서 영양구조 단계와 역할을 요약해 주고 있다.

5) 안정성

시간이 경과함에 따라 생물개체는 죽고 다시 태어나며, 어떤 개체는 그 생태계를 벗어나기도 하여, 개체군의 크기가 변한다고 하더라도 종의 다양성, 우점구조, 식생구조, 군집 내 영양구조는 그런 대로 안정된 상태를 유지한다. 만약 어떤 생태계가 불에 타버린다든지 홍수에 쓸려나가는 것과 같은 방해(disturbance)가 발생되어 군집의 생물을 죽인다고 해도 시간이 경과함에 따라 어떤 형태로든 복원된다. 그러나 농업생태계는 우점종을 중심으로 관리되어야 하고, 작물계절 주기로 되어 있어 자연생태계와 같은 안정성을 기대할 수 없다.

1.2.3 농업생태계

농업생태계의 개념은 물질과 에너지를 투입하여 식량을 생산하는 체계 내에서 생태계를 구성하는 요소들 사이에 일어나는 상호관계를 하나의 복합적인 단일체로 보는 것이다. 농업생태계를 이해하려면 자연생태계의 원리를 바탕으로 출발하여야 한다. 농업생태계와 자연생태계의 구조와 기능을 서로 비교하면 두 생태계의 특성을 확실히 이해할 수 있다 (윤성호, 2001).

(1) 자연생태계

생태계 내에서 전체적으로 전개되는 역동적 과정을 생태계의 기능이라고 한다. 즉, 생태계 안에서 에너지와 물질의 동태, 생물과 물질 사이의 상호작용을 생태계의 기능이라고 할 수 있다. 그런데 이 기능을 총체적으로 파악하면 생태학이 되고, 그 구성요소 하나하나를 나누어 파악하면 과학이 된다고 보면, 생태학과 과학의 차이를 이해하는 데 도움이 될 것이다. 생태계의 역동성, 효율성, 생산성, 발달 등에 대한 개념의 순서를 정하여 그 과정을 이해하는 것은 매우 중요하다. 특별히 농업생태계에서는 그 기능이 작물의 선택과 영농관리의 성공 여부를 결정하기 때문이다. 생태계의 기본과정은 에너지의 흐름과 영양물질의 순환이다.

(2) 자연생태계의 특징

1) 에너지의 흐름

생태계를 구성하고 있는 생물은 생존을 위하여 끊임없이 에너지를 사용하므로, 그 에너지원을 주기적으로 보충하여야 한다. 생태계 안에서 에너지의 흐름은 그들의 영양구조와 직접 연결되어 있다. 에너지의 흐름을 파악하려면 생태계의 구조 자체보다 구조 내부에서의 에너지원과 에너지의 이동에 초점을 맞추어야 한다. 녹색식물이 태양에너지를 붙잡아 생태계 안으로 들어오게 하면 식물은 생산자가 된다. 이 에너지는 식물이 합성하여 생산한 생물학적 화학에너지로 결합되어 저장된다. 생태계에서 태양에너지를 생체량(biomass)으로 바꾸는 능력은 생태계마다 다르다.

생태계 안의 식물 또는 작물에 대하여 어느 시점에서든지 생체량에 축적된 에너지를 측정할 수 있고, 입사된 태양에너지가 생체량으로 변환된 에너지 비율도 측정할 수 있다. 이 측정단위에는 총일차생산력(gross primary production)이 있는데, 연간 제곱미터당 킬로칼로리($kcal/m^2/yr$)로 표시한다. 이 총일차생산에서 그 식생 자체의 유지에 소요된 에너지를 빼면 생태계의 순일차생산력(net primary production)을 얻을 수 있다.

초식자는 식물성 생체량을 소비하여 동물성 생체량을 만들며, 포식자와 기생자는 초식자 또는 다른 포식자를 이어서 포식하여 영양 단계에 따른 생체량의 변환과정을 거친다. 하위의 영양 단계에서 상위의 영양 단계로 생체량이 변환될 때는 그 비율이 아주 낮아진다. 그 이유는 90% 이상의 에너지가 각 영양 단계의 생물생존을 위하여 사용되기 때문이다. 각 영양 단계에서 많은 양의 생체량이 사체나 배설물로 생태계 안에 남게 되는데, 이것들은 잔사식생자(detrivores)와 분해자(decomposers)에 의하여 분해된다. 이 분해과정에서 많은 양의 에너지가 열로 방출되어 새로운 생체량으로 들어가거나 그대로 남아 토양으로 돌아간다.

자연생태계에서 생태계를 떠나는 에너지는 거의 열에너지인데, 각 영양 단계마다 생물이 호흡할 때와 생체량이 분해될 때 방출된다. 생태계에서 산출에너지의 총량은 식물이 취한 태양에너지와 맞먹는다.

2) 영양물질의 순환

생물이 생존 또는 생활을 유지하는 데는 에너지뿐만 아니라 영양물질이 필요하다. 영양물질은 세포와 조직을 구성하고, 세포와 몸의 기능에 요구되는 유기분자결합체를 형성한다.

생태계에서 영양물질의 순환은 에너지의 흐름과 밀접한 관계가 있다. 생체량이 한 영양 단계에서 다음 영양 단계로 이전할 때 화학결합이 일어나고 영양물질을 사용하게 되는데 이때 에너지가 소요된다. 생태계에서 이루어지는 에너지의 흐름은 태양에너지–녹색식물–소비자–환경의 순서로 일방적으로 흐른다. 이와는 대조적으로 영양물질은 생물적 요소에서 비생물적 요소로 바뀌었다가 다시 생물적 요소로 되돌아오는 순환과정을 되풀이한다. 이러한 생태계의 영양물질의 생물적 그리고 비생물적 요소는 모두 순환에 포함된 것인데, 이것을 생물지구화학적 순환(biogeochemical cycle)이라고 한다. 생물지구화학적 순환은 모든 요소가 서로 연결된 상태로 전체를 이루는 하나의 복합체이다. 따라서 지구는 오직 하나의 생태계로서, 편의상 연구대상으로 구분한 하나의 생태계를 초월한 전체이다.

여러 가지의 영양물질은 오직 생태계를 통하여 순환한다. 그 가운데 중요한 것을 꼽아 보면 탄소(C), 질소(N), 산소(O), 인(P), 황(S), 그리고 물(H_2O)이다. 여기에서 물을 빼면 나머지는 다량영양소에 속한다. 각 영양물질은 생태계 안에서 그 성분의 특성과 생태계의 영양구조에 따른 독특한 순환경로를 가지고 있다. 생물지구화학적 순환에는 두 가지 형태가 있다. 그 하나는, 탄소, 산소, 질소 등과 같이 일차적으로 대기가 비생물적 저장고가 되어 이루어지는 가시적 순환이다. 예를 들면, 한 곳에서 생물의 호흡을 통해 대기로 배출된 이산화탄소의 분자를 대기권에서 식물이 흡수하여 탄수화물로 합성하는 경우이다. 다른 하나로, 인, 황, 칼리, 칼슘과 같은 요소는 이동반경이 작아 국지적 순환을 하는데, 이 경우는 토양이 비생물적 저장고가 된다. 이들 요소는 식물의 뿌리로 흡수되어 일정 기간 생체량으로 저장되었다가, 생태계 안의 분해자들이 분해하면 토양으로 되돌아가는 순환과정을 밟는다.

탄소와 같은 영양물질은 생물이 쉽게 이용할 수 있는 형태로 존재한다. 대기에서는 비생물적인 이산화탄소로 있다가 식물(생산자)이나 동물(소비자)로 옮겨가서 생물적 형태가 된다. 탄소는 생물체나 죽은 유기물 또는 토양 중의 부식으로 남아 있는 기간이 각기 다르다. 탄소는 재순환되기 전까지 반드시 대기저장고에 이산화탄소의 형태로 돌아간다.

대기에 있는 영양물질 가운데 질소는 식물이 그대로 이용할 수 없다. 근류균(rhizobia)은 생물학적 고정을 통하여 질소(N_2) 분자를 암모니움태질소(NH_4^+-N)로 바꿔 식물이 이용하게 한다. 한번 식물체에 흡수된 질소성분은 식물체가 죽어서 토양 중으로 들어가면 토양이 질소의 저장고가 된다. 토양 중에서 질소가 식물의 뿌리에 흡수되는 형태는 밭과 같은 호기조건과 논과 같은 혐기조건에 따라 다르다. 예를 들어 밭에서는 질산태 질소(NO_3^--N)의 형태로, 논에서는 암모니움태질소(NH_4^+-N) 형태로 식물의 뿌리에 흡수된다. 만약 이렇게 토양에서 순환하는 질소가 대기로 유리되지 않으며, 기체산화질소로 휘산되지 않는다면 생태계 안에서 활발하게 순환되어, 농업생태계에서는 질소시비의 부담을 줄이게 될 것이다.

인은 질소처럼 기체의 형태로 바뀔 염려가 없다. 인산은 암석이 풍화되어 토양으로 들어가면 식물의 일부가 되고, 식물체가 분해되면 토양으로 돌아간다. 인산의 생물과 토양 사이의 순환경로는 국한되어 있다. 다만 인산이 생태계 안에서 식물에 흡수되지 않거나 넘쳐서 물을 따라 유실되는 경우는 별도로 한다. 인은 바다에 일단 흘러들어가 침적되면 육상으로 다시 돌아오기까지 기약 없는 시간이 필요하다. 따라서 육상생태계의 인산순환이 국한된 장소에서 이루어지는 것은 생태계 내의 인산보전 측면에서 매우 중요하다.

그 밖에도 생태계 내 식물생장에 필수적으로 요구되는 다량요소와 미량요소가 있다. 생물이 흡수한 철(Fe), 마그네슘(Mg), 망간(Mn), 코발트(Co), 붕소(B), 아연(Zn), 몰리브덴(Mo) 등은 살아 있거나 죽은 생체량에 저장되거나 유기물로 저장된다. 만약 상당한 양의 영양물질이 생태계에서 유실된다면 생물의 생장과 발육이 제한을 받게 되는 것은 말할 필요도 없다. 각 생태계의 생물학적 구성요소는 영양물질의 이동효율, 유실량, 재순환량 등을 지배하기 때문에 매우 중요하다. 한 생태계의 생산성은 영양물질의 재순환량과 밀접하게 관련되어 있다.

3) 개체군의 조정

개체군의 형성과정은 개체군의 크기와 개체의 양적 질적 변화가 시간의 경과에 따라 변화하면서 이루어지기 때문에 역동적이다. 개체군의 증감은 출생률과 사망률 등에 의하여 결정되는데, 이는 개체군에 대한 환경의 수용능력을 나타낸 것으로 볼 수 있다. 생태계 안에서 어느 한 개체군의 크기는 환경과 더불어 다른 개체군과의 상호작용을 통하여 결정된다. 환경조건에 대하여 광범위한 적응력을 갖추고 다른 종과 더불어 살아갈 능력이 있는 종은 상대적으로 광범위하게 분포한다. 이와는 대조적으로 환경에 대한 적응범위가 좁고 생태계 안에서 아주 특수한 기능을 맡은 종은 서식지가 특별한 장소에 국한된다. 실제로 종의 적응형질은 상호작용을 하는 종의 조합에 따라 달라진다. 두 종의 적응력이 아주 비슷하고 개체군 유지에 필요한 자원(빛, 물, 영양물질 등)이 충분하지 않으면 두 종 사이에 경쟁이 일어나게 된다.

환경조건에서 필수물질이 고갈되면 한 종은 다른 종에 대하여 우위를 차지하게 된다. 한편 어떤 종이 생태계에 특수한 물질을 방출하여 환경조건을 바꾸면 다른 종에게는 유해물질로 작용하여 자신이 우위를 차지하게 되는 경우도 있다. 예를 들면 호두나무 아래는 호두열매의 겉껍질에서 나오는 독특한 물질 때문에 대부분의 초본식생이 자리잡을 수 없다. 또 어떤 종들은 서로 어울려 서로에게 이익이 되는 길을 택하기도 하는데, 이러한 경우는 상호주의(mutualism)의 관계로 발전하여 자원을 나누어 갖거나 분할하여 사용한다.

자연생태계에서 개체군의 유지와 확립을 허용하는 환경조건이 극단적으로 제한되면 시간의 경과에 따라 그 생태계 안에서 자연선택(natural selection)이 일어나게 된다. 농업생태계에서는 간작이나 혼작의 작부체계이론을 상호주의에 두고 있다. 그러나 단일작물을 재배하는 경우는 당연히 작물이 다른 식물(잡초)의 우위에 있어야 한다. 작물재배에서는 개체군 안에서 개체간의 경쟁이 중요하다. 작물 개체군 안에서 개체간 경쟁을 팽팽하게 하면 작물의 생육을 균일하게 하여 질적 향상과 생산성을 높일 수 있다.

4) 생태계의 변화

생태계는 끊임없이 역동적으로 변한다. 생물은 나고 죽으며, 물질은 생태계 안에서 생물과 비생물을 거치며 순환한다. 개체군은 생장하여 사멸하고, 생물의 서식지 공간도 이동 배치된다. 생태계 내부의 끊임없는 동적 변화에도 불구하고 전체 생태계는 그 구조와 기능 면에서 확고하게 안정된 상태를 유지한다. 이러한 안정성이 지속되면 생태계의 복합적 구조와 종의 다양성이 유지된다. 생태계의 안정성은 생태계 교란에 대한 저항능력과 교란이 일어나고 난 후의 복원능력에 따라 차이가 있다. 생태계 교란 이후 그 다음 복원이 일어나는 과정을 천이(succession)라고 하는데, 천이는 교란 이전과 비슷한 상태의 생태계로 다시 돌아가는 것으로 이해하면 된다. 천이의 마지막 지점은 극상(climax)이다. 교란이 일어나더라도 심하지 않고 또 자주 일어나지만 않는다면, 생태계의 구조와 기능은 교란 이전의 생태계로 재확립되나 이전과 꼭 같게 복원되지는 않는다.

생태계는 실제로 끊임없이 자연교란을 받고 있으며 그로 인하여 동적이면서 유연한 상태를 유지하게 된다면 그 어떤 강한 교란에 대해서도 탄력성을 지니게 될 것이다. 이러한 동적인 변화와 더불어 전체적인 안정성이 확보되는 것은 동적평형(dynamic equilibrium)의 개념으로 풀이할 수 있을 것이다. 농업에서 생태계의 동적평형 개념은 매우 중요하다. 작물을 재배하여 수확하고, 토양을 관리하며, 다시 작물을 심어 가꾸기를 주기적으로 반복하는 것과 동시에 생태학적 균형(수지)을 확립하고 지속적인 자원사용을 위하여 생태계의 기능을 무한히 수행하도록 만들어 주어야 한다.

(3) 농업생태계의 특징

농업생태계는 자연생태계와 마찬가지로 토양, 물 그리고 대기권역으로 크게 구분할 수 있다. 자연생태계와 도시생태계의 중간에 위치하면서 다른 생태계와 밀접한 상호작용을 한다. 농업생태계는 자연생태계와 비슷하게 토양, 물, 식물, 공기, 미생물, 동물 등으로 구성되어 있고, 구성원은 크게 생산자(벼, 보리, 채소, 과일 등 초식류), 소비자(가축, 사람), 분해자(미생물)로 분류할 수 있으며, 식량자원 생산에 관련된 경제적 · 환경적 · 사회적 · 물리화학적 · 생물생태학적 · 정치적 기능과 과정을 모두 포함하고 있다. 농업생태계에서는 생산성을 위하여 보조에너지가 인위적으로 투입됨으로써 생명현상이 유지되고 영양소의 순환이 초래되며 물질을 흡수하고 분해하는 과정 등이 일어나게 되므로 인공생태계로 간주된다. 농업생태계는 다른 생태계와 마찬가지로 태양에너지를 이용한다는 점에서 공통점을 갖고 있으나 자연생태계와는 에너지의 흐름, 영양물질의 순환, 개체군의 조정, 안정성에 대해 차이점을 지닌다.

1) 에너지의 흐름

폐쇄체계(closed system)인 자연생태계와는 달리 농업생태계에서 에너지의 흐름은 사람의 간섭에 따라 크게 달라지는 특성이 있다. 생태학적으로 보면 농업생산기술은 태양에너지의 이용효율을 높이는 기술이다. 작물의 태양에너지 이용효율을 높이기 위하여 농업생태계 밖에서 별도의 에너지(주로 화석연료)를 투입하여 생산한 자원(화학비료, 농약, 농기계 등)을 농업생태계로 다시 투입한다. 농업생태계에 투입되는 에너지 가운데 태양에너지에 해당되는 것들을 뺀 나머지는 모두 사람이 투입하는 보조에너지(auxiliary energy)이다. 이 보조에너지의 투입은 생태계를 개방체계(open system)로 만들어, 작물의 재배와 수확에 들어가는 상당한 양의 에너지를 농업생태계 밖에서 좌우하게 된다. 이러한 개방체계의 농업생태계는 생태계 안에서 생체량으로 축적되어 저장되는 에너지보다 투입되는 보조에너지가 훨씬 많아 지속성이 없다.

2) 영양물질의 순환

대부분의 농업생태계에서는 영양물질의 순환이 조금밖에 이루어지지 않고, 작물의 수확으로 많은 영양물질이 생태계 밖으로 수탈된다. 또한 영구적으로 확보한 토양유기물조차 토양의 침식작용과 함께 엄청난 양으로 유실된다. 농경지는 작부체계상 한 작물을 수확하고, 다음 작물을 재배하기 전까지 얼마 동안 식생이 없는 나지상태로 휴한하게 되는데, 이 기간에 많은 양의 영양물질이 유실된다. 농가에서는 이러한 농업생태계의 영양물질 유실을 화학비료로 보충한다.

3) 개체군의 조정

작물을 가꾸거나 가축을 기르는 농업생태계는 영양 단계를 줄이고, 환경을 단순하게 만들기 때문에, 개체군 스스로 생식을 통하여 세대를 이어가거나 조정해 나가는 경우는 거의 없다. 농업생태계는 사람이 파종량, 재식밀도, 재배시기 조절을 비롯하여 화학물질 등 보조에너지를 투입하여 개체군을 조절한다. 농업생태계에서는 생물다양성은 축소되고, 영양구조는 더욱 단순해지며, 생태적 지위(niche)는 점유되지 않은 채 남아 있게 된다. 그 때문에 집약적인 관리에도 불구하고 치명적인 피해를 주는 병해충이 돌발적으로 발생하는 경우가 있다.

4) 안정성

농업생태계는 자연생태계와 비교하면 구조적·기능적 다양성이 축소된 상태이므로 탄력성이 크게 떨어진다. 농업생태계는 작물수확에 초점을 맞추기 때문에 생육기간 동안 이루어 놓았던 균형이 수확과 함께 확연히 달라진다. 이러한 특성 때문에 농업생태계는 오로지 외부에서 사람의 노력과 보조에너지를 투입하여 관리하여야 하는 생태계이다. 자연생태계와 농업생태계에는 서로 뚜렷한 차이가 있지만(표 1-7), 두 생태계는 이어져 존재한

[표 1-7] 농업생태계와 자연생태계의 위치, 구조와 기능의 비교

부문	자연생태계	농업생태계	도시(인간)생태계
종류	산림, 해양, 호수 등	농경지, 초지, 방목지, 축사 등	농촌, 도시, 군부대, 공업단지, 공원 등
생물	• 다양성 유지 • 생태계 안정 → 극상	• 선택된 개체군 우점 • 생태계 불안정	• 인간 중심
에너지 의존	• 태양에너지	• 태양에너지 • 보조에너지(화석연료, 인력)	• 농업생태계에서 에너지 수입(식품) • 화석에너지 • 핵에너지(전기)
물질	• 생물적, 비생물적 순환 • 수자원 함양 • 대기정화 • 온실가스 고정	• 일부 순환 • 도시생태계 배출 유기자원 수용 • 도시생태계에서 비료, 농약 수입 • 수자원 이용과 함양 • 수질정화 • 대기정화 • 온실가스 고정	• 1차생산물 수입 • 폐유기자원 배출 • 비료, 농약 생산 수출 • 수자원 이용과 수질 오염
구조와 기능	• 순생산성: 중간 • 영양단계의 상호관계: 복잡 • 종 다양성: 높음 • 유전자 다양성: 높음 • 영양문질 순환: 폐쇄 • 안정성: 높음 • 인위적 조절: 독립적 • 지속기간: 장기간 • 서식지 균질성: 다양	• 순생산성: 높음 • 영양단계의 상호관계: 간단 • 종 다양성: 낮음 • 유전자 다양성: 낮음 • 영양문질 순환: 개방 • 안정성: 낮음 • 인위적 조절: 의존적 • 지속기간: 단기간 • 서식지 균질성: 간단	

다. 생태계를 편의상 자연생태계, 농업생태계, 도시(인간)생태계로 나누어 놓고 보면 실제로 그 경계가 뚜렷하지는 않다. 공간배치를 보더라도 사람이 자연생태계에 이르려면 농업생태계를 거쳐야 하듯이 생태계의 요소도 서로 영향을 주고받는다. 자연생태계가 사람의 영향이 조금도 미치지 않은 완전 독립적인 것으로 볼 수 없고, 농업생태계 또한 사람이 물질과 에너지를 투입하여 가꾸지만 완전히 인간 의존적이라고 말할 수 없다. 따라서 농업생태계가 종의 다양성, 영양물질의 순환, 서식장소의 불균질성 면에서는 자연생태계의 특성에 다가갈 수 있다는 것을 전제로 하면, 지속농업의 전개가 가능하다.

(4) 농업생태계와 자연생태계의 비교

농업생태계의 위치와 기능을 알아보기 위하여 농업생태계에 대한 공간적 경계의 기준을 정하여야 한다. 농업생태계의 공간의 한계를 정하는 것은 다른 생태계에서와 마찬가지로 정하는 사람의 주관이 작용하여 조금 독단적이다. 실제로 농업생태계는 하나의 농장과도 같다. 농장은 한 필지로 된 것도 있고, 주위의 필지를 묶어서 하나의 농장으로 보기도 한다. 또 하나의 쟁점은 농업생태계에 대한 관념적 개념과 구체적 유형에 대한 정의다. 그리고 농업생태계와 이어진 도시(인간)생태계와 자연생태계와의 상호관계이다. 농업생태계는 그 특성상 자연생태계와 도시생태계 양쪽에 그물로 얽혀 있을 수밖에 없다. 생태계가 이어졌다는 것은 서로 밀접한 관계가 있고, 농업생태계와 도시생태계는 서로 완전 개방된 상태이며, 상호 의존적이고, 자연생태계라고 하더라도 조금은 개방된 상태라는 것을 부인할 수 없게 되었다.

인류 역사에서 인간은 자연생태계를 보전하기 위하여 농업생태계를 확립해 왔다. 그렇다면 자연생태계를 보전하려면 농업생태계가 자연생태계의 기능을 상당 부분 확보하도록 관리해야 한다. 그러나 관행농업은 농업생태계를 도시생태계에 의존하도록 이끌어 왔고, 그 때문에 안정성이 낮은 농업생태계의 교란은 말할 것도 없고 자연생태계까지 교란될 위기에 처하게 된 것이다.

농업생태계의 관리를 위해서는 농업생태계를 중심으로 무엇이 외부이고 무엇이 내부인지 밝혀 구분하여야 한다. 이러한 구분은 농업생태계의 투입과 산출을 분석할 때 필요하다. 표 1-8에서 보는 바와 같이 농업생태계에는 반드시 외부에서 투입하여야 하는 것이 따로 있고, 생산된 동화물질(에너지)을 외부로 산출하는 것이 있는가 하면, 일부는 생태계

[표 1-8] 농업생태계의 투입환경과 산출환경

투입환경	농업 생태계	산출환경
에너지 = 태양에너지 + 보조에너지 ➡		➡ 동화 축적된 에너지와 물질
물질과 생물 유기체 ➡		➡ 생물 유기체의 이동

생태계 = 투입환경 + 개방시스템 + 산출환경

안에 두는 것이 있어서 그것이 분석대상이 된다. 여기에서 투입환경이라는 말은 어떤 경우든 농장(농업생태계) 밖에서 농장 안으로 에너지나 물질을 투입하는 것이고, 산출환경은 농장 안에서 생산된 동화물질(에너지)을 농장 밖으로 끌어내는 것이다. 외부에서 투입하는 것에는 무기질비료, 농약, 종자, 화석연료, 농기계 사용, 관개, 고용노력 등 다양한 보조에너지가 있다. 자연상태의 투입에는 태양에너지, 강수, 바람, 홍수로 인한 침전물, 식물 번식체 등이 있다. 산출은 주로 수확하는 농산물이다.

1.2.4 농업생태계의 지속성(Sustainability)

지속적 농업환경생태계는 자원을 유지할 수 있고, 외부로부터 도입되는 인위적 투여를 최소화할 수 있어야 하며, 생태계 내부에서 일어나는 반응원리를 이용하여 병해충을 방제할 수 있어야 하고, 또한 농작물의 재배와 수확에 의하여 초래되는 교란을 회복할 수 있어야 한다. 현재의 지식을 바탕으로 볼 때 농업생태계의 지속성은 최소한 다음과 같은 특성을 가지고 있어야 한다(양재의 등, 2005).

- 환경에 대한 부정적인 영향을 최소화하며 대기, 지표수 및 지하수로 독성물질을 방출하지 말아야 한다.
- 토양비옥도를 보전하고 재구축하여야 하고, 토양유실을 방지할 수 있어야 하며, 토양의 생태학적인 건전성을 유지하여야 한다.
- 지하수 대수층이 충진될 수 있는 방안으로 수자원을 활용하여야 한다.
- 농업생태계 내에 있는 자원에 주로 의존하여야 한다.
- 야생생태계와 순화된 생태계에서 생물학적 다양성을 유지하여야 한다.

- 적절한 영농관리방법, 지식, 및 기술이 투입될 수 있도록 보장되어야 하며 농업자원의 국부적 지역적 조절(local control)이 가능하여야 한다.

표 1-9에는 자연생태계, 지속적 농업생태계, 전래적인 농업생태계에서 일어나는 특성들을 비교하여 나타내었다. 이 비교를 통하여 일반적인 원리를 유도할 수 있는데, 즉 농업생태계의 구조적 · 공익적 기능이 자연생태계와의 유사성이 크면 클수록 농업환경생태계의 지속성은 크다. 이러한 원리가 사실일 때 자연생태계의 반응, 구조 및 변화비율에 대한

[표 1-9] 자연생태계, 지속적 농업생태계, 전래적인 농업생태계의 특징 비교

특징	자연생태계	지속적 농업생태계	전래적인 농업생태계
• 생산성(과정)	중간	중간/높음	낮음/중간
• 다양성(diversity)	높음	중간	낮음
• 회복력(resilience)	높음	중간	낮음
• 생산력 안정성(output stability)	중간	낮음/중간	높음
• 융통성(flexibility)	높음	중간	낮음
• 생태적 반응의 인위적 대체	낮음	중간	높음
• 외부의 인위적 투입에의 의존성	낮음	중간	높음
• 자치성(autonomy)	높음	높음	낮음
• 지속성	높음	높음	낮음

관측값과 측정값 등은 특정 지역에서 지속적 농업환경을 설계하고 관리하는 데 기준치로 활용될 수 있다. 농업환경생태계가 자연생태계와의 접근성 정도를 판정하는 데 이러한 기준치가 활용될 수 있다. 농업환경의 지속성을 언급할 때 전통적(traditional) 농업환경생태계의 특징을 고찰해 볼 필요성이 크며 이러한 생태계가 지속적 환경생태계로 전환되기 위하여 필요한 원리 등이 무엇인지 알아보아야 한다. 공통적인 고전 농업생태계는 어떤 의미에서 지속적 환경을 지니고 있었고 이의 특징을 살펴보면 다음과 같다.

- 외부로부터 구입된 투여에 의존하지 않는다.
- 지역적으로 활용가능하고 재생할 수 있는 자원을 집약적으로 활용한다.
- 영양소의 재활용을 강조한다.
- 농업환경의 내 · 외부에 유익하거나 최소한의 부정적인 영향을 미친다.

- 환경의 커다란 변화나 조절에 의존하는 대신 국부적인 조건에 적응하거나 또는 내성을 갖는다.
- 작부체계, 농경지 및 지역 내에서의 미세환경적인 변이를 충분히 이용한다.
- 총 시스템의 장기적인 생산능력을 희생하지 않은 채 생산성을 최대화한다.
- 공간적 · 시간적 다양성과 연속성을 유지한다.
- 국부적인 작물 종류에 의존하고 때로는 양생식물과 동물을 활용한다.
- 국부적으로 요구되는 생산성을 우선적으로 한다.
- 외부의 경제적인 요인에 비교적 의존하지 않는다.
- 농촌거주자의 지식과 문화에 근거하여 생성되었다.

(1) 환경친화적 지속적 영농방법으로의 전환

고전적인 농업은 현대농업에 직접적으로 접목되기는 어려우나 지속적 농업환경에 매우 유익한 정보를 제공하고 있다. 지난 30여 년 동안 생산성 향상과 경영이익에 집착한 나머지 환경에 부정적인 영향을 미치게 되었다. 이로 인하여 전통적인 농부들은 지속적이며 환경친화적인 영농체계로의 전환을 시도하게 되었다. 이런 시도를 유도하게 된 몇 가지 요인을 살펴보면 다음과 같다.

- 사용되는 에너지 비용의 상승
- 전래적인 영농방법에 의한 이익이 낮음
- 시행 가능한 새로운 영농방법의 개발
- 소비자, 생산자 및 법 이행자들 사이에서 환경의 중요성이 부각되고 있음
- 지속적인 방법에 의하여 재배되고 가공된 농산물에 대한 새롭고 강력한 시장 형성

환경친화적 지속적 농업으로의 전환은 매우 복잡하며 영농방법, 관리방안, 계획, 시장성 및 철학 등에 있어서 변화를 요구한다. 다음의 몇 가지 원리의 예는 이러한 전환에 대한 일반적인 지침으로 활용될 수 있다.

- 근류균(rhizobia)의 생물학적 질소고정과 균근균(mycorrhizal fungi)을 통하여 토양 인산의 흡수 등, 자연적인 반응과정에의 의존성을 증대하는 영양소 재활용방안으로의 전환
- 재생가능한 에너지원을 활용
- 농부, 생산자, 또는 소비자의 건강에 유해하거나 환경에 불이익을 보여줄 수 있는 재생불가능한 인

위적인 외부 투입을 제거

- 합성되거나 제조된 투여 대신 자연적으로 발생되는 물질 투여
- 병해충과 잡초를 억제(control)하는 대신 관리(manage)
- 농경지에서 자연적으로 일어날 수 있는 생물학적 반응들을 감소시키거나 단순화시키는 대신 재정립시킴
- 토양, 수자원, 에너지 및 생물학적 자원의 보전 필요성 강조
- 장기적 지속성의 개념을 전체 농업환경 생태계의 설계 및 관리 도입
- 특정 작물의 생산소득대상 농업환경생태계의 전체적 건전성에 큰 가치를 부여
- 농업에 유용한 작물과 동물종의 생물적 유전적 잠재성을 농경지의 생태학적 조건에 적응시킬 수 있는 전략 활용

그러나 농부들에게 지속적 농업으로의 갑작스런 전환은 불가능할 뿐 아니라 실용적이지 못하다. 최종적인 목표를 달성하기 위하여 거쳐야 할 단계가 있다.

- 1 단계: 전래적인 영농방법의 효율성을 증대하여 가격이 비싸거나 환경에 위해적인 투입을 감소시킴
- 2 단계: 전래적인 투입과 영농방안을 대체적인 방안(alternative practice)으로 대체함
- 3 단계: 농업환경생태계를 다시 설계하여 생태적인 반응에 근거하여 기능을 보여주게 함

1.2.5 농업생태계의 지속성 평가

생태계의 원리를 이용한 전환은 다음과 같은 자료를 수집·분석하여 평가할 수 있다.

- 시간에 따른 생태적인 요인과 반응의 변화를 조사
- 영농관리방안, 투입, 설계 및 관리를 변경함으로써 초래되는 수량의 변화를 관찰
- 전환에 따른 에너지 사용, 노동력, 소득의 변화
- 농업환경의 지속성에 대한 핵심지표를 선발하고 계속적으로 감시
- 농민에게 적합한 지표들을 선발하여 감시 프로그램에 활용

표 1-10에는 농업환경생태계의 지속적 공익기능을 평가하기 위하여 필요한 기본골격을

[표 1-10] 농업환경 생태계의 지속성과 관련된 항목들

특성 요인	구 분	항 목
토양자원	장기적	표토의 토심; 표토의 유기물함량 및 질; 용적비중 및 경운층의 다짐; 수분 침투력; 무기 양분 함량 및 염분도; CEC와 pH; 영양소 함량비율, 특히 C/N 비
	단기적	년간 유실량; 영양소 흡수효율; 필수영양소의 유효도 및 급원(sources)
수자원	농지에서의 수분이용 효율	관개수 또는 강수량의 침투력; 토양의 수분보유력; 침식에 의한 손실률; 근권에서의 담수량; 배수효율성; 식물에 유효한 수분의 분포
	지표수 흐름	지표수 흐름지역과 습지에서의 토사유출과 침전; 농약의 이동과 농도; 표면 유실 비율과 협곡의 형성; 불특정 오염원을 감소시킬 수 있는 보전 체계의 효율성
	지하수질	토양단면을 통한 수분의 이동성; 영양소, 특히 질산태 질소의 용탈; 농약과 기타 오염물질의 용탈
생물자원	토양 내	토양의 총 생물체; 생물체의 변환 비율; 토양미생물의 다양성; 미생물활성과 관련된 영양소 순환비율; 다른 농업환경 생태계에 저장된 영양소 또는 생물체의 양; 유용한 미생물과 해로운 미생물의 균형; 근권의 구조와 기능
	토양 위	해충밀도의 다양성 및 풍족성; 농약에의 저항성; 유용한 천적의 다양성과 양; 생태적 적소(niche)의 다양성 및 중첩성; 관리전략의 지속성; 고유동식물의 다양성 및 풍족
생태계 차원		연간 생산량; 생산과정의 요소; 구조적 · 기능적 · 수직적, 수평적 일시적 다양성; 변화에 대한 안정성 및 저항성; 교란으로부터의 회복력; 외적 투입의 기원 및 강도; 에너지의 급원 및 이용효율; 영양소순환 효율 및 비율; 개체수 증가비율; 군락의 복잡성 및 상호작용
생태적 경제 (농가소득)		단위 생산비용과 소득; 유형자산의 투자비율과 보전; 부채 및 이자비율; 시간에 따른 경제소득의 변이; 보조금에의 의존성; 생태적인 영농과 투자에 대한 상대적 회수비율; 영농관리에 따른 농경지 외적 요인과 비용; 수입의 안정성과 영농관리방안의 다양성
사회적 · 문화적 환경		농민, 농업종사자, 소비자에게의 소득의 균등성; 외적 요인의존성의 수준; 지역적 자원의 자급능력과 이용; 타문화와 국제적인 관계에서의 사회적 정의; 생산 과정에서의 참여의 균등성 등

제시하고 있다. 이 지표들은 기후, 자원, 기타 지역특이성이 다른 농업시스템에 모두 적용될 수 없지만 농업환경이 지속성으로 변화되는지 아니면 환경파괴적으로 진행되는지를 평가하기 위하여 일반적으로 고려되어야 할 항목들이다. 각각의 농업시스템에서는 그 지역에 특이한 항목을 선발하여 농업환경의 지속성과 공익적 기능을 평가하면 될 것이다. 농업이 보다 환경친화적 지속성을 유지하는 데 기여할 수 있는 연구를 위해서는 지속성을 측정하고 계량화할 수 있는 기본 골격을 준비할 필요가 있다. 생산자들은 특정한 농업시스템이 지속성에서 얼마나 멀리 떨어져 있는지, 어느 정도의 지속성에 접근하여야 하는지, 지속적 기능을 보여주기 위하여 어떤 변화를 가해 주어야 하는지 등을 인식하여야 할 것이다. 일단 지속성에 대한 목표가 설정된 후에는 지속적 기능이 달성되었는지를 결정하기 위하여 계속적인 모니터링이 필요하다.

1.2.6 지속가능한 농업(Sustainable Agriculture)의 정의와 특성

세계의 인구는 계속 증가하고 있으며, 농업의 생산성은 화석연료의 사용과 다른 제한된 재생할 수 없는 자원의 사용에 여전히 의존하고 있는 실정이다. 이와 같이 외부에너지의 사용에 의존하는 농업생산성은 결국 생산능력을 저하시키고 인구 증대에 따른 식량의 추가 생산을 지속할 수 없는 상황에 도달하게 될 것이다. 또한 토양유실과 집약적 경작에 따른 질 악화, 부영양화 등의 환경오염, 산림벌채에 따른 환경용량의 변화 등 많은 문제점이 지적되고 있다. 즉, 농업이 지속적이지 못하게 되는 우려가 심각하게 제기되고 있는 실정이다.

전래농업은 생산성의 향상과 이에 따른 농가소득의 증대에 그 목표를 두어왔다. 그러나 생산성과 이윤의 증대를 위해 비료와 농약을 과다 사용하는 고투입농업(high input agriculture)에 의존한 집약적 농업을 수행해온 결과 토양의 질 악화와 주변 수질환경(호소, 지하수, 지표수)의 오염을 초래하게 되었다. 따라서 현대농업의 목표는 생산성의 유지·향상과 환경의 질을 보전하는 2가지 명제를 해결해야 하는 새로운 패러다임으로 변화하고 있다. 현대농업의 목표 달성을 위하여 시행되는 농업이 저투입 지속적 농업(Low Input Sustainable Agriculture, LISA)이다. 이의 기본원리는 생산목표를 설정하여 작물에 의한 영양소의 총요구량을 산정하고, 토양검정을 통하여 적절한 양의 비료를 사용하며, 적절한 영양소 관리를 통하여 생산성을 유지·향상시켜 소득을 유지하고 환경의 질을 보전·향상시키는 것이다. 외국에서는 이를 환경친화형농업(Environmentally Sound Agriculture, ESA)이라 부르기도 하며, 우리나라의 경우 환경농업, 친환경농업이 여기에 해당된다고 볼 수 있다. 지속적 농업의 정의에 대한 몇 가지를 소개하면 다음과 같다 (Gliessman, 2001).

- 지속적 개발이란 미래 세대들이 그들의 요구를 충족시킬 수 있는 능력을 대체하지 않은 채 현재의 요구를 충족시킬 수 있는 개발이다.
- 지속적 농업이란 자원을 이용함에 있어 인간의 활용성과 효율성을 극대화시킬 수 있는 체계이며 인간과 대부분의 생물 종에 유익하도록 환경과의 균형을 유지하는 것이다.
- 지속적 농업이란 이윤을 증대시키고, 환경을 보전하며, 농촌(communities) 삶의 질을 개선하는 것이다.
- 지속적 농업이란 장기적인 관점에서 농업이 의존하고 있는 환경의 질과 자원을 향상시키는 것으로, 인간이 필요한 식량과 섬유질을 공급하며, 경제적으로 가능하고, 농부와 농촌 전체의 삶의 질을 향상시키는 것이다.
- 지속적 농업이란 자연자원의 관리와 보전을 포함하고, 현재 세대와 미래 세대들의 요구를 확실하게 충족시키며, 계속적으로 만족시킬 수 있는 방안으로 기술적·제도적 변화를 정위(orientation)시키는 시스템이다. 그러한 지속적 농업은 토지, 물, 동식물 유전자원들을 보전하며, 경제적으로 가능하고, 사회적으로 수용될 수 있어야 한다.

농업의 지속성이란 용어는 명확하게 정의될 수 있는 특정한 의미를 지닌 용어는 아니다. 농업의 지속성과 농업이 환경에 미치는 영향에 관한 관심사는 생산비용과 이윤에 크게 의존할 수 있으며, 투자와 이윤 사이의 균형은 여러 상황에 의존하게 된다. 그럼에도 불구하고 지속성이란 개념은 여러 가지 형태의 인간활동을 포괄할 수 있는 유익한 용어이나 지속성에 관한 용어는 다양한 의미를 지닐 수 있다.

위에서 지속성의 정의에 관한 예를 몇 가지 살펴보았듯이 지속적 농업이란 물리적, 생물학적, 경제적, 사회적 차원에서의 의미를 지니고 있다. 농업활동은 생산성이 유지되고 이윤을 창출할 수 있어야 하며, 이를 위한 농업인의 능력은 농업정책, 인건비, 농자재 비용, 임차료, 사회환경 등과 같은 다양한 경제적 · 사회적 조건에 의존하게 된다. 따라서 생산성 향상과 환경보전의 대책수립을 위한 농업인의 인식과 투자는 당연히 다르다. 그러므로 경제적 · 사회적 조건이 농업지속성의 지표가 될 수 있다.

농업의 지속성은 환경에 미치는 농업의 영향에 크게 의존할 수 있지만 지속성이란 개념에 있어서 명확한 기준은 없는 실정이다. 지속적 농업이란 처방된 방식의 영농방법이 될 수 없는데 이는 농경지가 환경의 한 구성요소이며, 농업과 다른 자연과 사회와의 관계가 매우 복잡하기 때문이다. 기후, 영농조건, 개발 수준 등이 다르기 때문에 영농방법은 지역에 따라 달라진다. 따라서 지속적 농업이란 농업인의 영농관리방안에 대한 장기적 영향을 고려하여야 하는 새로운 도전이 될 수 있을 것이다. 무엇이 지속적 농업인가는 농민과 지역에 따라 상이하다. 지속적 농업에 있어서 중요한 관점은 비료의 사용과 영양소 관리를 통한 농산물의 생산에 비춰서 조명되어 왔으나, 농약의 사용, 지형 변화, 농촌사회구조의 변화 등이 농업의 지속성에 대한 논란의 주제에 포함되고 있다. 지속성에 관한 논란은 계속될 것이다.

1.2.7 농업의 지속성 확보방향

20세기에는 농경지면적의 확대와 단위면적당 수량 증대로 식량 증산을 이룩해 왔다. 증산에 동원된 기술들을 장기간 검토하여 평가한 결과 엄청나게 많은 부정적인 결과를 가져와 농업의 토지생산성 기반이 흔들리고 있음이 확인되었다. 생산성 증대만을 추구하는 관행농업은 세계의 인구 증가에 충당하는 식량생산을 기대할 수 없게 되었다.

그렇다고 농경지면적의 확대가 식량생산 증대의 능사는 아니다. 농사를 지을 수 있는 지구상의 땅은 거의 사람의 손길이 닿았고, 농경지로 활용하고 있는 토지도 도시의 확장, 토양의 열악화, 사막화 등으로 빼앗기고 있는 실정이다. 도시화와 산업화는 계속해서 농경지를 내놓으라고 할 것이다. 개발이라는 이름으로 농업의 희생을 대수롭지 않게 여기는 정부의 정책은 얼마 가지 않아서 후회의 결과를 가져올 것이다.

우리나라의 경지면적은 1970년에 2,297,500 ha이던 것이 30년 후인 1999년에는 1,898,900 ha로 17% 이상이 줄어들었다. 세계적으로 보아도 농경지 면적은 1970년대부터 1990년대까지 약 6,000만ha가 증가되었으나 1990년대 이후부터는 떨어지기 시작하여 1995년에 이미 2,000만ha가 줄어들었다.

더 이상 관개하여 농사지을 수 있는 경지면적은 늘어날 것 같지 않다. 건조지역과 기후변화로 인하여 습윤지대가 건조지대로 바뀌는 지역에서는 이미 물은 희귀한 자원이 되어 농업용수로 쓸 여분이 없다. 그 때문에 새로운 수자원으로 지하수를 개발하지만 미국 일부와 사우디아라비아 같은 곳은 심각한 환경문제에 처해 있을 뿐만 아니라, 농업용수와 더불어 생활용수와 산업용수의 수요도 늘어나 물부족현상에 직면하고 있는 실정이다. 우리나라에서도 가뭄 때 개발한 지하수 관정의 관리가 허술하여 문제가 되고 있다.

휴경지는 해가 거듭되면 자연생태계로 돌아가, 다시 경지로 사용하려면 개간비용이 들어가야 한다. 또한 개간은 토양침식을 조장하는 결과를 가져올 수 있어 조심스럽다. 그렇더라도 휴경지를 경지로 다시 돌려주는 일은 제한적이긴 하지만 경지면적 확보의 한 방법이다. 그리고 자연식생보다 농작물재배가 대기의 이산화탄소 흡수를 촉진한다는 사실도 염두에 두어야 할 것이다.

현재의 지식을 바탕으로 지속농업이 나아갈 바를 요약하면 다음과 같다.

- 앞으로 농업이 취해야 할 길은 농산물 소비자의 소비형태와 농경지 이용의 변화에 따라 누구에게나 한층 더 균등한 이익을 보장하는 생산성을 장기간 유지하는 일이다. 즉, 장기간에 걸친 농경지의 생산성 확보는 지속적인 식량생산에 주안점을 두어야 한다. 지속성은 농업현장에서 일어나는 생태학적 과정에 대한 철저한 지식에서 비롯된 대체영농기술을 통해서만 확보할 수 있다. 이것을 기반으로 하여 식량과 관련된 모든 분야의 지속성을 촉진하는 사회적·경제적 변화를 향하여 매진하여야 한다.
- 농업생태계에서 외부 환경에 주는 부정적 영향을 최소화하고, 독성물질이나 위해성물질을 대기나 지표수 또는 지하수로 방출하지 말아야 한다. 농산물 오염으로 인한 인체건강의 문제는 여기에서는 거론할 필요조차 없는 중대한 문제이다.
- 토양의 비옥도를 유지 또는 복원하고, 토양의 침식과 유실을 막으며, 생태학적으로 토양을 건전하게 보전한다.
- 관개용으로 지하수를 사용하되 대수층을 곧 다시 채우는 방법을 강구하며, 환경과 인간을 고려한 물의 요구량을 설정한다.

- 주로 농업생태계의 내부 또는 인근 공동체의 자원에 의존하도록 하고, 외부 보조에너지 투입에 따른 영양물질의 순환을 촉진하며, 더욱 향상된 보전대책을 강구하고, 지속농업의 바탕이 되는 생태학적 지식의 확장에 힘쓰도록 한다. 특히 순(純)에너지(net energy) 향상 영농방법을 구현한다.
- 생물다양성, 농촌의 자연경관과 조성된 경관 모두에 대한 가치의 인식과 보전에 힘쓴다.
- 지속농업에 알맞은 영농방법, 지식, 기술에 접근할 수 있는 균등한 기회를 보장하며, 농업자원의 지역 내 조정을 가능하게 한다.

1.3 농업의 공익적 기능 평가

1.3.1 다원적 기능의 정의

농업의 다원적 기능(multifunctionality)이란 일반적으로 농업이 식량생산이라는 고유한 기능 이외에 식량안보, 경관, 홍수조절, 생물다양성 보호 등 다양한 기능을 함께 하는 현상을 지칭하는 것으로, 최근 들어 농업정책을 논할 때면 농업의 다원적 기능은 어김없이 등장하는 주제가 되었다.

이렇듯 농업의 다원기능이 중요한 이슈로 등장한 것은 최근 진전되고 있는 농산물 무역 자유화 논의와 밀접하게 관련되기 때문이다. 농산물 시장개방 이전에는 경쟁력이 낮은 나라에서도 자국민의 식량 마련 차원에서 농업을 지속할 수 있었고, 이와 함께 다양한 편익이 자동적으로 제공되었다. 그러나 WTO 체제의 출범으로 농산물이 국제무역질서에 편입됨에 따라, 농업생산에 비교우위가 없는 수입국들은 시장원리에 따라 농업생산을 축소할 수밖에 없고, 이러한 생산패턴의 변화는 식량생산뿐만 아니라 농업이 제공하는 다른 긍정적 외부효과의 공급까지도 감소시키게 되었다. 이러한 상황에서 농산물의 무역자유화는 농산물의 생산과 소비의 효율성을 제고시킨다는 당초의 목적과는 달리 농산물 수입국의 후생을 감소시킬 수도 있다는 지적이 제기되면서, 농업의 다원기능이 국제사회의 관심을 끌게 되었다.

한편 농업이 다원적 기능을 지닌다는 사실은 국내 농정에 대한 시각에 있어서도 많은 변화를 가져와, 농업문제는 시장원리만으로는 해결될 수 없으며, 정부의 적절한 개입이 필요하다는 인식에 공감하게 되었으며, 또 한편으로는 다원기능을 고려할 때 현재의 정부 개입이 적절한 수준인지에 대한 검증이 필요하다는 인식의 확산에도 어느 정도 기여하고 있다.

1.3.2 농업다원기능의 본질과 가치의 종류

(1) 농업다원기능의 경제적 본질

농업이 지닌 다원적 기능은 국가나 지역별로 여러 조건에 따라서 그 가치가 다르게 나타나지만 환경과 공공경제학적 측면에서 보면 외부성과 공공재로서 몇 가지 공통된 특징을 가지고 있다.

1) 외부효과

외부성이란 어떤 경제 주체의 경제활동이 시장거래를 경유하지 않고 다른 경제 주체들의 경제활동에 미치는 영향을 의미한다. 이러한 외부성이 좋은 효과인 경우에는 외부경제라고 하며, 반대로 나쁜 효과인 경우에는 외부불경제라고 한다. 논을 예로 들면, 논은 쌀을 공급하는 기능 이외에도 홍수조절기능과 이산화탄소를 흡수하고 산소를 공급하는 대기정화기능 등의 외부경제가 있는 반면, 비료, 농약, 축산폐기물의 과다사용에 의한 토양이나 수질오염, 농지 개발에 따른 야생생물의 서식환경 파괴 등과 같은 외부불경제도 있다.

2) 비경합성

농업활동으로 인해 발생된 다원적 기능은 개개인이 사용함에 따라서 그 가치가 감소되는 것이 아니라 누구나 경합 없이 소유할 수 있는 공공재적인 특징을 갖고 있다.

3) 비배제성

농업다원기능은 불특정다수의 사람이 공동으로 사용하기 때문에 요금을 부과하여 소비를 못하게 하거나 제외시킬 수 없는 공공재인 것이다.

4) 지역고유성

깨끗한 공기, 맑은 물, 아름다운 경관과 같은 농업과 농촌의 다원기능은 지역을 넘어서 이동되거나 거래할 수 없다는 지역 고유성을 갖고 있다.

5) 비가역성

농업은 다른 경제활동에 비해 토지집약형 산업이기 때문에 환경과의 상호관계가 중시될 수밖에 없고, 개발이 진행되면 양호한 농업다원기능의 공급은 점차적으로 감소하며, 개발을 중단한다 할지라도 원래대로 복귀되는 것도 아니다.

(2) 농업의 다원적 가치의 분류

농업·농촌의 다원기능을 가치의 관점에서 분류하면 크게 사용가치와 비사용가치로 구분할 수 있다. 사용가치에는 농업이 산업으로서 본래 지니고 있는 직접사용가치와 직접사용함으로써 발생하는 간접사용가치, 장래의 이용가능성에서 발생하는 선택사용가치, 다음 세대가 이용할 것을 기대하는 유산가치가 있다(그림 1-3).

비사용가치에는 존재하는 것을 알고 있다는 것만으로 만족을 느끼는 존재가치 외에도 선택사용가치와 유산가치가 포함되기도 한다.

각 가치를 구체적으로 예시하면 다음과 같다.

직접사용가치는 농산물 생산기능이나 소득·자산형성기능으로 그 가치는 농업자원의 소유자에게만 귀속된다. 간접사용가치는 농촌의 보건·휴양(레크리에이션)기능, 농업·농촌의 교육기능, 환경보전기능, 녹지자원 제공기능을 말한다. 선택사용가치에는 식량안전보장기능, 녹지자원 제공기능, 농촌전통문화 보전기능이 해당된다. 유산가치에는 환경보전기능, 녹지자원 제공기능이 해당된다. 존재가치는 농촌전통문화 보전기능이 주요한 원천이다. 또한 농업·농촌의 생물자원보존기능이나 경관보전기능도 존재가치의 측면을 지니고 있다. 이처럼 농업의 다원적 기능은 농업자원의 소유자에게만 머물지 않고, 지역주민, 국민, 미래 세대 등에게 광범위한 가치를 발휘하고 있다.

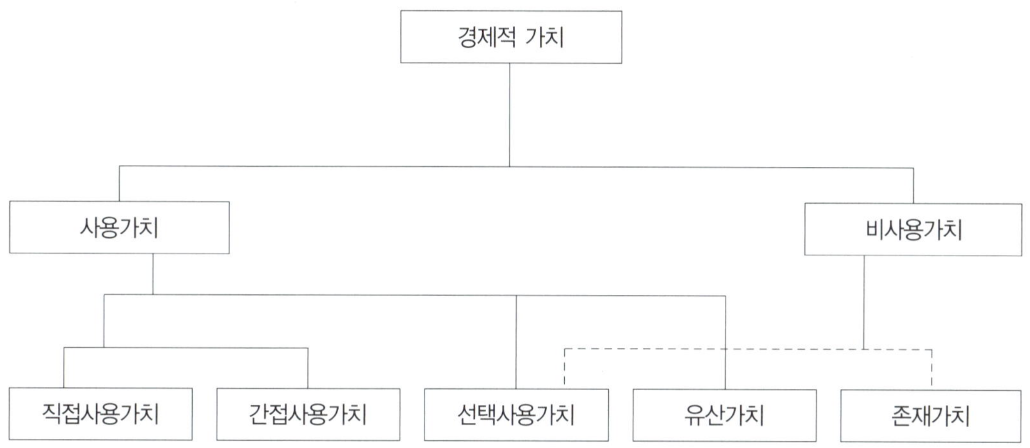

[그림 1-3] 농업다원기능의 자원가치

(3) 다원적 기능과 관련한 국제적 논의의 동향

1992년 UN 환경개발회의에서 농업의 다원적 기능에 관한 논의가 시작된 이후 1996년 세계식량정상회의(World Food Summit) 등을 거쳐, 1997년에는 OECD에서 본격적으로 논의되기 시작하였고, 1998년 OECD 농업각료회의 선언문 채택과정에서 다원적 기능의 개념 수용 및 그 적용방법 등이 쟁점으로 부각되었다.

농산물 수입국들은 농업의 다원적 기능 유지가 농정의 목표로 추진되어야 한다는 주장을 펴온 반면, 농산물 수출국들은 농업보호가 자원분배의 효율성을 저해한다는 논리로 대응했다. 결국은 수입국들의 노력으로 농업활동은 식량과 의복을 공급하는 기본적 기능 외에도 경관유지, 토양보전, 재생가능한 자연자원의 지속가능한 관리, 생물다양성의 보전 등 환경혜택을 제공하고, 많은 농촌지역의 사회·경제적 활력에 기여한다는 점이 각료선언문에 명시되었으며, 농업의 다원적 특성(Multifunctional character)은 향후 회원들이 농업정책을 통해 추구해야할 공동목표 중 하나로 채택되기에 이르렀다.

[표 1-11] 국제기구 및 주요 국가별 농업다원기능에 대한 구성요소

구 분		농업의 다원적 기능의 세부 구성요소
OECD		①경관 ②종·생태계다양성 ③토양의 질 ④수질 ⑤대기의 질 ⑥물이용 ⑦경지보전 ⑧온실효과 ⑨농촌활력 ⑩식량안보 ⑪문화유산 ⑫ 동물복지
FAO	사회적 기능	①도시화 완화 ②농촌 지역공동체 활력 ③피난처 기능
	문화적 기능	①전통문화계승 ②경관제공
	환경적 기능	①홍수방지 ②수자원함양 ③토양보전 ④생물다양성
	식량안보 기능	①국내식량공급 ②국가전략적요청
	경제적 기능	①공동체의 균형발전과 성장 ②경제위기 완화
한 국		①식량안보 ②홍수조절효과 ③수자원함양효과 ④토양유실경감효과 ⑤대기정화효과 ⑥폐기물처리효과 ⑦자연경관유지 및 생태계보전 기능 ⑧사회문화적 순기능 ⑨도시화 완화 ⑩공동체균형발전과 성장
일 본		①국토보전 ②수자원함양 ③생물다양성 보전 ④농촌경관의 창조 ⑤전통문화의 유지 ⑥휴양처 제공 ⑦식량안보
노르웨이		①농촌경관 ②문화적 전통기능 ③생물다양성 기능 ④휴양처 기능 ⑤과학적 교육 기능 ⑥식량안보 기능 ⑦식량안전 기능 ⑨농촌활력 기능
핀란드		①식량안보 ②환경보전 ③농촌활력화 ④동물복지 ⑤식품안전기능

※자료: 서동균, 2003.

　이처럼 다양한 역할을 수행하는 농업·농촌의 다원적 기능에 관한 구성요소는 국제기구별 관심사와 국가별 사회적 요구에 따라 달라질 수 있다(표 1-11). OECD는 경관, 생태계 다양성, 토질, 수질, 대기질 등 11개 요소를 고려하고, FAO는 다원적 기능을 크게 사회적 기능, 문화적 기능, 환경적 기능, 식량안보 기능, 경제적 기능으로 구분하여 15개의 세부요소로 구성하고 있다. 한국에서는 식량안보, 홍수조절, 수자원함양, 토양유실경감, 대기정화, 생태계 보전 등 10개 요소로 구성되어 있고, 일본도 국토보전, 수자원함양, 생물다양성 보전, 농촌경관, 전통문화유지, 식량안보 등 7개 요소로 구성되어 있다. 노르웨이와 핀란드 등 유럽국가의 경우에는 농촌경관, 환경보전, 식량안보, 농촌활력 등의 구성요소를 포함하고 있다.

(4) 주요국의 농업다원기능 유지정책

1) 유럽연합(EU)

- **휴경 보상제**: 휴경면적에 대해 보상지불액과 유사한 수준의 보조금을 지급하고 있으나, 경지면적이 20ha 미만의 소규모 농가에는 휴경의무가 면제된다.
- **조건불리지역 직접지불제**: 조건불리지역 농민들의 소득 향상을 통해 최소한의 인구밀도를 유지하고, 자연경관을 보존하기 위해 실시하는 제도이다.
- **환경보전농업에 대한 직접지불제**: 환경보호적 농업생산방식과 농지의 조림사업, 농촌의 문화유지 및 자연경관 보존 등에 대한 지원제도이다.

2) 영국

- **ESA(Environmentally Sensitive Area) 제도**: 전통적 농업, 농촌경관, 야생동식물 서식지, 역사적 유산 보전 등을 위해 농가와 자율적 계약을 체결하고 보조금을 지급한다.
- **CSS(Countryside Stewardship Scheme) 제도**: ESA지역 외부에 있는 자연경관 및 농촌의 다양성 증진지역의 경관 복구를 위한 정책이다.

3) 프랑스

- **지속적 농업계약**: 농업경영의 '경제·고용'과 '환경·국토보전'에 대한 다원적 가치인 농촌환경·경관 보전, 농촌지역 활력제고, 식품 안전성 및 품질제고 등을 위해 농가와 토지경작계약을 맺고 보조금을 지급하고 있다.
- **경제·고용부문**: 고용증진, 노동조건 개선, 식품안전성, 품질제고, 동물복지 등
- **환경·국토부문**: 수질·대기정화, 토질개선, 생물 다양성 유지, 경관·문화자산보존, 자연재해 예방 등

4) 캐나다

- **대평원 공공초지 활용 시스템(Community Pasture System)**: 대평원의 한계농지를 보존하기 위해 정부가 초지를 조성하고 관리하면서 가축의 과도한 방목을 막아 토양침식을 방지하는 제도

5) 일본

「식료·농업·농촌기본법」에서 식량의 안정 확보와 농업·농촌의 다원적 기능 제고를

주요목표로 정하고 중산간지역 직접지불 등 보조금사업을 추진하고 있다.

- **중산간지역직불제도**: 생산조건이 열악한 중산간 지역의 경작을 유도하고 해당 지역을 정비하기 위해 보조금을 지급하는 정책이다.
- **전원정비사업**: 지역의 특색을 살린 전통적 농업시설 및 아름다운 농촌경관 등의 보전과 복원을 촉진하기 위해 시행하고 있다.

6) 한국

「식품 · 농업 · 농촌기본법」에서 강조하고 있는 농업농촌의 다원적 기능을 향상시키기 위해 직접지불제, 전통테마마을 육성, 전통지식기술 자원화 등의 사업을 추진하고 있다.

- **조건불리지역 직접지불제**: 경사도 14% 이상의 조건불리지역에서 생태계보전농업 실시를 위해 지자체와 마을간 협약에 의해 보조금을 지급한다.
- **경관보전 직접지불제**: 유채, 메밀, 보리 등 경관작물 식재, 관리에 대해 자자체와 마을간 협약에 의해 보조금을 지급한다.
- **생물다양성 관리계약**: 겨울 철새 도래지 인근 농경지 소유자와 지자체간 협약에 의해 철새서식지 조성 이행금을 지급한다.
- **쌀 소득보전 직불제**: 논농업의 공익성을 근거로 시행되던 논농업직불제를 발전시킨 것으로 목표가격과 시장가격의 차액의 85%를 보전해 주고 있다.

1.3.3 농업이 환경에 미치는 공익적 효과

(1) 농업농촌의 활력증진 및 지역균형발전기능

1) 고용창출

농업은 농촌에 일자리를 제공함으로써 소득을 창출하고 농촌에 사람이 살게 하여 지역경제를 활성화시키고, 지역 사회간접자본의 유지 · 보전 등 국토균형발전에 기여한다. 특히 농촌은 도시에 비해 고용기회가 적고, 농업인들의 교육 수준, 연령 등을 감안할 때 이들의 비농업 분야 취업이 어렵기 때문에 농업의 고용효과는 매우 중요한 다원적 기능이다.

2) 국토의 균형발전

농업은 인구를 전 국토에 분산시켜 지역경제를 활성화하는 동시에 농촌지역의 사회간접자본 보호, 기초생활 편의시설의 최소시장 확보, 국토유실 방지 등 다양한 지역사회 발전 기능을 수행하고 있다. 농업의 이러한 기능이 없다면 도시 과밀화로 인한 교통사고, 범죄, 주택, 교육문제뿐만 아니라 산사태, 도로 및 교량 유실, 지역사회 공동화 등으로 많은 사회적 비용이 발생할 것이다.

(2) 논농업의 환경적 공익기능

1) 홍수조절능력

아시아 몬순기후대에 속한 우리나라에서는 연강우량의 60%가 집중되는 6~8월 사이가 홍수기간이 된다. 이와 같은 홍수기간 중 우리나라 논은 논둑높이에서 담수깊이를 뺀 값과 홍수기간 중 투수속도의 합만큼의 물을 저장할 수 있다.

2) 지하수 함양

논과 밭에서는 관개수와 빗물이 지하로 침투되어 지하수를 함양하고 이러한 지하수는 생활용수는 물론 하천의 유량을 유지시키는 데도 사용되고 있다. 지하수 저장 가능량은 투수속도, 담수기간, 농경지 내 잔류율의 곱으로 계산될 수 있다.

3) 여름철 대기냉각효과

여름철 콘크리트 옥상에 물을 뿌리면 잠열증발에 의해 실내온도가 낮아지듯이, 논에 담수된 물의 증발과 식물을 통한 증산과정에서 주위의 열이 흡수되므로 여름철 대기온도는 낮아진다. 이같이 논농업은 대기온도를 낮추기 위해 소모되는 물의 양과 에너지 사용을 절감시켜준다. 잠열증발에 의한 논농업의 대기냉각효과는 고온기 평균 일증발산량과 고온기간의 곱으로 산정할 수 있다.

4) 토양유실 경감

토양은 이온교환작용, 분해작용, 여과작용 등 그 기능이 중요할 뿐만 아니라 물과 양분을 담고 있는 그릇의 역할도 한다. 따라서 토양이 유실되면 토양의 자연정화능이 상실될 뿐만 아니라 토양입자에 흡착되어 있던 비료성분이 하천으로 유입되어 오염원이 되는 동시에 토양은 점차적으로 척박해진다. 이러한 토양유실은 지형, 강우, 토양특성, 토양관리, 그리고 작물종류에 따라 밀접한 영향을 받는다. 논은 평탄한 조건을 갖추고 논둑이 있으므로 논에서의 토양유실은 매우 적으며, 경사지에서 유실된 흙이 논에 유입됨으로써 토양유실을 방지하는 효과가 있다.

5) 대기정화

벼가 논에서 자라는 동안 광합성 과정에서 공기중의 이산화탄소를 흡수하고 산소를 대기 중으로 방출함으로써 이중으로 대기정화기능을 수행한다. 작물생산과 관련하여 산소 발생량은 작물생산량, 총 탄소함량, O_2/C분자량 비율의 곱에 의해 산정된다.

6) 수질정화

농업용수로 사용되는 하천수가 오염된 경우, 논으로 유입된 하천수 중의 질소, 인, COD, 부유물 등이 벼에 의해 흡수되고 토양에 침전, 흡착되거나 분해되어 수질이 크게 개선된다. 한편 논에 뿌려진 비료는 작물생육에 이용되지만, 일부는 토양에 남거나 빗물과 함께 유실되며, 또한 땅속에 스며들어 지하수를 오염시키기도 한다. 따라서 농경지에 뿌려진 비료는 농경지에서 전량 소화될 수 있는 농경지관리기술의 정착이 농업의 다원기능을 제고시키는 중요한 기술이 될 것이다.

7) 폐기물 처리

농업은 가축분뇨 등 각종 유기성 폐자원을 퇴비로 만들어 농경지 내에서 소비함으로써 폐기물 처리기능을 수행한다. 농경지는 이러한 유기성 폐자원의 순환기능을 수행하는데, 이러한 기능은 농업활동을 하지 않으면 상당부분 없어질 것이며, 이에 따른 경제적 손실은 막대할 것이다. 따라서 이러한 기능의 수행을 위해서도 국내의 식량생산농업은 지속되어야 한다(서명철 등, 2004).

[표 1-12] 우리나라 논과 밭농업의 환경적 공익기능 계량화

다원기능	구성 요소	논	밭
홍수조절기능	논둑높이	26.1 cm	
	담수깊이	4.5 cm	151.9 mm (홍수가세강우량)
	투수속도	7.6 mm/day	20.5 % (물유출량)
	단위면적당 기능	2944.4 톤/ha	1,208 톤/ha
	경지면적(2002)	1,138,408 ha	739,724 ha
	총 기능	33.5 억톤	8.93 억톤
지하수 함양	투수속도	7.6 mm/day	9.9 mm/day (포화수리전도도)
	담수(논)/투수(밭)기간	113일	2.22일 (80 mm 이상 강우)
	담수심	45 mm	
	(100-하천유입율)	45 %	43 %
	단위면적당 기능	3,865 톤/ha	94.5 톤/ha
	총 기능	44.0억 톤	69,908만 톤
고온기 대기 냉각효과	잠재증발산량 3.35 mm/일 이상	54.4일	54.4일
	단위면적당 기능	4050 톤/ha	154.78 mm/day
	총기능	46.1억 톤	12,398억 톤
	상대비교	논농사지역이 도시지역보다 평균 6.1℃ 낮음	
토양유실 방지	경사지 유실량	26.1 톤/ha	84.7 톤/ha (나지-밭)
	총 유실 방지량	1,890만 톤	6,134만 톤
대기정화	조곡수량	6,189 kg/ha	작물, 작부체계별 다양
	고중수량	7,169 kg/ha	
	총 biomass	13,770 kg/ha	
탄소함량	단위면적당 CO_2 흡수량	21.21 톤/ha	12.7 톤/ha
	단위면적당 산소방출량	15.42 톤/ha	9.2 톤/ha
	총 기능량(CO_2제거)	2,415 만톤	939.4 만톤
	총 기능량	1,757 만톤	680.5 만톤
가축분 소화능	경엽채소 질소표준시용량기준	계분 5.3, 돈분 7.3 우분 13 톤/ha	
	경엽채소 인산표준시용량기준	계분 3.3, 돈분 2.6 우분 5.6 톤/ha	

(3) 논농업의 생태계 보전기능

1) 생물서식지 제공

논은 농가가 쌀을 생산하기 위하여 인공적으로 만들어 낸 습지로서 미생물, 식물, 곤충, 거미류, 무척추 동물, 곤충류, 포유류 등 다양한 야생생물이 서식할 수 있는 공간이다. 농경지가 생물에게 서식지를 제공하는 사례로 철원, 서산, 해남, 군산 간척 담수호 인근의 광활한 농경지에는 해마다 겨울철새가 도래하고 있다. 가을철 벼 수확후 떨어진 곡식이 겨울철새를 유인하고 있는 것이다. 겨울철새는 농촌경관을 개선하여 해당 지자체에서는 철새축제를 통한 농촌관광 활성화를 도모하고 있다.

2) 농촌어메니티(Amenity)

농촌어메니티란 농촌 고유의 생태적 · 문화적 · 경제적 가치를 지닌 자연환경, 역사문화, 전통지식, 생산품, 공동체 등 유 · 무형의 자원이다. 농업은 녹색경관, 도시인들의 휴식 및 레크리에이션 공간 제공, 도시 어린이들의 정서함양 등 자연적 · 문화적 · 심미적 기능을 갖고 있을 뿐만 아니라, 민속놀이, 민속춤, 전통음악, 전설 등 대부분의 전통문화는 농업에서 유래된 것이 많아, 농업은 전통문화의 계승 · 발전에 기여하고 있다. 최근 주5일 근무제가 시행됨에 따라 5都 2村(주5일은 도시 주2일은 농촌) 현상이 늘어나는 추세이다. 따라서 농외소득을 제고시킬 수 있는 귀중한 자원으로서 농촌어메니티를 발굴하고 자원화하는 노력이 필요하다.

(4) 식량안보

1996년 FAO 세계식량정상회의에서 모든 국가는 경제적, 정치적, 계절적 영향에 구애받지 않고 안정적으로 국민의 식량수요를 충족시킬 수 있어야 하며, 이를 위해서는 자국의 농업생산 증대, 적절한 재고관리 및 국제무역의 중요성을 강조하게 되었다. 그러나 식량수출국(미국, 호주, 캐나다, 태국 등)은 식량안보는 국제무역에 의해 더욱 강화될 수 있다는 점, 식량안보는 농업생산과 결합성이 약하다는 점을 들어 다원기능에 속하지 않는다고 주장하고 있는 반면에, 식량수입국들(한국, 일본, 스위스, 대만, 노르웨이 등)은 식량은 자국의 안보와 직결된 문제이고, 최근 국제정세불안, 잦은 기상이변 등에 따라 자국의 식량안보를 타국에 의존할 수 없다는 입장이 강해 국제쟁점이 되고 있으나, 식량안보는 그 효과가 불특정 다수의 국민에게 돌아간다는 점에서 공공재적 성격을 가진다.

1.3.4 국제협상에서 농업다원기능 반영전략

국제협상에서 농업의 다원적 기능이 주요내용으로서 구체적으로 반영되기 위해서는 첫째, OECD, WTO, FTA 등 국제 논의과정에서 비교역적품목국가(NTC국가)들과 긴밀한 공조로 수출국의 논리에 대한 대응방안을 모색하고, 둘째, 농업의 다원적 기능 유지 및 확대를 위한 국내 농업정책 수립과 추진이 필요하며, 셋째, 농가들의 농촌에서의 생산활동이 국토관리, 국민의 보건, 환경의 개선과 연계되어야 하고, 넷째, 농촌에서 다원기능을 유지하고 환경농업을 유인할 수 있는 다양한 직접지불제가 실시되어야 하며, 다섯째, 국내에서 농업 다원기능의 가치에 대한 인식을 확산시키기 위해서는 우리의 농업여건에서 보다 정밀하고 다양한 농업다원기능을 평가해야 한다.

금후 농업의 가치는 농산물 생산가치 외에도 아름다운 자연경관의 유지, 농촌사회의 유지, 생물 다양성 증진, 안전한 농산물 생산 등 긍정적인 외부효과에 의해 그 가치가 증대되고 있다. 이러한 외부효과는 시장기구에 의한 효율적 자원배분만으로는 달성할 수 없기 때문에 정부의 개입을 필요로 한다. 이러한 관점에서 우리나라의 농업다원기능을 강조하고 있는 식품·농업·농촌기본법의 기본정신이 문자 그대로 달성될 수 있도록 정부는 물론 국민 모두의 적극적인 자세가 요구된다. 아울러 OECD 등 국제회의에서 우리 농업정책의 입지를 확보하기 위해서는 농업정책의 시행 결과를 나타내는 농업환경지표에서 긍정적으로 나타날 수 있도록 농업정책의 취지에 부응하는 농업인의 환경과 생태계 보전을 위한 영농활동이 필요하며, 우리 농업의 공익적 기능에 대한 발굴과 계량화가 지속적으로 연구되어야 한다.

참고문헌

김동수 · 엄기철 · 윤성호 · 윤순강 · 황선웅, 『논, 왜 지켜야 하는가』, 따님, 1994.

김종진, 「농업의 다원적 기능과 농업정책」, 2000농업과학기술 심포지엄 『농업의 다원적 기능』, 농촌진흥청 농업과학기술원, 2000.

농림부 · 농업기반공사, 『농업용수 수질측정망조사 보고서』, 2004.

농림부, 『농업통계』, 2006.

농업과학기술원, 『'99 밭토양 환경기술 종합보고서』, 2000.

농촌진흥청 농업과학기술원, 『밭토양 환경보전 관리기술 종합보고서』, 1999.

서동균, 「농업의 다원적 기능에 대한 경제적 가치」, 『농업경영연구 제1집』, 2003, 107–120면.

서명철 · 윤홍배 · 김세근, 「논 농업의 생산환경 조건별 다원적 기능 평가」, 『농업환경연구. 농업과학기술원 보고서』, 2004, 719–784면.

안재훈 · 신광용 · 이춘수 · 강기경 · 김태곤 · 정영상 · 임정남, 「산지친환경농업 구현을 위한 선진국의 정책 및 연구동향」, 『연구동향 분석보고서 2003-4』, 농촌진흥청, 2003.

양재의 · 옥용식, 「강원: 강원대학교 농업전문경영인 트랙사업단」, 『농업환경』, 2005.

양재의 · 이규승 외, 「농업생태계」, 『농업환경』, 한국환경농학회, 2001.

엄기철 · 윤성호, 「농업의 다원적 기능 계량화 평가」, 2000농업과학기술 심포지엄 『농업의 다원적 기능』, 농촌진흥청 농업과학기술원, 2000.

엄기철 · 윤성호 · 황선웅 · 윤순강 · 김동수, 「논의 공익기능」, 『한국토양비료학회지』, 1993, 26(4): 314–333면.

윤성호, 「경기: 한국환경농학회」, 『농업환경』, 2001, 32–54면.

윤홍배 · 강기경 · 서명철 · 김세근 · 정필균, 「밭 농업의 생산 환경 조건별 다원적 기능 평가」, 『농업환경연구. 농업과학기술원 보고서』 2004, 785–798면.

이규승, 「우리나라 농업환경의 수준 및 영종자재 사용실태의 평가」, 『2005년 한국환경농학회 학술논문 발표대회 초록집』, 2005.

이규천, 「생물다양성 관리계약제도 도입 필요성과 대안-철새도래지를 중심으로」, 『농촌경제 2』, 2002, 5(2): 1–27면.

이상영 · 신용광 · 김영, 『지속가능한 농촌지역 개발을 위한 환경자원의 가치평가』, 농촌진흥청 농촌자원개발연구소, 2004.

이재옥, 「농업의 다원적 기능과 WTO 협상」, 『농업의 다원적 기능』, 2000농업과학기술 심포지엄, 농촌진흥청 농업과학기술원, 2000.

최찬호, 「WTO 체제하 농업의 다원적 기능 유지 전략」, 『농업의 다원적 기능』, 2000농업과학기술 심포지엄, 농촌진흥청 농업과학기술원, 2000.

한국농경학회, 『환경농학』 2판, 한림저널사, 1998.

한기학 · 박창규 외, 『農業環境化學』, 東和技術 2판, 1996.

Gliessman S. R., *Agroecology: Ecological Processes in Sustainable Agriculture*, Ann Arbor Press, 1998.

Gliessman S. R., *Agroecosystem Sustainability: Developing Practical Strategies*, CRC Press LLC, 2001.

Serageldin I., *Toward Sustainable Management of Water Resources*, World Bank, 1995.

Ag - Environmental Science

Ag-Environmental Science

Chapter **02**

농업환경과 토양

02 농업환경과 토양

2.1 토양환경

2.1.1 서론

　토양은 물과 대기와 함께 환경의 중요한 구성요소로서 인간을 비롯한 모든 동식물의 생명을 유지시키는 토대이다. 토양은 물과 대기환경의 중간 위치에서 조화를 이루어 환경의 총체적 균형을 유지하는 완충역할을 수행한다. 토양은 긴 세월을 거쳐 형성된 광물과 유기물의 혼합체이며, 여기에 물과 공기가 유통되고 다양한 생명체들이 서식하고 있는 공간이기도 하다. 토양은 작물의 생육에 필요한 지지기반을 제공하고 영양소를 저장·공급하여 인류가 필요로 하는 식량과 섬유소재를 생산할 수 있게 한다. 토양은 물을 보유할 수 있으므로 홍수의 위험을 줄여줄 뿐만 아니라, 다양한 오염물질들을 부동화시키거나 미생물들의 작용을 통하여 분해 정화할 수 있다.

　집약적인 영농활동은 과도한 경운과 영농자재의 투입을 통하여 토양의 침식과 안정한 구조의 파괴를 조장하거나 산성화나 염류화 등을 유발하여 토양의 비옥도와 질을 악화시킨다. 특히 과도한 화학비료와 퇴비의 시용은 염류집적이나 특정 영양소의 과잉을 초래하고 영양소의 유실은 주변 수계의 오염으로 이어진다. 유기물은 토양의 구성요소 중 하나로 양분의 순환 주체이며 미생물의 활성을 증대시키며 수분의 보유기능과 함께 오염물질의 이동을 조절하는데, 과도한 경운과 작물생산활동은 토양유기물 손실을 초래한다.

토양은 환경오염물질의 최종적인 수용체로서의 역할을 한다. 최근 산업의 발달로 인하여 중금속과 유해유기화합물을 포함한 각종 오염물질이 토양에 유입되어 그 농도가 자연적인 농도, 즉 천연부존량(natural abundance)을 초과하게 된다. 토양은 그 자체의 생물 및 물리화학적 특성과 온도와 강수량과 같은 기후요인에 따라서 한정된 환경용량을 가진다. 각종 유해물질들이 환경용량을 초과하여 유입될 경우 토양은 환경을 유지·보전하는 물질순환기능, 유해물질에 대한 여과완충기능, 그리고 자연균형 조절기능과 같은 생태적 기능을 상실하게 된다. 이러한 토양의 생태적 기능파괴는 농산물의 안전성을 크게 위협하고 먹이사슬을 통하여 사람을 포함한 생물들에게 유해한 영향을 끼치게 된다.

인위적으로 토양을 생성·발달시키기란 불가능하며, 자연적인 토양의 생성·발달은 매우 긴 시간을 필요로 한다. 건전한 토양환경을 지속적으로 유지하고 관리하는 일은 식량의 확보와 생태계의 건전한 물질순환에 있어서 무엇보다 중요한 일이다.

본 장에서는 농업환경의 주체인 토양의 특성과 기능 그리고 토양의 오염 및 관리방안에 관하여 설명한다.

2.1.2 토양환경의 구성과 기능

토양은 커다란 스폰지와 같아 수많은 무기광물 및 유기물 입자들의 구조 속에 작은 공극들이 존재하며 이들 공극들이 그물망처럼 서로 연결되어 있다. 공극은 물로 채워져 있거나 공기로 채워진 빈 공간으로 남아 있기도 한다. 토양 중에는 박테리아, 곰팡이, 지렁이, 곤충 등 수많은 미소 동식물들이 서식하고 있다. 비옥한 농경지 표토 1g 속에서 수백만 또는 수천만 이상의 박테리아가 발견된다. 이들 미생물을 포함한 각종 생물들이 토양 중의 물질순환을 가능하게 한다.

(1) 토양의 3상

토양은 고상, 액상, 기상을 포함한 3상계이다. 고상은 토양의 기본구조를 형성하는 무기물과 유기물 입자들이며 이들 사이의 공극에 물과 공기가 액상 및 기상으로 채워진다. 이들 3상의 구성비율은 토양의 형태에 따라 달라지지만 대부분의 농경지토양에서 평균적으로 무기물 45%, 유기물 5%, 공기 25%, 물 25%로 구성될 때 작물의 생장에 가장 적합한 것으로 알려져 있다.

- **무기물(inorganic substances)**: 무기광물 입자들은 암석의 물리화학적 풍화작용으로 생성된다. 이들 입자의 크기와 형태(type)는 토성과 같은 토양의 특성을 결정하는 요인이 된다. 석영, 장석, 운모 등과 같은 1차광물은 암석의 직접적인 풍화산물이며, 대부분의 점토입자들은 2차광물로 규반염 점토광물과 각종 금속(Fe, Al, Mn 등)의 산화물 또는 수산화물로 암석의 풍화과정에서 새로이 생성된 광물이다. 특히 2차광물들은 입자가 작고 비표면적이 크며 음전하를 가지고 있어서 토양의 화학적 특성을 결정한다.
- **유기물(organic substances)**: 주로 동식물 잔재에서 유래된 유기물은 고상의 일부를 차지하며 식물과 토양생물의 생장에 필요한 양분을 공급한다. 충분히 분해된 유기물을 부식(humus)이라고 하며 토양 중의 유기물 함량은 토양의 비옥도, 수분 보유력 등을 결정하는 요인이 되고, 토양의 물리적 특성에도 영향을 미치므로 유기물 함량이 많을수록 토양구조가 느슨해져서 경운이 쉽고 작물 뿌리발달과 미생물활동이 용이해진다.
- **토양공기(gases)**: 토양공극에는 공기가 채워지며 N_2, O_2 및 CO_2가 대부분이다. 식물뿌리와 미생물의 호흡으로 대기조성에 비하여 O_2의 농도가 상대적으로 낮고 CO_2의 농도는 높다. 토양 중에서의 원활한 공기유통은 식물과 토양생물의 활동에 필수적이다.
- **토양수분(water)**: 토양수분은 공기와 함께 주로 토양공극에 존재한다. 토양수분은 여러 가지 화합물들의 용해와 이동을 가능하게 하는 매질로서 작용한다. 즉, 광물의 풍화와 유기물의 분해과정에서 생성된 양분은 물에 용해되어 식물을 비롯한 토양생물에 흡수 이용된다. 또한 물은 비열이 크므로 토양의 온도를 효과적으로 조절할 수 있으며, 토양생물의 생장에 필요한 안정적인 환경조건을 유지하는 역할을 할 수 있다.

2.1.3 토양의 특성

(1) 토양의 물리적 특성

토양의 고상 부분을 구성하는 무기광물 입자의 특성과 배열은 토양의 물리적 특성(physical properties)을 결정하는 가장 기본적인 요소이며, 이에 따라서 액상과 기상의 분포비율 및 특성이 결정된다. 토양의 물리적 구조는 물과 공기의 이동에 영향을 미치며 이어서 토양의 화학적 특성과 식물을 비롯한 다양한 토양생물의 생육과 활성에도 영향을 미치게 된다.

1) 토성

토양을 손으로 비볐을 때 매우 거친 느낌을 주는 경우도 있고 반대로 밀가루를 만지는 것과 같은 부드러운 느낌을 주는 경우도 있다. 촉감의 차이는 토양을 구성하는 광물입자들의 크기에 따라서 결정되는 특성으로 토성(soil texture)이라고 한다. 토성은 토양의 공극률을 결정하며 따라서 토양의 수분 보유력, 수분과 공기의 유통특성을 결정함으로써 장기적인 토양비옥도에 영향을 미친다.

토양광물입자는 크기에 따라서 모래(sand), 미사(silt), 점토(clay)로 구분된다(표 2-1). 토양 중 이들 입자의 함량 비율에 따라서 토성삼각도(textural triangle)에서 사토(sandy), 양

[표 2-1] 직경크기에 따른 토양광물입자의 구분

토양광물입자	직경
점토	〈 0.002 mm
미사	0.002 – 0.05 mm
모래	0.05 – 2.00 mm
자갈	〉2.00 mm

토(loam), 식토(clay) 등의 토성을 결정한다. 예를 들어 모래, 미사, 점토의 함량이 각각 45, 40, 15%인 토양은 양토(loam)이다(그림 2-1).

모래의 함량이 많은 사질토양에는 크기가 큰 공극이 많이 분포하며, 토양입자 사이의 접촉 면적이 적어 입자들의 결합이 매우 느슨하므로 경운작업이 쉽다. 그러나 크기가 큰 공극은 수분을 보

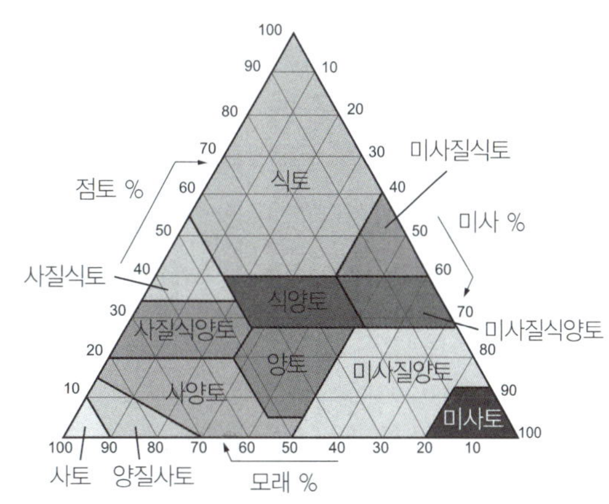

[그림 2-1] 토성삼각도

유할 수 없으므로 사질토양에서는 배수가 쉽고 빠르다. 모래입자는 양분흡착력도 낮으므로 결과적으로 사질토양은 비옥도가 낮으며 건조해지기 쉽다. 건조한 사질토양에서 식물생육이 적으며 유기물 축적 또한 적어서 양분이 부족해진다.

모래와 점토가 적절히 함유된 양질 계통의 토양에는 미사질양토(silty loams)부터 사질식양토(sandy-clay loams) 등이 포함되며, 쉽게 담수되지 않으면서도 식물생육에 필요한 물을 충분히 보유할 수 있는 특성을 가지며 양분 보유력도 가진다. 대부분의 작물생육에 가장 적합한 토성이다.

점토함량이 높은 토양으로는 미사질식토(silty clay)부터 중질식토(heavy clay)까지이다. 중질식토(heavy clays)는 습윤상태에서는 부드러운 가소성을 가지며 건조하면 매우 딱딱해진다. 이러한 특성은 경운작업 등 토양관리를 매우 어렵게 한다. 식질토양은 크기가 작은 공극을 많이 가지며 총 공극량도 매우 크다. 식질토양은 많은 물을 보유할 수 있으나 표면장력이 크므로 토양 중의 물의 이동은 매우 느리다. 식질토양은 담수되기 쉬우므로 공기의 유통이 원활하지 못하고 토양생물의 호흡이나 각종 생화학적 작용이 저해되거나 유기물의 분해가 지연되고 환원적 특성이 발달되기 쉽다.

2) 토양구조

토양구조(structure)란 모래, 미사, 점토 등 토양을 구성하는 개별 입자들이 서로 결합 배열과정을 통하여 다양한 크기와 모양의 덩어리를 형성하는 것을 말한다. 토양을 구성하는 입자들은 화학적 생물학적 현상을 통하여 서로 접착되어 입단을 형성하며, 이들 입단

[그림 2-2] 다양한 토양구조 (왼쪽부터 입상 · 괴상 · 주상 · 판상 구조)

이 뭉쳐져서 더 큰 덩어리가 되면 이를 페드(ped)라고 한다. 균근, 지렁이, 토양미생물, 식물뿌리 등이 토양구조를 발달시키는 작용을 한다. 토양입자들이 뭉쳐지는 데 접착제로서의 역할을 하는 것은 미생물에 의한 유기물 분해과정에서 생성되는 점액성 물질, 철산화물(Fe-oxides), 유기물, 점토, 균사 등이다.

토양의 구조는 토성과 함께 토양공극의 크기와 양을 결정하므로 물과 공기의 유통, 식물뿌리의 발달 등에 영향을 미치는 매우 중요한 토양특성이다. 토양구조는 입상, 괴상, 주상, 판상 등으로 구분한다(그림 2-2).

- **입상구조(granular structure)**: 유기물 함량이 높은 표토에서 흔히 발견되며, 무기광물입자들이 유기물에 의하여 결합된다. 입상구조는 초지나 지렁이와 같은 토양동물의 활동이 많은 토양에서 발견된다. 입단의 결합이 약하여 토양관리방법이나 강수 등의 조건에 따라 쉽게 부서지는 특성을 가진다. 입상구조에서는 공극률이 크며 물과 공기의 이동이 쉽다.
- **괴상구조(blocky structure)**: 배수와 통기성이 양호하며 뿌리발달이 원활한 심층토에서 주로 발달한다. 괴상구조는 대부분 B층에서 습윤과 건조 또는 동결과 용해가 반복될 때 점토광물이 팽창과 수축을 반복하면서 균열이 생김으로써 형성된다.
- **주상구조(prismatic structures)**: B층이나 초지의 심토에서 주로 발달하며, ped의 폭에 비하여 길이가 길면 주상구조이고 토양에 수직균열이 생길 때 발달하므로 토양에서 가장 먼저 발달하는 구조이다. 수직균열은 주로 습윤과 건조 또는 동결과 용해가 반복되거나 물의 수직이동 또는 뿌리의 발달에 의하여 형성된다. 주상구조는 매우 조밀하므로 식물뿌리가 뚫고 들어가기 어렵다.
- **판상구조(platy structure)**: 우리나라 논토양에서 많이 발견된다. 논토양에서 경운은 약 15 cm 깊이에서 이루어지며, 오랫동안 경운을 하는 경우에 점토입자가 15 cm 밑에 이동하여 집적되고 압력에 의하여 다져지면서 형성된다. 판상구조에서는 용적밀도가 크고 공극률이 낮으며, 대공극이 없다. 따라서 수분의 하향이동이 불가능해지며 뿌리가 밑으로 자랄 수 없으므로 벼의 생육이 나빠진다. 이러한 토양층을 경반층이라고 하며, 경반층을 없애기 위하여 논의 깊이갈이(심경)를 권장하고 있다.

3) 밀도와 공극률

토양은 다양한 크기의 고형입자들로 구성되어 있으며, 이들 입자들의 배열상태에 따라서 입자들 사이에 다양한 크기의 공극이 형성되고 이들 공극은 그물망처럼 서로 연결되어 있다. 토양과 대기 사이에 공기 및 물의 교환은 공극을 통해 이루어진다. 이러한 공기와 물의 이동은 열과 양분의 이동을 가능하게 한다. 공극의 발달은 유기물 함량, 토성 및 토양구조와 밀접한 관련을 갖는다.

- **용적밀도(bulk density)**: 공극을 포함한 전체 토양의 부피 당 토양무게이며, 작은 실린더로 코어(core) 시료를 채취한 후 건조토양 무게와 실린더 부피를 이용하여 용적밀도를 쉽게 측정할 수 있다. 경작지토양의 평균 용적밀도는 1.3 g/cm³ 정도이며, 조립질 토성의 토양에서 용적밀도가 큰데 이는 미립질 토양보다 조립질 토양의 공극량이 적기 때문이다. 용적밀도는 결국 토양공극의 발달 정도를 나타내는 지표가 된다. 용적밀도가 작은 토양일수록 공극이 많으며 식물뿌리의 발달과 물과 공기의 유통이 원활해진다.
- **입자밀도(particle density)**: 공극을 제외한 입자만의 부피당 토양 무게이며 토양광물과 유기물의 평균 비중으로 평균적으로 2.65 g/cm³ 정도이다.
- **공극률(porosity)**: 전체 토양부피에 대한 공극부피의 비율로 토양 중에서 공극이 차지하는 부피가 얼마인지 나타내는 지표이다. 공극률은 용적밀도(D_b)와 입자밀도(D_p)를 이용하여 다음 식으로 간단히 계산할 수 있다.

$$공극률(\%) = (1 - D_b/D_p) \times 100$$

토양의 공극률은 토성, 구조, 유기물함량 등에 따라서 달라진다(표 2-2). 사질토양과 같은 조립질 토성의 토양에서는 크기가 큰 공극이 많으나 전체 공극량은 미립질 토성의 토양보다 적다(그림 2-3).

[표 2-2] 토성별 용적밀도와 공극률

토성	용적밀도 (g/cm³)	공극률 (%)
사토	1.60	40
양토	1.20	55
식토	1.05	60

일반적으로 표토에 비하여 심토의 용적밀도가 더 크다. 심토는 위에서 누르는 토양의 무게나 경운작업용 기계의 힘에 의하여 다져지기 때문이다. 또한 유기물함량이 낮으므로

구조발달이 미약하고 표토에서 이동된 점토가 심토의 공극을 매움으로써 공극량이 감소한다.

공극은 그 크기에 따라서 대공극(macropore)과 소공극(micropore)으로 구분된다. 공극의 직경이 0.06mm 이상이면 대공극으로 0.06mm 이하이면 소공극으로 구분한다. 대공극은

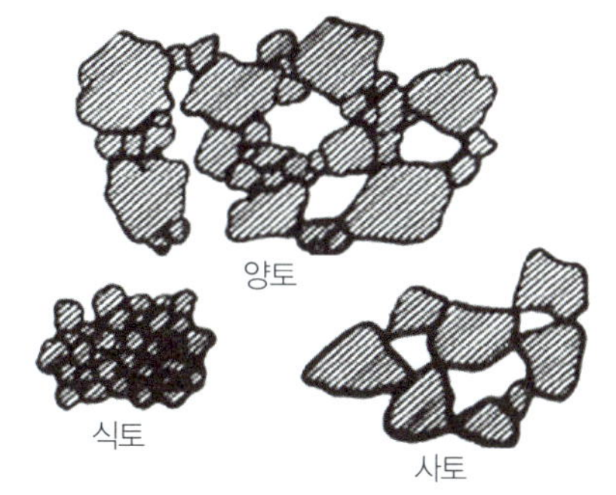

[그림 2-3] 토양입자들의 배열에 따라 형성되는 공극

대부분 입단들 사이의 공극이며 공기와 물의 신속한 이동통로로서 중요한 역할을 한다. 배수는 대공극을 통하여 일어난다. 소공극은 입단 내부에 존재하며 물과 공기의 이동이 쉽게 일어나지 못한다. 따라서 소공극은 식물이 이용할 수 있는 물을 보유하는 공간이 된다.

무거운 농기계는 토양을 다져 공극량을 감소시키며, 빈번한 경운과 작물재배는 토양유기물함량을 감소시켜 토양구조를 파괴하여 공극량을 감소시킨다. 심근성 작물(pasture, alfalfa)을 작부체계에 도입함으로써 토양공극을 발달시킬 수 있다.

4) 토양의 온도와 색

토양온도는 종자의 발아부터 식물의 전반적인 생육과 미생물의 활동에 영향을 미친다. 또한 토양 내의 물과 양분의 이동을 포함한 다양한 물리화학적 반응에도 영향을 미친다. 토양온도는 태양에너지의 흡수 정도에 따라서 결정되며, 토양의 색, 경사, 식생피복 정도에 따라서 흡수되는 에너지는 달라진다. 어두운 색깔의 토양이 에너지를 더 많이 흡수하며 토양표면이 태양광과 수직에 가까울수록 더 많은 에너지를 흡수한다. 토양온도는 식생의 영향을 많이 받는데, 나지토양에서는 온도가 쉽게 올라가지만 또한 쉽게 내려간다. 그러나 식생이 있는 토양에서는 온도의 변화가 상대적으로 작다. 토양수분함량은 토양온도 변화에 큰 영향을 미친다. 물은 열용량이 크므로 온도변화를 줄여주는 역할을 한다. 건조토양보다 습윤토양의 온도가 낮은 것은 물의 증발현상 때문이다. 토양온도는 풍속, 증발량, 토양의 피복 정도 등에 따라서 달라진다. 토양온도가 낮으면 일반적으로 유기물의 분해가 느리고 온도가 높아지면 유기물의 무기화가 빨라진다.

토양색은 지하수위, 배수특성, 화학적 조성, 토양생성특성, 토층분화 등 여러 가지의 물

[그림 2-4] 수분함량, 공기유통, 물질의 이동에 따른 다양한 토양색

리화학적 특성을 반영한다. 토양색은 토양온도를 결정하는 요인이 될 뿐만 아니라 토양분류의 지표로도 널리 사용된다. 토양색은 토양을 구성하는 광물의 종류, 유기물함량, 수분함량에 따라서 달라진다(그림 2-4). 대개 어두운 색을 띠는 토양은 유기물함량이 높다. 심토의 색은 토양의 배수특성을 잘 반영하는데, 배수가 잘 되는 경우에는 적황색 철산화물이 집적되며 배수가 불량한 경우에는 환원형 광물의 축적으로 어두운 청회색을 띠게 된다.

5) 수분의 보유와 이동

스폰지를 물에 담갔다가 꺼내면 스폰지 중의 많은 물이 중력의 힘에 의하여 흘러내린다. 스폰지를 압착하면 다시 물이 흘러나온다. 더욱 세게 압착하면 물이 좀 더 흘러나온다. 그러나 나중에는 아무리 세게 압착하더라도 더 이상 물이 흘러나오지 않는 상태까지 간다. 이 때 종이타올로 스폰지를 감싸면 종이타올이 물에 젖는다. 이와 같은 현상은 표면장력과 모세관작용에 의하여 일어나는 것이며, 토양에서도 동일한 물의 이동현상이 나타난다. 토양 중의 물은 다양한 크기의 공극에 존재하며, 큰 공극의 물은 쉽게 유실되며 작은 공극의 물은 제거되기 어렵다.

토양수분은 다음 세 가지로 크게 나눌 수 있는데, 비가 온 후 또는 관개한 후 토양을 통하여 배수되는 물을 중력수(gravitational water), 토양 중의 작은 공극이나 토양입자 주변에 막 형태로 존재하는 물을 모세관수(capillary water), 그리고 풍건상태의 토양표면에 흡착된 수분자 층의 물을 흡습수라고 한다.

① 토양수분의 에너지

토양 중에서의 물의 이동현상이나 식물의 물 흡수현상을 이해하려면 물의 에너지를 고려하여야 한다. 물의 에너지 상태는 다음 세 가지 힘에 의하여 결정되며, 물은 에너지가 큰 곳에서 작은 곳으로 이동한다.

- **중력포텐셜(gravitational potential)**: 중력의 작용으로 인하여 물이 가질 수 있는 에너지를 말하며, 그 크기는 물의 상대적인 위치에 따라서 결정된다. 중력포텐셜은 물의 위치가 높을수록 커진다. 중력포텐셜의 절대값은 지구중심에서 0이 되지만 실제로 지구의 중심이 어디인지를 정확히 알 수 없으므로 편의상 임의의 기준면을 설정하여 상대적인 값으로 중력포텐셜을 나타낸다. 중력은 비가 오거나 관수를 한 후에 대공극에 채워진 과잉의 수분을 제거하는 데 작용한다.
- **매트릭포텐셜(matric potential)**: 극성을 가진 물분자가 토양표면에 흡착되는 부착력과 토양입자 사이의 소공극에서 만들어지는 모세관의 힘 때문에 생성되는 물의 에너지이다. 건조한 토양덩어리를 물에 담그면 매우 빨리 토양덩어리 속으로 물이 스며든다. 이러한 현상은 건조한 토양덩어리의 매트릭포텐셜이 매우 낮기 때문이다. 마찬가지로 습한 부분의 토양에서 건조한 부분의 토양으로 물이 이동하는 현상도 습한 토양의 매트릭포텐셜이 높고 건조한 토양의 매트릭포텐셜이 낮기 때문이다. 토양 내에서 수분이 뿌리 부근으로 이동함으로써 식물이 지속적으로 물을 흡수 이용할 수 있는 것도 바로 매트릭포텐셜의 차이 때문이다. 식물의 뿌리는 직접 접하고 있는 토양으로부터 수분을 먼저 흡수하므로 뿌리 근처 토양의 매트릭포텐셜이 낮게 유지된다. 매트릭포텐셜 차이에 의한 물의 이동은 매우 느린 속도로 일어나는데, 중력에 의하여 과잉 수분이 제거된 후 불포화상태에서 일어나는 수분의 이동은 대부분 매트릭포텐셜의 차이에서 오는 것이다.
- **삼투포텐셜(osmotic potential)**: 토양용액 중에 존재하는 각종 이온을 포함한 용질 때문에 생성되는 것이다. 용액 중에서 용질들은 수화현상으로 물분자들을 끌어당기므로 용질의 농도가 높으면 물의 에너지는 낮아진다. 순수한 물의 삼투포텐셜을 0으로 정의하며 설탕용액을 비롯한 용질을 함유하는 용액은 항상 (−)값의 삼투포텐셜을 가진다. 토양수분은 용질을 함유하고 있으므로 항상 (−)값의 삼투포텐셜을 가진다. 그러나 토양용액의 농도가 순수한 물에 비하여 크게 높지 않은 경우가 많으며 또한 토양 중에는 용질의 이동을 제한하는 반투막이 존재하지 않으므로 토양에서 물의 이동에 미치는 삼투포텐셜의 영향은 크지 않다. 염류집적 토양에서처럼 토양용액의 삼투포텐셜이 매우 낮은 경우에는 식물이 물을 흡수하기가 어려워진다. 토양용액과 식물세포용액 사이에 뿌리세포의 원형질막이 존재하며 원형질막은 반투막으로 작용하므로 토양으로부터 식물이 물을 흡수하는 경우에는 삼투포텐셜이 중요하게 작용하는 것이다.

② 토양수분상태의 분류와 유효수분

　과습한 상태에서 매우 건조한 상태까지 토양수분함량이 변함에 따라서 토양수분포텐셜도 점점 작아진다. 즉, 건조한 토양의 수분은 매우 강한 힘으로 토양에 흡착되어 있다. 토양 중에 식물이 흡수 이용할 수 있는 수분함량이 얼마인가 하는 것은 토성 및 공극의 크기별 분포와 염농도 등에 따라서 결정된다. 토양수분함량과 수분의 에너지 관계를 이용하여 토양의 수분상태를 다음과 같이 분류한다.

- **포장용수량(field capacity)**: −0.033 MPa(1/3 bar) 이하의 포텐셜로 토양에 유지되는 수분함량을 말하며, 일반적으로 식물의 생육에 가장 적합한 수분조건이다. 포장용수량보다 수분이 많은 상태에서는 식물에 필요한 물은 충분히 있지만 산소공급이 차단되어 뿌리의 생장이 나빠진다. 반면에 포장용수량보다 수분이 적은 조건에서는 뿌리의 호흡에 필요한 산소량은 많아지지만 식물이 흡수할 수 있는 수분이 크게 줄어들어 식물생장이 줄어든다. 포장용수량에 해당하는 수분함량은 점토함량이 많은 토양일수록 많아진다. 이는 점토함량이 많을수록 소공극이 많아지고 공극률도 커지기 때문이다.

- **위조점(wilting point)**: 식물이 물을 흡수하지 못하여 시들게 되는 토양수분상태를 말한다. 수분포텐셜이 낮아지면 토양이 수분을 잡아당기는 힘이 그만큼 강해지므로 식물이 수분을 흡수하기 어려워진다. 토양수분포텐셜이 −1.0 MPa에 이르게 되면 증산작용이 왕성한 낮 동안에 식물은 물부족으로 시들게 되며 증산에 의한 물의 손실이 적은 밤 동안에는 시들었던 식물은 다시 정상으로 회복된다. 이러한 현상을 일시적 위조라고 한다. 토양수분포텐셜이 −1.5MPa 이하인 수분상태에서 식물이 시들면 다시 회복되지 못하므로 영구위조점이라고 한다. 위조점에 해당하는 토양수분함량은 점토함량이 높은 식질토성의 토양일수록 많아진다. 식질토양은 많은 물을 보유할 수 있지만 그 중 많은 물이 실제로 위조점에 해당하는 포텐셜보다 낮은 에너지상태에 있기 때문에 식물에 이용될 수 없는 것이다. 한편 사질토양의 경우에는 물을 보유할 수 있는 능력도 식질토양에 비하여 낮지만 모세관 공극량이 적으므로 위조점의 수분함량도 낮다.

- **유효수분**: 식물이 이용할 수 있는 물로, 식물이 물을 흡수하는 힘보다 약한 힘으로 토양에 저장되어 있는 물을 말한다. 식물이 흡수할 수 있는 토양수분은 포장용수량(−0.033MPa)에서 위조점(−1.5MPa)의 수분함량을 제외한 것이다. 포텐셜이 −1.5MPa 이하인 수분은 토양에 너무 강하게 흡착되어 있기 때문에 식물이 흡수 이용할 수 없는 것이며, 또한 −0.033MPa 보다 약하게 흡착된 물은 토양에 과잉상태로 존재하는 물인데, 관개나 비가 온 후에 일시적으로 토양에 존재하며 중력에 의하여 쉽게 제거될 수 있는 물이므로 식물이 흡수 이용할 수 있는 물로 보지 않는다. 유효수분량

은 식질토양보다 모래, 미사, 점토가 적절하게 혼합된 양토, 미사질양토 또는 식양토에서 많다. 식토의 경우 포장용수량은 가장 많지만 수분을 강하게 흡착 보유하므로 위조점 수분함량도 높아 유효수분함량은 다른 토성의 토양에 비하여 낮다(표 2-3).

[표 2-3] 토성별 포장용수량과 위조점 및 유효수분함량 (%)

토성	포장용수량	위조점 수분함량	유효수분함량
사양토	11.3	3.4	7.9
양토	18.1	6.8	11.3
식양토	21.5	10.2	11.3
식토	22.3	14.1	8.2

(2) 토양의 화학적 특성

토양에서는 광물의 풍화와 생성, 토양과 이온과의 상호작용, 생물학적 물질순환, 물질의 가용화, 산화와 환원, 이온의 흡착, 토양산도와 염류집적 등을 포함한 다양한 화학적 현상들이 일어나며 토양의 생성 발달과 함께 비옥도를 포함한 전반적인 토양의 질(quality)을 결정하게 된다. 토양의 화학적 특성(chemical properties)은 주로 토양입자와 토양용액 사이에서 일어나는 평형반응에 의하여 결정되며, 이 반응은 여러 가지 환경인자들에 의하여 영향을 받는다.

1) 토양반응

토양의 산성 또는 알칼리성 정도를 토양반응(soil reaction)이라 하며 pH로 표시한다. pH는 토양 중의 수소이온의 활동도를 측정한 값이다. 대부분의 토양은 pH 4.5(산성토양)에서부터 pH 8.5(알칼리 토양) 사이에 분포하며, 일반적으로 작물은 pH 6.0~7.0 사이에서 가장 잘 성장한다.

토양 pH는 직접 작물생육에 영향을 미친다. 특히 토양 pH와 식물영양소 간의 상호작용이 중요하다. 토양이 지나치게 산성이거나 또는 알칼리성이면 일부 식물영양소의 결핍이나 과잉 현상을 초래한다. 알칼리 토양에서는 Fe, Mn, Zn 등의 용해도가 낮아지므로 이들 원소의 유효도가 감소하며, 식물의 생육이 불량해진다. 반대로 산성토양에서는 이들 원소와 함께 식물에 유해한 Al의 가용화가 촉진되므로 식물의 과잉흡수에 따른 피해가 발생할 수 있다.

또한 토양 pH는 미생물의 활성에 영향을 미치는데, 식물과 마찬가지로 대부분의 토양 미생물은 중성 근처의 pH에서 생장과 활성이 가장 활발하다. 중성 근처의 pH를 벗어나면 미생물 개체수가 감소함과 동시에 이들 미생물의 생화학적 활성 또한 낮아진다. 박테리아를 포함한 이들 토양미생물은 유기물을 비롯한 각종 화합물의 분해와 순환에 관여하므로 N, P, S 등 토양의 양분공급력에 영향을 미칠 수밖에 없다.

토양의 반응이 산성을 나타내고 또 그 산성의 정도가 더욱 심해지는 것은 근본적으로 H^+ 이온의 농도가 높아지기 때문이며, 따라서 상대적으로 알칼리금속 및 알칼리토금속의 양이 감소되기 때문이다. 강우량이 많은 지역의 토양은 비록 모재가 염기성이라 할지라도 Ca^{2+}, Mg^{2+}, K^+, Na^+ 등 염기가 빗물에 의하여 용탈되어 산성으로 되는 것이다. 또한, 식물의 뿌리나 미생물의 호흡으로 생성되는 CO_2가 물에 녹아 탄산(H_2CO_3)이 되고 이 탄산의 해리로 H^+ 이온이 생성된다. 생성된 H^+ 이온에 의해 염기가 교환되고 교환된 염기는 빗물에 의하여 용탈되어 토양이 산성화된다. 우리나라 토양의 모암은 주로 산성암인 화강암과 화강편마암이어서 토양산성화의 원인이 되며 용탈에 의한 염기의 부족이 산성화를 더욱 촉진시킨다.

토양에 시용된 암모니아태 질소비료의 NH_4^+가 질산화작용(nitrification)에 의하여 NO_3^-로 산화될 때 수소이온이 생성된다. 철의 황화물(FeS_2)이 지역에 따라서는 토양에 많이 포함되어 있으며 광산 인근에서는 광미를 통하여 토양에 유입되기도 한다. 철황화물과 살균제나 비료 속에 부성분으로 들어 있는 황이 미생물의 작용이나 화학적 반응을 통하여 황산이온으로 산화되면 수소이온이 생성되어 토양산성화의 원인이 된다. 농경지에서 작물을 수확하게 되면 작물이 흡수한 Ca, Mg 및 K도 함께 제거되므로 결국 토양으로부터 염기를 제거하는 결과를 초래하게 되어 토양을 더욱 산성화시킨다. 최근 지역에 따라서 산성비도 토양산성화의 주요 원인으로 간주되고 있다.

2) 양이온의 교환

토양의 가장 중요한 화학적 성질 중 하나는 양이온을 흡착할 수 있다는 것이다. 교질성 점토광물과 유기물은 전하를 띠는 특성을 가지고 있다. 점토광물들은 양전하와 음전하를 동시에 가질 수 있으나 일반적인 환경조건 하에서 이들 교질물은 양전하에 비하여 음전하

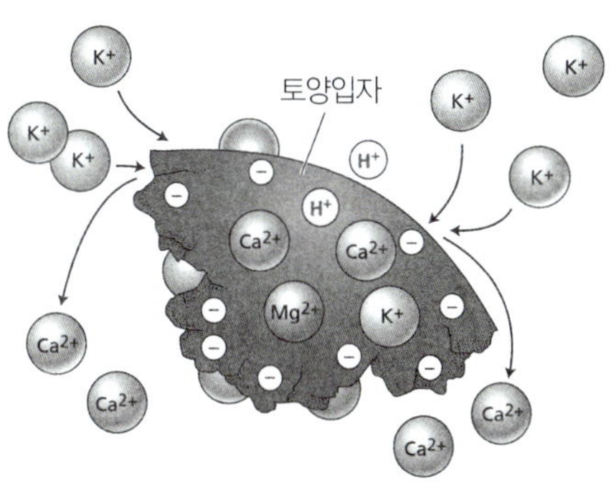

[그림 2-5] 음전하를 가지고 있는 토양교질표면에서 일어나는 양이온교환

를 절대적으로 많이 가지므로 토양은 순음전하(net negative charge)를 띠게 된다. 점토광물의 경우 결정구조 내에서 발생하는 동형치환과 광물결정 변두리에서 음전하가 생성되며 유기물의 경우 carboxyl, quinone, phenolic-OH 및 enol기 등으로부터 H^+ 이온의 해리가 많으므로 음전하를 가진다.

토양용액 중에 해리되어 있는 여러 가지 양이온들이 정전기적 인력에 의하여 교질입자 표면에 흡착된다. 이들 흡착된 양이온은 토양에서 이동하는 물에 의하여 쉽게 용탈되지 않지만, 토양용액 속에 있는 다른 양이온들과 교환되어 토양용액으로 나온다. 이 때문에 비료 등으로 토양에 공급된 양이온은 빗물 등에 의하여 용탈되지 않고 식물에게 이용될 수 있는 형태로 보존되는 것이다.

토양에 K^+를 함유한 비료를 시비하면, K^+ 이온은 본래 토양에 흡착되어 있던 다른 양이온과 교환된다(그림 2-5). 이와 같이 고체의 표면에 흡착되어 있는 양이온이 용액 중의 양이온과 교환되는 현상을 양이온 교환(cation exchange)이라 하며, 흡착되어 있는 양이온을 교환성 양이온(exchangeable cation)이라 한다. 일정량의 토양이나 교질물이 양이온을 흡착, 교환할 수 있는 능력을 양이온 교환용량(cation exchange capacity, CEC)이라 하고, 건조토양 1kg이 교환할 수 있는 양이온의 총량을 전하의 몰 수($cmol_c$/kg)로 나타낸다.

양이온의 교환은 무작정 일어나는 것이 아니며, 교환체의 성질이나 이온의 종류 및 pH 등의 영향을 받는다. 양이온 교환반응은 화학량론적으로 일어나며 가역적인 반응이다. 즉, 그림 2-5에서 보는 바와 같이 Ca^{2+}는 2가이므로 1가인 두 개의 K^+와 교환된다.

토양에 흡착되어 있는 양이온은 주로 H^+, Ca^{2+}, Mg^{2+}, K^+, 그리고 Na^+ 등이다. 그 외에 Al^{3+}, NH_4^+, Fe^{3+}, Mn^{2+} 등도 교질입자 표면에 흡착되지만 그 비율이 낮기 때문에 보통 앞

에 말한 이온들을 교환성 양이온이라 한다. 흡착의 세기는 양이온의 전하가 증가할수록, 양이온의 수화반경이 작을수록, 그리고 교질의 음전하가 증가할수록 증가한다. 따라서 양이온의 흡착세기는 대략 $Na^+ < K^+ = NH_4^+ < Mg^{2+} = Ca < Al(OH)_2^+ < H^+$ 순서로 증가한다.

양이온 교환(cation exchange)반응은 토양의 물리화학적 특성을 변화시키고, 농업활동과 관련되어 작물에 필요한 영양소를 공급하고 토양 내에 존재하는 미생물의 활성, 토양 구조의 발달 및 여러 가지 화학적 반응에도 영향을 미친다. 토양에 흡착된 Ca^{2+}, Mg^{2+}, K^+ 등은 교환성이기 때문에 작물에 의하여 쉽게 이용되며, 또한 토양에 비료로 시용된 NH_4^+ 또는 K^+ 등은 양이온이기 때문에 토양에 흡착되어 유실되지 않고 작물이 필요로 하는 영양소로서 토양에 저장되는 것이다. 또한 양이온 교환반응은 오염물질의 확산을 방지할 수 있는데, 중금속 Pb^{2+}, Cd^{2+} 등이 토양에 유입되면 토양교질물은 이들을 흡착하여 지하수 및 지표수로의 이동을 억제시켜 오염을 방지할 수 있다. 또한 산성토양을 중화시키기 위하여 석회를 시용하면, 대부분의 교환성 H^+와 $Al(OH)^{2+}$는 Ca^{2+}와 교환되어 중화됨으로써 pH가 교정된다. 토양입자 주변에 Na^+가 많이 흡착되어 있으면 입자들이 분산되어 토양의 물리성이 식물생육에 매우 불리한 쪽으로 변하는데, Ca^{2+}를 시용하여 Na^+를 치환시켜 제거함으로써 불리한 토양의 물리성을 개량할 수 있다.

3) 토양의 산화환원

공기의 유통이 원활하여 산소공급이 충분하면 토양은 산화상태로 존재하고 반면 공기의 유통이 원활하지 못할 경우 토양은 환원상태가 된다. 토양의 통기성은 수분함량에 따라서 결정되며 논토양과 같은 포화상태의 수분조건에서는 환원상태가 발달한다. 물론 전체적으로 통기성이 양호한 상태의 토양이라도 국소적으로 공기유통이 차단된 곳이나 유기물 분해로 인하여 산소의 공급에 비하여 소모가 더 많은 곳에서는 환원상태가 발달한다.

산화환원반응의 일반적인 정의는 산소나 수소와의 결합과 해리 또는 전자의 주고받음으로써 설명된다. 전자를 잃어버리는 것은 산화반응, 반대로 전자를 얻는 것을 환원반응이라 하는데, 다음과 같은 간단한 산화환원반응의 예를 들 수 있다. 정방향의 반응에서 Fe^{3+}는 전자 수용체(산화제, oxidant)로 작용하여 Fe^{2+}로 환원되며, 역방향의 반응은 Fe^{2+}의 산화이다.

$$Fe^{3+} \text{ (oxidized)} + e^- \leftrightarrows Fe^{2+} \text{ (reduced)}$$

산화환원반응은 질소, 황, 철, 망간 등의 식물양분의 산화–환원상태를 결정하여 유효도에 영향을 미치며, 또한 토양 중에 존재하는 크롬 등 중금속의 화학적 형태와 용해도, 이동성, 생물독성 등을 결정하기 때문에 토양환경을 이해하는 중요한 화학적 특성이다.

자연계에서 산소(O_2)는 가장 강력한 전자수용체, 즉 산화제로 작용한다. 산소공급이 원활한 조건에서 유기물은 미생물에 의하여 다음과 같이 산화적(호기적)으로 분해되며 산소가 전자수용체로서 작용한다. 산소가 충분한 조건에서 각종 무기 이온이나 화합물들은 산화상태를 유지하게 된다. 질산염, 망간, 철, 황산염은 각각 NO_3^-, $Mn^{4+}(MnO_2)$, $Fe^{3+}(Fe(OH)_3$ 또는 $FeOOH)$, SO_4^{2-}, SO_3^{2-} 형태로 존재한다.

$$CH_2O + H_2O \rightarrow CO_2 + 4e^- + 4H^+$$
$$O_2 + 4e^- + 4H^+ \rightarrow 2H_2O$$
$$\overline{}$$
$$CH_2O + O_2 \rightarrow CO_2 + H_2O + energy$$

토양의 산화환원상태는 통기성이나 배수성, 유기물과 무기이온, 온도 등의 영향을 받아 결정되며 식물의 생육과 미생물의 활동에 영향을 미친다. 특히 산소공급이 원활하지 못한 조건에서 분해되기 쉬운 유기물이 토양에 가해지면 환원상태가 발달된다. 통기성과 배수성이 불량한 토양에서는 산소가 충분히 공급되지 않으므로 미생물에 의한 유기물 분해과정에서 산소 대신 NO_3^-, $Mn^{4+}(MnO_2)$, $Fe^{3+}(Fe(OH)_3$ 또는 $FeOOH)$, SO_4^{2-}, SO_3^{2-} 등이 전자수용체로 이용된다. 이때 NO_3^-는 NO, N_2O, N_2 등으로, $Mn^{4+}(MnO_2)$는 Mn^{2+}로, $Fe^{3+}(Fe(OH)_3$ 또는 $FeOOH)$는 Fe^{2+}로, SO_4^{2-}나 SO_3^{2-}는 H_2S로 환원된다. 산소가 부족할 경우 제일 먼저 전자수용체로 이용되는 NO_3^-의 환원은 탈질현상이며 농업적 측면에서는 질소의 손실이고 폐수처리과정이나 하천수질 개선의 측면에서는 질소를 제거할 수 있는 방편이 된다. 철과 망간의 경우에는 산화상태에서는 용해도가 낮은 산화물로 존재하나 환원상태에서는 용해도가 크게 증가하고 작물에 과잉 흡수되어 피해를 유발할 수 있다. 환원상태의 황화합물 H_2S는 작물뿌리에 피해를 준다.

담수상태인 논토양에서는 토양용액 중의 용존산소가 대기 중의 산소와 평형상태를 유지하고 있다. 표층토양에는 비교적 원활하게 산소가 공급되며 따라서 토양 중의 철은 산화상태인 Fe^{3+}로 유지되며 산화물형태로 침전된다. 따라서 논토양의 표토층은 황적색의 산화층으로 된다. 표토층 아래에는 산소가 쉽게 고갈되며 철, 망간 등이 환원됨에 따라 청회색을 띤 환원층이 형성된다. 더욱 환원상태가 발달되면 이어서 황산화물들이 환원되어 황화수소(H_2S)가 발생된다. 대부분의 전자수용체들이 소모되고 나면 유기물은 혐기적으로 분해되며 CH_4, 알코올 등이 생성된다.

바닷물이 침투되는 해안지대의 배수가 불량한 토양에는 황철석(pyrite, FeS_2)과 같은 황화물이 많이 함유되어 있다. 이러한 토양은 인위적인 배수를 통하여 통기성이 좋아지면 황철석의 산화과정($2FeS_2 + 2H_2O + 7O_2 \rightarrow 2FeSO_4 + 2H_2SO_4$)을 통하여 pH는 4.0 이하의 강한 산성을 띠게 되므로 일반적인 산성토양과 구분하여 특이산성토양(acidic sulfate soil)이라 한다. 광산폐수가 대부분 강한 산성을 띠는 이유도 채광과정에서 황철석(pyrite, FeS_2)이 공기 중에 노출되어 산화되기 때문이다.

중금속 크롬은 대부분의 토양환경조건에서 용해도와 독성이 낮은 Cr^{3+}로 존재하나 MnO_2에 의하여 이동성이 크고 독성이 강한 Cr^{6+}로 산화된다. 유기물과 환원형태의 Fe는 Cr^{6+}를 쉽게 Cr^{3+}로 환원 불용화시킨다.

4) 염류집적

해안지대나 건조 및 반건조 지대의 내륙지방에서는 염류집적에 의하여 염기포화도와 토양용액 중 염기의 농도가 높아지고 그로 인하여 토양반응이 중성 내지는 알칼리성으로

[표 2-4] 염류집적토양의 분류

종 류	EC (dS/m)	ESP	SAR	pH
정상토양	〈 4.0	〈 15	〈 13	〈 8.5
염류토양	〉 4.0	〈 15	〈 13	〈 8.5
나트륨성 토양	〈 4.0	〉 15	〉 13	〉 8.5
염류나트륨성 토양	〉 4.0	〉 15	〉 13	〈 8.5

ESP: 교환성나트륨퍼센트 (exchangeable sodium percentage)
SAR: 나트륨흡착비 (sodium adsorption ratio)

된다. 알칼리 및 알칼리토금속이온은 토양용액의 OH⁻ 이온 농도를 높여 pH 7.0 이상의 알칼리성을 나타낸다. 해안지대에서는 바닷물의 유입이 토양 염류화의 원인이며 건조한 기후대에서는 가용성 염류의 용탈이 쉽게 일어나지 않을 뿐만 아니라 오히려 증발산에 의하여 표토에 염류가 집적되기 때문이다. 이러한 토양에서는 pH가 너무 높거나 Ca, Mg, Na, Cl, NO_3, SO_4 및 기타 염류들의 함량이 높아 식물의 수분흡수 억제, 양분불균형 등을 통해 식물생장에 피해를 초래하게 된다. 염류가 집적되어 알칼리성 반응을 보이는 토양에도 존재하는 염류의 양과 비율 등의 차이에 따라 염류토양(saline soil), 나트륨성 토양(sodic soil), 염류나트륨성 토양(saline-sodic soil)으로 구분되며, 그 기준은 표 2-4와 같다.

- **염류토양**: 염류토양(saline soil)에는 대부분 염화물, 황산염 때로는 질산염 등의 가용성 염류가 비교적 많으며 간혹 용해되기 어려운 $CaSO_4$, $CaCO_3$, $MgCO_3$ 등이 들어 있기도 하다. 이러한 토양 표면에 Ca과 Mg의 SO_4 또는 Cl의 염들이 축적되어 염류층이 형성되기도 하고, 건조기에는 백색을 나타내므로 백색알칼리토양(white alkali soil)이라 부르기도 한다. 염류토양에서는 높은 염류농도 때문에 대부분의 식물이 생육하기 어렵다. 우리나라 시설재배지토양의 경우 연중 작물재배 하므로 비료와 퇴비의 시용량이 많으며 강우가 차단된 상태에서 작물에 필요한 수분은 관개를 통하여 최소한으로 표토에 공급되며 증발산에 의하여 관개수분 대부분이 손실되므로 표토에 염류가 집적된다.
- **나트륨성 토양**: 나트륨성 토양(sodic soil)은 염류토양에 비하여 가용성 염류의 농도는 높지 않으나 교환성나트륨비가 15% 이상으로 특히 Na의 함량이 높은 토양이며 통상적으로 알칼리토양이라 한다. 토양의 pH가 8.5 이상으로 강알칼리성이어서 식물의 생육이 저해된다. Na의 탄산염 또는 중탄산염은 물에 잘 녹기 때문에 토양의 pH가 높게 나타난다.
- **염류나트륨성 토양**: 염류나트륨성 토양(saline-sodic soil)은 염류토양과 알칼리토양의 중간적인 특성을 가지고 있다. 염류토양과 같이 토양 중 가용성 염류의 농도가 높으며 전기전도도가 4 dS/m 이상이다. 하지만 교환성 나트륨은 15%를 넘고 SAR이 13 이상으로 높다는 점에서 염류토양과는 다르다.

(3) 토양의 생물학적 특성

토양 중에는 수많은 박테리아, 곰팡이, 방선균, 지렁이, 곤충, 작은 서류와 포유류 등이 서식하고 있다. 이들 토양생물들은 유기물의 분해와 무기물의 산화환원 등을 통하여 영양소의 순환을 일으키고 토양의 비옥도를 유지시키는 데 도움을 준다. 또한 토양생물들 상호간의 작용 및 토양생물과 식물과의 작용 등은 생태계의 건전성 유지에 이로울 뿐만 아니라 양분이나 물의 흡수를 촉진하여 식물의 생육증진효과도 가진다.

토양생물들의 개별적인 역할이나 작용보다는 이들 생물들의 복잡한 상호작용과 먹이사슬을 통하여 연결된 다양한 현상들이 토양생태계를 이끌어 간다. 많은 토양생물들이 유익한 역할을 하지만 동식물에 피해를 주는 생물들도 있다. 유익한 생물들은 토양의 생성발달과 구조개선, 유기물의 분해와 영양소의 순환 등과 관련된 다양한 물리화학적 현상에 관여한다. 조류나 *Rhizobium* 속들은 대기 중 질소를 고정하여 식물에 양분을 공급하며, *Actinomycetes* 속은 항생물질을 생성하기도 한다. 한편 *Bacillus*와 *Pseudomonas* 등은 길항작용으로 병원균의 활성을 억제하여 식물의 병을 방제할 뿐만 아니라 생장촉진호르몬을 분비하여 생장을 돕는다. 한편 선충이나 병원성 미생물들이 작물생산과정에서 입히는 피해 또한 엄청나며 심각한 농업생산의 감소로 이어진다.

[표 2-5] 토양생물의 분류

동물	대형동물군	생쥐, 개미, 거미, 노래기, 쥐며느리, 지렁이, 두더지, 개미, 갑충 등	
	중형동물군	진드기, 톡토기	
	미소동물군	선형동물	선충
		원생동물	아메바, 편모충, 섬모충
식물	대형식물군	식물뿌리, 이끼	
	미소식물군	독립영양생물	녹조류, 규조류
		종속영양생물	사상균(효모, 곰팡이,버섯) 방선균
		독립, 종속영양생물	세균, 남조류

토양생물은 크게 동물과 식물로 구분할 수 있는데, 토양동물군(soil fauna)은 크기에 따라서 대형동물군, 중형동물군 그리고 미소동물군으로 분류하며, 토양식물은 대형식물군과 미소식물군으로 구분하는데, 우리 눈으로 직접 볼 수 없는 미생물은 미소식물군에 속한다. 미생물에는 사상균, 세균, 방선균, 조류 등이 있으며, 다른 생물들에 비하여 미생물의 개체 수는 월등히 많으며 물질순환과정에서 주된 역할을 담당한다. 토양에 서식하는 각 생물군 내에는 그 종류 또한 매우 다양하다(표 2-5). 비옥한 토양에는 수십 내지 수백 종의 척추동물, 지렁이, 진드기류, 곤충, 선충들이 발견되며, 미생물 중에서는 수백 종의 사상균과 수천 종의 세균과 방선균이 발견된다.

이와 같은 다양한 생물들은 수많은 효소반응과 물리화학적 작용을 통하여 물질의 순환을 주도하며 토양생태계를 유지해 간다. 생물다양성은 토양의 건전성을 나타내는 지표로 사용되는데, 다양한 생물이 서식할수록 토양의 잠재적 생물활성은 높아진다. 토양생물의 다양성은 통기성, 수분함량, 유기물 및 영양소 함량, pH, 온도 등과 같은 토양환경요인에 의해 결정된다. 따라서 토양생물의 다양성과 활성을 증대시키려면 토양의 물리화학적 특성을 건전하게 유지ㆍ관리하여야 한다.

2.1.4 우리나라 토양의 특성

(1) 개요

우리나라의 농경지토양은 산성모암인 화강암과 화강편마암으로부터 생성되었으므로, 평균 pH가 5.6 정도인 산성을 띠고 있다. 유기물함량이 약 2% 정도로 비교적 낮은 편이며, 교환성 Ca, Mg, K 등의 염류농도와 CEC가 낮은 편이다. 80년대까지만 해도 우리나라 농업의 목표는 식량생산 증대를 위주로 진행되어 왔다. 농경지가 좁고 인구밀도가 높은 우리나라에서는 집약적 영농이 유지되어야 했다. 벼의 경우 우리나라는 다른 나라들보다 비교적 높은 생산력을 유지해 왔다. 이는 비료나 농약 등의 농자재를 많이 투입하였기 때문에 가능하였다. 그러나 최근 이러한 집약농업방식이 토양생태계의 파괴, 토양생산력의 저하, 주변 수계와 대기의 오염을 유발하고 있음을 인식하게 되었다.

이는 우리나라에만 국한된 문제가 아니며 전 세계적으로 현대농업의 목표를 생산성과 함께 환경의 건전성 유지에 두는 계기가 되었고, 친환경농업(environmentally sound agriculture) 또는 저투입지속적 농업(low input sustainable agriculture, LISA) 등의 개념이 등장하게 되었다.

인구의 증가와 함께 산업이 발달하면서 대량으로 발생되는 각종 폐기물은 토양이 갖는 자정능력의 한계 이상으로 유입되어 많은 지역의 토양을 오염시키고 있다. 특히 우리나라의 경우 친환경농업의 육성으로 다량의 부산물 비료가 사용되고 있으나, 미부숙된 퇴비나 산업폐기물 등의 불량원료를 사용하여 제조한 퇴비의 과다한 사용으로 인하여 병원균, 잡초, 중금속, 유해유기물 등에 의하여 토양이 오염되고, 농산물의 안전성을 위협하고 있으며, 지표수 및 지하수가 오염되고 있는 실정이다.

농업생태계 내에서 유해한 오염물질 유입의 증가는 국민건강과 관련하여 사회적 문제로 대두되고 있으며 농산물 안전성에 관련한 국제기구에서도 각종 오염물질에 대한 규제기준을 강화하고 있는 추세이다. 최근 우리나라에서도 환경오염문제에 대한 관심이 높아지면서 토양오염과 관련하여 환경보호나 보전이 여러 가지 측면에서 논의되고 있다.

토양오염의 이해를 돕기 위하여 우리나라 토양의 화학적 특성을 밭, 논, 시설하우스토양으로 분류하여 간략하게 검토해 보고자 한다. 이러한 특성은 현재 우리나라 토양의 특성을 파악하고, 미래에 있어 토양오염을 평가할 수 있는 기준으로 활용할 수 있을 것이다.

(2) 논토양의 특성

우리나라 논토양은 표 2-6과 같이 토양비옥도가 비교적 낮은 산성토양이다. 최근 30~40년 간의 유효인산함량은 계속 증가하였지만, 인산함량을 제외한 pH, 유기물, 칼륨, 마그네슘, 규산 등 벼가 자라는 데 필요한 대부분의 성분이 부족한 상태에 있다. 우리나라 논토양 화학성분의 함량 과부족률(%)을 1999년도 중심으로 살펴보면 표 2-7과 같다. 토양산도는 수도생육에 적정범위인 pH 6.0~6.5는 15%에 불과하고, 적정 범위보다 적은 분포비율이 80.3%로 대부분을 차지하였다. 유기물함량은 적정 범위인 25~30g/kg이 24.6%의 분포를 보였고, 적정 범위보다 적은 토양의 분포비율은 48.4%이었다.

[표 2-6] 논토양의 화학적 특성변화 비교

기간	pH (1:5)	OM	유효인산 (P_2O_5)	교환성양이온			유효규산 (SiO_2)
				K	Ca	Mg	
		g/kg	mg/kg	– – – – $cmol_c$/kg – – – –			mg/kg
'64~'68	5.5	26	60	0.23	4.5	1.8	78
'76~'79	5.9	24	88	0.31	4.2	1.3	75
'80~'88	5.7	23	107	0.27	3.8	1.4	88
'90	5.7	27	101	0.32	4.3	1.5	80
'95	5.6	25	128	0.32	4.0	1.2	72
'99	5.7	22	135	0.34	4.1	1.4	86
적정범위	6.0~6.5	25~30	80~120	0.25~0.30	5.0~6.0	1.5~2.0	130~180

[표 2-7] 우리나라 논토양의 화학성분 과부족률 비교 (1999년 기준)

구분		pH (1:5, H_2O)	OM	유효인산 (P_2O_5)	교환성양이온			유효규산 (SiO_2)
					K	Ca	Mg	
			g/kg	mg/kg	– – – – $cmol_c/kg$ – – – –			mg/kg
평 균		5.5	26	60	0.23	4.5	1.8	78
적정범위		6.0~6.5	25~30	80~120	0.25~0.30	5.0~6.0	1.5~2.0	130~180
비율 (%)	부족	80.3	48.4	38.3	45.4	80.7	72.8	90.1
	최적	14.9	14.9	24.6	21.3	19.7	13.5	14.7
	과잉	4.8	27.0	40.4	34.9	5.8	12.5	3.7

※자료: 조인상, 2001.

(3) 밭토양의 특성

우리나라 밭토양은 표 2-8에서 보는 바와 같이 산성토양이며, 교환성 염류농도가 낮다. 최근 30~40년 간의 변화를 보면 pH, 유기물, 교환성 마그네슘함량은 큰 변동이 없고, 유효인산, 교환성 칼륨은 증가하였다. 우리나라 밭토양의 연대별 화학성분함량의 변화는 표 2-8에서 보는 바와 같이 산성토양이며, 교환성 염류농도가 낮다. 1992년에 조사된 함량과 비교해 보면 pH, 유기물, 교환성 마그네슘함량은 큰 변동이 없고, 유효인산, 교환성 칼륨은 증가하였다.

1997년을 중심으로 우리나라 밭토양의 작물생육에 알맞은 적정 범위 과부족률(%)에 관

[표 2-8] 밭토양의 화학적 특성변화 비교

기간	pH (1:5)	OM	유효인산 (P_2O_5)	교환성양이온		
				K	Ca	Mg
		g/kg	mg/kg	– – – – – – $cmol_c/kg$ – – – – – –		
'64~'68	5.7	20	114	0.32	4.2	1.2
'76~'80	5.9	20	195	0.47	5.0	1.9
'85~'88	5.8	19	231	0.59	4.6	1.4
'92	5.5	24	538	0.64	4.2	1.3
'97	5.6	24	577	0.80	4.5	1.4
적정범위	6.0~6.5	20~30	300~500	0.50~0.60	5.0~6.0	1.5~2.0

※자료: 박양호, 2001.

[표 2-9] 우리나라 밭토양의 화학성분 과부족률 비교 (1997년 기준)

구분		pH (1:5)	OM	유효인산 (P_2O_5)	교환성양이온		
					K	Ca	Mg
			g/kg	mg/kg	$- - - - - -$ cmol$_c$/kg $- - - - - -$		
평 균		5.6	24	577	0.80	4.5	1.4
적정범위		6.0~6.5	20~30	300~500	0.50~0.60	5.0~6.0	1.5~2.0
비율 (%)	부족	76.9	33.0	21.0	30.9	63.9	64.5
	최적	13.4	46.7	27.4	10.7	15.8	18.3
	과잉	9.7	20.3	51.6	58.4	20.3	17.2

※자료: 박양호, 2001.

하여 살펴보면 표 2-9와 같다. 토양산도의 경우 밭작물 생육에 적정 범위인 pH 6.0~6.5
는 13%이며, 적정 범위보다 높은 pH 6.6 이상의 토양이 9.7%에 불과하였고, 적정 범위
보다 낮은 분포비율이 77%로 대부분을 차지하고 있다. 우리나라 밭토양의 비옥도는 낮은
편이며, 완충능력도 크지 않기 때문에 농자재의 과다 투여나 오염물질에 의하여 토양이
오염되면 작물의 생산성과 토양의 비옥도는 더욱 쉽게 낮아질 것으로 예측된다.

(4) 시설재배지토양의 특성

식생활의 향상에 따라 육류소비가 증가되었고, 이와 동반하여 신선한 채소류의 수요도
계절에 관계없이 증대되고 있다. 이를 충족시키기 위하여 근교농업형태의 비닐하우스 시
설에 의한 영농방식이 널리 보급되고 있으며, 재배면적이 꾸준히 증가하는 실정이다. 시
설재배는 집약적 농업형태로서 투입되는 비료량은 토양의 비옥도를 고려하지 않고 사용
하여, 염류집적, 지하수오염 등과 같은 여러 가지 문제를 유발시키는 원인이 되고 있다.

우리나라 시설재배지토양은 약한 산성이며, 유기물함량은 적정 범위를 약간 상회하며,
교환성 양이온은 약간 모자라거나 적정 범위를 나타내지만, 유효인산함량은 적정 범위를
상당히 초과하고 있다(표 2-10). 시설재배지토양 대부분에서 화학성분들의 함량이 논, 밭,
과수원토양 등과 비교하여 높은 실정이다. 우리나라 시설재배지토양의 유효인산함량은
시간이 흐를수록 점차 높아지는 경향을 보이는데 이는 채소를 연작하는 채소재배지토양
에서 매 작기마다 가축분뇨 및 복합비료를 작물이 요구하는 흡수량 이상으로 과다 시비하
여 토양에 집적되어 왔기 때문이다.

[표 2-10] 우리나라 시설재배지토양의 화학적 특성 변화

기간	pH (1:5)	OM	유효인산 (P₂O₅)	교환성양이온		
				K	Ca	Mg
		g/kg	mg/kg	− − − − − cmol$_c$/kg − − − − −		
'76~'80	5.8	22	811	1.08	6.0	2.5
'80~'89	5.8	26	945	1.01	6.4	2.3
'91~'93	6.0	31	861	1.07	5.9	1.9
'95	6.2	30	1,053	1.22	6.7	2.5
'96	6.0	39	1,435	1.16	6.4	2.3
적정범위	6.0~6.5	20~30	300~500	0.70~0.80	5.0~6.0	1.5~2.0

※자료: 농촌진흥청, 1999.

  시설재배지토양에서 작물생육에 대한 적정 범위를 중심으로 살펴보면 가장 문제시되는 유효인산은 적정 수준이 300~500mg/kg인데 이보다 적은 수준이 13%, 보통 수준이 7%에 불과하고, 많은 곳이 80%로 나타났다(표 2-11). 토양 중에 인산의 과다 축적은 수분과 염기흡수장해에 의한 인산의 생리장해, 미량요소의 불용화에 의한 영양소 불균형을 초래한다.

[표 2-11] 시설재배지의 화학성분함량 과부족률 비교 (1997년 기준)

구분		pH (1:5, H₂O)	OM	유효인산 (P₂O₅)	교환성양이온		
					K	Ca	Mg
			g/kg	mg/kg	− − − − − cmol$_c$/kg − − − − −		
평 균		6.0	35	1,092	1.27	6.0	2.5
적정범위		6.0~6.5	20~30	350~500	0.70~0.80	5.0~6.0	1.5~2.5
비율 (%)	부족	46.4	20.7	12.7	23.4	29.8	27.9
	최적	29.8	24.5	7.4	6.0	17.8	18.9
	과잉	26.8	54.8	79.9	70.6	52.4	53.2

※자료: 농촌진흥청, 1999.

2.1.5 토양의 질

(1) 토양의 질

토양의 질이란 우리가 토양이 할 수 있기를 기대하는 바 그 역할을 얼마나 잘 수행하고 있느냐에 관한 것이다. 즉, 자연생태계 또는 농경지와 같은 인위적인 생태계 내에서 동식물의 생산, 물과 대기질의 유지 및 향상, 인간과 각종 생물상의 건강을 위하여 토양이 할 수 있는 특정 작용에 대한 토양의 능력을 의미한다.

토양의 질에 대한 개념은 관점에 따라서 달라질 수 있을 것이다. 예를 들어 농업인의 관점에서는 생산성이 높은 토양, 생산성의 지속적인 보전과 향상, 최대 수익 또는 후대를 위한 토양자원의 유지 등이 토양의 질에 대한 기본개념이 될 것이다. 농산물 소비자의 경우에는 안전하고 값싼 농산물이 현재뿐만 아니라 먼 장래까지 충분히 생산될 수 있느냐를 기준으로 토양의 질을 생각할 것이다. 환경문제에 관심을 갖는 사람들에게는 생태계 내에서 생물의 다양성, 수질, 물질의 순환, 생물생산성 등의 유지 및 증진과 관련된 토양의 역할을 기대할 것이다.

(2) 토양의 기능

건강한 토양은 우리에게 깨끗한 물과 공기를 제공하며 풍성한 식량과 산림자원을 제공하고, 아름다운 자연경관과 함께 다양한 야생생물상을 제공한다. 토양이 이러한 기능을 다하기 위하여 다음과 같은 작용을 원활히 수행할 수 있어야 한다.

- **수자원 조절작용**: 강우 또는 관개를 통하여 토양에 유입되는 물은 토양의 표면 또는 토층을 통하여 이동하며 이러한 물의 흐름은 토양에 의하여 조절된다.
- **생물생산작용**: 토양은 물과 영양소를 공급함으로써 식물이 서식할 수 있는 공간이 되며 생물의 다양성과 생산성은 토양의 기능에 달려 있다.
- **오염물질의 여과와 정화작용**: 토양광물과 미생물은 각종 생활 및 산업폐기물을 통하여 토양에 유입되는 유기 또는 무기 오염물질들을 여과, 분해, 부동화 및 무독화시키는 역할을 한다.
- **물질의 순환작용**: 탄소, 질소, 인 등의 영양소를 포함한 각종 원소들은 토양에 저장되고 변환되며 결국 토양을 통하여 순환된다.

(3) 토양 질의 평가와 관리

토양의 질은 근본적으로 토양의 생성발달과정에서 결정되지만 지속적으로 변화하는 특성이기도 하다. 예를 들어 사질토양은 식질토양보다 배수가 잘 되지만, 보수력은 오히려 식질토양이 더 높다. 토양 표면 가까이에 암반이 있는 경우에 비하여 토층이 깊으면 토양에서는 뿌리발달이 원활할 것이다. 이러한 토양의 특성은 쉽게 변하지 않는다.

그러나 기존의 토양을 어떻게 관리하느냐에 따라서 유기물의 함량, 토양의 구조와 깊이, 물과 양분보유력 등 토양의 질은 크게 변화될 수 있다. 토양을 연구하는 목적은 결국 토양의 기능을 개선하고 증진시키기 위하여 토양을 어떻게 관리할 것인지를 알기 위한 것이다. 토양의 기본특성과 주변환경에 따라서 관리의 효과는 다르게 나타날 수 있다.

토양의 질을 평가하고 잘 관리함으로써 토양의 기능을 최적화하고 그 기능이 훼손되지 않고 지속적으로 유지시켜 건전한 토양을 우리 후손들에게까지 물려줄 수 있어야 한다. 그리고 토양의 질을 지속적으로 평가하여 현재의 토양관리방법이 토양의 지속성을 보장할 수 있는지를 결정하여야 한다.

1) 토양의 질 평가

토양의 질은 단순히 작물생산성 등 특정 기능 하나로 평가할 수 있는 것이 아니며, 토양의 모든 기능들이 원활히 작동하는지를 평가하여야 한다. 또한 그러한 토양의 기능이 현

[표 2-12] 토양질 평가지표와 활용도의 예

평가지표	토양건전성과의 관계
유기물함량	토양비옥도, 구조 발달 및 안정성, 양분보유력, 토양침식도
물리적 특성 – 구조, 깊이, 용적밀도, 투수성, 수분 보유력	물과 양분의 보유와 이동, 미생물 서식, 작물 생산성, 공극률, 토양의 다짐이나 경반층 존재 여부
화학적 특성 – pH, 전기전도도, 가용성 N, P, K	생물 및 화학적 활성, 식물과 미생물의 활성, 유효 양분함량, N과 P의 용탈 잠재성
생물학적 특성 – 생물 다양성, 미생물 생체량 (또는 C와 N), 무기화될 수 있는 잠재 질소량, 토양호흡량	미생물의 분해작용 활성, 작물생산성, N 공급잠재력, 미생물 활성

재뿐만 아니라 먼 장래까지 지속될 수 있는지 평가하여야 한다. 토양의 질은 직접 평가하기는 곤란하므로 물리적·화학적·생물학적 특성 등 여러 가지의 평가지표를 이용하게된다. 평가지표로 사용될 수 있는 토양 특성은 우선 토양의 기능변화를 잘 반영할 수 있어야 하며 기후나 토양관리방법의 변화에 민감하고 또한 측정이 쉬워야 한다. 이들 지표를정성적 또는 정량적인 방법으로 측정할 수 있으며, 여러 시기와 장소에서 수집된 지표자료들을 상호 비교함으로써 현재의 토양질이나 토양질의 변화 양상을 평가할 수 있다.

2) 토양의 건전성 확보를 위한 관리방안

토양의 질을 향상시키기 위한 방법에는 여러 가지가 있을 수 있으며, 토양형태나 이용형태에 따라서 적합한 관리방법 또한 달라질 것이다. 그러나 다음과 같은 관리방법들은모든 토양에 공통적으로 적용될 수 있다.

- **유기물의 관리**: 앞서 설명한 바와 같이 토양유기물은 여러 가지 측면에서 토양의 질과 관련되어 있다. 유기물은 대부분 작물잔재, 피복식물의 뿌리, 가축분, 녹비와 퇴비 등으로 공급된다. 이러한 유기물과 이를 분해하는 미생물들은 토양의 보수력과 양분공급력을 증대시키며 침식을 방지하는 데도움을 준다. 따라서 토양유기물의 소실을 억제하고 지속적으로 적정한 유기물 수준을 유지시켜야한다.
- **과도한 경운 금지**: 경운의 필요성과 긍정적인 효과는 충분히 인정되나 과도한 경운은 유기물의 소실을 조장하며 토양구조를 파괴시킴으로써 여러 가지의 토양기능을 훼손시킨다. 따라서 무경운 또는 부분경운방법을 이용한 작물재배를 고려하여야 한다.
- **적절한 화학비료와 농약의 사용**: 현대 농업에서 화학비료와 농약은 농업생산성을 획기적으로 향상시켰다. 이러한 긍정적인 효과에도 불구하고 이들 농업자재의 부적절한 사용은 방제대상이 아닌 생물에 대한 피해와 각종 수질 및 대기오염의 원인이 된다. 가축분이나 기타 유기자원의 오남용 또한오염문제를 유발한다. 비료나 유기자원의 경우 식물생장을 촉진하고 이어서 토양에 대한 유기물 환원을 증대시킬 수 있는 긍정적인 효과도 분명히 있다.
- **토양피복의 확대**: 나지상태의 토양에서는 비와 바람에 의한 침식이 쉽게 일어나며, 표토의 건조와고결 현상도 일어난다. 식생에 의한 토양피복은 토양을 보호하며 곤충류나 지렁이 등 다양한 토양생물의 서식공간을 제공할 뿐 아니라 유효수분을 증대시킨다. 다년생 피복식물이나 작물잔재를 이용하여 토양이 나지상태로 노출되는 기간을 줄여야 한다.
- **식물다양성 증대**: 다양한 식물이 서식하는 환경에서 얻을 수 있는 이점은 여러 가지가 있다. 각 작

물은 특징적인 뿌리구조를 가지며 또한 토양에 잔류물질을 제공한다. 작물에 따라 다양한 미생물들이 서식함으로써 병해를 유발하는 미생물의 밀도를 조절할 수 있다. 실제로 다양한 작물을 재배함으로써 잡초와 병해의 발생을 크게 감소시킬 수 있다. 윤작이나 포장규모의 소형화와 재배작물의 다양화 등을 통하여 지역별 또는 시기별로 식물다양성을 확보할 수 있다.

(4) 토양질소와 환경의 질

식물영양소의 순환은 장기적인 토양비옥도의 유지와 농업의 지속성을 위하여 필수적이다. 질소는 매우 유동적인 영양소이다. NO_3^-는 음이온으로 토양 중에서 쉽게 이동할 수 있으며 작물의 흡수에 더하여 용탈이나 침식현상, 탈질현상 등을 통하여 토양에서 쉽게 제거된다. 미생물에 의한 N_2의 고정을 비롯한 다양한 통로를 통하여 대기 중의 질소는 다시 토양에 유입된다. 동일한 질소가 이러한 순환과정을 통하여 반복적으로 사용하는 것이다. 모든 식물영양소는 생태계 내에서 순환된다.

토양은 지구상에서 가장 중요한 질소저장고의 역할을 한다. 토양 중의 총질소함량은 0.08~0.4% 정도이며 대부분 유기물의 형태로 존재한다. 유기화합물의 형태로 존재하는 질소 중 일부는 쉽게 분해되어 NH_4^+ 또는 NO_3^- 형태의 무기질소로 전환되지만 대부분 토양에서 장기간 유기물의 형태로 존재한다. 따라서 유기태질소 중 한 번 작물을 재배하는 기간 동안 식물에 흡수 이용되는 질소는 1~5% 정도에 불과하다. 식물이 흡수 이용하는 질소의 궁극적인 공급원은 대기 중에 78% 정도 함유되어 있는 N_2 가스다.

호기상태의 토양용액 중에서 질소는 대부분 NO_3^- 형태로 존재하며 화학비료의 시용이나 유기물의 분해 직후 일부 NH_4^+도 존재할 수 있다. 암모늄은 토양미생물에 의한 질산화작용으로 쉽게 NO_3^-로 전환된다. NO_3^-는 식물에 흡수 이용되며 토양용액 중의 그 함량은 여러 가지 공급과 유실기작에 따라서 결정된다. 부식의 분해, 동식물의 잔재나 배설물의 분해, 공중질소의 고정, 화학비료의 시용 등을 통하여 토양용액 중에 질소가 공급되며, 작물의 흡수, 미생물에 의한 부동화, 강우나 관개 후 발생하는 용탈과 침식, 탈질 및 암모니아 휘산작용 등을 통하여 유실된다.

이러한 질소의 순환현상을 이해하는 데 있어서 각각의 순환기작들은 모두 고유한 반응속도로 진행되며 전체가 동적인 평형을 유지하고 있다는 사실을 잊어서는 안 된다. 과도한 질소비료의 시용은 식물의 질소흡수를 증가시키기도 하지만 식물에 흡수되지 못한 질

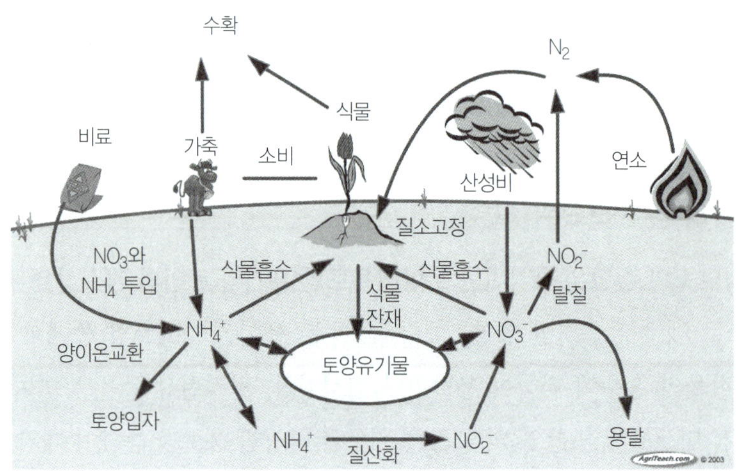

[그림 2-6] 질소의 순환

소는 결국 유실되어 지하수의 질산염 오염과 강, 호수 또는 바닷물의 부영양화를 유발하며, 탈질작용을 통해 대기로 방출되는 N_2O는 지구온난화의 원인물질로 작용한다. 따라서 토양 질소의 최적관리를 통해 효율적인 작물생산과 동시에 주변환경계의 오염을 경감시켜야 한다(그림 2-6).

(5) 토양인산과 환경의 질

인산은 질소 다음으로 식물생육에 많이 필요한 영양소이다. 따라서 세계적으로 대부분의 토양에서 경제적인 작물생산을 위해 인산비료를 시용하고 있다. 그러나 인산은 한편으로 수생생태계를 파괴시킬 수 있는 영양소이다. 지난 수십 년 간 농경지에는 엄청난 양의 인산비료가 투입되었으며, 토양에는 과도한 양의 인산이 집적되어 있다. 인산은 토양에 강하게 흡착되며 매우 신속히 불용화되므로 인산비료의 계속적인 시용은 작물생산량 확보를 위하여 불가피한 선택이었다. 인산의 특성상 비료로 시용된 인산의 10~20% 정도만이 실제로 식물에 흡수 이용되며, 나머지는 불용성 물질로 전환된다. 이러한 토양에서 침식이 발생할 때 인산은 토양과 함께 강, 호수, 바다로 유입되고 심각한 영양소 불균형을 초래한다. 과다한 인산은 조류와 기타 수생식물의 생장을 촉진하여 수계의 부영양화현상(eutrophication)을 유발한다.

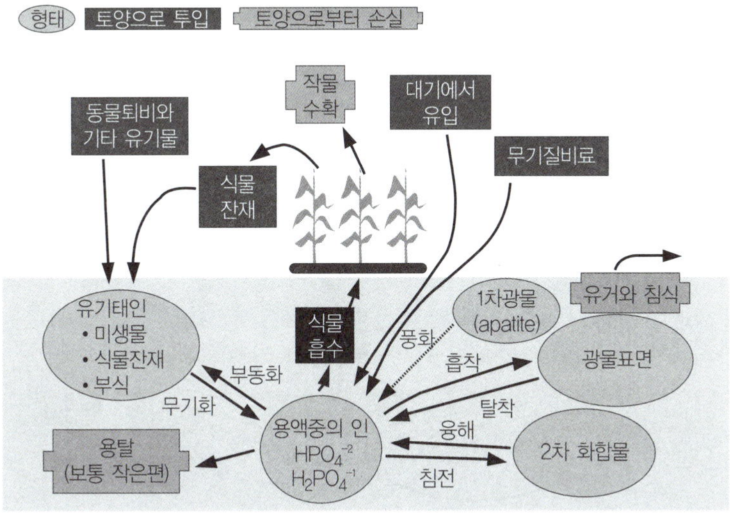

[그림 2-7] 인의 순환

토양 중에는 유기태와 무기태 인산이 대략 비슷한 비율로 존재하며 N/P의 비율은 대략 10:1 정도이다. 다른 영양소와는 달리 토양용액 중의 인산농도는 매우 낮으며 대부분 0.1 mg/L 이하이다. 중성 근처 pH에서 수용성 인산은 주로 HPO_4^{2-}나 $H_2PO_4^-$ 형태로 존재하며 식물도 이들 형태의 인산을 흡수 이용한다. 인산비료를 시용하면 토양용액 중의 인산 농도가 일시적으로 증가하지만 매우 신속하게 불용성 물질로 전환된다. 불용성 인산화합물은 토양 중에 존재하는 양이온이나 토양 pH에 따라서 결정되며 산성토양에서는 Fe과 Al의 염으로 알칼리 토양에서는 Ca의 염으로 불용화된다. 유기태인산은 미생물에 의한 유기물의 분해과정에서 무기태인산으로 방출되며 식물에 의하여 흡수되지 않으면 역시 쉽게 고정(fixation)된다.

인을 함유한 기체화합물이 존재하지 않으므로 자연계의 순환과정에서 천연적으로 토양에 유입되는 인산은 거의 없다. 따라서 토양에서 지속적으로 작물을 경작할 경우 작물생산을 통하여 제거되는 인산은 결국 비료로써 보충되어야 한다. 그러나 작물의 흡수이용률이 매우 낮은 인산의 특성을 고려하여 불용화나 주변 환경계로의 유실을 최소화할 수 있는 토양인산의 관리를 위한 노력이 뒤따라야 한다(그림 2-7).

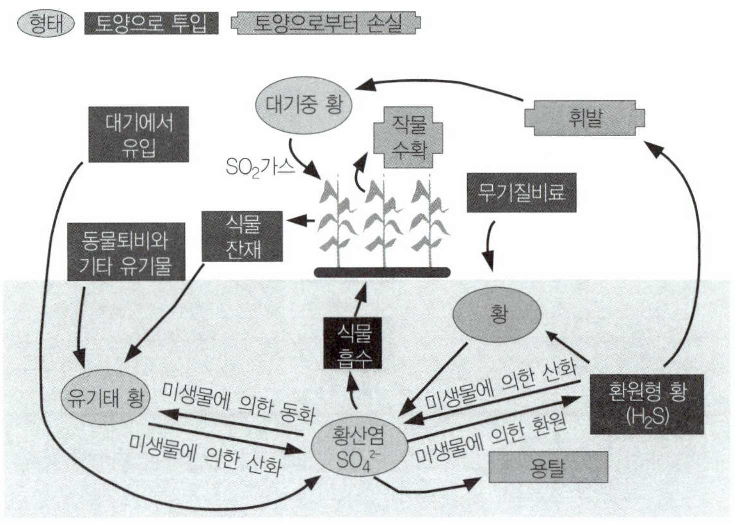

[그림 2-8] 황의 순환

(6) 토양 황과 환경의 질

황의 순환은 여러 가지 면에서 질소의 순환과 유사하다. 대기 중에 황화합물이 존재하며 질소와 함께 동식물에 흡수된다. 토양 중에서 황은 대부분 유기물형태로 저장되어 있으며, 유기물이 작물에 대한 황의 공급원으로 작용한다. 산업활동이 활발한 지역 주변에서는 산성비를 통하여 상당한 양의 황이 토양에 공급된다. 화석연료의 소비에서 발생되는 SO_2 등 황산화물은 빗물에 녹아 sulphuric 및 sulphurous acids로 토양 표면에 떨어진다.

대부분의 토양에서 토양 중의 황함량은 0.05% 정도이며 질소함량의 1/10에 해당한다. 전체 황의 90% 정도는 유기물에 함유된 것이며, 유기물이 분해될 때 SO_4^{2-} 형태로 방출되어 식물에 흡수 이용된다. 황의 무기화 속도는 질소의 경우와 마찬가지로 여러 가지 토양 환경조건의 영향을 받는다. 중성 근처의 pH, 온난하고 공기유통이 원활한 조건의 토양에서 유기물 분해 미생물의 활성이 왕성할 것이다. 물론 토양에 투입되는 신선 유기물 중의 황함량이 낮으면 황의 부동화도 일어나고 식물이 일시적 황 기아현상을 유발할 수 있다. 토양 중 유효황의 함량이 부족하면 유안이나 석고 등 황산염비료의 시용으로 황을 공급할 수 있다. 담수토양에서 환원상태가 발달하면 황 함유 아미노산의 환원적 분해와 SO_4^{2-}의 환원이 일어나며 mercaptan 화합물과 H_2S가 생성되어 대기 중으로 방출된다(그림 2-8).

2.2 토양오염과 대책

2.2.1 토양오염의 정의와 오염물질

최근 급격한 산업화와 인구증가 등으로 인하여 다양한 종류의 환경오염물질이 자연계로 다량 배출되고 있다. 이들 오염물질은 대기, 수질, 폐기물 등 직·간접적으로 다양한 경로를 거쳐 환경의 최종 수용체인 토양으로 유입되어 토양환경을 오염시키고 있다. 이로 인하여 농작물뿐 아니라 생물체에 악영향을 주고 있고, 먹이사슬을 통하여 인간의 건강에도 위해를 끼치고 있다. 특히 토양오염은 매체의 특성상 인위적으로 복원하기 전에는 반영구적으로 오염되어 여러 경로를 통하여 인체에 위해를 가중시키고 있다. 토양은 오염물질에 대한 완충용량이 매우 큰 편으로, 토양환경이 오염되어 정상적인 기능이 저하되고 인축건강에 위해를 끼칠 정도가 된 경우라면 오랜 시간 동안 오염현상이 진행되어 왔으며, 이와 더불어 물과 대기오염의 정도는 얼마나 심각한지 예측해 볼 수 있다. 이는 토양오염이 산업폐기물, 생활폐기물, 비료나 농약 등에 의해 직접적으로 오염될 뿐 아니라, 많은 경우에 있어서 대기오염 또는 수질오염을 통해서도 발생하기 때문이다. 우리나라의 경우 수질오염과 대기오염에 더 많은 관심을 쏟아 왔으나, 최근에는 농산물의 안전성, 지표수 및 지하수의 보전, 육상생태계의 건전성 등의 이유로 토양오염에도 많은 연구와 관심이 집중되는 실정이다.

토양오염이란 외부로부터 오염물질이 토양 내로 유입됨으로써 그 농도가 자연함유량(천연부존량: natural abundance)보다 높아지고 이로 인하여 토양에 악영향을 주어 그 기능과 질이 저하되며, 토양에서 생산되는 Biomass에 오염물질이 축적되어 인체에 악영향을 미치는 현상이라고 정의할 수 있다. 토양의 사막화, 토양침식 및 유실 등과 같이 토양자원을 근원적으로 고갈시키는 환경피해도 있지만, '토양오염'이란 일반적으로 유기오염물질이나 영양염류, 중금속 등의 오염물질이 토양 중에 집적되어 나타나는 현상을 뜻한다.

오염은 영어로는 'Pollution' 또는 'Contamination'으로 표기한다. 두 용어는 동의어로 사용되어 오염을 표현할 때 구분 없이 사용되지만, 두 용어 사이에는 미묘한 차이가 있다. Pollution은 환경을 구성하고 있는 생물체에 독성을 끼치는 현상을 포함하고 이 경우의 오염물질을 Pollutant라 부른다. Contamination은 환경이 오염되더라도 반드시 생물체에 대한 독성을 의미하지는 않는 일반적인 오염현상으로 오염물질을 Contaminant라 부른다.

토양은 물, 대기 및 폐기물에 있는 오염물질의 최종적인 수용체이다. 따라서 대부분의 토양오염은 간접적이고 국소성이며 만성적이므로 복원의 시간이 오래 걸리고 복원비용이 매우 비싸다는 특성을 지니게 된다. 또한 수질과 대기오염과는 달리 토양오염은 가시적인 증상을 보여주지 않는다. 그러나 오염된 토양은 농작물, 지하수, 유용미생물, 가축들에 피해를 주고 이를 활용하는 인간에게도 궁극적으로 피해를 줄 수 있다.

오염물질(유해물질)에는 중금속, 농약, 유류, 병원균, 비료 등이 있고, 오염물질의 기원은 인위적인 것이 대부분이지만, 화산에 의한 화산재, 가스 등에 의한 오염 등 자연적인 현상도 포함되기도 한다. 또한 산업활동과 일상생활의 결과에 따라 오염원이 토양으로 유입되어 먹이사슬을 통하여 사람의 건강에 악영향을 주고, 오염원에 의해 환경이 피해를 입는 상태를 토양오염이라고도 정의한다.

토양오염물질은 토양오염의 원인이 되는 물질로서 토양환경보전법의 환경부령에서 정하는 물질의 종류는 표 2-13과 같다. 기타 폭약류, 염류, 산 등의 다양한 물질들도 토양오염의 정의를 충족시킬 경우 오염물질이 될 수 있다.

[표 2-13] 토양오염물질의 종류

토양오염물질의 종류	• 카드뮴, 구리, 비소, 수은, 납, 6가 크롬, 아연, 니켈
	• 불소
	• 유기인 화합물
	• PCB
	• 시안화합물
	• 페놀류
	• 유류(동·식물성 제외)
	• 유기 용제류

2.2.2 토양오염의 특징

토양은 물, 대기와 같이 중요한 환경요소이지만 일단 오염되면 그 영향이 장기간 지속되는 축적성 오염형태이다. 토양이 생성되기까지는 많은 시간이 소요되며, 오염된 토양은 주변의 토양들과 자연현상에 의하여 섞이기 어려우므로 오염이 쉽게 확산되지는 않지만 국소적인 오염현상의 심화로 인하여 토양생태계에 치명적인 영향을 미칠 수 있다. 또한 오염물질은 먹이사슬로 유입되어 연속적인 피해를 가져오기도 한다. 토양의 복원은 오염 물질을 완전히 제거하거나 오염원의 농도를 천연부존량 수준으로 낮추기란 현실적으로 불가능하다. 그러므로 오염을 사전에 방지하는 것이 무엇보다도 중요한 과제인 것이다.

토양은 물, 대기와 비교하여 그 조성이 복잡하고 유해물질에 대한 반응도 다양하므로 토양오염의 형태는 수질오염, 대기오염과 비교하여 다음과 같은 특징이 있다.

- **2차적 오염**: 토양오염의 원인이 되는 유해물질은 원재료의 누출과 폐기물의 매립 등에 의하여 직접 토양에 유입되는 경우도 있지만, 산업활동 등에 의한 수질오염과 대기오염을 통하여 2차적으로 토양에 부가되는 경우가 많다.

- **축적성**: 물, 대기에 비교하여 토양의 조성(고체, 액체, 기체 혹은 생물을 포함한 복합체)은 매우 복잡하여 그 자체가 하나의 생태계를 구성하고 있다. 또한 오염물질이 물–토양–대기의 연속체에서 순환하는 과정에서 토양은 유해성분을 흡착·고정 또는 분해·변환하는 등의 자연정화기능을 가지고 있다. 평상시에는 평형상태를 유지하고 있지만 그 정화능력을 초과한 과잉의 유해물질과 난분해성 물질이 부하되면 이들이 축적되어 토양환경에 악영향을 미치게 된다.

- **국소적 오염특성**: 토양오염의 영향은 식물의 생육과 토양생물의 증식에 직접적으로 나타나고, 사람의 건강에 대하여 주로 물, 대기, 식품의 오염을 통하여 간접적으로 나타난다. 또한 토양오염의 영향은 수질오염, 대기오염과 비교하여 국소적으로 현장별로 다양하게 나타난다.

- **장기지속성**: 물과 대기는 이동하면서 유해물질을 수용하게 되고, 오염물질 발생원의 배출개선에 의하여 단기간에 개선될 수 있으나, 토양오염의 경우에는 고정된 위치에서 유해물질을 수용하며, 오염 부하의 상태가 개선되어도 오염의 영향은 장기간에 걸쳐 지속된다.

- **사유재산과의 연관성 문제**: 물과 대기는 공공재산의 성격을 갖지만, 토양오염은 대부분 사유재산인 토지로 구성되어 있어 그 관리 및 취급상의 문제점을 안고 있다.

- **오염상태의 불균질 문제**: 수질 및 대기오염은 오염지역 내의 농도가 비교적 균질이지만 토양내 오염물질은 균질하지 않게 분포된 경우가 많으므로 다양한 분석 결과가 나올 수 있으며, 이로 인하여 정화기법의 선정 및 평가의 유추가 어렵다.

- **시차성과 고비용 문제**: 수질 및 대기오염물질은 외부로 노출되는 배출원이 대부분이므로 감시 및 측정이 용이하지만, 토양오염은 오염상태를 직접 확인하기 어렵고 한 번 오염된 토양을 복원하는 데 많은 시간과 비용이 소요된다.

2.2.3 토양오염원

(1) 발생원에 따른 구분

토양으로 유입되는 오염원은 발생원에 따라 점오염원(point source pollutant)과 비점오염원(non-point source pollutant)으로 구분하기도 한다. 폐기물 매립지, 대단위 가축사육장, 산업지역, 건설지역, 운영 중인 광산, 송유관, 유류 및 유독물 저장시설 등은 점오염원이다. 농약 및 화학비료의 장기간 연용, 휴·폐광산의 광산폐기물로부터 유출되는 중금속, 산성비와 같은 것은 비점오염원이다. 이 중에서 토양환경보전법의 관리대상이 되는 것은 점오염원 중 유류 및 유독물 저장시설과 휴·폐광산으로부터의 오염물질뿐이다(표 2-14).

[표 2-14] 오염원의 발생원에 따른 토양오염원의 종류

점오염원	폐기물매립지, 대단위 가축사육장, 산업지역, 건설지역, 운영 중인 광산, 송유관, 유류 및 유독물 저장시설(유류 및 유독물 저장시설만이 토양환경보전법의 관리 대상) 등
비점오염원	농약 및 화학비료의 장기간 연용, 휴·폐광산의 광미나 폐석으로부터 유출되는 중금속, 산성비, 방사성물질 등

(2) 주요 원인물질에 따른 구분

토양오염의 주요 원인물질들은 표 2-15와 같이 영양소, 농약, 유독물질, 산성물질, 염류, 미량원소 등으로 구분할 수 있다. 최근에는 난분해성의 유기화합물과 유류에 의한 토양오염이 증가하는 추세이다.

1) 영양소: 질소와 인

필수식물영양소란 식물에게 꼭 필요한 원소로서 필수영양소의 기준은 다음과 같다. 필수 식물영양소에 속하는 원소가 없으면 식물은 생명현상을 유지하지 못하거나, 그 원소가 결핍되었을 때 다른 원소로 대체하지 못하므로, 식물영양에 직접 관여하여야 한다. 식물필수영양소는 C, H, O, N, P, K, Ca, Mg, S, Fe, Mn, Zn, Cu, Mo, B, Cl 등의 16가지이며 다량영양소와 미량영양소로 나눌 수 있다. 다량영양소는 식물체나 식물 속의 유기체

속에 쉽게 알아볼 수 있을 정도로 많이 존재하고, 식물이 다른 원소보다 많은 양을 흡수하는 영양소를 지칭한다. 미량영양소는 매우 적은 농도로도 정상적인 식물영양을 유지할 수 있는 양분이다. 식물의 다량영양소는 작물의 최대 생산성을 위해 필요로 하는 양보다 토양에서 천연적으로 공급되는 양이 적은 경우가 많기 때문에 비료 및 퇴비(축산 폐기물) 등을 토양에 인위적으로 추가해 주어야 작물의 생산성을 올릴 수 있다. 이러한 물질이 토양에 과량으로 투입될 경우 토양오염과 더불어 지표수·지하수에 직접적인 오염을 초래할 수 있다.

영양소 중 토양오염뿐만 아니라 지표수·지하수에 직접적인 오염을 초래할 수 있는 것은 질소와 인이며 이들은 비료와 가축분뇨를 통하여 주로 공급된다. 최근에는 다량의 질소비료가 토양에 투입되며 이 중 질산태질소는 음이온으로 다른 영양소들과 달리 토양 중에서 이동성이 높아 물에 의하여 쉽게 용탈된다. 토양에 질소가 많이 집적되거나, 집약농업을 하면서 질소비료를 과잉으로 사용하게 되면 작물은 영양성장을 주로 하기 때문에 수

[표 2-15] 토양오염의 주요 원인물질별 오염물질의 분류

오염물질의 분류	주된 오염원	영향을 받는 환경요소				주된 환경영향 증상 또는 관심사
		토양	지하수	지표수	대기	
영양소	화학비료, 하수 슬러지, 슬러지 폐기물, 가축분뇨, 고형폐기물 등에 함유된 질소와 인	●	●	●		부영양화, 음용수 오염
농약	살충제, 제초제, 살균제 등	●	●	●	●	생태적 위해성, 음용수 오염, 인체건강
유해 유기물질	연료, 용매, 휘발성유기화합물(VOC), 계면활성제, 소화제, 방향족아민류, PAHs, 염소계 Paraffins, 염소계 방향족 화합물, Plastifiers 등	●		●	●	생태적 위해성, 음용수 오염, 인체건강
유해 무기물질	강산 또는 강염기	●	●	●	●	급성노출 (acute exposure)
미량원소	양이온성 금속, 중금속 등	●	●	●		인체건강, 생태적 위해성
염류	제설제, 염류성 관개용수	●	●	●		토양의 생산성 손실
산성물질	산성비, 산성광산폐수	●	●	●	●	건물 등 구조적 붕괴, 생태적 위해성

※자료: Pierzynski et al., 2000.

확량이 줄고 병충해에 약해진다(표 2-15).

작물생산과정에 투입되는 화학비료·퇴비·가축분뇨·슬러지·유기성 폐기물들에 함유된 질소성분은 호기적 토양조건에서 질산태질소로 전환된다. 전환된 질산태질소는 토양입자에 잘 흡착되지 않아 지하수로 용탈되어 지하수 및 지표수 오염을 유발하기도 한다.

질소와 관련된 오염은 크게 두 가지 측면, 즉 생태적인 측면과 인체건강에 관여하는 측면에서 관심을 끈다. 예를 들면, 질산태질소에 의한 피해로 유아에게서 발생되는 일명 청색증(blue baby syndrome)이라고 하는 메세모글로빈혈증(methemoglobinemia)을 유발하는 사례가 있다. 이 병을 제어하는 주요한 인자는 1일 질산염 섭취량이기 때문에 음용수(먹는 물) 중의 질산염농도는 중요하다. 우리나라와 미국의 경우 음용수 중의 질산태질소(NO_3-N) 최대 허용기준을 10mg/L로 설정하고 있고, 독일의 경우는 11.3mg/L을 기준으로 하고 있다. 가축도 질산성 질소농도가 높은 물을 마시면 비타민 결핍, 고창증(鼓脹症 bloat)[1] 등의 증상에 시달리게 된다.

질소와 인의 농도증가에 따른 또 다른 관심사는 강이나 호소의 부영양화에 대한 우려이다. 토양 중에 투입된 질소 중 암모늄태질소는 토양에 잘 흡착되며, 질산태질소로 산화되면 이동성이 높아진다. 인산은 음이온이나 토양에 강하게 흡착·고정되므로 토양에 잔류되기 쉽다. 토양에 축적된 질소와 인산은 강우에 의한 토양유실을 통하여 수계로 이동되어 수질오염을 초래할 수 있다.

유기성 공장폐수나 농업배수(질소비료, 인산비료) 또는 가정하수 중의 질산염, 인산염의 유입으로 인하여 수계에서 조류의 영양분인 질소와 인이 증가될 때 부영양화가 일어난다. 질소와 인산 중에서 인산은 부영양화의 제한인자(limiting factor)로 작용한다.

2) 농약 관련 물질

토양은 농작물 생산과정에서 필수적으로 소비하게 되는 엄청난 양의 농약을 받아들이

---

[1] 반추동물의 질병. 발효성 사료 섭취에 의하여 제1위에 생산된 가스로 급격히 제1위와 제2위가 팽창하여 소화기 능장애를 일으키는 일종의 대사질병. 질산성 질소의 과다섭취 외에 부패한 사료, 수분함량이 많은 콩과식물의 다량급여, 콩깻묵·건조맥아 등 깻묵류 사료를 많이 급여한 소에서 잘 발생한다. 증세는 왼쪽 허리 부위가 팽윤되어 나오고 복부가 팽대해진다. 씹는 작용은 중지되고 침을 흘리며 호흡이 곤란해진다. 병든 가축에 따라서는 구토와 연변이 나타난다. 증세가 악화된 소는 복통으로 땅에 쓰러져 신음하기도 한다.

게 된다. 농약을 적절하게 관리하고 사용할 경우 농약은 생산성을 향상시키고 살충, 살균, 제초 등의 목적을 달성한 후에 토양환경에서 잔류되지 않거나 미량 잔류하여 토양과 수질 환경에 큰 영향을 미치지 않아야 한다. 환경에 있어서 농약이 심각한 문제로 등장하고 있는 것은 농약이 독성을 가지고 있을 뿐 아니라 자연환경 속에서 매우 안정하므로 잔류·축적되어서 생태계를 순환하기 때문이다. 토양은 점토광물과 유기물을 함유하고 있으므로 농약을 흡착하여 잔류시킨다. 잔류된 농약은 작물이나 미생물의 활성에 영향을 미치게 된다. 토양이 농약으로 오염된 경우 지하수나 지표수에도 영향을 미치므로 인체건강에도 악영향을 미칠 수 있다.

대부분의 농약은 '환경 및 생물에 이질적인 합성화합물(xenobiotics)' 이므로, 대부분의 생물에는 농약을 분해할 수 있는 효소가 없거나 그 활성이 극히 미약하다. 또 죽은 생물의 몸 속에 들어 있는 농약은 무생물적 환경 속으로 유리되어 다른 생물의 몸 속으로 다시 들어가기도 한다. 이와 같이 환경잔류농약은 생태계의 여러 곳을 이동한다. 먹이사슬에서 상위 단계로 올라갈수록 몸속의 잔류농약의 농도가 높아진다. 먹이사슬축적(food chain accumulation)은 생물농축(bioaccumulation)이라고 부르기도 한다. 이와 같은 축적이 생물체에 주는 영향은 생물의 내성 정도에 따라 달라진다.

농약이 환경에 미치는 영향은 매우 크다. 토양에 흡착되었던 농약이 물속으로 용출되어 다른 토양과 수질을 오염시키고 토양의 미생물과 생물에 영향을 미치며, 이들의 분해산물이 더 강한 독성물질이 될 수도 있다. 따라서 새로운 농약을 개발할 때에는 토양환경에 미치는 영향에 대하여 자세히 조사할 필요가 있다.

3) 유류 관련 오염물질

유류 관련 오염물질에는 석유화합물/유기용제, BTEX, 유기용제, 다환방향족탄화수소; PAHs, PCBs, VOCs, 페놀류 등이 있다.

- **석유화합물/유기용제**: C−H 결합을 위주로 하는 탄화수소이지만 황이나 질소, 금속원소 등을 함유하고 있다. 또한 연료로 사용되고 있는 석유화합물의 65% 이상은 자동차용 연료로 소모되어 환경오염을 유발시키고, 저장 및 취급과정에서 누출되는 물질은 토양오염의 직접적인 원인물질이 되고 있다.

- BTEX(Benzene, Toluene, Ethylbenzene, Xylene)：휘발성 방향족탄화수소로서 휘발유와 같은 석유제품이나 원유에 함유되어 있다. BTEX에 의한 오염은 주로 지하 석유저장탱크로부터의 누출이나 제련소, 이송라인, 송유시의 유출로부터 발생한다.
- 유기용제: TCE(Trichloroethylene) 및 PCE(Tetrachloroethylene)와 같은 무색의 액체로서 휘발성이 있으며, 불연성과 유기용해성이 크며, 다른 유기용제와 잘 용해되는 성질을 가지고 있다. TCE와 PCE는 눈, 코, 목구멍을 자극하여 두통을 유발하고, 정신기능을 떨어뜨리며 마취작용이 있는 것으로 알려져 있다.
- PAHs(Polynuclear Aromatic Hydrocarbons)：2개 이상의 벤젠핵을 가진 화합물을 총칭하는 것으로 석탄, 석유 등 화석연료를 연소시키거나 이들을 원·부자재로 이용하는 코크스 및 정유공장 등의 폐수, 슬러지 및 폐기물에 존재하는 유해한 독성오염물질이다. PAHs는 비극성이며 소수성이고 화학적으로 매우 안정한 환경오염물질로 국내외의 많은 토양과 지하수에서 광범위하게 발견되고 있다.
- PCBs(Polychlorinated Biphenyls)：비페닐기($C_{12}H_{10}$)의 하나 또는 그 이상의 수소원자가 염소로 치환된 물질을 총칭하는 것으로 자연계에 방출될 경우 분해되지 않고 남아 생물체내에 농축되어 독성을 띠게 되며 대표적인 질환으로 카네미유증이 있다.
- VOCs(Volatile Organic Compounds)：증기압이 높아 대기 중으로 쉽게 증발되는 액체 또는 기체상 유기화합물을 총칭한다. 페놀류는 방부제, 소독제 등으로 사용되며, 화학공장과 코크스 제조공장의 배수 및 강우시 아스팔트 포장의 도로유출수를 통하여도 유입된다.

4) 중금속

중금속은 밀도가 5.0g/cm³ 이상 되는 금속으로 지각에 미량 함유되어 있는 원소들을 말한다. 이러한 이유로 중금속을 미량원소(trace element) 혹은 위해성 미량원소(potentially toxic trace element)라고 부르기도 한다. 대부분의 중금속은 지각 중의 함유량이 0.1% 이내이다. 중금속 중 Cu, Zn, Ni, Co 등은 생명체에 없어서는 안 되는 필수원소이며 Pb이나 Hg 등은 아직 생명유지기능이 알려져 있지 않는 비필수원소로 분류되고 있다.

중금속의 대표적인 오염원은 금속광산의 채광·선광·제련과정 등의 광업활동으로 인하여 배출되는 광산폐기물(폐석, 광미, 광재, 광산폐수)이다. 이외에도 자동차 배기가스를 포함하는 화석연료의 소각, 비료와 농약 및 각종 산업폐수와 폐기물에서 배출되며 관개수, 지하수 및 토양을 통해 오염된다. 그림 2-9는 각종 오염원에 포함되어 발생되는 중금속의 농도를 비교하여 보여주고 있다.

환경이 오염되는 원인은 여러 가지이지만 중금속에 의한 오염이 특히 부각되어 왔다. 중금속오염이 중요한 것은 미량이라도 체내에 축적되면 잘 배설되지 않고 장기간에 걸쳐 부작용을 나타내기 때문이다. 또 다른 이유는 환경에 배출된 중금속은 분해나 자정작용을 받지 않고 생물권을 순환하면서 먹이연쇄를 따라서 사람에게까지 빠른 속도로 이동할 수 있기 때문이다. 중금속오염에 의해 나타난 대표적인 질병이 수은에 의한 미나마타(Minamata) 병, 카드뮴에 의한 이타이—이타이(Itai–Itai)병, 비소에 의한 arsenicosis 등이다.

5) 산성물질

광산은 비교적 좁은 지역에서 생산활동이 이루어지고 있지만 환경오염현상을 초래하는 광해(鑛害)는 주변지역과 농경지 등에 광범위하게 영향을 미치고 있다. 광산지역에서 발생되는 오염현상은 운영 중인 광산에서 발생되는 경우도 있지만 우리나라의 경우 현재의 주요 발생요인은 휴·폐광산에서 발생된 폐기물들에 의한 것으로 광산폐수, 광산폐석, 광미(mine tailings: 선광 후에 남는 모래 같은 광석부스러기) 등이다. 특히 폐갱도에서 배출되는 산성갱내수(AMD: acid mine drainage)에는 중금속이 다량 함유되어 있다. 그러나 아무런 정화과정 없이 그대로 주변 수계와 토양으로 유입되어 지표수, 지하수, 주변 토양환경을 오염시키고 있다.

대부분의 광산폐수, 특히 석탄광으로부터 배출되는 갱내수와 침출수는 pH가 낮고, 중금속(특히 Fe과 Al)과 황산이온을 다량 함유하고 있다. 석탄광산으로부터 배출되는 갱내수가 산성을 띠는 원인은 황화광물에 포함되어 있는 황이 산화되면서 생성되는 황산이온에 의한 것이다. 광산폐수와 함께 배출되는 Fe는 $Fe(OH)_3$ 또는 Fe_2O_3로 산화되어 토양과 강

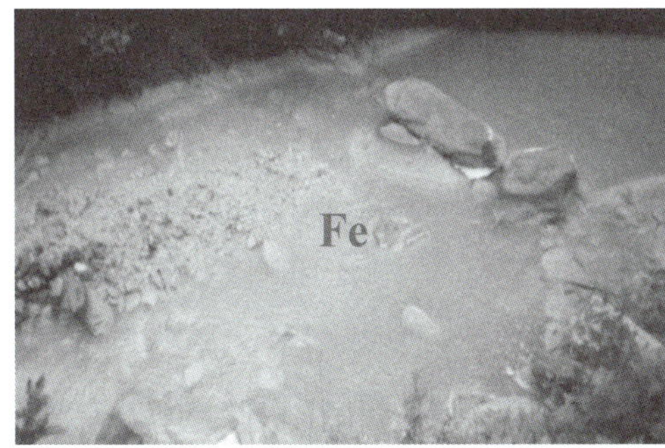

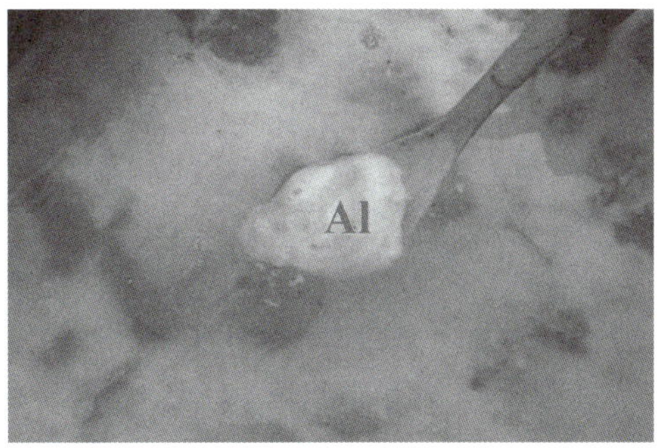

[그림 2–9] 산성광산폐수에 의한 황화현상 및 백화현상

바닥의 바위 표면을 노랑색에서 주황색으로 변화시키는 Yellow Boy 오염현상을 초래하게 된다(그림 2-9). 또한 Al은 산화되어 Al(OH)$_3$ 침전물로 변하여 강바닥과 토양에 흰색의 밀가루를 뿌려놓은 것과 유사한 백화현상을 초래한다(그림 2-9). 황화물 중 광산폐수의 산성화에 가장 크게 기여하는 것은 황철석이다. 황철석은 대부분의 금속광산에서 흔히 관찰될 뿐만 아니라, 석탄층 내에도 상당량 포함되어 있는 광물이다. 광산폐수는 하천 및 지하수에 유입됨으로써 철수산화물의 침전에 따른 강바닥과 강변 경관의 훼손, 수질악화와 그에 따른 하천수 및 지하수이용의 제약을 가져온다. 뿐만 아니라 광산폐수의 유입으로 인한 용존물질의 증가는 물의 경도를 높이며 황산이온과 중금속의 농도를 높이는 문제를 일으킨다.

광석을 추출한 뒤에 남는 폐광석부스러기(폐석과 광미)는 중금속을 많이 함유하고 있기 때문에, 바람에 날리거나 빗물에 씻겨 주변 토양이나 수계로 이동하여 중금속오염을 초래하고, 토양에서 생육하는 농작물에도 흡수되어 인체건강을 위협할 수도 있다.

2.2.4 토양오염 원인 및 경로

토양오염의 원인은 농업생산증대를 위한 비료와 농약의 지나친 사용, 금속제련소와 같은 산업활동으로 인하여 배출되는 중금속, 금속을 얻기 위한 채광활동의 결과로 나타난 광물질 배출, 폐기물의 매립에 따른 유해폐기물, 대기오염물질의 확산 및 낙하, 방사선물질, 산업폐수 등과 같은 유해폐수가 있다. 이러한 것들이 그림 2-10과 같이 토양에 유입되어 축적되는 것이다.

(1) 토양의 산성화

1) 화학비료의 과다 시용

전 세계적으로 많이 사용되는 황산암모늄[유안: $(NH_4)_2SO_4$]이나 인산암모늄 $[(NH_4)_2HPO_4]$과 같은 암모니아 형태의 화학비료를 과다 시용할 경우 이들은 토양에서 미생물에 의하여 산화되어 (식 2-1)과 같이 강한 무기산을 형성하게 되며, 이런 산들은 수소

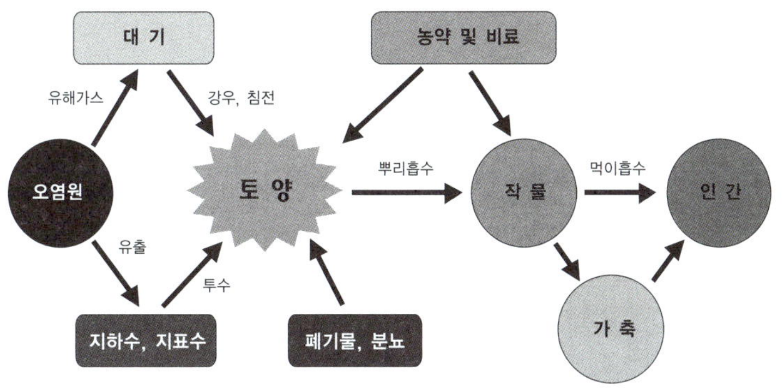

[그림 2-10] 토양오염의 경로

이온을 공급하여 토양의 pH를 낮추게 되어 산성화된다.

$$(NH_4)_2SO_4 + 4O_2 \rightarrow 2HNO_3 + H_2SO_4 + 2H_2O \qquad \text{(식 2-1)}$$

또한 요소 [$(NH_2)2CO_3$], 유안, 초안(NH_4NO_3) 등 질소비료의 시용과 유기물의 분해로 인하여 토양에 가해진 NH_4^+이온은 Nitrosomonas와 Nitrobacter와 같은 질산화균 (Nitrifying bacteria: Nitrifier)에 의하여 질산화(nitrification)되어 NO_3^- 이온이 생성되며 이 과정에서 1 mole의 암모니아이온 당 2 mole의 수소이온이 생성되어 토양산성화를 초래하는 주된 원인이 될 수 있다(식 2-2, 3).

$$NH_4^+ + 1.5O_2 \rightarrow NO_2^- + 2H^+ + H_2O \text{ (Step I: Nitrosomonas bacteria)} \qquad \text{(식 2-2)}$$
$$NO_2^- + 0.5O_2 \rightarrow NO_3^- \text{ (Step II: Nitrobacter bacteria)} \qquad \text{(식 2-3)}$$

이에 대한 대책으로는 토양검정을 통한 질소비료의 권장량을 시용하여 과다 시용을 방지하고 비료관리를 철저하게 하여야 한다.

2) 작물에 의한 염류의 흡수 제거

작물은 토양으로부터 Ca, Mg, K 등의 필수영양소를 다량 흡수한다. 이들 염기성 양이온들은 토양의 pH를 높이는 역할을 한다. 따라서 작물을 집약적으로 재배하여 수확할 경

[표 2-16] 식물에 의하여 제거된 식물영양소의 양

Crops	Yields	N	P	K	Ca	Mg	S	Cu	Mn	Zn
	t/ha	------ kg/ha ------				---- g/ha ----				
Barley (grain)	2.2	40	8	10	1	2	3	34	30	70
Barley (Straw)	2.5	17	3	30	9	2	5	11	360	60
Wheat (Grain)	2.7	56	13	14	1	7	3	33	100	160
Wheat (Straw)	3.8	22	3	33	7	4	6	11	180	56
Maize (Grain)	9.5	150	27	37	2	9	11	66	100	170
Maize (Straw)	11.0	110	19	135	29	22	16	55	1700	359
Lucerne	10.0	200	20	170	125	24	21	66	500	470
Red Clover	6.0	110	13	95	77	19	8	45	600	400
Sugarbeet	50.0	20	250	40	300	50	50	–	–	–
Potato(Tuber)	27.0	90	15	140	3	7	7	44	100	60
Tomato (Fruit)	50.0	130	20	150	8	12	15	80	145	180
Cabbage	50.0	145	18	120	22	9	50	44	110	90

※자료: Mengel and Kirkby, 1978.

우 이는 많은 염류들을 토양으로부터 제거하여 토양의 pH를 낮춰주는 결과를 초래할 수 있다. 다음 표 2-16에서 보는 바와 같이 작물의 종류에 따라 제거되는 염류의 상대적인 양이 다르다. 예를 들어 alfalfa와 같은 콩과류 식물은 초본류보다 많은 염기함량을 필요로 하므로 토양산성화를 가속화할 수 있다. 식물체 중에 함유되어 있는 Ca과 Mg 함량은 수확한 식물의 부위에 따라 다양하다. 작물제거에 의한 토양산성화를 방지하려면 토양에서 생산된 Biomass를 가능한 한 토양으로 환원시켜야 하며, 제거된 염류에 해당되는 양을 토양검정을 통해 석회, 백운석(dolomite), potash 등을 토양개량제 형태로 첨가해 주는 토양관리기술이 필요하다.

3) 대기로부터의 산 집적

산성우(Acid rain: 이산화탄소와 물이 평형을 이루는 pH가 약 5.65이므로 산성우는 일반적으로 pH 5.65 이하인 비를 지칭함)는 질산과 황산의 중요한 급원이다. 석탄, 가솔린, 디젤과 같은 화석연료를 연소하거나 산불과 작물 잔유물을 태울 때 질소와 황을 함유하는 가스(NOx 및 SOx)가 대기로 방출되고 이들 가스는 대기에서 물과 반응하여 질산과 황산이 형성되어 비의 형태로 토양으로 되돌아온다. 이 비의 pH는 보통 4.0에서 4.5 범위의 값을 가지며 대기오염이 심한 경우는 2까지 낮아지기도 한다. 따라서 비의 형태로 지구로 되돌아오는 황산과 질산의 양은 엄청나다고 할 수 있다. 그러나 매년 ha당 경지에 낙하되는 양은 토양의 pH를 급격하게 변화시킬 수는 없지만, 시간이 지나고 누적될 경우 토양을 산성화시킬 수 있는 중요한 원인이 되어 토양과 작물에 큰 영향을 미칠 수 있게 된다. 특히 도시와 산업지역에서는 NOx 및 SOx 대기오염물질을 많이 방출하기 때문에 강수량이 많은 습윤한 지역일 경우 산성우에 의한 산림의 피해는 매우 우려되는 바이다. 산성우에 의하여 증가되는 토양용액 중의 수소이온, 질산이온, 황산이온들은 토양의 Ca, Mg, K 등의 염류용탈을 가속화시키고, 산이 집적되어 토양이 산성화됨으로써 Al과 같은 금속성 양이온의 용해도가 증가되어 식물에 대해 독성을 보여주는 농도까지 증가되므로 산림쇠퇴의 근본적인 원인이 되고 있는 실정이다. 산성강하물(비, 안개, 눈, 건성물질 등)에 의한 토양산성화는 대기오염과 밀접하게 관련되어 있으므로 대기오염을 줄이는 것만이 이에 의한 토양산성화를 방지하는 유일한 대책일 것이다.

4) 경운

표토의 pH는 경운에 의하여 영향을 받는다. 심토의 pH가 표토의 pH보다 높은 경우도 있지만, 토양산도는 일반적으로 토양의 깊이가 깊어질수록 증가되고, 표토가 유실될 경우 경운층 토양의 pH는 점차 낮아지게 된다. 무경운 조건에서는 유기성 잔유물들이 분해될 때 무기산과 유기산을 방출시켜 표층을 산성화시킬 수 있게 된다. 무경운 조건에서 질소비료의 사용은 표토의 산성화를 촉진시킬 수 있다.

5) 산을 발생시키는 유기성 폐기물의 처리

하수슬러지와 같은 유기성 폐기물을 농경지나 산림지에 처분할 경우 슬러지가 분해되면서 다량의 무기산과 유기산이 방출될 수 있으므로 토양의 pH를 감소시키게 된다. 그러나 일부 석회로 안정화 처리된 슬러지의 경우는 pH가 높아서 토양산도를 개량하는 데 활용될 수 있다.

6) 황 함유 토양광물의 산화

미국의 동남부, 동남아시아, 서부아프리카의 해안지역에 있는 토양과 같이 해양환경과 관련된 모재로부터 생성된 토양은 황철석(Pyrite, FeS_2)과 황화철(FeS), 황원소(S)와 같이 환원된 황을 다량으로 함유하고 있다. 이러한 토양이 산화될 경우 황이 산화되어 황산을 형성하여 토양의 pH가 매우 낮아진다. 우리나라의 특이산성토양(acid sulfate soils)이 대표적인 예가 될 수 있다. 산화과정은 매우 강한 산도를 발생시키므로 pH가 1.5 정도까지 낮아질 수 있다. 산화과정에서 발생되는 산성배수에 의한 2차적인 수질오염을 방지하고 자연식생지역으로 남게 하기 위하여 이런 지역의 토양은 교란시키지 않거나 혐기조건으로 남게 하는 것이 대책이 될 수 있을 것이다.

$$4FeS + 9O_2 + 4H_2O \rightarrow 2Fe_2O_3 + 4H_2SO_4 \qquad \text{(식 2-4)}$$

$$2S + 3O_2 + 2H_2O \rightarrow 2H_2SO_4 \qquad \text{(식 2-5)}$$

아래의 4단계의 반응은 휴폐광산에서 발생되는 산성광산배수(acid mine drainage: AMD)의 발생원인과 동일하다. 이 과정에서 수산화철이 침전되어 토양과 저니토(低泥土)를 주황색에서 노란색으로 코팅시키므로 이를 Yellow Boy 현상이라 부른다.

$$2FeS_2 + 7O_2 + 2H_2O \rightarrow 2Fe^{2+} + 4SO_4^{2-} + 2H^+ \qquad \text{(식 2-6)}$$

$$4Fe^{2+} + 10H_2O + O_2 \rightarrow 4Fe(OH)_3(s) + 8H^+ \qquad \text{(식 2-7)}$$

$$2Fe^{2+} + O_2 + 2H^+ \rightarrow 2Fe^{3+} + 2H_2O \qquad \text{(식 2-8)}$$

$$FeS_2 + 14Fe^{3+} + 8H_2O \rightarrow 15Fe^{2+} + 2SO_4^{2-} + 16H^+ \qquad \text{(식 2-9)}$$

7) 식물뿌리와 미생물의 호흡

토양용액의 pH는 불과 몇 cm만 떨어져 있어도 상당한 변이를 보여줄 수 있다. 이는 토양에 불균일하게 살포된 유기물이 미생물에 의하여 분해되고, 식물뿌리와 미생물이 호흡을 할 때 발생되는 이산화탄소의 영향에 기인된다. 발생된 이산화탄소는 물과 반응하여 탄산을 형성하여 용액의 pH를 이론값인 5.6까지 낮출 수 있다. 따라서 근권토양의 pH가 일반토양의 pH보다 더 산성인 이유에 해당된다. 이러한 산성화의 원인은 자연적인 현상이므로 항상 나쁜 것은 아니다. 이는 미생물과 식물뿌리에게 다양한 환경의 용액을 제공하여 토양에서 생물다양성이 유지될 수 있는 방안이 될 수 있다.

위에서 설명한 토양산성화의 여러 가지 원인 중에서 ① 화학비료의 과다 시용, ② 작물에 의한 염류 제거, ③ 산성비에 의한 것이 가장 중요한 요인이 될 수 있으므로 이에 대한 적절한 대책과 토양관리기술이 마련되어야 할 것이다.

2.2.5 토양오염이 생태계에 미치는 영향

(1) 중금속이 자연생태계에 미치는 영향

중금속이 자연생태계에 미치는 영향은 크게 토양환경 내에서 식물생육에 미치는 영향, 수계환경에 미치는 영향, 그리고 먹이연쇄를 통하여 인체에 미치는 영향으로 구분할 수 있다.

1) 식물생육에 미치는 영향

중금속이 식물에 의하여 흡수되려면 토양용액에 흡수될 수 있는 형태(주로 양이온)로 존재하여야 한다. 토양용액 중의 중금속 농도는 토양이 중금속을 흡착하는 능력에 의하여 좌우되는데, 흡착이 많이 될수록 토양용액 중의 농도는 낮아지게 된다. 중금속을 흡착하는 주요한 토양입자들은, 유기물(humus), $Fe \cdot Al \cdot Mn$의 산화물, 점토광물 등이다. 중금속의 흡착은 pH가 높아질수록 많아진다(예외, Mo). 따라서 중금속의 탈착과 토양용액 중의 농도는 산성토양에서 높다.

중금속 중에서 Cu, Fe, Zn, Mn, Mo 등은 식물생육에 필수적이고, 나머지는 비필수원소이다. 표 2-17은 식물체와 동물에게 필수적인 중금속과 독성을 보여주는 중금속으로 분류하고 있다. 일부 중금속은 필수성과 독성을 동시에 보여주는데 이는 토양이나 환경구성요소에 존재하는 농도와 화학적 형태에 크게 의존한다.

그림 2-11은 필수적인 중금속과 비필수적인 중금속이 식물생육에 미치는 영향을 구분하여 설명하고 있다. 필수적인 중금속은 한계농도(critical concentration)가 두 종류 존재

[표 2-17] 식물 및 동물에 필수성과 독성을 보여주는 중금속의 분류

미량원소	필수성 혹은 유익성		독성	
	식물	동물	식물	동물
As	비필수	가능	있음	있음
Cd	비필수	비필수	있음	있음
Cr	비필수	필수	있음	있음(Cr^{6+})
Cu	필수	필수	있음	있음
Hg	비필수	비필수	없음	있음
Mo	필수	필수	있음	있음
Ni	가능	필수	있음	있음
Pb	비필수	비필수	있음	있음
Se	필수	비필수	있음	있음
Zn	필수	필수	있음	있음

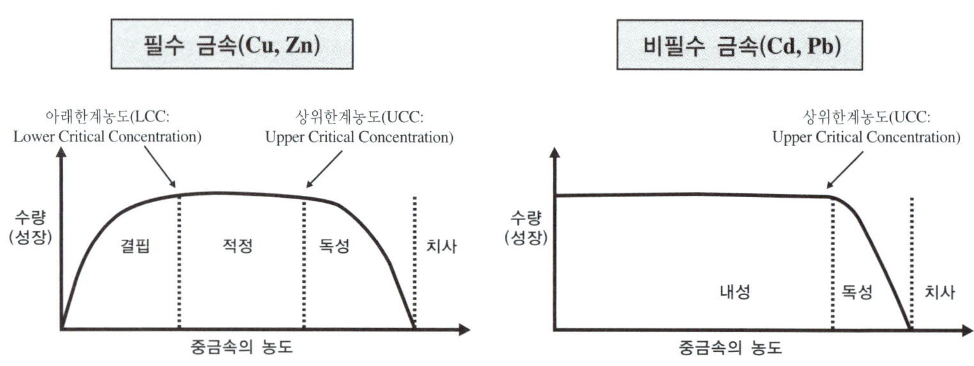

[그림 2-11] 중금속농도에 대한 식물생육 반응곡선

한다. 즉, 식물생육이 최대치에 도달할 때의 농도인 아래한계농도(LCC: Lower Critical Concentration)와 중금속이 과량 존재할 때의 독성을 보여주는 상위한계농도(UCC: Upper Critical Concentration)가 그것이다. 반면에 식물에 비필수적인 중금속의 경우는 농도가 낮을 때 식물생육에 큰 영향을 보여주지 못하다가 일정 농도부터 독성을 보여주는 상위한계농도만이 존재한다.

식물은 중금속을 흡수하여, 인간과 동물이 섭취할 수 있는 부위에 축적시킬 수 있다. 토양 중 중금속의 농도가 높은 곳에서도 자랄 수 있는 식물을 중금속에 내성을 지니고 있다

고 하며, 자랄 수 없는 식물을 중금속에 민감하다고 한다.

토양이 중금속에 의하여 오염되어 농도가 증가될 경우 중금속은 식물체의 증산, 호흡, 광합성, 식물의 발달을 억제한다. 이에 따라 나타나는 일반적인 증상은 성장억제, 잎의 편성장, 황화현상, 뿌리의 고사현상 등이다.

중금속이 식물생육에 미치는 영향을 요약하면, ① 원형질막의 투과성 변경과 ② 식물효소의 억제작용이다. 중금속은 식물뿌리의 원형질막을 통과하여 내부의 세포기관으로 이동·축적되므로 뿌리의 원형질막은 중금속이 영향을 미치는 최초의 작용점이 된다. 중금속은 뿌리의 원형질막 투과성을 저하시켜 K^+와 같은 이온과 다른 용질의 누출을 초래하게 된다. 이는 중금속이 원형질막을 구성하고 있는 막의 SH기나 COOH기와 결합하거나 (직접적인 영향), 또는 생성된 자유래디칼(free radical)에 의해 막의 지질을 과산화시켜(간접적인 영향), 막의 선택성을 결정하는 ATPase나 다른 단백질의 기능을 억제하여 투과성을 저해한다. 일반적으로 중금속은 S을 함유하는 작용기에 특히 친화력이 크며, −COOH 같은 작용기에도 친화력이 큰 편이다.

식물체의 많은 효소작용들이 중금속에 의하여 억제되는 것으로 알려져 있다. 주된 원인으로는 중금속이 효소를 구성하는 −SH기에 친화력이 매우 크기 때문이다. 가장 민감하게 영향을 받는 효소들은 광합성과 관련된 효소와 흡수된 질산이온을 암모늄이온으로 환원시키는 질산환원효소의 억제로 알려지고 있다(환원된 암모늄이온은 아미노산, 단백질 등으로 동화된다). 중금속은 세포막의 생합성과 엽록체의 생합성을 억제한다. 이는 촉매작용에 필수적인 −SH기를 산화시킴으로써 효소활성을 억제시키거나, 또는 금속성효소(metaloenzymes)의 2가 양이온들을 치환하여 효소활성을 억제하기 때문이다. 이로 인하여 중금속은 광합성에 필수적인 전자전달반응, 광인산화반응, CO_2 고정을 억제하게 된다.

한편 식물체는 중금속에 의하여 스트레스를 받을 경우 이를 감소시키기 위한 방어기작을 보일 수 있다. 방어기작은 크게 두 가지로 요약할 수 있다. 하나는 중금속과 그의 작용점 사이의 상호작용을 억제하는 기작이다. 이는 중금속을 세포벽에서 복합체를 형성하게 하거나, 세포에서 활성적인 흡수를 억제하거나, 중금속을 특정 세포부위로 이전시켜 필수적인 대사과정에 참여하지 못하게 하여 중금속에 의한 독성을 방어하는 것이다. 다른 방어기작은 중금속에 의하여 초래되는 피해과정을 방해하는 기작이다. 이는 식물체가 중금속과 결합할 수 있는 phytochelatin을 합성하거나, 중금속에 의하여 초래되어 독성을 보여주는 자유래디칼을 없애주는 항산화 효소나 대사물질을 만들어냄으로써 가능하게 된다. 글루타치온(glutathione), 아스코르빈산(vitamin C), 플라보노이드, 카탈레이즈(catalase), 퍼옥시데이즈(peroxidase) 등이 여기에 속한다.

중금속에 내성을 갖는 식물은 Ca, Mg 등의 양이온과 중금속의 뿌리흡수를 경쟁시킴으로써 중금속흡수를 저감시키기거나, 흡수된 중금속을 뿌리에서 부동화(immobilization)시키거나, 세포 내의 유기산과 중금속 복합체를 형성하게 함으로써 부동화시켜 높은 농도의 중금속을 축적하더라도 피해를 줄이며 성장하게 된다.

2) 수계환경에 미치는 영향

토양이 중금속으로 오염된 경우 중금속의 대부분은 토양입자에 흡착되어 있다. 중금속이 수계로 유입되는 주된 경로는 중금속을 흡착한 토양입자의 유실에 의한 것이다. 이렇게 유입된 중금속은 물의 pH, 산화환원전위, 온도, 빛, 용존산소, 미생물의 활성 등에 의하여 용출되어 물로 방출될 수 있으나 대부분은 토양입자와 함께 침강되어 저니토(sediment)로 가게 된다. 저니토의 간극수(또는 공극수: interstitial water)에서 일어나는 화학적·생물적 반응은 중금속이 물로 방출되는 데 큰 영향을 미칠 수 있다. 일반적으로 공극수에 존재하는 중금속의 농도는 물에 존재하는 농도보다 높다. 물에 존재하는 중금속은 수용성이온, 무기음이온과 복합체를 형성한 이온, 그리고 아미노산, 부식산, 훌브산 등과 복합체를 형성한 이온 등으로 구분할 수 있다. 수계환경에 존재하는 중금속이 식물성 플랑크톤, 동물성 플랑크톤, 어류나 패류 등에 의하여 흡수될 경우 중금속의 상대적 농도는 증가된다. 이를 생물농축(bioaccumulation 또는 bioconcentration)이라 부른다. 중금속은 수생태계의 종다양성, 생산성, 수생생물의 밀도를 감소시킨다. 인간이 어패류를 섭취할 경우 중금속이 인체에 흡수·농축되어 악영향을 주게 된다. 수은중독현상을 초래한 일본에서의 미나마타병은 대표적인 예가 될 수 있다.

3) 인체건강에 미치는 영향

중금속이 인체에 미치는 영향은 환경오염에 의한 피해 중에서 가장 큰 관심사 중 하나이다. 중금속이 인체로 유입되는 주된 경로는 중금속을 함유한 농작물과 어패류 등을 먹이연쇄를 통하여 흡수하는 것과 토양입자를 직접 섭취하는 것이다. 표 2-18은 몇 가지 중금속독성에 가장 일반적으로 영향을 받는 생물체들을 요약해 주고 있다. 표 2-19는 지구상에서 발생된 중금속의 양과 이에 의해 영향을 받을 수 있는 사람의 수를 추산한 것이다. 여기서 볼 수 있듯이 토양은 지구상에서 발생된 중금속의 주된 수용체임을 알 수 있고 많은 사람들이 중금속에 의하여 피해를 받을 수 있음을 알 수 있다.

사람을 포함한 모든 생물의 체내에는 거의 모든 금속을 가지고 있다. 생체내 금속은 크게 둘로 나눌 수 있다. 첫 번째 그룹은 생체의 기능·구성과는 전혀 관계가 없는 것으로서, 생체 내 농도는 그 생물이 거주하는 토양과 먹는 음식물 내지는 대기 중의 함량에 좌우된다. 이들은 일정 농도 이상 함유되면 중독을 일으키는 것들로서 체내에서의 항상성(homeostasis)을 볼 수 없는 오염금속이다. 또 하나의 그룹은 필수금속으로 일반적으로 체내농도는 환경 중 농도에 그다지 좌우되지 않는다. 극단적인 결핍이나 과잉인 경우를 제외하면, 체내농도가 거의 일정하게 유지된다. 이들은 흡수나 배설의 자기조절에 의하여

[**표 2-18**] 일부 중금속의 독성에 의해 영향을 받을 수 있는 생물체

중금속	중금속에 의해 악영향을 받는 생물체				
	인간	동물	수생생물	새	식물
Cd	●	●	●	●	●
As, Pb, Hg, Cr, Se	●	●	●	●	
Cu, Ni, Zn			●		●
Mo, F, Co		●			
B					●

※자료: Pierzynski 등, 2000.

[**표 2-19**] 중금속에 의한 독성 정도를 예측한 값

중금속	전세계 방출량 (1,000 Mg/year)			영향을 받는 사람 수
	대기	물	토양	
Pb	332	138	796	〉10억
Cd	7.6	9.4	22	500,000
Hg	3.6	4.6	8.3	80,000
As	18.8	41	82	〉100,000

※자료: Pierzynski 등, 2000.

항상성이 유지되는 것이다. 필수금속과 독성금속의 가장 큰 차이는 생체내 항상성의 존재 여부이다. 물론 그 정도는 다양하지만, 필수성이 클수록 항상성도 크다.

생물체는 많은 종류의 금속을 생물체의 구성성분으로 활용하여 유익한 기능을 할 수 있게 한다. 인체에 유익한 필수영양소로 간주되는 중금속은 Cr, Co, Cu, Fe, Mg, Mn, Mo, Se, Zn 등이다. Zn을 포함한 필수적인 금속은 효소(단백질)의 구성요소가 되어 대사작용을 가능하게 한다. 이러한 필수금속들도 그 양이 적으면 결핍증상을 보이게 되지만, 많아지면 독성을 나타낸다. 대부분의 금속, 특히 Cu와 Se의 경우는, 건강에 적절한 농도와 독성을 나타내는 농도의 범위가 매우 좁다. 인체에 독성을 나타내는 중금속들은 Al, As, Cd, Pb, Hg, Ni 등이다. 중금속의 주된 독성기작은 생물분자의 필수작용기(functional group)의 활성방해, 생물분자에 있는 필수원소와의 치환, 생물분자의 활성구조 배열변형, 세포막의 투과성 저해로 인한 선택성의 저하, 효소활성의 억제 등이다.

중금속이 생체에 미치는 영향은 단일 금속의 영향뿐만 아니라, 중금속간의 상호작용, 그리고 환경에서의 중금속의 화학적 형태변화 등에 따라 달라진다. 환경에 노출된 중금속 자체는 분해되어 없어지지는 않는다. 중금속의 화학적 형태에 따른 독성변화로는 무기수은이 메틸화되어 유기수은이 되면 생물체에 독성을 보여주는 것이 좋은 예이다.

인체에 미치는 영향은 중금속의 종류에 따라 다양하다. 중금속이 오염된 토양에 존재하는 농도와 토양환경에서의 화학적 반응이 다르기 때문이다. 대표적인 예로 Cd과 Pb을 들 수 있다. Cd은 식물에 쉽게 흡수되고 먹이사슬을 통하여 주로 감염된다. 일본에서 Cd 농도가 높은 쌀을 장기간 섭취한 농부에게 발생된 'Itai-Itai'병은 대표적인 예이다. Itai(いたい)는 일본어로 '아프다' 라는 뜻이다. 이 병의 환자는 뼈가 손상되어 관절부위에서 국부적인 심한 통증으로 고통받는다. 중금속으로 오염된 토양에서 Pb은 일반적으로 Cd보다 훨씬 높은 농도로 존재한다. 그럼에도 식물에 의한 Pb의 흡수는 매우 제한적이다. 이 경우 먹이연쇄보다는 흙의 직접적인 섭취가 Pb 독성의 주된 원인이 될 수 있다. Pb에 의한 독성은 어른보다 어린아이들이 더 민감하다. Pb에 장기간 노출된 어린이들은 정신적인 발달이 둔화되어 지능지수가 낮은 것으로 보고되고 있다. 이런 이유로 우리나라에서도 근래에 자동차 연료나 페인트에서 Pb의 사용을 금하고 있기 때문에, 혈중 Pb의 농도가 낮아지는 경향이다.

인체독성을 보여주는 대표적인 다른 중금속이 Hg와 As이다. 중금속 독성의 대표적인 예인 Minamata병은 Hg으로 오염된 바다에서 자란 물고기를 섭취한 결과이다. 수은이 독성이 높은 메틸수은으로 변화되어 물고기에 생물농축되었고 인체에까지 축적되어 일어나는 병이다. 수은중독은 심리장애, 뇌성소아마비, 태아 사망 등을 초래한다.

As에 의한 영향은 섭취하는 비소의 농도와 비소의 화학적 형태에 따라 다르다. 과수원이나 채소재배토양에는 비소를 포함한 농약을 사용하여 그 농도가 높지만, 비소의 섭취는 토양보다는 주로 음용수를 통해서 발생된다. 일반적인 중독현상은 허약함, 근육통, 어린이의 청각손실, 피부암 등을 초래한다.

중금속에 의한 급성독성이 보고되는 일은 극히 드문 현상이다. 만성적 부작용이 대부분인 것으로 보고되고 있다. 표 2-20은 대표적인 중금속에 의한 독성, 증상, 오염원, 국내에서의 피해사례 등을 요약해 보여주고 있다.

[표 2-20] 중금속오염과 인체영향

중금속	대표적인 질병 및 증상	오염원	국내외 피해사례
Hg	미나마타병: 신경장애, 팔 다리의 마비, 언어장애, 위장염, 구토 등	광산, 제련공장, 펄프 및 제지공장, 농약, 페인트공장 등	춘천 후평공단의 온도계 제조회사(국내), 미나마타와 니이가타 지역(일본)
Cd	이타이타이병: 전신쇠약, 말초신경장애, 빈혈, 당뇨	광산, 제련소의 폐수, 도금, 유리제조의 폐수	경기도 성남시의 아연도금공장
Pb	대부분 만성중독: 위장형(구토, 식욕부진, 빈혈), 신경근육형(근육과 관절장애), 뇌증형(두통, 불면증, 신경과민)	휘발유나 기름, 석탄연료와 폐기물의 연소	형광등, 밧데리, 페인트 공장의 근로자
As	피부염증, 결막염, 구토, 설사, 심장장애 등의 쇼크	광산 및 제련소, 아비산, 비산염 등의 제조공장	충북 영동의 아비산 제조 공장 근로자 비소중독에 의한 피부염 발생, 광산지역의 비소오염사건(일본), 맥주중의 비소오염사건(영국)
Cu	구토, 복통, 설사, 위장장애, 경련, 혼수, 피부궤양	동제련소, 전선공장	구리에 의한 접촉성 피부염, 구리광산의 광독수(일본)
Cr	피부괴사, 호흡곤란, 구토, 복통, 혈뇨증, 비점막염증	도금공장, 피혁제조공장, 염색공장, 시멘트제조공장	경인지역의 도금공장 근로자, 울산공단의 도금공장
Zn	피부염, 구토, 설사, 식욕부진	도금공장, 아연광산 및 아연합금제조공장	–
Ni	피부염, 빈혈, 간장애, 신경장애	니켈광산 및 제련소, 니켈도금 및 합금공장	–

(2) 난분해성 유기화합물이 자연생태계에 미치는 영향

토양을 오염시키는 유해화학물질 가운데 최근에 특히 관심을 끄는 것은 난분해성 유기오염물질(persistent organic pollutants, 이하 POPs)이라 할 수 있다. POPs는 글자 그대로 환경에 유입되면 분해되지 않고 오랫동안 여러 환경매체에 잔류 축적되며 인간과 생태계에 악영향을 끼치는 물질들을 가리킨다. 최근에 커다란 사회적 관심을 불러일으키고 있는 내분비장애물질(일명 환경호르몬: Estrogen)의 상당수가 POPs에 해당되며, PCBs, 유기염소화합물(organo-chlorines) 등도 대표적 POPs이다.

난분해성 유기오염물질은 환경에 서식하는 여러 생물체의 체내로 이동하게 되는데, 일반적으로 생물체에 축적되는 양은 환경 내에 존재하는 양 전체에 비하면 아주 작은 부분(대략 0.1% 미만)에 불과하다. 이는 생물체의 양(무게나 부피) 자체가 전체 무기환경과 비교하면 절대적으로 작기 때문이다. 그러므로 사실상 주의하여야 하는 것은 총량이 아니라 각 생체내에서의 농도이며, 영양 단계(trophic level)가 높아짐에 따른 농축배율이다. 특히 동물의 경우 영양 단계가 한 단계 올라감에 따라 생물농축의 범위는 몇 십 배에서 몇 천 배에 이른다. 이는 기본적으로 POPs가 물에 대한 용해도가 낮고 지질에 대한 높은 친화도를 갖기 때문이다. 따라서 생물농축에 의하여 높은 영양 단계의 동물체내에는 매우 높은 농도로 축적될 수 있다.

일반적으로 영양 단계가 낮은 수준에 위치한 생물일수록 자신의 서식공간이 되는 무기환경으로부터 이들 물질을 직접 섭취하게 된다. 상대적으로 높은 영양 단계에 있는 생물들은 먹이를 통하여 체내에 축적하는 비중이 높아진다. 통상적으로 식물체내의 농축 정도는 동물보다는 매우 작다. 동물의 농축 정도는 개체의 크기 또는 연령, 표면적의 크기, 먹이의 종류와 양, 먹이의 오염도, 지질의 함량, 배설의 속도, 체내대사의 가능성 및 속도 등에 영향을 받는다.

이들 유기화학물질이 고농도로 인체에 노출되면 마취작용(중추신경계 억제), 현기증, 마비 및 사망 등 급성장애를 일으킨다. 대기 중에서는 질소산화물과 더불어 광화학반응을 일으켜 오존을 생성시킴으로써 스모그의 원인이 된다. 또한 성층권 오존층의 파괴원인물질로 작용하기도 한다. 반응성이 약하므로, 대기 중에 장기간 체류하여 환경에 누적됨으로써 인간을 포함한 자연생태계에 유해성을 나타낸다(표 2-21).

농업에서의 유류오염 피해는 종자 및 식물체에 직접 부착 또는 침투되어 발아를 억제하고 생육장해를 일으키거나, 수면을 피복하여 토양으로의 산소공급을 방해한다. 또한 수온 및 지온을 상승시킴으로써 토양의 이상환원을 촉진하여 근부현상을 일으키거나 토양의 물리성을 악화시키는 등의 간접적인 피해가 있다. 벼의 경우, 논에 유입된 유류가 줄기나 입을 따라 상승하여 유막을 형성하면 잎끝이 감기고 갈색반점이 생기며 심하면 황백화되어 아랫잎이 고사한다. 특히 분얼기에는 미질에 영향을 주어 청미, 사미, 기형미 등이 증가한다.

[표 2-21] 난분해성 유기화학물질의 인체에 대한 유해성(만성노출시)

화 학 명	인체위험성		인 체 영 향
	허용농도	LD$_{50}$	
Toluene	100 ppm (375 mg/m³)	5000 mg/kg (경구, rat)	중추신경 억제작용, 두통, 오심, 구토, 의식상실, 신장장애, 전신경련
1,1,1-Trichloroethane	350 ppm (900 mg/m³)	10,300 mg/kg (경구, rat)	마취작용, 두통, 현기증, 실신, 혈압강하 등의 증상
Benzene	10 ppm (32 mg/m³):피부	3,800 mg/kg (경구, rat)	발암성, 두통, 현기증, 마취증상, 의식상실
Chloroform	10 ppm (50 mg/m³)	800 mg/kg (경구, rat)	동공확대, 신경이상, 심장, 간장, 신경장애, 호흡마비
Carbon tetrachloride	5 ppm (30 mg/m³):피부	1,770 mg/kg (경구, rat)	발암성, 현기증, 중추신경의 장애, 의식불명, 복통
Acetylene	단순질식성 가스	–	마취작용, 투통, 질식, 허탈
Acetaldehyde	100 ppm (30 mg/m³)	560 mg/kg (경구, rat)	점막자극, 마취작용, 기관지염, 설사, 구토, 의식불명
Cyclohexane	300 ppm (1050 mg/m³)	1297 mg/kg (경구, mouse)	현기증, 구토, 두통, 마취작용, 점막자극
Nitrobenzen	1 ppm (5 mg/m³):피부	640 mg/kg (경구, rat)	피로, 현기증, 구토, 혈액 중 메토헤모글로빈 증세
Xylenes	100 ppm (435 mg/m³)	5000 mg/kg (경구, rat)	중추신경계 억제, 호흡촉박, 심장이상, 전신경련
Isopropyl alcohol	400 ppm (980 mg/m³)	5.8 mg/kg (경구, rat)	마비, 점막자극, 졸음, 두통

※자료: http://www.astdr.cdc.gov

2.2.6 토양오염 복원기술

토양오염대책은 크게 오염되기 전과 오염된 후의 대책으로 나눌 수 있다.

토양오염 예방대책에는 폐수의 고도처리 및 배출규제의 강화, 매립폐기물의 안전처리 및 투기방지, 매립규제의 강화, 사전환경성 평가에 의한 발생원의 입지규제, 농약 및 제초제의 사용규제와 병충해 구제방식의 환경친화적 개선, 비료의 적정량 사용, 수원의 적절한 선정으로 오염물질의 유입차단, 광산 및 채석장의 침전지 설치, 토양오염측정망 설치운영 등이 있다.

오염된 토양의 복원기술로는 오염된 토양의 제거, 오염된 토양의 개량, 유해물질의 불용화, 작목 및 지목 전화, 오염물질을 농축시키는 식물재배 후 폐기, 화학적 처리기술, 물리적 처리기술 등이 있다.

1970년대 이후에 미국을 주축으로 오염토양 복원기술의 개발과 사용이 시작되었다. 1980년대에 들어서면서 환경규제의 강화로 보다 경제적인 새로운 기술의 개발이 요구되었으며, 최근에는 대형 환경오염 관련 사고 등으로 오염토양 복원기술에 대한 개발 필요성이 제기되어 일부에서는 현장규모의 기술이 성공하기도 하였다. 이상 표 2-22는 복원

[표 2-22] 복원기술의 분류기준

분류기준	분류항목
처리방법	생물학적, 물리화학적, 열적 처리
처리매체	토양, 지하수, 배출가스
처리위치별	in situ, ex situ (on site, off site)
오염물질의 종류	휘발성 유기화합물, 준 휘발성 유기화합물, 무기물질, 폭발성 물질
처리대상부지	매립지, 광산지, 군사기지, 지하 저유조, 산업기지, 하상 저니

기술의 분류기준을 요약한 것이다.

오염토양을 복원하는 기술의 종류는 현장에서의 신기술이 입증되거나 기술의 개발이 완료된 것이 약 70종이며, 이들을 크게 생물학적, 물리화학적, 열적 처리기술로 나누어 요약하면 표 2-23과 같다.

처리방법에 따라서는 생물학적, 물리 · 화학적 · 열적 처리 및 기타처리로 구분할 수 있다.

[표 2-23] 오염토양 처리기술 요약

처리매체	처리위치	처리방법	처리기술의 종류
토양	In-situ	생물학적	1. Biodegradation
			2. Bioventing
			3. White Rot Fungus
		물리화학적	4. Pneumatic Fracturing
			5. Soil Flushing
			6. Soil Vapor Extraction
			7. Solidification/Stabilization
		열적	8. Thermally Enhanced SVE
			9. Vitrification
		기타	10. Natural Attenuation
	Ex-situ	생물학적	11. Composting
			12. Controlled Solid Phase Biological Treatment
			13. Landfarming
			14. Slurry Phase Biological Treatment
		물리화학적	15. Chemical Reduction/Oxidation
			16. Dehalogenation(BCD)
			17. Dehalogenation(Glycolate)
			18. Soil Washing
			19. Soil Vapor Extraction
			20. Solidification/Stabilization
			21. Solvent Extraction(chemical extraction)
		열적	22. High Temperature Thermal Desorption
			23. Hot Gas Decontamination
			24. Incineration
			25. Low Temperature Thermal Desorption
			26. Open Burn/Open Detonation
			27. Pyrolysis
			28. Vitrification
		기타	29. Excavation, Retrieval and off-site Disposal

열적 처리방법은 크게는 물리·화학적 방법에 속하기는 하지만 따로 분류하는 것이 일반적이다. 토양오염처리기술은 토양 중의 오염물질 처리방법에 따라 다음 세 종류로 분류할 수 있다.

- 토양 중의 오염물질을 분해 및 무해화시키는 기술
- 토양으로부터 오염물질을 분리 및 추출하는 처리기술
- 오염물질을 고정화하는 처리기술

이들 중 분해 및 무해화 처리기술은 오염물질의 화학구조를 분해하여 무해화하는 것으로 여기에 해당되는 처리방법에는 열처리, 생물학적 및 화학적 처리 등 세 가지가 있다. 이들 처리기술은 원위치에서도 오염토양을 굴착·반출한 후에도 활용할 수 있다. 분리 및 추출처리기술은 추출과 분리에 의하여 오염물질을 제거시켜 오염물질을 함유하지 않는 토양을 얻는 것으로 여기에 해당되는 처리방법에는 열탈착, 토양세정, 용매추출, 토양가스의 흡인 등이 있다. 오염물질의 고정화 처리기술은 오염된 토양을 고형화·안정화하여 봉입하는 기술이다. 그러나 해당 기술은 영구적인 대책은 아니며 처리 후에도 일정 기간의 유지관리가 필요하다. 그래서 오염복원부지에서는 오염물질과 수리지질의 특성 등으로 인하여 단일기술보다는 처리기술을 복합적으로 조합하는 것이 효과적일 경우가 많다.

처리지역의 위치에 따라서 in-situ, ex-situ로 나뉘는데 현장의 토양을 있는 그대로의 상태에서 기술이 적용되는 경우를 in-situ라고 하고, 토양을 현장상태를 유지하지 않고 기술을 적용하면 ex-situ라고 한다. 이 경우에는 현장과 가까운 곳에서 처리한 후 다시 토양을 복원시키는 경우에는 on-site 기술이라고 하고, 멀리 떨어진 곳에서 기술을 적용한 후에 토양을 다시 원상 복원시키는 기술을 off-site 기술이라고 한다.

처리대상이 되는 매체, 즉 토양, 지하수 및 배출가스에 대한 적용기술이 서로 상이하기 때문에 매체에 따른 분류도 가능하다. 처리대상이 되는 오염물질의 종류에 따른 기술 분류는 아주 유용하다. 대체로 휘발성 유기화합물, 준휘발성 유기화합물, 연료유, 무기물질, 폭발성물질로 구분하여 적용기술을 구분하고 있다.

처리대상 부지종류에 따른 분류는 매립지, 광산지, 군사기지, 지하 저유조, 산업기지, 하상저니, 기타 등으로 분류하고 있다. 기술에 따라서는 상용화되었는지 그렇지 않은지에 따른 분류도 실제 기술을 이용하려는 입장에서는 유용한 정보가 될 수 있다. 그리고 처리의 목적이 독성의 감소, 이동성의 감소, 부피의 감소 중 어디에 속하는지에 따라서도 분류될 수 있으며, 기타 소요비용과 정화에 소요되는 기간에 따른 분류도 유용한 기술분류기준이다.

참고문헌

농촌진흥청 농업과학기술원, 『농업환경오염사례집』, 2001.
농촌진흥청, 『농업환경 변동 대책 연구』, 1999.
박양호, 「밭토양 관리: 토양과 물 관리에 대한 국제 심포지엄」, 『한국토양비료학회』, 2001.
조인상, 「논토양 관리: 토양과 물 관리에 관한 국제 심포지엄」, 『한국토양비료학회』, 2001.
Mengel K., E. A. Kirkby, *Principles of Plant Natrition*, International Potash Institute, 1978.
Pierzynski G. M., J. T. Sims, G. F. Vance, *Soils and environmental quality*, CRC Press New York, 2000.

3.1 수자원

3.2 수질오염과 대책

Ag-Environmental Science

Chapter *03*

농업환경과 물

03 농업환경과 물

3.1 수자원

3.1.1 서론

물은 모든 생명의 근원으로 인류의 역사는 물과 더불어 시작되었고, 인간을 포함한 모든 생물의 생존에 없어서는 안 될 중요한 자연적 구성요소이다. 자연과 환경의 절대요소인 물은 지구 표면의 약 70% 이상을 차지하는 가장 풍부한 자원이다. 물은 모든 생물체의 물질대사에 필요한 필수요소일 뿐만 아니라 농업활동, 산업활동, 기타 인간활동의 중요한 자원으로서 절대적인 가치를 지니고 있다. 특히, 농업에 있어서 물은 필수적인 생산요소로서 관개농업에 의한 식량생산의 경우 많은 양의 용수를 필요로 한다. 1996년 기준으로 세계 총 담수자원의 66%를 농업용수로 이용하고 있으며, 아시아 국가들의 경우에는 평균 85%를 농업용수로 이용하고 있다(최선화, 2003).

농업용수는 최근 도시생활용수와 산업용수의 수요 증가 등으로 물사용에 있어 압박의 정도가 점차 증가하고 있으며, 농업용수의 관리가 하천의 수질과 환경에 미치는 영향은 매우 크다(OECD, 2001). 따라서 농업용수의 합리적 관리는 물사용의 효율을 향상시키고, 건전한 수생 생태계를 지속적으로 유지하면서 양질의 수자원 보호를 도모할 수 있다(OECD, 2004).

본 장에서는 수자원(水資源)의 종류 및 특성, 우리나라 수자원의 부존량과 이용 현황, 농업용수 이용특성 및 수자원정책 등에 대해 기술하여 수자원에 대한 전반적인 이해도를 높이고자 한다.

3.1.2 수자원의 종류 및 특성

물은 지구의 대류현상에 의하여 지표의 물(하천, 바다 등)이 증발되어 구름이 형성되고 구름입자가 결합하여 무거워지면 중력에 의하여 다시 떨어지는 순환과정을 통하여 생성된다. 지구상의 물 중에서 자원으로 이용가능한 물을 수자원(water resource)이라 하며, 수자원을

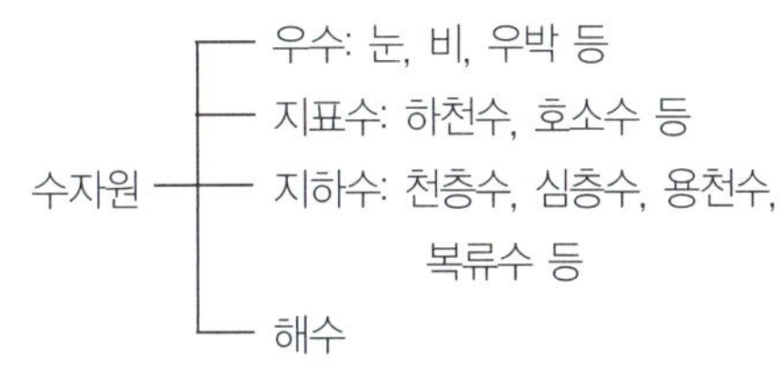

[그림 3-1] 수자원의 분류

크게 분류하면 그림 3-1과 같이 우수(빗물), 지표수, 지하수, 해수로 구분된다. 물은 그 존재상태와 공간에 따라 물리·화학적 특성이 다르며, 동일 수자원이라도 지역·시간별로 수질과 수량이 다른 특성을 가지고 있다.

(1) 빗물(우수, 천수, 기상수)

빗물(rain water)은 대기중으로 증발되어 응축된 물을 말하는데, 지구상에 분포하는 양은 약 $12,921km^3$ 정도로 추정되며, 주로 눈에 보이지 않는 수증기의 형태로 존재한다. 빗물의 주성분은 Na^+, K^+, Ca^{2+}, Mg^{2+}, SO_4^{2-}, Cl^- 등으로 해수의 주성분과 거의 동일하며, 주성분은 일반적으로 0.7mg/L 이상으로 함유되며, Cl^-은 10mg/L 이상에 이르는 경우도 있다. 빗물은 자연수 중 가장 깨끗한 순수에 가까우나 대기중의 분진, 먼지(mist) 등의 대기오염물질을 함유하고 있어 pH 5.6 이하의 약산성을 띤 산성비가 된다. 순수한 빗물은 대기중의 CO_2를 포화상태로 녹여 pH 5.6이 되지만 산성비는 아황산가스(SO_2)나 이산화질소(NO_2)와 같은 기체가 빗물에 녹아 황산(H_2SO_4)이나 질산(HNO_3)이 되기 때문에 빗물의 pH가 5.6 이하로 떨어진다. 산성비의 원인물질은 SO_2가 60~70% 정도를 차지하며 질소산화물에 의한 것이 30~35%이고, 나머지는 HCl에 의한 것으로 알려지고 있다(김좌관,

2002). 빗물은 다른 수원에 비하여 수량이 적고, 자연수보다 무기염류의 함량이 낮아 수자원으로서의 가치는 적은 편이다.

(2) 지표수

지표수(surface water)란 지하로 스며들어가지 않거나 대기중으로 증발되지 않은 물이 지표면에 남아서 지면을 흐르는 물로서 하천이나 저수지, 호수(호소) 등에 모여 있는 물을 말한다. 지표수는 손쉽게 대량공급이 가능하기 때문에 인간의 활동에 필요한 중요한 수자원으로서 역할을 한다. 지표수는 크게 하천수와 호소수로 구분되며, 구체적으로 살펴보면 다음과 같다.

하천수(stream water)는 지구상에 약 $1,250.4\,km^3$이 존재하는 것으로 추정되며, 분포량이 전체 물의 0.0001% 밖에 되지 않으나 가장 많이 개발되고 이용되는 수자원이다. 하천수는 지표면에 노출되어 각종 미생물이나 유기물질을 포함하고 있고, 산간계곡을 흐르는 동안에 낙엽, 고목, 동물사체 등에 의하여 오염되기는 하나 그 양이 비교적 적어 물이 흐르는 동안에 하천의 자정작용에 의하여 정화된다. 그러나 인구가 많고 공장이 많은 지역을 통과할 때는 도시하수, 공장폐수 등에 의하여 오염될 기회나 오염물질의 양이 많아져 수질의 악화를 가져오게 된다. 이런 지표수는 대부분 강수량의 영향을 받아 지역에 따라 수질이 다른 특성이 있다. 우리나라의 경우 연평균 강수량은 많으나, 장마철에 집중되어 물이 풍부하다고 볼 수 없고, 여름과 겨울에 따른 수온차가 크며, 지하수보다 경도가 낮다.

호소(lake)는 자연적으로 형성된 것과 필요에 의하여 인공적으로 만들어진 것이 있다. 자연적인 호소에는 침식작용, 화산활동, 물의 흐름으로 형성된 것 등이 있으며, 인공호소는 물의 부족상태를 해결하고자 만든 호소로 홍수조절, 각종 용수공급, 수력발전 및 관광운하 등의 목적을 가진 다목적호소가 있다. 호소는 대부분이 폐쇄성 또는 준폐쇄성 수역으로 물의 체류시간이 길며, 연중 수질변화가 거의 없고, 질소와 인 등 오염물질의 유입에 의한 녹조발생, 부영양화 등으로 수자원의 가치는 낮다고 할 수 있다. 호소수는 하천수와 다르게 침전에 의한 자정작용이 크며, 계절적 수온차로 인하여 수심에 따른 밀도층(성층)이 형성된다. 봄과 가을에는 표층과 심층의 온도차 감소로 인하여 전도현상이 일어나며 심층의 물이 표층으로 전도되어 수질이 악화되는 현상이 발생한다.

(3) 지하수

　지표면에 내린 빗물은 지하로 침투하거나 땅 위를 흐르는 사이에, 일부는 증발하고 일부는 토양으로 침투하게 된다. 지하수(ground water)는 빗물이나 지표수가 지층을 통과하여 지하수면 아래에 부존되어 있는 물을 말하며, 부존되어 있는 장소에 따라 천층수, 심층수, 용천수, 복류수 등으로 구분된다. 전 세계의 지하수 분포를 보면 토양수가 $66,686\,km^3$이며, 지하수 및 심층수는 각각 $4,168,000\,km^3$으로 전 세계 물의 분포량 중 0.62%를 차지한다. 오늘날 지하수는 관개용수, 생활용수 및 공업용수 등으로 많이 이용되고 있으며, 지표수에 비하여 수온변화가 적은 비교적 안정된 특성을 지니고 있는 중요한 수자원이다.

　천층수는 지하로 침투된 물이 제1불투수층 위에 고인 물로서 자유면 지하수라고 한다. 천층수는 지표면에 가장 가깝게 위치하므로 오염되기 쉽고, 대장균이 나타나는 경우가 있다. 심층수는 지표면에서 800m 이상의 깊이에 제1불투수층과 제2불투수층 사이에 존재하는 물로서 거의 무균상태로 수온이 연중 일정한 편이다. 심층수에는 용존산소(DO)가 거의 없어 Fe^{3+}가 Fe^{2+}로 환원되기도 한다. 용천수는 지하수가 지층을 흐르다가 암석이나 점토층 등의 불투수층에 차단되어 지표면으로 용출하는 물로서 천연적으로 여과된 물이므로 청정하고 세균이 없으나 수량이 매우 적어 수자원으로서의 가치는 매우 낮은 편이다. 복류수는 하천이나 호소 등의 하부 또는 측부의 모래나 자갈층을 흐르는 물로서 여과작용을 받아 지표수에 비하여 수질이 양호하며 천층수의 수질과 유사하다. 복류수는 다량의 수량 확보가 용이하여 최근 대체 수자원으로 각광받고 있으나 홍수시 혼탁해질 우려가 높다.

　지하수는 다른 수자원에 비하여 오염되지 않은 물이고, 무기질을 다량 함유하고 있는 양질의 물로서 미래의 먹는 물로 사용되게 될 것이다. 그러나 최근 자료에 의하면 무분별한 개발로 인하여 상당히 오염된 것으로 보고되고 있다.

(4) 해수

　바다는 육지에서 일어나는 물의 순환과 이동의 기본적 근원이 되는 곳으로 강수가 육지에 도달하여 침투, 삼투, 증발 및 유출을 거쳐 최종적으로 도달하는 곳이다. 해수는 지구상 총 수자원의 97%를 차지하고 있는 진한 전해질용액으로 탄산칼슘으로 포화된 상태에 있다. 해수표면의 수온분포는 저위도에서는 고온, 고위도에서는 저온이 일반적이지만 실제로는 해류의 영향에 따라 큰 차이를 나타낸다. 또 표면의 수온은 태양열로 인하여 보통 고온이며 수심이 깊어질수록 온도는 내려간다. 전체 바다의 54% 정도가 표면수온이 20℃ 이상이며, 열대해역에서는 25~30℃를 나타내기도 한다. 해수 전체로는 약 88% 정도가 0~10℃에 분포한다(박정규 외, 2001).

해수의 평균 염도는 35,000mg/L(35‰)이고, 용존유기물량은 0.5mg/L, pH는 약 8.2로서 약알칼리성을 띠고 있다. 해수의 주요 성분은 Na^+, K^+, Ca^{2+}, Mg^{2+}, SO_4^{2-}, Cl^- 등으로 성분농도비가 항상 일정하므로 Cl^- 농도만 정량하면 다른 주요 성분농도를 산출할 수 있다. 해수는 다량의 염분을 함유하고 있으므로 직접 수자원으로 이용가치는 낮으나 최근에는 식수원이 부족한 일부지역에서 해수의 담수화처리후 생활용수 등으로 이용하고 있다. 그러나 해수의 담수화시설은 설치 및 운영관리에 비용이 많이 소요되므로 널리 이용되지 못하고 있다.

3.1.3 우리나라의 수자원 현황

(1) 수자원 부존량 및 이용량

지구상에 있는 물의 총량은 13억8천6백만km³ 정도로 추정되며, 이 중 바닷물이 97.5%인 13억5천만km³이고 나머지 2.5%인 3천5백만km³가 담수로 존재하고 있다. 담수 중 약 70% 정도인 2천4백만km³는 빙산, 빙하형태로 존재하고, 지하수는 30%인 1천1백만km³ 정도이며, 나머지 약 0.4%인 1백만km³가 호수나 강, 하천 등의 지표수에 분포하고 있다. 지구상에 존재하는 물의 총량 약 14억km³는 지구 전체를 2.7km 깊이로 덮을 수 있는 양이며, 전체의 2.5%에 해당하는 담수는 지구 전체를 약 70m 깊이로 덮을 수 있는 양에 해당한다. 이 사용가능한 2.5%의 담수 가운데 21% 정도가 아시아주에, 26% 정도가 미국, 캐나다 등의 북미주에, 28% 정도가 아프리카에 있으며, 나머지 25%의 물은 이 3대주를 제외한 곳에 분포하고 있다.

그림 3-2는 우리나라의 수자원 부존량 및 이용현황을 나타낸 것이다. 우리나라의 수자원 총량은 연간 1,240억m³로 이 중 42%인 517억m³는 증발산으로 손실되고 31%(386억m³)는 바다로 유실되며, 이를 제외한 연간 이용가능한 담수자원의 총량은 전체의 27%인

337억 m³로 하천수가 123억 m³(10%), 댐용수 177억 m³(14%), 지하수 37억 m³(3%)로 구성되어 있다. 수자원으로 이용가능한 양은 337억 m³로 용도별 사용량을 보면 농업용수가 160억 m³로 전체의 47%, 생활용수 76억 m³(23%), 하천유지용수 75억 m³(22%), 공업용수 26억 m³(8%) 순으로 이용되고 있다. 인구증가 및 생활수준 향상으로 생활용수의 이용량이 상대적으로 높은 증가세를 보이고 있으며, 공업용수를 제외한 그 외 기타 용도로의 수자원 이용량도 꾸준히 증가하고 있는 추세이다.

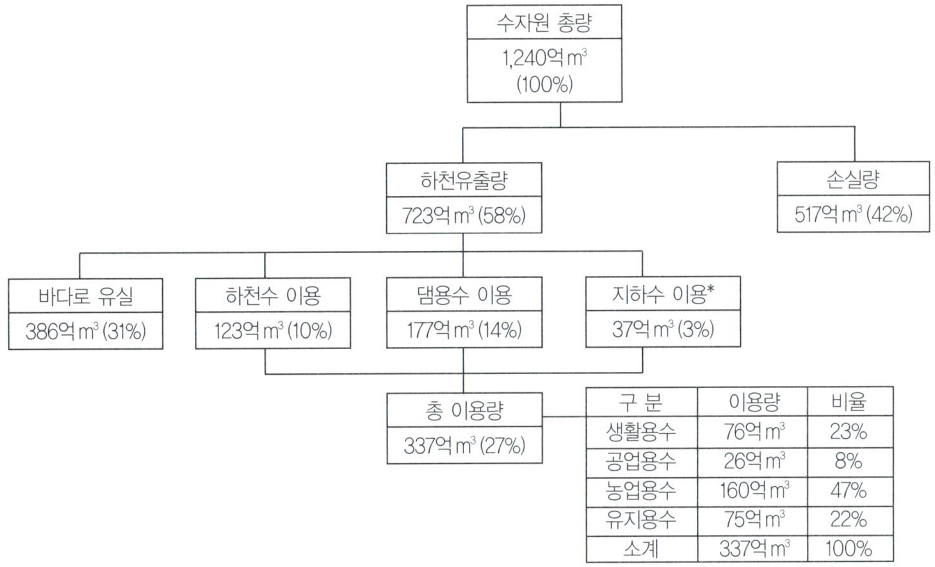

구 분	이용량	비율
생활용수	76억 m³	23%
공업용수	26억 m³	8%
농업용수	160억 m³	47%
유지용수	75억 m³	22%
소계	337억 m³	100%

* : 제주도 지하염수 이용량 1,472백만 m³은 제외된 양임.
※자료: 건설교통부, 수자원장기종합계획보고서, 2006. 7.

[그림 3-2] 수자원의 부존량과 이용현황

(2) 우리나라 수자원의 특성

1) 강수량의 특성

우리나라의 강수량은 연도·계절·지역별 분포의 변화가 심하므로 수자원관리에 매우 불리한 특성을 갖고 있다. 강수량의 연도별 변화는 그림 3-3에서와 같이 753 mm(1907년)에서 1,758 mm(1998년)까지 2.3배의 차이를 보일 정도로 변화의 폭이 크다. 계절적 변동은 더욱 심하여 전체 강수량의 2/3가 장마와 태풍기간인 6~9월에 집중되고, 갈수기인 11월부터 다음해 4월까지 6개월 동안의 강수량은 연강수량의 1/5에 불과하다. 또한 강수량

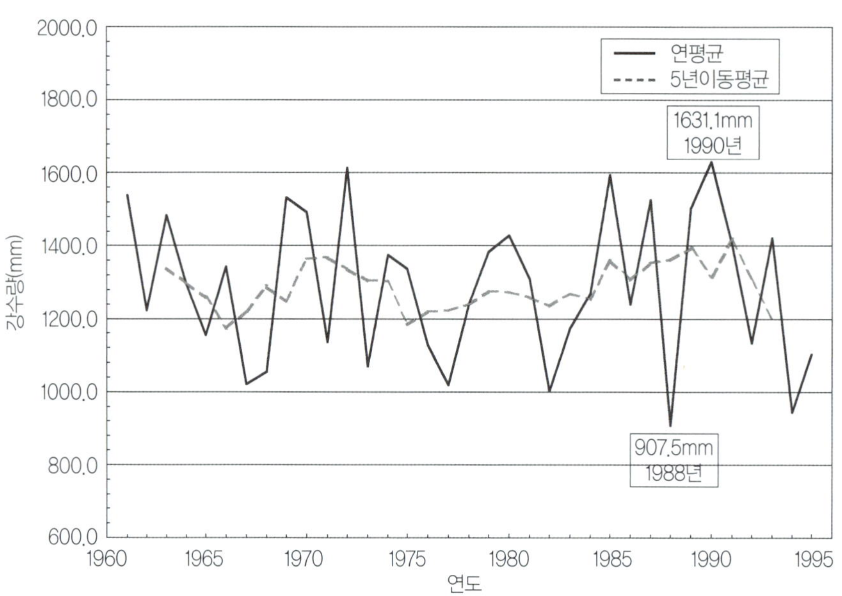

※자료: a) 중앙기상대 (1985) 한국강수자료(1961~1975) 제2권, b) 중앙기상대 (1986) 한국강수자료(1976~1985) 제3권, c) 기상청(1986~1995) 기상연보.

[그림 3-3] 한국의 연도별 강수량 변화도(기상청 측후소 및 관측소 71개 지점의 산술평균치임)

의 지역별 불균형도 심하여 연평균 강수량이 제주도 1,600 mm, 남해안 일부는 1,500 mm 인 데 비하여 경북 내륙지방은 약 1,000 mm에 불과하다. 이처럼 강수량의 계절적 · 시간적 · 지역적 편차가 심하여 수자원의 관리 및 이용에 매우 불리한 특성을 가지고 있다.

우리나라 연평균 강수량은 1,245 mm(1974~2003년 평균)로 세계평균 880 mm의 약 1.4배에 달하여 강수량은 풍부한 편이나, 좁은 국토면적에 비하여 인구밀도가 높아 1인당 연간 이용가능 강수 총량은 약 2,591 m³로 이는 세계 평균 19,635 m³의 약 1/8에 불과한 실정이다. 연 강수총량은 국토면적에 강수량을 곱한 수량을 말하며, 수자원량은 재생가능한 수자원으로 강수총량에서 증발산량을 제외한 양으로서 통상 하천유출량으로 가정하고 있다. 실질적으로 이용가능한 수자원인 재생가능한 수자원은 북한지역 임진강 유입량을 포함하여 연간 723억 m³이며, 1인당 가용 수자원량은 1,512 mm로 폴란드, 덴마크, 남아프리카공화국 등과 함께 물부족국가로 분류되고 있다(건설교통부, 2006).

우리나라의 재생가능한 수자원량에서 생활 · 공업 및 농업용수의 공급을 위한 하천수 취수율은 36%로 OECD 국가에서 높은 수준이다. 높은 물 이용률은 가뭄의 심도에 따른

[표 3-1] 하천취수율에 따른 물스트레스 국가 구분

하천 취수율	물스트레스 구분	국가
10% 이하	저(底)	뉴질랜드, 캐나다, 러시아 등
10~20%	중(中)	중국, 일본, 미국, 영국, 프랑스, 터키 등
20~40%	중~고(中~高)	한국, 인도, 이탈리아, 남아공 등
40% 이상	고(高)	이라크, 이집트 등

※자료: 건설교통부, 수자원장기계획보고서, 2006.

물이용에 큰 취약성을 가지게 되며, 많은 물 사용에 따른 수질관리에 어려움을 초래하고 있다. 표 3-1은 하천취수율에 따른 물스트레스 국가를 구분한 것이다.

2) 지형적 특성

우리나라의 지형적 특성은 외국과 비교해 볼 때 수자원관리에 있어 매우 불리한 조건이다. 국토의 65%가 산악지형이고, 토양의 표토층이 얇아 유역의 보수능력이 매우 작은 특징이 있다. 특히 북쪽과 동쪽은 대부분이 높은 산악지형으로 이루어져 강수가 일시에 바다로 유출되고, 남해안지역은 상류부의 경우 급경사로 강수가 급속히 유출되지만 중·하류부는 지형이 완만하여 홍수피해가 유발되는 등 동고서저의 지형구조상의 이유로 지역별 차이가 심하다.

우리나라 하천은 노년기 평형하천으로 꼬불꼬불하게 사행으로 흐르고 있으나 하류부의 자유사행은 충적평야가 넓지 못하여 현저하지 않고, 개수공사로 인해 유로가 직선화되고 있다. 그러나 상·중류부는 사행 정도가 현저한 편으로 대부분의 하천경사가 급하여 홍수시 일시에 바다로 유출되고 갈수기에는 유출량이 적어 하상계수(최대유량과 최소유량의 비)가 300~400으로 외국과 비교해서 10배 이상으로 매우 크다. 따라서 우리나라의 하천의 지형적 특성은 수자원관리, 즉 이수나 치수에 불리한 환경이라 할 수 있다.

3) 하천의 특성

우리나라는 국토면적에 비하여 크고 작은 하천이 많이 분포하고 있으며, 대부분의 하천은 다른 나라의 하천에 비하여 그 유역면적이 작고 유로연장이 짧다. 표 3-2의 우리나라 주요 하천의 하상계수를 보면 한강이 1:393, 낙동강이 1:372, 금강이 1:299로 외국의 하

[표 3-2] 하천별 하상계수 비교

구 분	하천명	하천연장(km)	유역면적(km²)	하상계수	유출계수
국내 하천	한강	482	26,018	393	0.57
	낙동강	522	23,728	372	0.49
	금강	396	9,810	299	0.49
	섬진강	219	4,897	390	0.54
	영산강	130	3,429	320	0.57
국외 하천	양자강	6,300	1,826,000	22	–
	메콩강	4,200	785,500	35	–
	갠지스강	2,511	1,600,400	35	–
	나일강	6,671	2,870,000	30	–
	세느강	780	43,300	23	–
	라인강	1,320	159,610	14	–
	템즈강	245	13,400	8	–
	이근천	322	16,840	236	–
	미조리강	3,726	1,368,000	75	–

※자료: 1. 일본 사단법인 수자원협회, '98 수자원편람, 1998.
2. 한국수자원공사, 전국하천조사서, 1992.

천인 나일강 1:30, 양자강 1:22, 라인강 1:14와 비교할 때, 우리나라 하천은 유량변동이 매우 심하다는 것을 알 수 있다. 우리나라 유역별 유출계수를 보면 낙동강, 금강은 0.49 정도이고, 한강, 영산강, 안성천은 0.57, 그리고 동해안, 서해안, 남해안의 해안지대는 0.60이며, 전국 내륙은 약 0.55이다. 1인당 유출량으로 산정하면 한강유역이 1,115.8m³, 낙동강은 1,042.5m³, 금강은 1,282.6m³, 영산강 및 섬진강은 641.8m³으로 유역의 유출 여건 때문에 우리나라 하천에서의 평수량 및 갈수량의 크기는 대단히 작은 반면에 홍수량 은 대단히 커서 연간 하천유량의 변동이 매우 극심하다. 우리나라 하천은 수자원개발 및 관리라는 측면에서 보면 매우 불리한 유역특성을 가지고 있다고 할 수 있다.

(3) 농업용수의 특성 및 수요량

1) 농업용수의 특성

농업용수는 논과 밭에서 영농을 위하여 사용되는 용수이다. 즉, 작물에 필요한 증발산 량, 토양의 수분조절에 필요한 침투량, 경지의 경운과 관리에 필요한 관리용수, 농약 및 비료살포 등 작물의 생육환경을 개선하기 위한 영농용수, 수원에서 경지까지 용수를 운반하는 데 필요한 송수손실량, 그리고 각종 수리시설물의 유지관리를 위한 시설유지용수량 등 농업의 생산환경에 필요한 모든 용수량을 포함하고 있다. 농업용수는 작물을 대상으로 하므로, 주로 자연조건, 작물의 종류 및 생육조건과 밀접한 관계가 있으며, 기타 용수와 비교하여 다른 특징을 가지고 있다(노기안 외, 1999; 양재의 외, 2001; 한기학 외, 1986).

첫째, 농업용수 이용률은 전체 이용수량 중 거의 50 % 이상을 차지하고 있으며, 세계 평균은 이보다 훨씬 높은 70 %에 이를 정도로 많은 양이 사용되고 있다. 둘째, 이용면에서 계절적인 변동이 심하고 각 작물의 생육기간이 한정되어 있어 용수이용의 집중도가 높다. 즉, 농업용수는 하나의 수계 및 유역특성과 관개면적의 규모, 수리시설물의 종류, 기상요인과 영농방식 등에 따라 계절적 수요변동폭이 매우 크며 작부체계와 물관리방식에 따라 용수이용의 집중도가 매우 높다. 셋째, 다른 용수에 비하여 소비구조가 매우 복잡하다. 농업용수는 유역의 기상, 토양, 작물의 종류 및 생육조건 등 많은 인자들이 수요 및 공급패턴에 변수로 작용하기 때문에 대상작물이 다양할 경우에는 그만큼 용수계획이 더 복잡해진다. 따라서 관리면에서 용수공급과 영농을 분리하여 관리할 수 없는 동시관리체계와 전문성 및 특수성이 요구되고 있다는 점이다. 넷째, 농업용수는 유효우량과 재이용률이 크다는 점이다. 농업용수는 자연의 물순환과 융합하여 최대한 이용할 뿐만 아니라 논에서는 관개와 배수가 연속적으로 순환하는 과정에서 공급량의 일부가 수로 및 관리손실로 인하여 배수로나 소하천으로 회귀되고 있는 실정인데 배수로의 경우 간단한 반복이용시설물을 설치하여 이용기회를 높이면 관개용수를 크게 절약할 수 있다. 또한 최종적으로 하천으로 환원된 물은 하천의 유황을 개선하고 지표수로서 재이용이 가능하다. 다섯째, 친환경성 기능을 갖고 있다는 것이다. 즉, 농업용수는 토양 속에 함유된 유해물질의 농도를 낮추거나 용탈시켜 그 피해를 미리 방지하고 토양 속에 존재하는 비료성분을 작물이 흡수하기 쉬운 상태로 용해시키는 등 토양의 이화학적 성질을 개선시킨다. 논에서는 연작피해가 발생하지 않는 것도 이와 같은 농업용수의 기능 때문이다. 여섯째, 지하수 함양기능이 매우 크다는 점이다. 우리나라는 논에서 담수상태로 벼재배를 하기 때문에 벼의 재배기간 중 침투는 필수적이며, 땅속으로 침투된 물은 결국 지하수로 함양되어 지하수 부존량을 높이는 역할을 한다.

(단위: 10⁶m³/년)

구 분	1997년		2001년		2006년		2011년	
	수량	%	수량	%	수량	%	수량	%
합 계	15,809	–	15,875	–	15,986	–	16,193	–
논용수 수요량	13,006	100	13,272	100	13,620	100	13,967	100
– 수리답	10,553	81.1	11,584	87.0	12,491	91.3	13,053	93.1
– 수리불안전답	2,453	18.9	1,688	13.0	1,129	8.7	914	6.9
밭용수 수요량	2,572	100	2,669	100	2,790	100	2,930	100
– 관개전	94	3.9	251	10.4	447	18.1	644	25.5
– 비관개전	2,478	96.1	2,418	89.6	2,343	81.9	2,286	74.5
축산용수	231	100	241	100	259	100	274	100

2) 농업용수의 수요량

우리나라 전국 농업용수 수요량의 연도별 변화를 표 3-3에서 보면 '97년 말 15,809백만m³/년, 2001년말 15,875백만m³/년에서 2006년도에는 15,986백만m³/년, 2011년에는 16,193백만m³/년으로 수요량이 점차 증가할 것으로 전망되었다. 논용수 수요량은 '97년 말 현재 13,006백만m³/년, 목표 연도인 2001년, 2006년 및 2011년에는 각각 13,272백만m³/년, 13,620백만m³/년, 13,967백만m³/년으로 산정되었다. 이는 현재 수리답 비율이 76%에서 2011년에는 90%로 증가하는 것과 직파 재배면적의 증가, 시설관리 용수율 감소에 기인한 것으로 추정된다.

전국 밭용수 수요량은 '97년 말 현재 2,572백만m³/년, 목표 연도인 2001년, 2006년 및 2011년에는 각각 2,669백만m³/년, 2,790백만m³/년, 2,930백만m³/년으로 산정되었다. 관개 전의 용수 수요량은 '97년 현재 94백만m³/년에서 2011년에는 644백만m³/년으로 약 550백만m³/년의 용수가 증가할 것으로 추정되었으며, 비관개전의 용수 수요량은 2,478백만m³/년에서 2,286백만m³/년으로 1,928백만m³/년이 감소될 것으로 추정되었다.

3.1.4 수자원관리정책

(1) 우리나라 수자원관리정책의 변천

　우리나라 수자원관리정책은 시대적 특징과 사회적 요구를 반영하면서 발전해 왔다. 우리나라의 수자원관리정책의 시대적 특징은 표 3-4와 같다. 1961~1980년까지 약 20년은 우리나라 수자원개발이 가장 활발했던 시기이며, 수자원과 관련된 조직과 법은 1960년대 중반에 완비되었다. 최초의 조직(수자원국), 최초의 수자원계획(수자원종합개발 10개년 계획), 전면적인 4대강 유역조사가 이때 시작되었다. 이와 더불어 하천법, 수도법, 공유수면관리법, 재해구호법, 특정다목적댐법(현행 「댐건설 및 주변지역지원 등에 관한 법률」) 등 물관리법제 역시 1960년대 중반에 정비되었다. 이 시기에 가장 두드러진 정책 분야는 댐건설 부문이다. 특히 소양강댐으로 대표되는 다목적댐의 건설은 경제개발계획을 뒷받침하는 가장 중요한 정책 중 하나였다.

　1990년대 초반은 우리나라 수자원관리정책에 있어 매우 중요한 시기라고 할 수 있다. 이 시기는 수질오염사고 발생기로 대표되는데, 대형 수질오염사고가 지속적으로 발생한 시기이기도 하다. 1989년도에 수도권 중금속오염사건, 1991년도에는 낙동강 페놀오염사고, 1994년도에 낙동강 수돗물 악취사건 및 벤젠 톨루엔 검출 사고, 영산강 수돗물 악취사건, 임진강 물고기 떼죽음 사건 등 각종 수질오염사고가 발생하였다. 수돗물에 대한 불신은 국민들에게 보건이나 위생에 대한 관심을 증폭시켰으며, 시민들이 수질관리의 중요성에 대한 인식의 폭을 확장시키는 중요한 계기가 되었다.

　2000년대는 물관리정책의 중심이 수자원개발에서 물수요관리 및 수돗물 수질관리, 유역통합관리로 전환되면서 그 중요성이 부각되는 시기이다. 시민들의 맑은 물에 대한 욕구와 각종 오염사건, 댐 및 상수도 과다투자 문제, 그리고 전국적인 규모의 환경단체의 출현은 기존의 수자원개발 위주의 정책으로는 국민들을 만족시킬 수 없음을 알려준다. 특히, 관망정비의 미비가 주요인이 되고 있는 수돗물에 대한 불신을 해소하기 위하여 광역상수

[표 3-4] 우리나라 수자원관리정책의 시대적 특징

시기	1980년대 이전	1990년대	2000년대
특징	대규모 수자원개발	수질관리의 중요성 대두	수계별 통합관리 도입
주요 정책	– 다목적 댐의 개발	– 안정적인 물 공급능력 확보	– 동강댐 개발의 포기
	– 광역상수도 건설	– 환경기초시설 설치 확대	– 수질오염총량관리제 도입
	– 하천개수사업 가속	– 수질규제기준의 강화	– 홍수총량관리제 검토

※자료: 최동진, 물관리체제 개편 및 관련법제 개선방안 연구, 2005.

도와 지방 상수도 간의 효율적인 관리체계를 강구해야 할 시점에 이르고 있다.

최근에는 공공수역으로 유입되는 오염부하가 증가됨에 따라 심화된 수질문제가 용수이용을 제한하고, 결국 수량관리와 수질문제가 함께 다루어져야 한다는 공감대가 형성되고 있을 뿐만 아니라 용수이용과 유역생태계의 보전을 고려하는, 즉 유역의 토지이용, 식생, 수질, 유량 등의 구성요소를 모두 고려하는 유역 통합관리의 필요성이 대두되고 있다(최동진, 2005).

(2) 현행 수자원관리체계

우리나라의 수자원관리체계는 그림 3-4와 같이 다원화되고 분산된 조직체계를 가지고 있다. 홍수대책 등 치수사업과 대규모 수자원개발은 국토해양부에서 담당하고 있고, 수질 관련 업무와 상하수도관리는 환경부, 소하천의 관리와 상하수도 사업은 지방자치단체, 농촌용수 등 농어촌지역 물관리와 관련된 개발사업은 농림수산식품부, 하구역 및 연안유역의 관리는 국토해양부에서 담당하고 있다. 물 관련 주요 5개 부처(국토해양부, 환경부, 행정안전부, 농림수산식품부, 지식경제부) 외에 기획재정부, 교육과학기술부, 기상청 등도 물 관

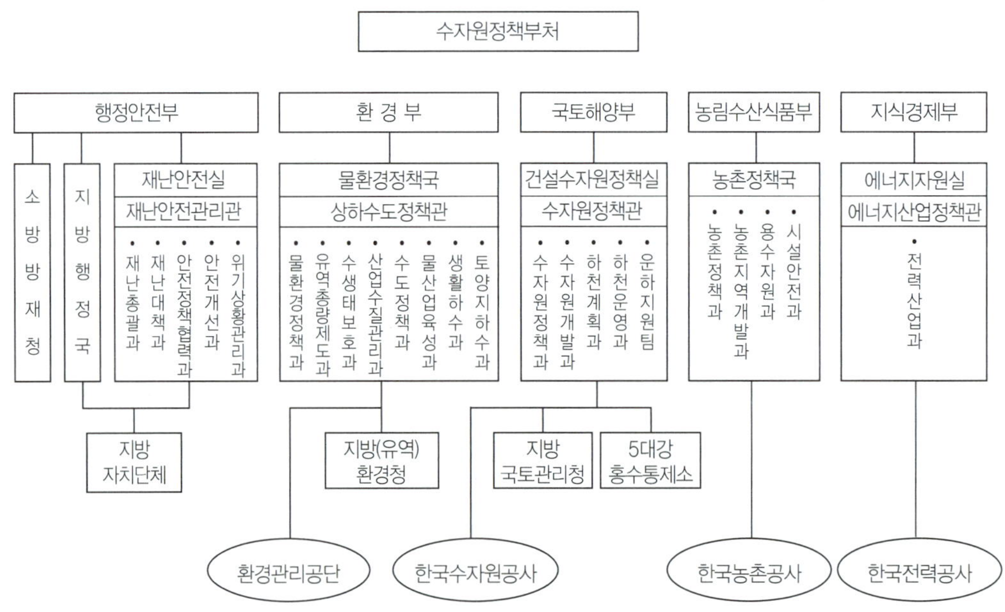

[그림 3-4] 현행 수자원관리 조직체계

[표 3-5] 우리나라의 수자원관리기관별 담당업무

구 분	기 관 명	담 당 업 무
중앙 조직	국토해양부	다목적댐 · 광역상수도 건설관리, 하천관리 및 홍수통제, 지하수 개발 · 관리, 내륙주운 건설 · 관리
	환 경 부	수질오염 규제, 지방상수도 및 하수도, 먹는물 관리, 지하수 수질관리
	행정안전부	재해(홍수) 대책
	농림수산식품부	농촌용수 개발 · 관리, 농업용수 수질관리
	지식경제부	발전용댐 관리 · 지하수 부존량 조사
	기상청	기상 및 예보업무에 관한 정책 수립, 기상정보의 생산
지방 조직	지방국토관리청 5개(하천국)	하천관리(국가하천)
	환경관리청 8개	수질오염 규제
	지방자치단체	지방하천 및 소하천관리, 지방상수도 관리, 하수도 관리
산하 기관	한국수자원공사	다목적댐 건설 · 관리, 광역상수도 건설 · 운영
	한국농촌공사	농촌용수, 지하수원의 관리
	환경관리공단	폐수처리장 운영
	한국전력공사	발전용댐 관리
	국립환경과학원 (수질연구부)	수자원, 수질보전 연구
	국토연구원	국토계획과 연계한 수자원 개발계획 연구
	한국건설기술연구원 (수자원환경부)	수자원 수량 확보 및 보전 연구

련 업무를 담당하고 있다. 중앙조직, 지방조직, 산하기관별로 구체적인 수자원관리업무 내역은 표 3-5와 같다.

수자원의 개발과 하천관리정책을 담당하는 국토해양부와 수질정책을 담당하는 환경부는 일선집행업무를 추진하기 위하여 각각 지방국토관리청과 환경관리청을 두고 있으며, 산하기관으로 한국수자원공사와 환경관리공단을 설립 운영하고 있다. 특히, 수질관리를 담당하는 환경부에서는 수질 분야의 유역 통합관리를 위하여 4대강특별법에 의한 4대강 수계관리위원회를 설치하고, 수계 내 수질의 통합관리정책을 추진하고 있다.

수자원의 이용과 관련된 법률로는 하천관리를 위한 기본법인 「하천법」이 1961년에 제정되었고, 그 밖에 공유수면매립법, 공유수면관리법, 댐건설 및 주변지역 지원 등에 관한 법률, 골재채취법, 소하천정비법 등이 있다. 물자원의 이용과 배분에 관해서는 전통적인

민법(관습법)의 원리를 일부 원용하고 있다. 민법은 물의 분배와 이용에 관한 일단의 기준들을 규정하고 있으나, 전통적인 불문법(관습법)이 있는 경우에는 이를 우선적으로 적용하도록 하고 있다.

(3) 현행 수자원관리정책의 문제점

1) 부처간 분산관리로 인한 통합적인 물관리기능 취약

우리나라는 용도별(생공용수, 농업용수), 매체별(지하수와 지표수, 담수와 해수), 기능별(수량관리, 수질관리, 홍수통제)로 각 기관에서 독자적으로 관리함에 따라 정책추진의 일관성과 효율성, 체계성이 부족하다. 특히 수량과 수질의 관리가 다원화되어 있어 수량 수질의 긴밀한 연계관리가 어렵고, 부처간의 이해관계가 상반될 경우 최적의 물관리가 곤란하다. 수량관리기관을 보면 다목적댐 및 광역상수도는 국토해양부에서, 생활용수 및 지방상수도는 환경부에서, 농업용수는 농림수산식품부에서 관장하고 있다. 따라서 지역간 용수공급계획의 중복 등으로 용수의 수요와 공급에 있어 불일치 및 지역간 공급불균형을 초래하고 있다. 또한, 물관리를 담당하는 정부부처간에 추구하는 정책목표가 달라 정책의 비효율을 야기하고 있다. 댐개발 등 하드웨어 중심의 물관리는 물을 국토개발의 수단으로 인식하고 정책을 수립하기 때문에 댐건설을 통한 물공급에만 치중할 수 있다(국회 환경노동위원회, 2005).

2) 물 관련 정보 및 통계의 체계적 관리 미흡

국내의 물관련 조사와 관련된 공공 연구기관으로는 국립환경과학원, 한국수자원공사의 수자원연구원, 한국농촌공사의 농어촌연구원, 건설기술연구원 등 다수가 있다. 그러나 이들 기관에서의 조사 결과에 대한 자료 정보의 원활한 공유와 정보공개가 제대로 이루어지지 않고 있어 조사 결과를 각각 발표하고 있다. 때문에 물 통계자료에 대한 신뢰도가 낮고 부실한 편이다. 수자원개발 및 홍수통제를 주로 담당하는 국토해양부로서는 물관리정책에 반드시 필요한 수량데이터를 홍수위(洪水位) 중심으로 생산하고 있고, 수질 및 수생태계의 보전을 담당하는 환경부로서는 평수위(平水位) 이하의 수량데이터가 필요하고 수질환경기준은 저수위(低水位)를 기준으로 설정하지만 저수위에 대한 자료가 없어 수질보전계획을 수립하고, 총량을 규제하는 등의 주요 정책을 추진하는 데 어려움이 있다. 또한, 물정책의 가장 기본이 되는 신뢰할 만한 물이용량에 대한 통계가 미비하여 물부족과 수요 예측을 둘러싼 논란에 근본적인 해결책이 되지 못하고 있으며, 국제적인 무역수단으로 사용될 OECD 농업용수 사용지표의 개발에 있어서도 정확한 지표개발에 어려움이 있다(최선화 외, 2005).

3) 유역통합관리체계의 미흡

우리나라는 행정구역별 하천관리가 중심이 되고 있기 때문에 유역통합관리와 수생생태계를 고려한 관리가 미흡하다. 물자원은 유역생태계를 지탱하는 자연자원이며 다른 자연자원과 유기적인 관계에 있으므로, 효율적인 물자원의 관리를 위하여 유역의 식생, 수질, 유량 등의 구성요소를 모두 고려하는 유역관리가 이루어져야 한다.

(4) 주요 선진국의 수자원정책

1970~80년대부터 각국에서는 농경시대 이후로 형성된 용수이용에 대한 관습이 급속한 도시화 및 산업화에 의하여 수질오염 및 용수고갈로 위협을 받게 되자 물자원의 효율적 관리에 대한 필요성이 크게 부각되고 있다. 대부분의 선진국에서 물관리는 수질과 수량의 통합관리 및 유역별 관리를 기본으로 하고 있다. 이와 같은 관리체계를 갖춘 국가에서는 자연자원 및 사회경제개발과의 통합을 추진하고 있다. 다음은 주요 선진국가의 물관리 사례이다(홍욱희 외, 2002; 환경정의시민연대, 2000).

1) 미국

미국은 국토가 넓고 수환경도 다양하여, 동부지역은 습하고 서부지역은 대체로 건조한 국토구조를 가지며, 하나의 주가 여러 수계를 포함하고 있는 경우도 있으며, 반대로 대하천이 여러 주에 소속되는 경우도 있다. 따라서 연방정부기관간의 물자원기능을 통합 조정하기 위하여 1965년에 「Water Resources Planning Act」를 제정하였고, 1969년에는 「National Environmental Policy Act(NEPA)」를 제정하여 물자원의 개발과 관리에 대한 연방정부의 의사결정에 있어서 경제적·기술적 사항뿐만 아니라 환경적 사항도 충분히 검토하도록 하였다.

물관리 일원화에 대한, 미국에서 가장 알려진 모델이 'Tennessee Valley Authority (TVA)' 이다. 1942년에 설치된 TVA는 발전, 홍수방지, 주운개발뿐만 아니라 유역개발계획, 관광, 복지 및 후생까지 포괄한 유역종합관리 시스템이었으나 미국 내는 물론, 기타 다른 나라에서도 이와 같은 시스템을 계승 발전시키지 못하였다. 미국의 수자원관리는 연방정부 단위로 대단위 개발사업을 추진해 오다가 점진적으로 주정부에 이양하는 추세이며, 현재는 물관리 일원화의 필요성을 인식한 의회의 권고에 따라 주 단위별로 수량과 수질을 일원화하여 관리하고 있다.

2) 일본

일본에서는 물이용 등 이수관리에 대한 체계는 국토교통성을 중심으로 후생성, 농림수산성, 통상산업성 등 다양한 기관들이 역할을 분담하고 있으나 실질적인 물자원관리체계는 1964년 대폭 개정된 하천법에 따라 수계단위의 관리가 이루어지고 있다. 일본의 하천은 대부분 길이가 짧고 크기가 작아 하나의 행정단위 속에 포함되므로 지자체별로 수량과 수질을 통합하여 관리하고 있다.

일본의 국토청에서는 1987년에 '수자원계획 2000' 을 4차 국토종합계획의 일환으로 수립하였다. 이 계획은 일본 중앙정부가 국토종합개발계획상에 처음으로 물자원에 대한 종합적인 접근을 한 것으로 유역별 물자원의 종합적인 관리를 강조하였다. 비록 국가수자원계획에서 물자원의 종합적 접근을 강조하였지만 물자원의 관리가 각 부처별로 분산되어 있어 이를 종합적으로 수행할 중앙정부기구가 없다는 점이 문제로 지적되었다. 또한 필요에 따라 부처별로 작성한 물 관련법은 많지만 국가 물자원의 효율적 이용을 뒷받침할 수 있는 물기본법의 부재가 문제로 지적되고 있다. 따라서 1987년에 처음으로 국가수자원계획에서 종합적 접근을 강조하고, 이후 일본에서 물관리의 일원화에 대하여 상당한 논의가 일어나고 있는 실정이다.

3) 영국

영국은 여러 기관에 물자원업무가 분산되어 있었으나 1973년 지역 수자원청에서 물관리업무를 통합하였다. 1950년대와 1960년대의 경제성장에 따라 물이용량과 오염물 배출량이 급증하였으나 이를 질과 양적인 측면에서 고려하여 종합적으로 관리할 기관이 없었다. 물론 1945년 수법(Water Act)에 따라 중앙정부가 국가 물자원을 조정하고 관리할 책임을 부여받았지만 국가 물자원을 최적 관리할 집행력의 부재로 실제적인 영향력을 행사할 수 없었다. 따라서 1960년까지 도시의 성장과 공업의 발달로 용수수요가 급증하고 도

[표 3–6] 선진국과 우리나라의 주요 물관리조직체계 비교

국가	중앙	공사	지방	특징
영국	• 환경청: 환경보전 기본정책 수립 (수자원의 개발, 관리, 보전) • 국가하천청(NRA): 수자원 장기 종합계획수립, 수자원개발, 관리 및 보전, 하천관리 • 농수산 식량성: 내륙의 배수, 해양 수질관리	• Public Limited Co.: 수자원 개발 및 공급, 하수처리 시설 관리	• 지방자치단체: PLC 와 공동으로 수자원 개발 공급, 하수 처리시설 관리	• 수량, 수질 통합관리 • 하천유역 단위 관리
프랑스	• 환경성: 환경관련 부처간 협의 조정, 수자원 개발·관리·보전의 최고 책임 • 보건성: 용수 및 하수도 시설의 재정지원 • 산업성: 지하수 개발 및 수력발전 • 농림성: 관개, 배수, 농촌지역급수 및 위생 • 국가수자원위원회(NWC): 수상의 자문기구		• 6개 유역 하천관리청(RBA): 환경성 산하기관으로 수자원개발, 관리(지방 자치단체와 협조체제구축)	• 수량, 수질 통합관리 • 준하천유역 단위 관리
미국	• 환경청(EPA): 수질규제, 지방하수 시설 재정지원 • 내무성 개척국(USBR): 서부 17개 주 수자원개발관리 • 내무성 지질조사국(USGS): 전국 수자원 조사 및 기술개발 • 국방성육군공병단(COE): 댐개발 관리, 내륙수로관리 • 농무성토양보존국(SCS): 토양보존, 소유역 수자원관리 • 수자원평의회(WRC): 대통령자문기구('81년 해체)		• 州(주) 및 지방정부: 수자원 개발, 관리, 보전	• 州(주)별 수량과 수질 통합 관리 • 州별 유역 단위 관리

[표 3-6] 선진국과 우리나라의 주요 물관리조직체계 비교(계속)

국가	중앙	공사	지방	특징
일본	• 건설성: 전국 수자원 개발·관리, 하천관리 • 국토청: 장기수자원 종합계획 수립 • 환경청: 환경오염 규제 • 후생성: 음용수 수질관리 • 통상산업성: 수력발전, 공업용수 관리 • 농림수산성: 관개용수관리 • 내무성: 지방 및 준용하천관리	• 수자원개발 공단: 수자원 개발, 보수, 관리	• 지방 건설국: 하천 관리, 특정 유역종 합관리, 수문관측	• 수량, 수질 통 합관리 • 행정구역 단위 관리
한국	• 국토해양부: 장기 수자원 계획 수 립 및 전국수자원 개발관리(수량), 하천관리, 지하수 개발 • 환경부: 수질오염 규제, 상하수도, 하·폐수처리시설관리, 음용수 수 질 기준관리, 지하수 수질관리 • 행정안전부: 풍수해 재해대책, 소 하천관리 • 농림수산식품부: 농촌용수 개발, 관리 • 지식경제부: 발전용 댐개발, 관리	• 한국수자원 공 사: 다목적 댐, 광역상수도 • 한국농촌공사: 농업용수 • 한국전력공사: 발전용댐 • 환경관리공단: 공단폐수처리시 설	• 지방국토 관리청: 직할하천공사, 수문 관측홍수통제소: 홍 수예경보, 수문관측 • 유역환경관리청: 수 질관리	• 수질, 수량 분할 관리 • 행정구역 단위

※자료: 윤용남, 한나라당 수자원대책특별위원회주최 토론회, 2001.

시의 교외화가 진행됨에 따라 지방정부 자체로서는 물자원문제를 해결할 수 없었다.

1963년 수자원법(Water Resource Act)을 제정하여 물자원계획과 규제에 관한 하천국의 기능을 강화시켰다. 이에 따라 32개의 하천국이 29개의 지역하천청(River Authorities)으로 재조직되었고, 하천청에 대해서는 물값을 받아 유역관리를 하도록 하였다. 그리고 최상위 기관인 수자원위원회(Water Resources Board)를 설치하여 지역하천청간 이해조정과 국가 물자원계획을 수립하도록 하였다. 그 후 1974년부터 권역별로 설정된 10개의 지역하천청(River Authority)에서 수계별로 수량·수질을 종합관리해 오다가 1987년에 지역하천청이 담당하고 있는 용수공급, 하수처리 등의 업무를 10개의 Water Services Public Limited Companies(WSPLCs)가 담당하도록 하였으며, 수량과 수질의 종합관리는 국가하천청(NRA)이 담당하도록 하였다.

3.2. 수질오염과 대책

3.2.1 수질오염 및 발생원

(1) 수질오염의 정의

수질오염(water pollution)이란 자연수역으로 인간의 생활 및 산업활동 등으로 인하여 배출되는 오염물질이 유입되어 자연수의 자정능력을 초과함으로써 자연수의 이용목적에 적합하지 않게 된 상태를 말한다. 일반적으로 자연수(natural water)란 오염되지 않은 상태의 물을 말하며 다음과 같은 물리적·화학적·생물학적인 조건을 갖추고 있는 물이라 할 수 있다.

자연수는 물리적으로 부유물질이 거의 없고 거품, 악취 그리고 색깔 등이 없으며 수온변화가 주위의 기온과 비슷해야 하고, 화학적으로는 수생생물의 성장에 필요한 적당한 양의 산소가 녹아 있어야 하며, 무기영양소가 적당량 균형있게 용해되어 있어야 한다. 그리고 생물학적인 조건으로 생태학적으로 거의 안정한 상태여서 식물과 동물, 그리고 미생물이 살 수 있는 범위의 유기성 영양염류들이 함유되어 있어야 한다.

따라서 수질오염은 물이 자연적으로 가지고 있는 물리·화학·생물학적 특성이 상호 연관된 자연적 또는 인위적인 요인들에 의하여 변화됨으로써 물을 이용하는 데 지장을 초래하거나 물의 환경에 변화를 가져와 수중생물에 영향을 주게 된다.

(2) 점원오염과 비점원오염

수질오염을 일으키는 오염원의 종류는 배출형태에 따라 크게 점원오염원(point source pollutant)과 비점원오염원(non-point source pollutant)으로 구분할 수 있다.

점원오염원은 생활하수, 산업폐수, 축산폐수 등과 같이 특정한 지점에서 발생하는 일정한 배출경로를 가진 오염원을 말한다. 즉, 점원오염원은 특정 오염원으로서 특정 지점 또는 좁은 지역 내에서 발생하기 때문에 배출지점 및 오염경로를 명확하게 알 수 있고 비교적 제어하기가 쉽다. 점원오염원의 배출특성은 일정한 지점에서 일정한 양이 지속적으로 발생되어 강우에 관계없이 배출량에 큰 변동이 없으며, 점오염원에 대해서는 오염물질 배출기준을 정하고 있다.

비점원오염은 비특정 오염원으로서 면오염원이라고도 하며 오염물질의 배출이 넓은 범위에 걸쳐 발생한다. 대표적인 비점원오염원으로는 농경지에 살포한 비료 및 농약, 토양침식물, 축사유출물, 산성비, 삼림, 방목지, 도로, 매립지, 대기오염 강하물질 등이 있으며, 대규모 축사시설에서 발생하는 오염을 제외한 농업지대에서 발생하는 오염은 대부분 비점원오염원으로 분류된다. 이와 같이 비점원오염은 오염물질 경로가 명확한 점원오염과는 달리 여러 경로로 배출되는 불특정 경로를 가지고 있어 오염물질의 배출위치를 정확하게 파악하기 어렵고, 측정하기도 곤란한 특징을 지니고 있으며 배출기준을 정하지 않고 있다. 그리고 비점원오염은 일반적으로 강우의 영향을 많이 받으므로 일간, 계절간 배출량의 변화가 크며 예측과 정량화가 어렵다. 점원오염원과 비점원오염원의 구분은 법적으로 중요한 의미를 지닌다. 점원오염원으로 지정되면 오염물질의 처리, 기공 및 배출 등에 엄격한 법적 또는 행정적 규제를 받으며 이를 위한 인가나 허가를 받아야 하고, 허가사항을 위반한 경우에는 법적인 책임을 져야 한다. 반면에 비점원오염원은 법적 또는 행정적

[표 3-7] 점오염원과 비점오염원의 특성 비교

구 분	점오염원	비점오염원
배출원	• 도시하수처리장의 유출수 • 공공시설, 산업체 등의 오수와 폐수 • 대도시의 강우 유출수(인구 100,000명 이상) • 광산폐수와 침출수 • 대형 선박의 오수와 폐수 • 가축 집단사육장의 오폐수 • 대규모 건설현장의 유출수(1ha 이상) • 오수합병 하수도의 잉여수(overflow)	• 농업지대로부터의 유출수 　(가축집단사육장의 오폐수 제외) • 관개용수의 회귀수(return water) • 소규모 도시의 강우 유출수 　(인구 100,000명 이하) • 하수도 비설치 지역의 유출수 • 폐광산의 폐수 및 침출수 • 대기강하 및 침적물 • 소규모 건설현장의 유출수(1ha 이하)
특 징	• 인위적 • 배출지점이 특정 • 한 지점으로 집중적 배출 • 자연적 요인의 영향을 적게 받음 • 계절적 변화 적음 • 차집이 용이하고 처리효율이 높음	• 인위적 및 자연적 • 배출지점이 불특정 • 넓은 지역으로 희석, 확산됨 • 계절적인 변화가 크며 예측 어려움 • 차집 곤란하고 강우 영향 많이 받음 • 처리효율이 일정하지 않음

규제를 받지 않으므로 산업이나 생산활동이 한층 자유로울 수 있다.

(3) 농업용수오염원

농업용수오염의 원인도 다른 환경오염의 발생원인과 같이 인구증가와 도시집중화현상으로 인한 생활용수사용량의 증가와 생활폐기물량의 증가, 농약 및 화학비료의 대량 사용으로 인한 하천오염이 가장 큰 요인이다. 이외에도 기업축산 증가에 따른 축산폐수 발생량의 증가와 광산폐수 등이 원인이 되고 있다.

산업폐수는 각종 산업활동에서 수반되어 발생되는 폐수로서 대부분 대도시 주변에 위치하고 있으며, 오늘날 산업의 고도화·다양화로 인하여 각종 중금속, 고농도 유기물, 난분해성 물질 등 유해성 물질들이 많이 함유되어 배출되고 있다. 환경부에서는 산업폐수의 체계적인 관리를 위하여 산업폐수 배출시설을 1일 폐수배출량을 기준으로 5종으로 구분하여 관리하고 있다. 1종은 $2,000\,m^3$/일, 2종은 $700{\sim}2,000\,m^3$/일, 3종은 $200{\sim}700\,m^3$/일, 4종은 $50{\sim}200\,m^3$/일, 5종은 $50\,m^3$/일 미만으로 배출규모에 따라 법적 규제기준이 다르다. 농촌의 일부 지역에서는 농공단지 조성으로 많은 공장들이 건설되어 있고 이러한 공장에서는 대부분 오염도가 높은 폐수를 방출하고 있다.

생활하수는 사람의 일상생활이나 산업활동으로 인하여 발생되어 하수관거를 통하여 하천의 공공수역으로 방류되는 모든 물을 말한다. 일반적으로 생활하수는 각 가정의 정화조물이 주종을 이루기 때문에 유기물, 부유물질, 질소 등의 함량이 매우 높으며, 관개용수오염의 대부분은 도시하수에 의한 오염이 문제시되고 있다.

농약 및 화학비료의 사용은 작물 품종육성과 더불어 작물의 수량 한계를 향상시키는 데 크게 기여해 왔으며 그 결과로 괄목할 만한 작물 수량증대를 가져왔다. 그러나 지나친 농약 및 화학비료 사용으로 인한 수질 및 토양오염이 가속화되는 등 여러 가지 복합적인 농촌환경문제를 일으키는 주요 원인을 제공하고 있다. 현재 우리나라는 친환경농업육성목표 중의 하나로 2013년까지 농약 및 화학비료 사용량을 40%까지 절감한다는 목표 아래 친환경농업을 통한 농약과 화학비료 사용량을 줄이려는 노력을 적극 추진하고 있다.

축산폐수는 도시하수의 분뇨와 마찬가지로 고농도의 유기물질을 함유하고 있으므로 모아서 완전히 부숙시켜 농경지에 비료로 사용할 경우에는 별 문제가 없다. 그러나 대부분의 축산농가들이 전업농가이기 때문에 넓은 농경지를 가지고 있지 못해 이들 가축분들이

[표 3-8] 농약 및 화학비료 사용추이

(단위: kg/ha)

구 분	5년 평균 ('99~'03)	2005년	2006년	2008년	2010년	2013년
화학비료	375 (100)	374 (99)	350 (93)	290 (77)	260 (70)	225 (60)
농 약	12.4 (100)	11.8 (95)	11.2 (90)	10.1 (81)	9.1 (74)	7.4 (60)

※자료: 농림부, 친환경농업 육성 5개년 계획.

방치되기 마련이다. 따라서 축산을 경영하는 인근에는 냄새가 나게 되고 강우에 의하여 직접 하천에 방류되거나 농경지에 과다하게 시용될 경우 고농도의 유기물질, 질소, 인 등이 하천과 지하수를 오염시켜 수질 악화 및 부영양화를 초래하여 농업용수를 오염시킬 뿐만 아니라 쾌적한 생활환경을 해치는 요인이 되고 있다.

국내에는 금속광산(936개소), 석탄광산(338개소) 및 비금속광산(1,173개소)을 포함하여 약 2,500여 개소의 광산이 있으며 이 중 약 80%가 휴광 또는 폐광된 광산이다. 그러나 대부분의 광산이 폐광 이후 적절한 환경복원시설 없이 방치되고 있으며, 폐금속광산과 주변에 방치되어 있는 폐석더미로부터 지속적으로 배출되는 다량의 산성광산배수(AMD, Acid Mine Drainage)와 중금속은 주변의 농경지와 수계의 환경오염 원인이 되고 있다.

폐석탄광산에서도 폐갱구들과 주변 폐석더미로부터 다량의 산성광산배수가 유출되어 주변 하천을 오염시켜 수중생태계의 파괴뿐만 아니라 인간생활에 악영향을 주고 있다. 폐석탄광산에 의한 갱내수 유출은 152개 탄광 206개의 갱구로 하루에 약 10만톤 이상이 유출되며 이로 인한 하상오염구간은 152km로 조사되고 있다.

(4) 농업용수 수질기준

우리나라 농업용수의 수질기준은 표 3-9와 같이 세 가지 법에서 각기 다른 기준을 적용하고 있다. 하천수는 「환경정책기본법」 10조 "하천수질환경기준"에 따라 4급수를 농업용수의 수질기준으로 하고 있으며, 호소수는 「환경정책기본법」 10조 "호소수질환경기준"의 4급수를 농업용수 기준으로 하고 있다. 그리고 지하수는 「지하수법」 13조 "지하수수질기준"에 따라 농업용수의 수질기준을 설정해 두고 있다.

[표 3-9] 농업용수의 수질기준

(단위: mg/L)

구 분	수소이온 농도 (pH)	생물화학적 산소요구량 (BOD)	화학적 산소요구량 (COD)	부유물질 (SS)	용존산소 (DO)	총질소 (T-N)	총인 (T-P)	질산성질소 (NO_3-N)	염소이온 (Cl)
하 천	6.0~8.5	8 이하	–	100 이하	2 이상	–	–	–	–
호 소	6.0~8.5	–	8 이하	15 이하	2 이상	1 이하	0.1 이하	–	–
지하수	6.0~8.5	–	8 이하	–	–	–	–	20 이하	250 이하
전수역 (mg/L)	하천, 호수: Cd 0.01 이하 Pb 0.1 이하, As, Cr^{6+} 0.05 이하, ABS 0.5 이하, CN, Hg, PCB, 유기인 : 불검출 지하수: Cd 0.01 이하 Pb 0.1 이하, As, Cr^{6+} 0.05 이하, 페놀 0.005 이하, 트리크로로에틸렌 0.03 이하, 테트라클로로에틸렌 0.01 이하, CN, Hg, 유기인 : 불검출									

※자료: 환경정책기본법 시행령 [별표 1] 환경기준 지하수법 「지하수 수질기준」.

3.2.2 수질오염지표

수질오염지표는 수질의 좋고 나쁨 정도를 정성 또는 정량적으로 나타낼 수 있는 일종의 척도이며 일반적으로 오염상태를 간접적으로 확인할 수 있는 수단으로서 그 측정값의 크기에 따라 오염 여부가 판정된다. 수질오염지표는 크게 이화학적 수질오염지표와 미생물학적 수질오염지표로 분류할 수 있다. 이화학적 지표의 선정기준은 ① 수역의 일반적인 수질오염 정도를 나타낼 수 있어야 하고, ② 유역의 오염발생현상과 인과관계를 나타낼 수 있어야 하며, ③ 수역의 이용목적에 따른 평가기준이 될 수 있어야 하고, ④ 수역의 수질관리를 위한 목표설정이 가능한 항목이어야 한다. 그리고 미생물학적지표의 선정기준은 ① 병원성 미생물이 존재하면 지표세균도 반드시 존재하여야 하고, ② 환경에서의 감쇄가 병원미생물의 감쇄속도와 동등하여야 하며, ③ 병원성 미생물의 농도와 직접적으로 관련된 농도를 나타내고 개체수가 많아서 쉽게 검출될 수 있는 것이어야 하고, ④ 소독제에 대하여 병원성 미생물과 동등하거나 높은 저항성을 나타내야 하며, ⑤ 인체에는 무해하며 측정방법이 간단하고 경제적이며 빠른 결과를 도출할 수 있어야 하고, ⑥ 다양한 형태의 물에서 적용가능하여 상호비교가 가능하여야 한다.

이화학적 지표에는 pH, DO, BOD 등 간접적으로 수질오염을 나타내는 지표와 그 자체

가 수질오염물질인 중금속 및 유해화학물질 등의 항목이 있으며, 미생물학적 지표에는 총
대장균군, 일반세균 등이 있다.

(1) pH

pH는 용액 내의 수소이온(H^+) 농도의 역수의 상용대수로 나타낸 값이다.

$$pH = -\log [H^+]$$

여기서 $[H^+]$는 몰농도를 뜻한다. 물은 자체적으로 어느 정도 해리되어 순수한 물은 $[H^+]$
$= [OH^-] = 1.0 \times 10^{-7}$ M이므로 $[H^+]=[OH]$이면 중성, $[H^+]$값이 크면 pH가 7 이하로 산성이
라 하고, $[OH]$값이 크면 pH가 7을 초과하여 알칼리성이 된다.

자연수는 아래의 (식 3-1)과 같이 유리탄산(CO_2)과 탄산염(CO_3^{2-})이 수중평형을 이루고
있는데 유리탄산의 농도가 높으면 식 (식 3-2)와 같이 과량의 CO_2는 물과 반응하여 H^+이
온을 생성하므로 물의 액성은 산성이 된다. 또한 탄산염의 농도가 높으면 (식 3-3)과 같이
알카리성이 된다.

$$\text{수중 평형: } CO_3^{2-} + CO_2 + H_2O \rightleftharpoons 2HCO_3^- \qquad \text{(식 3-1)}$$
$$CO_3^{2-} \langle CO_2: CO_2 + H_2O \rightleftharpoons H_2CO_3^- \rightleftharpoons H^+ + HCO_3^- \qquad \text{(식 3-2)}$$
$$CO_3^{2-} \rangle CO_2: CO_3^{2-} + H_2O \rightleftharpoons HCO_3^- + OH^- \qquad \text{(식 3-3)}$$

pH는 수질시험에서 가장 중요하고 기본적인 항목이며 일반적으로 자연수의 pH는 물에
포함되어 있는 각종 염류, 유리탄산, 유기산 등에 의하여 좌우되며, 하수, 공장폐수 등에
도 영향을 받는다. 보통 담수일 경우 pH 7의 중성을, 해수는 8.2, 순수한 빗물의 경우는
대기 중의 CO_2로 인하여 5.6을 띠게 된다.

(2) 용존산소(DO; Dissolved Oxygen)

용존산소(DO, Dissolved Oxygen)는 수중에 용해되어 있는 산소를 말한다. 용존산소는
대부분이 공기중의 산소기체에 의하여 공급되며 수중의 식물성 플랑크톤과 수서생물의

광합성 작용으로 일부 공급되기도 한다. 용존산소는 수중의 호기성 미생물에 의한 유기물질의 분해, 수생식물과 어패류의 생육 및 자정작용 등에 필요하며 용존산소가 부족하게 되면 수중에서 서식하고 있는 각종 생물의 생존이 위협받게 된다. 물속에서 산소를 소비하는 물질은 주로 유기물질이고 그 외에 황화물, 아황산이온, 제1철이온 등 환원성 물질들과 미생물의 호흡작용에 의하여 소비된다.

대기중의 산소는 수면의 교란상태 등에 의하여 물 속으로 분산·흡수되어 물의 온도, 압력 및 오염물질의 농도에 따라 평형을 이루게 되며, 수온이 낮을수록, 압력이 높을수록, 염분농도가 낮을수록, 물의 흐름이 난류(turbulent)일수록 산소용해율은 높아지고, 청정한 수역에서 DO는 온도에 따라 포화량에 가깝거나 과포화된다.

담수에 의한 용존산소 포화도는 $0\,^{\circ}\mathrm{C}$ 1기압에서 $14.62\,\mathrm{mg/L}$, $30\,^{\circ}\mathrm{C}$에서 $7.6\,\mathrm{mg/L}$이며, 순수한 물의 DO는 $20\,^{\circ}\mathrm{C}$에서 약 $9.17\,\mathrm{mg/L}$이다. 오염물질의 유입으로 인하여 DO 농도가 $2\,\mathrm{mg/L}$ 이하가 되면 수중생물이 서식할 수 없으며, DO가 없는 혐기성 상태가 되면 특히 호수바닥에서는 유기물의 혐기성 분해와 Mn, Fe, 인 등의 유출로 인하여 수질이 더욱 악화된다.

(3) 생물화학적 산소요구량

생물화학적 산소요구량(BOD; Biochemical Oxygen Demand)은 수중의 유기물질이 호기성 미생물의 작용에 의하여 분해 안정화되는 데 소비되는 산소량으로서 물속 유기물질함량을 간접적으로 나타내는 데 가장 많이 사용하는 수질지표이다. 물속에 존재하는 유기물질의 종류는 대단히 많으며 유기물의 농도를 하나하나 측정하기란 대단히 어려우므로 호기성 미생물을 이용하여 간접적으로 유기물량을 측정하는 방법인 것이다.

수중 미생물은 유기물을 분해 섭취하면서 새로운 미생물이 증식되어 물을 탁하게 하고 미생물의 산소소비에 의하여 수역의 용존산소가 감소된다. 용존산소가 부족해지면 수역이 혐기적 수역으로 변화하면서 황산염, 질산염 등으로부터 황화수소(H_2S), 암모니아(NH_3), 메탄가스(CH_4) 등의 악취가스를 발생하게 되어 물의 이용가치를 떨어뜨린다. 따라서 BOD가 높다는 것은 수중에 유기물이 다량 함유되어 미생물이 이것을 분해·안정화하는 데 많은 양의 용존산소를 소모하여 자정능력이 저하되고 이로 인한 혐기성 분해의 진행으로 고등생물은 사라지고 하등생물의 성장이 급격해진다.

일반적으로 유기물의 생물학적 산화작용은 비교적 완만하게 일어나며, 그림 3-5와 같이 탄소화합물은 5~7일까지 완만한 커브를 이루어 20℃에서 5일 동안에 대략 60~70%, 20일 동안에는 95~98%의 산화가 이루어진다. 따라서 통상적으로 사용되는 BOD는 실험실에서 관습적으로 시료를 20℃에서 5일 간 배양했을 때 시료 중의 호기성 미생물의 증식과 호흡작용에 의하여 소비되는 용존산소의 양으로부터 측정한다. 이와 같이 탄소화합물이 호기성 조건에서 분해되는데 소모되는 산소량을 1단계 BOD 또는 C-BOD라고 한다. 그리고 배양 8~10일 이후에는 탄소화합물에 의한 BOD 이외에 질소화합물의 산화, 즉 질산화(nitrification)가 진행되면서 변곡점이 나타나는데 이를 2단계 BOD 또는 N-BOD(NOD)라고 하며, 물 속에 질소화합물이 적은 경우에는 질산화가 거의 일어나지 않는다. 시간경과에 따른 BOD 변화는 다음과 같다.

제1단계 BOD (C-BOD)

$$탄수화물(Carbohydrate) + O_2 \rightarrow CO_2 + H_2O$$

제2단계 BOD (N-BOD)

$$NH_4^+ + \frac{3}{2} O_4 \xrightarrow{\textit{Nitrosomonas}} NO_2^- + 2H^+ + H_2O$$

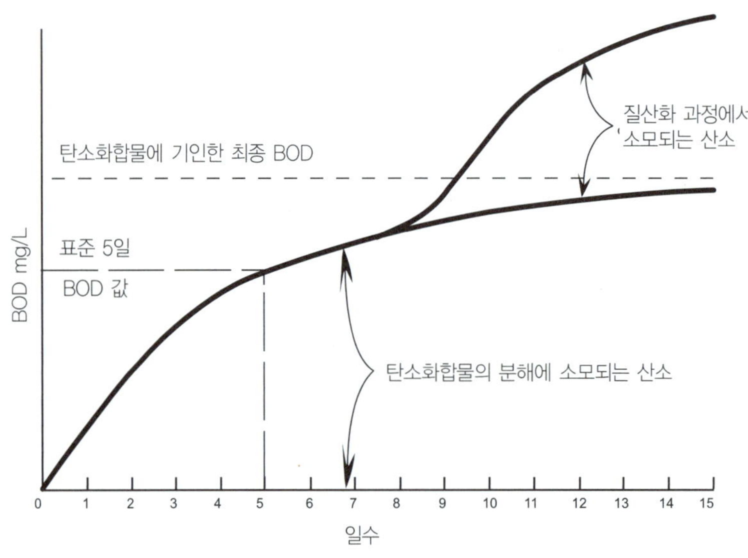

[그림 3-5] 탄소화합물과 질소화합물의 BOD 곡선(HAMMER, 1998)

$$NO_2^- + \frac{1}{2}O_2 \xrightarrow{\quad Nitrobacter \quad} NO_3^-$$

질산화 미생물인 Nitrosomonas와 Nitrobacter는 보통 가정하수 중에 소량으로 존재하며 20℃에서의 성장속도가 비교적 완만하여 BOD시험에서 약 8~10일이 경과할 때까지는 산소의 소비에 크게 관여하지 않는다. 그러나 이러한 미생물들이 일단 정착하게 되면 NH_3형태의 질소를 아질산과 질산으로 산화시키며, 이때 소모되는 산소량은 BOD시험 중에 중대한 오차를 유발할 수 있다.

(4) 화학적 산소요구량

화학적 산소요구량(COD; Chemical Oxygen Demand)는 화학적으로 산화가능한 유기물질을 산화제를 이용하여 화학적으로 산화시키는 데 필요한 산소량으로 BOD와 더불어 수중의 유기오염물질의 양을 간접적으로 나타내는 지표이다. COD 측정을 위한 산화제로는 중크롬산칼륨($K_2Cr_2O_7$)이나 과망간산칼륨($KMnO_4$)을 사용하는데, 중크롬산칼륨법(COD_{Cr})은 산화율이 높아(80~100%) 수중 유기물의 총량에 가까운 값을 얻을 수 있지만 대신 시험시간이 오래(2~3시간) 걸리며, 과망간산칼륨법(COD_{Mn})은 산화율은 60% 정도지만 시험시간이 30분~1시간으로 짧아 우리나라에서는 주로 과망간산칼륨법을 이용하고 있다.

COD는 BOD에 비해 단시간 내에 측정할 수 있는 장점이 있어 BOD값을 예측하거나 생물학적으로 난분해성 유기물질이나 미생물활동에 영향을 주는 독성물질이 함유된 산업폐수와 해수, 호소수 등의 유기물질량을 측정하는 데 유효하다.

통상적으로 유기물질의 COD는 최종 BOD보다 크거나 같게 나타나며, 만약 COD와 BOD값이 같다면 그 유기물질은 생물학적으로 완전히 분해 가능한 유기물질이며, COD값이 BOD값보다 큰 경우에는 생물학적으로 분해가 불가능한 물질을 어느 정도 함유하고 있다는 것을 의미한다. 생물학적으로 분해가 불가능한 유기물질로만 오염되어 있거나 미생물에 독성을 끼치는 물질을 함유하고 있는 산업폐수의 경우 COD에 비하여 BOD가 현저히 낮게 나타나는 경우가 있다. 그리고 BOD시험 중에 질산화가 발생하거나 혹은 COD시험 과정을 방해하는 aromatic 화합물이나 pyridine 같은 물질이 존재하면 BOD가 COD보다 크게 나타나는 경우가 있다.

(5) 총대장균군

수인성 병원균 미생물을 직접적으로 검출하여 수질오염 여부를 판단하는 것이 가장 바람직한 방법이지만 현재까지는 아래와 같은 여러 가지 어려움 때문에 병원성균의 직접검출 대신 분변성 오염지표미생물을 사용하고 있다.

① 장내병원균의 직접분리방법이 개발되지 않아 검사가 어렵다.
② 병원균의 종류가 너무 많아 모든 병원균의 분리가 어렵다.
③ 병원균의 수가 평상시에 낮아 감지하기 어렵다.
④ 검사가능한 병원균도 상시검사를 위한 비용이 너무 많이 들어 비경제적이다.

대장균군은 오랜 기간 동안 분변성 오염의 수질지표로서 병원균의 존재 유무를 추정하는 데 이용되고 있으며, 2004년 12월 「수질환경보전법 시행규칙」의 개정에 따라 대장균군수(개/mL)를 총대장균군(총대장균군수/mL)으로 용어를 변경하였다.

총대장균군(Coliforms)은 세균분류상 Enterobacteriaeae에 속하는 세균으로 그람음성의 무아포성 간균으로 유당을 분해하여 산과 가스를 발생하는 모든 호기성 또는 혐기성균을 의미하며 사람 및 온혈동물의 장내에는 서식하나 자연계 또는 냉혈동물의 장내에는 살지 않는다. 총대장균군은 그 자체가 병원성 세균은 아니지만 대체적으로 사람이나 동물의 배설물에서 발견되므로 분변성 오염의 지표로 사용되며, 수계에서 대장균이 검출되면 수인성 병원균의 존재가능성을 의미한다.

총대장균을 수인성 병원균 오염지표로 이용하는 이유는 병원균에 비하여 물 속에서 생존력이 강하고 자연환경에 대한 저항력이 강하며, 소독에 대한 저항성이 병원균보다 강하며(virus보다는 약함) 검출이 용이하며, 분석법이 간단한 특성을 지니고 있기 때문이다

총대장균군의 검출방법은 최적확수(MPN; Most Probable Number)법, 막여과시험법, 평판집락시험법을 사용하는데, 먹는 물이나 하천, 호소 등의 환경기준에 해당하는 시료는 대부분 최적확수법을 사용하여 총대장균군수/100mL로 표시하고, 폐수, 하수 등의 방류수 수질기준에 적용되는 시료는 평판집락법을 이용하여 총대장균수/mL로 표시한다.

3.2.3 농업용수오염과 작물

(1) 농업용수 수질과 작물생육

농업용수의 수질은 인간활동과 지형, 기후 등의 자연환경으로부터 많은 영향을 받는다. 인간활동에 의한 수질오염은 주로 도시의 각종 오·폐수와 농촌의 축산폐수와 농자재, 그리고 휴·폐광산 유출수 등에 의해서 발생된다. 도시에서의 수질오염원은 각종 공장폐수와 생활하수가 주류를 이루고 있는데, 오염된 농업용수는 일반 관개수보다도 유기물, 영양염류, 중금속 등을 많이 함유하는 것이 특징이다. 농촌지역의 수질오염원 중 축산폐수는 하천수의 질소와 인의 농도를 높여 조류(藻類) 등 수생생물을 번식시키는 이른바 부영양화의 원인이 되며, 관개수로 이용되었을 때 농작물 피해를 일으킨다. 그리고 휴·폐광산 유출수는 농업용수에 대한 대표적인 중금속오염원이며, 이로 인한 작물의 양분흡수와 농산물의 품질 나아가 인축의 안전성이 저해를 받게 된다. 한편, 수질에 대한 지형 등과 자연환경의 영향은 홍수기에 경사지 토양의 유실에 따른 각종 영양물질의 농업용수 수계 유입과 평야 저지대의 토사 및 영양물질 집적에 의하여 나타나는 것이 일반적이다. 이렇게 오염된 관개수는 강우량에 따라서 희석 또는 농축되어 작물피해가 달라지고, 토양의 점토와 모래함량 등 토성에 따라서 작물생리장해 정도가 다르며, 토지이용과 물 관리, 시비 등 작물재배방법에 따라서도 농작물피해가 달라진다.

1) 염류

염류농도가 높은 물을 관개하면 토양용액에서의 삼투압이 높아져 작물의 양분과 수분흡수가 어려워진다. 벼의 경우, 관개수의 염분농도가 0.5%만 되어도 뿌리활착이 잘 되지 않는 것으로 알려져 있다. 일반적으로 관개용수 중의 염류농도는 벼보다 밭작물에서 더 큰 피해를 끼친다. 하우스 밭토양에서는 퇴비나 화학비료를 많이 사용하므로 염류농도가 높은데, 이러한 토양조건에서 염류농도가 높은 물을 한꺼번에 많이 관개하면 재배작물은 뿌리주변 토양에 염류가 집적되면서 수분과 양분을 제대로 흡수할 수 없을 뿐만 아니라 뿌리의 활력이 감퇴되어 정상적인 수량을 낼 수 없다(표 3-10).

토양의 염류도	ECe	작물
비염류성	<2.0	대부분 작물재배 가능
약염류성	2.0~4.0	내염성 약한 작물수량 감소 과수 작물재배 제한
중염류성	4.0~8.0	많은 작물수량 감소 채소 작물재배 제한
강염류성	8.0~16.0	내염성 작물수량 유지 곡류 작물재배 제한
극염류성	>16.0	대부분 작물생육 한계 내염성 매우 강한 작물에 한함 내염성 작물재배 제한

2) 질소

질소는 도시생활하수와 축산폐수 등에 많이 함유되어 있다. 질소는 농작물의 생육에 가장 중요한 영양성분이지만 과량의 질소성분이 관개용수에 혼입되어 유입되면 농작물 도체의 광에너지 이용률이 떨어져 호흡소모가 증가되며, 당이나 전분의 축적이 적고 셀룰로오스나, 리그닌 등 세포막 구성성분이 감소된다. 또한 경엽이 연약하여 도복이 잘 되며 병해충에 약하고 암모니아태질소가 집적되어 대사작용에 유해하고 탄소동화 산물의 전류가 지연되어 등숙이 지연된다.

질소함량이 높은 물을 관개수로 사용하는 논에서는 관개수가 오염되지 않은 지역의 논에서와 같은 양의 질소비료를 사용하게 되면 벼가 질소양분의 과다 때문에 정상적으로 자라기 어렵다. 일반적으로 논에 질소가 L당 2~4mg 농도인 관개수가 유입되면 벼는 관개수 유입부에서 번무하게 된다. 그리고 질소가 4~8mg 농도로 유입되면 벼는 영양생장이 과도하게 촉진되어 무성하게 웃자라면서 출수가 늦어지고 식물체가 연약해져 도열병을 비롯한 병해충피해를 받기 쉬우며 약한 비바람에도 잘 쓰러지게 된다. 또한 식물체내의 질소함량이 증가되기 때문에 벼의 대사작용이 불량해지고 동화산물의 이동이 잘 안 되면서 볍씨의 성분함량에도 영향을 주게 된다. 일반적으로 질소비료가 많이 공급된 벼는 쌀에 단백질함량이 증가하여 밥맛이 떨어진다고 알려져 있다. 특히 토양내 질소함량이 높은 하우스 채소밭에서는 작물이 질소를 많이 흡수하여 단백질함량과 수량의 증가를 가져올

[표 3-11] 관개용수의 수질과 벼피해

등 급	1	2	3	4
벼피해	영향은 인정 안 됨	벼생육은 거의 정상이고, 경작자의 고충은 없음	벼는 과번무되고, 질소량을 감소하지 않으면 안 됨	질소 시비량을 극단으로 적게 해도 도복하고 용수로서 사용할 수 없음
T-N (mg/L)	2 이하	2~3	3~7	7 이상
NH_4-N (mg/L)	0.5 이하	0.5~2	2~5	5 이상
COD (mg/L)	8 이하	8~12	12~17	17 이상

지 모르나, 식물체가 연약해지고 체내에는 다량의 질산염이 축적된다. 또한 비타민함량과 당도가 낮아져서 상품성이 감소된다.

관개용수의 수질과 벼피해와의 관계를 질소형태별 농도별로 표 3-11에 나타내었다. 피해발생 한계농도는 킬달태질소(전질소)와 NH_4-N가 각각 3mg/L, 2mg/L이다. 그리고 킬달태질소 7mg/L, NH_4-N 5mg/L 이상인 관개수는 관개용수로 이용할 수 없다. NO_3-N는 벼에 의한 초기 흡수이용률이 낮고, 더욱이 토양환원화에 의하여 탈질작용을 받기 때문에 그 한계농도는 NH_4-N보다 높아 대략 5~6mg/L 정도 또는 그 이상으로 추정된다. 질소가 과잉 유입된 피해논에서는 기비질소의 감비, 중간낙수, 절수재배, 객토에 의한 토양개량 등의 대책이 필요하다.

3) 인산

인산 역시 질소와 마찬가지로 축산폐수나 생활하수가 유입된 관개수에 많이 포함되어 있는데, 이러한 관개수가 유입된 논에서는 인산비료를 깨끗한 물을 대는 일반 논에서와 같은 양으로 시용하게 되면 조류(괴불, 이끼류)가 다량 발생한다. 이렇게 논물에서 조류가 과도하게 서식하면 결국 사멸된 조류들이 미생물에 의하여 분해되면서 물에 녹아 있는 산소를 소비하게 되고, 이에 따라 토양이 환원되면서 벼생장에 피해를 주므로 축산폐수나 생활하수가 유입되는 논에서는 인산비료를 적게 시비할 필요가 있다. 과도한 조류의 발생은 볍씨 발아와 유묘활착에 피해를 주는 것으로 알려져 있는데, 벼를 직파하는 논에서 조류가 발생하면 벼의 출아가 늦어지고 출아하더라도 활착에 장해를 받으므로 다시 파종하는 일이 생기기도 한다. 벼를 무논골뿌림으로 직파한 논에서 인산(7kg/10a)의 시용시기를 달리하였을 때 괴불발생량과 입모수를 비교해 보면, 괴불발생은 100% 기비〉 70% 기비〉 50% 기비〉 무시용=3엽기 100% 시용 순으로 많았고 벼 입모수는 인산무시용〉 3엽기 100%시용〉 50% 기비〉 70% 기비〉 100% 기비 순으로 많았다(강위금 등, 2004). 그리고 하우스밭에서는 관개수가 땅 속으로 스며들면서 관개수에 녹아 있던 인산의 일부는 흙속의 철, 알루미늄 등과 결합되기도 하지만, 일부는 토양수에 녹아 있는 칼리, 칼슘 등의 염기와 결합하여 염을 만들며 이로 인하여 재배작물은 염류장해를 받게 된다.

4) 황

관개수를 따라 논에 유입된 황산근(SO_4^{2-})은 산소가 적은 토양조건에서 유화수소를 발생시켜 환원장해를 일으키는데, 이때 벼뿌리는 검은색을 띠게 되면서 토양내 양분을 제대로 흡수할 수 없게 되며 벼는 관개용수의 SO_4^{2-}함량이 100mg/L 이상이 되면 현저하게 감수된다. 특히 바닷물이 유입된 지역에서는 바닷물 중의 황산근(SO_4^{2-})이 환원조건에서 황철석(FeS_2)으로 변해 집적되었다가 산소가 공급되는 산화조건이 되면 SO_4^{2-}가 다량 방출되어서 물과 만나 황산으로 되는데 이로 인하여 토양이 산성화된다. 이러한 경우는 부산 강서구 봉림지역 논의 특이산성토양에서 볼 수 있다. 토양이 산성화되면 작물뿌리의 활력과 양분유효도의 감소가 일어나며, 토양 중 알루미늄이 활성화되어 작물의 양분흡수를 교란하고 석회 및 마그네슘 결핍을 초래하여 작물의 생육을 불량하게 만든다. 중금속오염지에서는 유해 중금속의 작물흡수량이 증가하여 안전농산물의 생산에 심각한 문제를 일으킬 수도 있다. 간접적인 영향으로는 토양 미생물상에 악영향을 미치며, 토양화학성의 악화, 염기의 유실, 토양의 노화 등 토양을 산성화시키고 직접적으로는 농작물의 생육을 저해하여 감수의 원인이 된다. 따라서 이러한 사항이 우려되는 지역에서는 질소나 칼리비료를 주고자 할 때 유안, 황산칼리와 같은 황이 포함된 비료 대신에 요소나 염화칼리를 사용하는 것이 안전하다.

5) 유기물

일반적으로 관개수에는 많은 산소가 녹아 있으며, 이러한 산소는 작물뿌리가 숨을 쉬게

하여 생육에 필요한 양분과 수분을 정상적으로 흡수할 수 있도록 도와준다. 그러나 음식물 찌꺼기나 퇴비부스러기와 같은 각종 유기물이 많이 포함된 물에는 호기성 미생물들이 이들을 분해하여 먹이로 이용하는 과정에서 물에 녹아 있는 산소를 빠르게 소모하게 된다. 특히, 밭토양과 달리 논에서는 토양이 논물로 덮여 있기 때문에 유기물의 분해에 필요한 산소가 원활하게 공급되지 못한다. 따라서 유기물 분해과정에서 물에 녹아 있는 제한된 양의 산소와 토양 내 3가철(Fe^{3+}), 망간(Mn^{4+}), 질산(NO_3^-), 황산근(SO_4^{2-}) 등의 산화물에 포함된 산소가 대량으로 소모되면서 토양이 심하게 환원되어 Fe^{2+}, Mn^{2+}, 유기산, 황화수소 등이 발생된다. 특히 여름철에는 물의 온도가 올라가 미생물의 활동이 활발해지면서 유해물질의 발생량도 증가한다. 그 결과로 벼는 규산, 칼리 등의 양분흡수가 나빠지고 체내대사가 불량해지며 나아가서는 뿌리의 발달이 억제되거나 뿌리가 썩게 된다. 그리고 작물영양분이 적은 농경지에 아직 부숙되지 않은 유기물이 유입되면 미생물은 유기물에 포함된 탄소화합물을 섭취하면서 생장에 필요한 질소, 인 등의 양분을 토양에 있는 영양물질에서 충당하게 된다. 이 때문에 작물은 뿌리로부터 흡수해야 할 양분을 미생물에 빼앗기게 되어 양분결핍증상을 보이며 생장에 지장을 받기도 한다.

표 3-12는 COD와 수도의 피해율과의 관계를 표시한 것인데 피해율을 5% 이내로 머물도록 하기 위하여 COD를 8.2 ppm 이내로 억제할 필요가 있다. 다른 실험에서는 COD가 20 ppm 전후까지 높게 되면 수량에 영향을 미쳐 감수하고, COD 1 ppm에 따른 Eh는 6~7 mV 저하한다는 보고도 있다.

관개수를 따라서 들어온 유기물의 이러한 영향은 작물을 재배하기 전에 농지에 넣어서 경운과 동시에 흙 속에 매몰되는 미숙 유기물의 효과와 큰 차이가 있다. 흙속에 들어간 유기물은 토양미생물, 특히 사상균의 증식을 도와주므로 균사발달에 의한 흙알갱이의 입단

[표 3-12] 관개용수 중의 COD 농도와 수도의 피해율(%)

피해율	COD (mg/L)
0	~ 5.6
0 ~ 5	5.6 ~ 8.2
5 ~ 10	8.2 ~ 15.0
10 ~ 12	15.0 ~ 20.0

※자료: 일본, 愛知農試, 1974.

화를 촉진시켜 준다. 이에 따라 토양공기의 유통과 물빠짐이 좋아지면서 작물뿌리의 활성
과 토양미생물의 활동을 촉진하고 홍수기에 빗물에 의한 토양의 유실을 줄여주며, 난용성
양분의 가용화로 작물의 양분결핍을 최소화하고 중금속 등 유해성분의 해작용을 줄여줌
으로써 안전한 농산물을 생산하는 데 좋은 역할을 하게 된다.

6) 부유물질

관개수에 섞여 농경지로 유입되는 부유물질 중에는 흙탕물의 점토입자와 같이 매우 작
은 물질들이 포함되어 있는데, 이들이 논토양표면에 침전되면 피막층을 만들어 토양의 투
수성을 떨어뜨리기도 한다. 따라서 벼뿌리 근처에는 산소농도가 줄어들어 뿌리의 발달이
불량해지면서 양분흡수가 제대로 이루어지지 않아 벼의 생육이 어렵게 된다. 또한 펄프공
장폐수가 유입될 경우는 수생미생물이 어린 벼의 뿌리 주변에 모여들어 생육에 장해를 주
며, 이 같은 수생균이 분해될 때 생기는 암모니아성 질소 등은 벼생육을 지연시키거나 임
실장해 등을 일으키기도 한다. 그리고 광석분(鑛石粉) 등은 토양층에서 풍화 분해되며 이
때 각종 중금속이 용출되어 작물생육에 나쁜 영향을 미치는데 이런 현상은 벼보다 벼 후
작물에서 잘 나타나는 편이다.

7) 기름

기름(油類)은 흔히 사고에 의하여 저장시설이나 수송차량 또는 각종 기자재로부터 유출
되어 하천이나 농경지로 유입된다. 기름이 벼생육에 미치는 피해는 직접 식물체에 부착되
거나 침투되어서 나타나기도 하지만 논밭의 표면을 피복하여 토양 속으로의 산소공급을
차단하거나 또는 수온과 지온을 상승시켜 토양 내 산소가 모자라게 되면서 뿌리썩음현상
이 나타나기도 한다. 경유에 의한 벼의 피해증상은 기름이 줄기와 잎을 따라서 상승하여
잎의 앞뒷면에 유막을 만들며 잎 끝이 감기면서 갈색반점이 생기고 심하게 되면 황백색으
로 변하여 죽게 된다. 특히 벼 분얼기에 피해를 받으면 미질에 영향을 주어 청미, 사미, 기
형미 등이 증가되어 쌀의 품질이 나빠지게 된다.

8) 중금속

금속광산, 정련소, 도금공장 등에서 배출되는 폐수 중에는 구리, 카드뮴, 크롬, 니켈, 코발트, 비소 등이 함유되어 있는데, 이들 중금속은 원형질 단백질과 결합되어 세포파괴, 효소작용을 억제하여 농작물에 피해를 주는 경우가 많을 뿐 아니라 인체에까지 나쁜 영향을 미치는 중대한 공해문제가 된다. 이들은 토양에 축적되어 계속적으로 피해를 주기도 하는데 벼의 피해증상은 구리의 경우 물 1L 속에 0.1mg 있을 때 뿌리의 생육저해가 나타나고, 0.6mg 있을 때는 청고증상이 나타나며 잎이 누렇게 변하기도 한다. 카드뮴은 벼의 뿌리생장을 저해하고 광합성을 감소시키는 것으로 알려져 있다. 크롬은 식물체내에서 잘 이동되지 않으나 작물의 생장과 뿌리 발달을 저해하고 잎을 위축시키기도 한다. 니켈은 농도가 1.0mg/L일 때 엽맥 사이에 황화가 일어나고, 1.5mg/L일 때는 청고증상이, 3.0mg일 때는 뿌리의 생육저해가 나타난다. 코발트는 3.0mg/L농도에서 뿌리의 생육저해, 청고증상, 엽맥간 황화가 일어난다. 비소의 피해는 새잎의 시듦증상, 뿌리와 지상부의 생육지연증상으로 나타난다. 망간은 65mg/L 농도에서 잎이 갈색으로 변하고 100mg/L에서는 정상이 아닌 기형의 이삭알갱이가 생겨 쌀의 상품성이 떨어지게 된다(표 3-13).

이처럼 오염관개수에 의한 농작물피해는 수량뿐만 아니라 품질에도 영향을 끼치므로 관개수의 적절한 관리가 필요하다.

[표 3-13] 수도의 주된 피해증상과 중금속농도의 한계

중금속	농도(mg/L)	피해증상
Cu	0.1	뿌리의 생육저해
	0.6	청고 증상
	1.0	엽맥간 황화
Ni	1.5	청고 증상
	3.0	뿌리의 생육저해
Co	3.0	뿌리의 생육저해, 청고 증상, 엽맥간 황화
Zn	32	뿌리의 생육저해, 청고 증상
	58	엽맥간 황화
Mn	65	엽의 일부분의 갈변
	100	기형영화

(2) 농업용수 수질이 토양생산성에 미치는 영향

농경지에 유입되는 관개수는 오염물질과 오염 정도에 따라 토양에서 재배되는 작물의 생산성에 다양한 영향을 끼치는 것으로 알려져 있다. 2006년을 기준으로 우리나라 농업용수 수질은 수질환경기준 4등급을 초과한 비율은 호소수는 약 16%가 COD 기준인 8 mg/L을 초과하였으며, 지하수는 약 7%가 NO_3-N 기준인 20mg/L을 초과한 것으로 조사되었다.

1) 영양물질 오염관개수의 영향

관개수 중에는 질소, 인, 칼리, 칼슘 등 많은 영양소들이 포함되어 있다. 이러한 영양물질로 오염된 관개수는 주로 생활하수나 농촌의 축산폐수 또는 작물재배현장의 영농활동에 의하여 발생된다. 그런데 토양의 작물생산성으로 볼 때, 영양물질이 농업용수의 수질 오염허용기준 이하로 적게 함유된 물을 관개할 경우는 농경지의 양분보충효과가 있어서 지력, 즉 토양생산성을 개선시켜 주기도 한다. 그러나 관개수가 영양물질로 심하게 오염되었을 때는 오히려 토양 양분의 불균형을 초래하여 지력을 떨어뜨리고 작물생산량의 감소와 함께 질소 등의 지나친 흡수로 인한 농산물의 품질에 피해를 끼치는 경우가 많다. 따라서 영양물질로 오염된 관개수가 토양생산성에 미치는 영향은 수질이 허용한계 이하로 오염된 경우와 허용한계 이상 대책 수준까지 오염된 경우로 구분하여 검토할 필요가 있다.

① 허용한계오염 관계수

관개수 중의 총질소와 총인의 허용한계농도는 환경정책기본법에서 제시한 호수 물을 대상으로 볼 경우 각각 1.0mg/L 및 0.1mg/L이다. 그리고 농촌진흥청(2000)에서 분석한 벼의 안전재배를 위한 허용한계는 총질소 4mg/L 이하, 총인은 0.5mg/L 이하인 것으로 알려져 있다. 이렇게 허용한계 이하로 오염된 영양물질은 관개수와 함께 농경지에 유입된 뒤 토양 표면 또는 토양속에 남아서 재배작물의 영양소로 직접 이용되는 편이다. 농사를 짓지 않는 기간에는 영양물질이 토양생물의 먹이로 이용되면서 생물의 왕성한 활동을 도와 뿌리발달이 잘 되도록 토양을 떼알구조로 발달시키고 토양속에 저장된 작물양분의 이용률을 향상시켜 최종적으로 작물생장에 도움을 주기도 한다. 사실, 이렇게 허용한계 이하의 영양물질로 오염된 관개수는 자연상태에서 토양미생물, 식물, 토양동물에 의하여 분해되거나 이용되므로 적어도 식물뿌리 깊이까지의 토양환경에서 자연정화가 가능하다. 그러나 영양물질이 약간 오염된 물이라도 물빠짐이 좋은 모래논에 오랫동안 관개하면 질산태질소와 같은 음이온은 토양에 흡착되기 어려우므로 쉽게 땅속으로 빠져나가 지하수를 오염시킬 수도 있다. 이렇게 오염된 지하수는 시설원예작물 재배농가의 지하관정을 통하여 하우스토양으로 유입되면 작물에 질소과다피해를 입히기도 한다.

② 대책수준오염 관개수

관개수 중의 영양물질 함량이 오염허용한계를 벗어나 대책이 필요할 만큼 오염되는 경우는 주로 인구과밀지역의 생활하수 또는 대단위 축사에서 나오는 가축분뇨에 의하여 발생된다. 이러한 오염된 관개수가 농경지에 집중적으로 유입되면 먼저 당해년도 토양의 생산성에 악영향을 준다. 그리고 오염된 관개수가 상시적으로 농경지에 유입되면 일부 오염원은 땅 속으로 들어가 지하수에 섞이게 되고 이로 인하여 지하수가 오염되면 이 지하수를 관개수로 사용하는 주변지역에서는 농산물의 안전생산에 큰 어려움을 겪게 된다.

질소오염 측면에서 보면, 총 질소가 물 1L당 4~8mg 수준으로 오염된 관개수를 사용하는 논에서는 벼가 과도하게 분얼하지 않도록 비료를 적게 주어야 하며, 8mg 이상 오염된 관개수를 사용할 때에는 벼의 도복방지 및 병해충의 방제를 위하여 세심한 주의를 기울여야 한다. 이들 오염원이 관개수와 함께 비옥한 논토양으로 흘러 들어가면 유기태 질소원이나 암모니아태(NH_4-N)의 무기질소는 논물에 남아 있기도 하지만 대부분이 전하특성 때문에 논바닥으로 이동하여 토양입자에 흡착된다. 이에 따라 토양내 질소함량이 증가되면 벼는 양분불균형에 의한 생리장해를 받으면서 품질이 저하된다. 대표적인 예로써 질소 과잉에 의하여 식물체 단백질함량이 높아지면 밥맛이 떨어지는 현상을 볼 수 있다. 이 때문에 밥맛 좋은 쌀을 생산하는 방법으로 질소비료를 적게 줄 것을 권장하는 것이다. 그러나 사질토양처럼 물빠짐이 좋은 땅에서는 양분이 토양속으로 쉽게 침투됨으로써 작물에 적게 이용되기 때문에 같은 양의 비료를 주더라도 그 피해는 물빠짐이 나쁜 점질토양보다 덜하다. 그리고 알칼리 반응을 나타내는 일부 하우스토양에서는 질소성분이 암모니아태로 0.2mM 농도만 있어도 암모니아가스가 발생하여 종자나 어린뿌리에 닿게 되면 종자발아와 뿌리발달을 저해한다고 알려져 있다. 일반적으로, 밭토양에 유입된 암모니아태질소는 토양미생물인 질산화성균의 작용으로 질산화과정을 거쳐 질산태(NO_3-N)로 바뀐 뒤

토양속의 물에 녹아 있으면서 식물에 흡수된다. 그리고 양분이 많이 집적되어 있는 2~3년 된 시설하우스토양에서는 관개수와 함께 유입된 질소가 토양 양분과 반응하여 염을 형성할 수 있으며, 이로 인하여 작물이 피해를 입는 경우가 생긴다. 작물이 질산을 지나치게 많이 흡수하면 식물체내에 수산(蓚酸)이라는 유기산이 생성되는데, 만약 체내에 칼슘이 충분히 흡수되어 있지 않으면 작물의 생장점을 위축시켜 토마토의 배꼽썩음병, 배추의 속썩음병, 양파의 외피부패증 등을 일으킨다. 또한 토양에 암모니아태질소나 칼리가 많아지면 작물의 칼슘흡수를 억제시켜 작물생장에 해를 준다.

인산 역시 오염된 관개수를 따라서 농경지 특히 하우스밭토양에 유입되면 토양내 인산함량을 한층 더 높여서 칼슘 등과 같은 타 양이온과의 화학반응에 의한 염류의 생성 및 집적 원인으로 작용하게 된다. 벼를 재배하는 논토양에서는 초기에 조류발생에 따른 피해를 보이기도 하지만 근본적으로 논물에 의하여 희석되어서 토양내 산화층에 있는 철, 알루미늄 등과 결합하여 불용화되므로 염류생성에 의한 피해는 우려할 만한 수준이 못된다. 반면에 인산이 축적된 밭에 인산함량이 높은 관개수를 관개하면 토양인산의 증가를 부채질하여 작물에 생리장해를 일으킨다. 예를 들면 작물이 칼슘과 같은 양분을 제대로 흡수하지 못하게 되며 미량원소인 철, 아연의 결핍증상을 보이기도 한다. 또한 시금치와 쑥갓은 꽃대가 발생하여 품질이 떨어지고, 수확된 양파의 저장성이 떨어지며, 마늘은 저장 중에 발아력이 떨어져 종구로 사용할 수 없게 된다. 그리고 음식물찌꺼기, 생분(生糞) 등의 아직 부숙되지 않은 유기물이 배수가 불량한 농경지에 유입되면 토양미생물에 의한 급격한 분해작용이 일어난다. 이때 유기물의 탄질률(C/N율)이 20 이상이면 미생물은 토양질소를 양분으로 이용하게 되므로 작물에 양분결핍이 생긴다. 논에서는 또 유기물 분해미생물이 논물에 녹아 있는 산소를 빠른 속도로 이용하므로 벼가 산소결핍에 의한 환원장해를 입을 수도 있다. 밭에서는 영양물질이 과도하게 오염된 물을 관개하면 토양에 유입된 영양물질의 양이 갑자기 증가되어 작물영양소 상호간에 불균형을 일으키면서 농작물에 피해를 끼친다.

관개수에 포함된 여러 가지 영양물질은 영양분을 과다하게 포함하고 있는 토양에 유입되면 염류집적의 원인으로 작용하여 토양의 생산성을 떨어뜨린다. 특히, 하우스토양에서는 각종 양분함량이 흙알갱이가 흡착할 수 있는 한계량(양이온 치환용량)을 초과하게 되면 칼리, 칼슘, 마그네슘, 암모니아 등의 염기는 질산, 인산, 황산, 염산 등의 산과 화학적으로 결합하여 염을 만들어서 토양입자 사이의 물속에 남게 된다. 만약 토양에 물을 많이 대주면 물의 이동에 따라서 토양속 깊은 곳으로 내려가 작물에 피해를 덜 주지만 하우스 내부가 건조해지면 땅속의 염이 지표쪽으로 다시 올라오면서 작물의 뿌리환경을 악화시켜 생육에 피해를 준다. 하우스토양에서 염류장해는 모래땅일수록 빨리 나타나 쉽게 제거되지만 점질토양에서는 늦게 나타나 장해가 오래가는 특성이 있다.

2) 중금속오염 관개수

자연상태에서 토양의 중금속함량은 그 토양이 유래된 암석의 종류에 따라 다르다. 즉, 토양의 모재(母材)인 암석이 어떤 종류의 중금속을 얼마나 많이 포함하고 있느냐에 따라서 그 암석에서 유래된 토양의 중금속 종류와 함량이 결정된다. 이렇게 토양에 자연적으로 존재하는 중금속의 양을 자연함량이라 하며 이 자연함량을 기준으로 토양의 중금속오염 정도를 비교한다. 그리고 중금속이 자연함량 수준으로 존재하더라도 그 중금속의 독성에 따라서 나라마다 별도의 관리기준을 적용하고 있는 실정이다. 참고로 우리나라 농경지의 중금속함량은 일본에 비하여 낮은 수준인 것으로 알려져 있다. 또한 낙동강 물이나 이 물을 관개한 논토양에서의 중금속함량은 우리나라의 중금속 자연함량보다 낮은 것으로 알려져 있다. 그리고 우리나라 농경지의 중금속오염관리는 「토양환경보전법」 제14조 및 제16조와 「농지법」 제20조에 근거하여 추진되고 있다.

중금속 가운데는 철, 망간, 아연, 구리 등과 같이 식물생육에 꼭 필요한 미량원소로 작용하는 것도 있지만, 카드뮴이나 크롬 등은 작물의 생육과 품질, 그리고 인축에까지 해를 끼치는 유해중금속으로 알려져 있다. 물론 필수원소인 구리, 아연 등도 다량으로 식물에 흡수되면 이 같은 영향을 끼치게 된다. 카드뮴은 관개수를 따라 잘 이동되고 식물체에도 쉽게 흡수되는데, 농경지에서는 식물의 뿌리발달과 질소, 칼슘, 마그네슘, 철, 망간, 아연 등의 영양분 흡수를 저해한다. 납은 농경지에 유입되면 철이나 망간의 산화물 또는 점토와 결합하여 잘 이동되지 않기 때문에 토양의 표면에 머무는데, 식물에 흡수되면 열매나 뿌리보다 잎에 많이 저장된다.

그러므로 납이 오염된 토양에서는 잎을 식용으로 이용하는 엽채식물보다 열매를 수확하는 벼, 보리, 콩 등의 곡물류를 재배하는 것이 좋다. 물론 가급적이면 비식용작물을 재배하는 것이 납뿐만 아니라 각종 유해중금속의 피해를 막는 데 가장 안전하다. 구리는 식물의 필수 미량원소이지만 토양에 다량 존재하게 되면 철, 아연, 몰리브덴의 식물흡수를 방해한다. 아연은 미량으로 식물생육에 필요한 원소이지만 오염지에서는 식물을 죽게까지 한다. 토양 중의 크롬은 대부분 용해도가 낮은 3가형태로 존재하지만 산화과정을 거쳐 용해도가 높은 6가형태로 전환되면 식물의 흡수가 용이해지고 과다하게 흡수되면 피해를 준다. 크롬은 뿌리에서 식물체 지상부로 이동되는 양이 적어 열매에는 거의 존재하지 않으나 체내 탄소, 질소, 인, 철, 몰리브덴의 대사작용을 저해하는 것으로 알려져 있다. 그러므로 중금속의 농경지 축적은 작물의 생장을 저해하여 수량을 감소시키며 농산물의 중금속오염에 따른 상품성 감소현상이 일어나므로 중금속 오염관개수에 대한 많은 관심과 주의가 필요하다.

3.2.4 농업용수오염의 대책 및 관리방안

(1) 하천의 수질변화

강과 하천은 지표수가 모여 높은 곳에서 낮은 곳으로 흐르는 자연의 물길이다. 강과 하천은 상수원수, 생활용수 및 농업용수로 이용되므로 이를 중심으로 도시가 건설되어 이에 따른 오염물질의 유입이 불가피해졌다. 우리나라는 국토면적에 비해 크고 작은 하천이 많이 분포되어 있으며, 대부분의 하천은 외국의 하천에 비하여 유역면적이 작고 유로연장이 짧아 우리나라 하천은 수자원의 개발 및 관리의 측면에서 매우 불리한 유역특성을 가지고 있다. 우리나라의 하천을 통한 용수공급은 연간 약 161억 m^3에 이르며 용수의 공급 및 운반통로로서 중요한 역할을 하고 있다. 남한지역에만 약 3,900여 개소 이상의 하천이 있으며 하천의 총 연장길이는 약 30,200 km에 이른다.

1) 하천의 자정작용

하천이나 강물에 생활하수나 공장폐수 등이 유입되면 하천을 따라 흘러가는 거리나 시간의 경과에 따라 점차 깨끗해지면서 원래의 수질에 가깝게 정화되기도 한다. 이러한 현상을 자연정화 또는 자정작용(self purification)이라고 하며 하천 자체가 가지고 있는 환경용량을 자정능력이라고 한다. 자정작용은 물리·화학·생물학적 작용의 밀접한 상호작용에 의하여 이루어지며 하천의 지리적 특성과 기후 등에 의해서도 크게 영향을 받는다. 물리적 작용은 침전, 희석, 확산, 흡착 등에 의해 물 속의 오염물질농도가 감소되며 폭기에 의해 용존산소가 증가되어 수중 유기물질의 생물학적 분해가 촉진된다.

화학적 작용은 산화, 환원 등에 의해 유기물질이 산화되며, 생물학적 작용은 수중미생물의 활동에 의하여 유기물질이 분해되는 과정으로 수온, 용존산소, pH, 햇빛 등의 외적 요인과 생물종에 따라 달라진다. 물리·화학적 작용에서 수면으로부터의 산소의 용해와 침전물질의 흡착, 퇴적물질로부터의 오염물질의 용출 등이 복합적으로 일어나며, 화학적 작용은 생물학적 작용에 비하여 정화능력이 떨어지는 편이다. 생물학적 작용은 자정작용의 가장 큰 부분을 차지하며 산소가 풍족하면 호기성 생물들은 유기물질을 섭취하여 동화와 호흡작용을 통해 에너지를 생성한다. 하천의 자정작용은 유량, 유속, 경사 등에 따라서도 차이가 있으며 어느 정도의 시간이 필요하다. 일반적으로 웅덩이가 많고 굽이가 큰 강은 재폭기(reaeration)가 잘 되지 않을 뿐만 아니라 유속도 느리므로 자정능력이 낮고, 강의 수심이 낮고 경사가 급하면 재폭기도 잘되고 유속도 빨라 자정능력이 크다.

2) 유기물오염

하천에 유입된 유기물질들이 분해되면 산소가 소비되고 소비된 산소는 대기로부터 재폭기에 의하여 강물에 보충된다. 강의 유량, 강하류로의 통과시간, 수온 및 재폭기는 수중 유기오염물질의 자정작용을 지배하는 4대 요소이다. 하천의 어느 지점에 오염물질이 유입되면 하천수의 수질은 상류에서 하류로 흐르면서 유하거리와 시간에 따라 변하게 되는데, Whipple은 그림 3-6과 같이 분해지대(zone of degradation), 활발한 분해지대(zone of active degradation), 회복지대(zone of active decomposition), 그리고 정수지대(zone of clear water) 등의 4지대로 분류하였다.

분해지대는 오염물질이 하천에 유입되는 지역으로서 오염물질의 산화과정에 의해 용존 산소가 급격히 감소하고 여름철에는 DO포화도가 포화용존산소의 45%까지 감소하고, 이산화탄소의 발생량은 증가한다. 수질의 물리, 화학적 질이 저하되고 오염에 약한 고등생물은 오염에 강한 미생물로 교체되어 세균의 개체수가 증가되고, 유기물을 많이 함유한

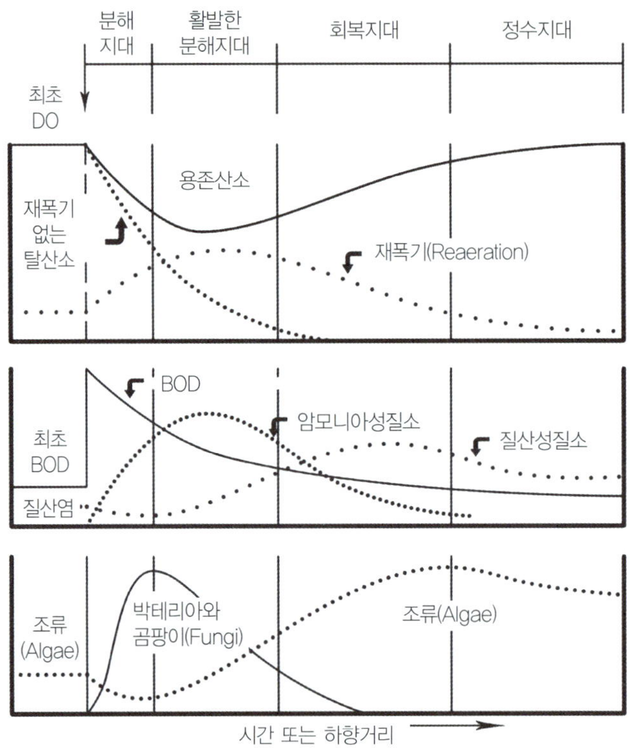

[그림 3-6] 하천수의 자정작용 (Whipple의 4지대)

슬러지의 침전이 많아진다. 분해가 진전됨에 따라 오염에 저항력이 있는 곰팡이류(fungi)의 번식이 증가하여 하상과 수중 녹색식물을 덮는다. 분해지대는 희석이 잘 되는 큰 하천에서 보다는 작은 하천에서 더 뚜렷하게 나타난다.

활발한 분해지대(zone of active degradation)는 심하게 오염된 지역으로 특징지어지며, 물리적으로 회색 또는 흑색으로 나타난다. 용존산소는 최소가 되며 강바닥 부근에서는 용존산소 부족으로 혐기성 분해가 일어나며 불결한 냄새를 야기하기도 한다. 수중에는 CO_2나 암모니아성질소(NH_4-N)의 함량이 증가하고, 호기성 세균이 혐기성 세균으로 교체되고 fungi는 사라진다.

회복지대(zone of active decomposition)에서는 분해지대에서 일어나는 현상과 반대의 현상이 장거리에 걸쳐 일어난다. 재폭기가 탈산소(deoxygenation)에 비하여 활발하므로 용존산소가 점차적으로 증가하며, 수질이 깨끗해지고 기체방울의 발생이 중단된다. 용존산소는 포화될 정도까지 증가하고 암모니아성질소는 아질산성질소(NO_2-N)와 질산성질소

(NO$_3$-N)로 변한다. 세균수는 감소하고 원생동물(protozoa), 윤충류(rotifer), 갑각류(crustacea)가 번식하기 시작하며, 곰팡이도 약간 번식하고, 유기물의 분해로 인해 무기영양원이 풍부하므로 조류(algae)가 많이 성장한다. 큰 수중식물이 다시 나타나고 자갈, 바위 등에 서식하는 이끼벌레 등이 나타나며, 조개류나 벌레의 유충이 번식하며, 생무지, 황어, 은빛담수어 등의 물고기가 서식하기 시작한다.

정수지대(zone of clear water)에서는 다양한 수생 동·식물과 오염에 민감한 물고기들이 나타나고, 수중 용존산소는 원래 수질에 가까울 정도로 증가되고 BOD값은 상당히 줄어든다. 정수지대에서는 질산염 및 수용성 염류 등의 무기화합물이 증가하는데, 이들은 광선, pH, 온도 등의 환경조건이 맞으면 조류의 증식을 촉진시킨다. Whipple의 4지대 과정에서 대장균과 병원균 등은 다른 미생물에 포식되어 개체수는 감소하지만 일부는 잔류하므로 한번 오염된 물은 적당한 방법으로 상수처리후에 음용수로 사용할 수 있다.

(2) 호소의 수질변화

호소는 지질학적 의미로 흐르는 물이 자연적으로 담겨져 있는 곳과 댐과 보 등과 같이 인공적으로 가둬진 곳을 말한다. 호소수는 하천수에 비하여 정체되어 있으며 태양광선을 받아 생물작용이 활발하다. 또 호소는 대부분 폐쇄성 또는 준폐쇄성 수역공간이라는 특성 때문에 하천보다 자정능력이 떨어지며 영양염류의 축적이 쉬워 일단 오염되면 부영양화 현상 등 2차 오염이 유발되는 특성을 가지고 있다.

통상적으로 물이 저수지 내에 오래 머무르면 자정작용이 일어나서 수질이 좋아질 거라고 생각하기 쉬우나 "고인물이 썩는다"는 말처럼 실상 그렇지도 않다. 오염물질이 계속 호수로 유입되어 호수의 자정능력을 초과할 때 호수의 수질은 점차로 악화되며, 이 현상은 성층현상에 의하여 더욱 가속화된다. 비록 장기간에 걸친 저수 결과 오염물로서 유입된 유기물은 다소 분해 제거된다고 하더라도 수중미생물의 번식에 영양소가 될 무기물은 축적될 수도 있기 때문이다. 그 결과 인체에 질병을 일으키거나 물의 맛과 냄새에 영향을 주는 각종 조류가 번식하게 되며, 이들 조류가 죽게 되면 호수의 밑바닥에 침전되어 다른 미생물에 의하여 분해되고, 분해 결과 생기는 물질은 다시 다른 조류의 번식을 초래할 수 있는 영양소가 된다. 이러한 순환을 거듭하게 되면 호수의 수질은 점점 악화되어 나중에는 쓸모없는 늪으로 변하게 된다.

1) 호수의 성층현상

호수나 저수지도 하천의 경우와 같
이 자정작용이 일어나지만, 호소에서
는 일정한 방향을 가진 물의 흐름이
없기 때문에 하천에서와 같이 4단계
의 지대는 구분되지 않으나 호수 내에
서는 수심에 따른 온도의 차이 때문에
물의 밀도가 변하게 되어 수직방향으

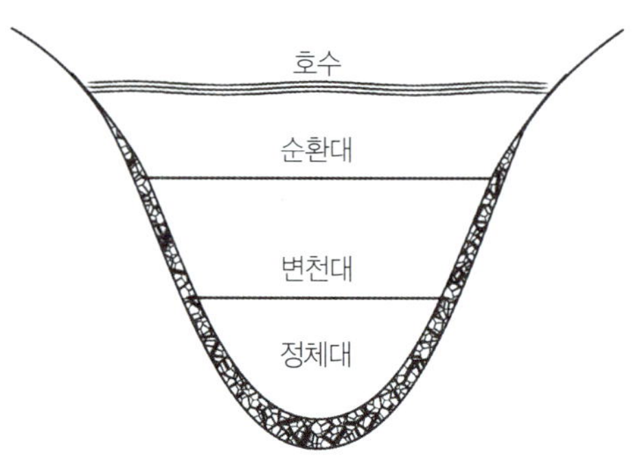

[그림 3-7] 호수의 성층현상

로 물의 운동이 생길 수 있으며, 이에 따라서 자정작용이 일어난다.

호수나 저수지의 물은 수심에 따라 그림 3-7과 같이 순환대(epilimnion), 변천대
(thermocline) 및 정체대(hypolimnion)의 세 개의 층으로 분리되는데 이러한 현상을 성층
현상(stratification)이라고 한다. 봄과 가을철 호수의 수직운동은 대기 중의 바람의 영향을
받아 더욱 가속되며 이 수직운동을 전도(turnover)라고 한다.

호소의 성층화는 수심에 따른 온도변화로 발생된 밀도차에 의하여 일어난다. 이러한 현
상은 물의 수직운동이 일어나지 않는 겨울과 여름철에 뚜렷이 나타나며, 봄과 가을에는
호수물의 수직혼합이 활발하게 진행되어 뚜렷한 밀도층의 구분이 없어지게 된다. 그림

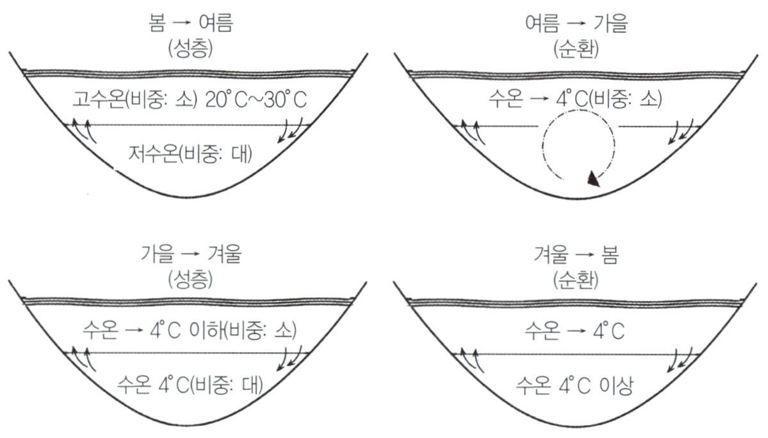

[그림 3-8] 수온변화에 따른 호소의 순환

3-8과 같이 겨울에 수면이 얼게 되면 호수표면과 기온은 영하가 되며 얼음 밑의 물은 0℃에 근접한다. 물은 수온 4℃에서 가장 큰 밀도를 가지므로 하층부의 물은 4℃에서 최대 밀도를 가져 비교적 안정한 상태를 유지하므로 수직적인 혼합이 없게 된다. 그러나 봄이 되어 표면의 수온이 상승하여 4℃가 되면 최대 밀도가 되므로 표면의 물은 하부로 이동하게 되고 그 대신 하부에 있던 물이 상부로 이동하게 된다. 봄에서 여름이 되면 표면의 물은 4℃ 이상이 되어 가벼운 물이 밀도가 큰 물 위에 놓이게 되며 수심에 따른 온도차가 커지게 되므로 수직운동은 상층부에서만 일어나게 된다. 이와 같이 호수가 성층화되면 수심에 따라 온도와 용존산소 농도 차이가 크게 나며 겨울과 여름에는 물의 수직운동이 억제되어 상층수는 호기성 미생물에 의한 정화작용을 일으키지만 하층수는 혐기성 상태로서 침전물이 부패하여 악취의 원인이 된다.

2) 부영양화

부영양화(eutrophication)는 호소 수중의 영양염류나 유기물 등의 영양 수준이 높아지는 현상으로 생활하수나 농업용수 등의 유입으로 인해 물 속에 질소(N)와 인(P) 등의 영양염의 농도가 높게 된다. 이와 같은 영양염류의 함량이 높게 되면 식물플랑크톤과 수중식물이 과도하게 증식되면서 물의 정상적인 사용을 저해하는 수질변화를 초래한다.

호수는 오랜 세월을 거쳐 생성과 소멸의 과정을 거치며, 시간이 경과함에 따라 빈영양호(oligotrophic lake) → 중영양호(mestrophic lake) → 부영양호(eutrophic lake) → 습지(moor) → 초원(glassland) → 산림(forest)의 순으로 천이가 진행된다. 빈영양호는 무기영양분이 결핍된 상태로 수계 내의 생산과 소비가 균형을 이루어 생산성이 극히 낮은 빈영양상태를 유지한다. 산중 호수의 냉수, 모래바닥을 통과한 맑은 물 등이 여기에 속하며 식물생육이 매우 제한적이고 물고기의 생육도 부적합하다. 빈영양호는 시간이 경과함에 따라 영양염류의 농도가 점차로 증가되어 중영양호로 변화되며, 중영양호 상태에서는 일부 수생식물의 생육이 가능하고 물은 약한 녹색을 띠며 물고기의 생육도 어느 정도 가능하다. 부영양호는 영양염류가 풍부한 호수를 말하며 식물성 플랑크톤에 의한 호수의 생산성이 호흡에 의한 소비량보다 많으며, 여기서는 조류(algae)와 뿌리를 가진 수생잡초 등 식물생육이 왕성하다.

호소수 내 영양염류가 충분해지면 식물성 플랑크톤의 광합성작용에 의한 생산량이 호흡량에 의한 소비량을 초과하여 잉여 식물성 플랑크톤의 사체가 축적되는데, 이와 같은 식물성 플랑크톤의 증식을 1차 생산성(primary productivity)이라 한다. 따라서 부영양화는 수중에 영양염류나 유기물이 증가함에 따라 수중생물의 생존량 및 1차 생산력이 증가되어 영양물질이 풍부한 늪으로 진행되는 자연적인 과정이라 할 수 있다.

① 부영양화와 영양염류

부영양화를 유발하는 요인에는 투명도, pH 및 수온 등의 물리적인 요인들과 수중에 충분하게 존재하는 Ca, K, Mg 등의 무기물질들, 그리고 탄소, 질소, 인 등의 영양염류들이 있으며, 이들 중 부영양화의 가장 중요한 원인물질은 생활하수, 농업용수 및 유기성 산업폐수에 많이 포함되어 있는 질산염과 인산염인 것으로 알려져 있다. 이러한 물질들이 제대로 처리되지 않고 하천이나 호수로 방류될 경우 자연상태에서 수백, 수천 년이 걸릴 부영양화과정을 불과 몇 년으로 단축시킬 수 있을 정도로 매우 빠른 속도로 이루어질 수 있다.

부영양화과정은 수중 먹이사슬(food chain)과 직접적인 관련이 있다. CO_2, 무기질소, 정인산(orthophosphate), 미량원소 등을 이용하여 생육 번식된 식물성 플랑크톤은 동물성 플랑크톤(zoo plankton)의 먹이가 된다. 그리고 작은 물고기는 동물성 플랑크톤을, 큰 물고기는 작은 물고기를 먹이로 하는 것이다. 수중 먹이사슬의 생산성은 간혹 자연수중에도 존재하지만 주로 물에 용해된 질소와 인의 함량에 따라 지배된다.

식물의 생산량과 먹이사슬의 정상적인 균형은 식물영양분의 공급 정도에 따라 제한을 받게 된다. 풍부한 영양분은 정상적인 균형을 깨뜨리고 녹색 조류의 급증을 초래하게 되며, 이럴 경우 동물성 플랑크톤은 이들 조류를 먹이로서 쉽게 이용하지 못하므로 물은 혼탁하게 되고 극단적인 경우에는 거품이 일게 된다. 증식된 조류의 부유덩어리는 강가나 호수가에 떠밀려져 분해되면서 악취를 풍기게 되고, 썩은 조류는 강바닥에 가라앉아 용존산소를 고갈시킨다. 또한 강가, 해변가의 얕은 만은 뿌리를 갖고 있는 수생잡초로서 뒤덮혀 있을 수도 있다. 따라서 물고기들은 이러한 좋지 못한 환경에서는 살 수가 없고, 부영양화가 나타나는 수질에는 환경에 내성이 강한 물고기로 대체되게 된다.

② 부영양화 평가방법

호수의 부영양화 정도를 판단하기 위해서는 현재 그 호수의 영양상태를 평가하여야 하는데 현재까지 호수의 영양수준 정도를 평가하는 기준에 대한 많은 논란이 일고 있다. 일반적인 부영양화의 평가방법에는 대상 호수의 수질을 조사하고 자료를 해석하는 방법에 따라 정성적인 방법과 정량적인 방법이 있다. 정량적인 평가방법은 단일항목에 의한 평가방법과 복수항목에 의한 평가방법으로 나뉜다.

정성적인 평가방법은 빈영양호와 부영양호의 영양염류농도, 물의 색깔, 투명도, 식물성 플랑크톤의 농도, 심수층의 용존산소농도 등의 수질특성들을 기초로 하여 다수의 전문가가 부영양화의 발생 여부 및 진행 정도를 종합적으로 평가하는 방법이다.

정량적인 평가방법은 호수의 영양단계의 수질특성을 수치로서 계량화하는 방법이다. 정량적인 방법 중 단일항목에 의한 평가방법은 수질의 물리·화학·생물학적 특성을 잘

[표 3-14] US EPA의 부영양화 평가기준

항 목	빈영양	중영양	부영양
총인 (mg/m³)	〈10	10〜20	〉20
클로로필 a (mg/m³)	〈4	4〜10	〉10
투명도 (m)	〉3.7	2.0〜3.7	〈2.0
심수층의 용존산소 포화율 (%)	〉80	10〜80	〈10

[표 3-15] OECD의 부영양화 평가기준

항 목	극빈영양	빈영양	중영양	부영양	과영양
연평균 총인 (mg/m³)	〈4.0	4〜10	10〜35	35〜100	〉100
연평균 클로로필 a (mg/m³)	〈1.0	1.0〜2.5	2.5〜8	8〜2	5〉25
최대 클로로필 a (mg/m³)	〈2.25	2.25〜8	8〜25	25〜75	〉75
연평균 투명도 (m)	〉12	12〜6	6〜3	3〜1.5	〈1.5
최소 투명도 (m)	〉6	6〜3	3〜1.5	1.5〜0.7	〈0.7

[표 3-16] Vollenweider에 의한 부영양화 평가기준

영양상태	T-N (mg/L)	T-P (mg/L)
극빈영양	〈0.2〈0.005	
빈중영양	0.2〜0.40	0.005〜0.01
중영양	0.30〜0.65	0.01〜0.03
중부영양	0.50〜1.50	0.03〜0.10
부영양	〉1.50〉0.1	

나타내는 수질항목 중 부영양화현상과 밀접한 관련이 있는 대표적인 항목 한 개를 선택하여 그 항목을 중심으로 평가하는 방법이다. 단일항목에 의한 부영양화 평가방법에 많이 사용되고 있는 수질항목에는 질소, 인 등의 영양염류농도, 용존산소농도, 클로로필 a농도, 투명도 등이 있다. 복수항목에 의한 평가방법은 부영양화현상과 밀접한 관계를 갖는 여러 가지 수질항목들을 동시에 조사하여 평가하는 방법이다. 일반적으로 많이 이용되고 있는 평가항목으로는 총질소(T-N), 총인(T-P), 클로로필 a농도, 용존산소(DO), 투명도 등이 있다.

부영양화의 정성적인 평가방법은 부영양화에 수반되어 나타나는 여러 가지 변화와 특성을 모두 고려하고 있기 때문에 이론적으로는 정확한 평가방법이라 할 수 있으나 평가자의 주관성이 개입되기 쉬우며 부영양화의 진행 정도에 대한 정확한 양적 판단이 어려운 단점이 있다. 단일항목에 의한 부영양화 평가방법은 하나의 수질항목만을 측정하여 영양화 단계를 평가하므로 간편하다는 장점은 있으나, 호수가 가지고 있는 고유한 특성을 모두 고려할 수 없다는 단점이 있으며, 평가에 사용된 수질항목에 따라 평가 결과가 다르게 나타날 수 있는 문제점이 있다. 복수항목에 의한 부영양화 평가방법은 수질의 물리·화학·생물학적 특성을 동시에 종합적으로 고려함으로써 수질항목 간에 존재하는 일반적인 상관계를 추정할 수 있을 뿐만 아니라 수질항목 간에 모순되는 자료가 나타나더라도 그 모순의 원인을 분석할 수 있어 보다 정확한 평가를 할 수 있다. 현재 여러 나라에서 적용하고 있는 대표적인 부영양화기준은 표 3-14, 15 및 16에 기술한 바와 같다.

③ 부영양호수의 수질특성

호소가 부영양화되면 일반적으로 표 3-17과 같이 수질의 물리적·화학적·생물학적 특성이 변하게 된다. 질산염 및 인산염 등의 영양염류가 많아 식물성 플랑크톤의 증식이 활발해지고 이를 먹이로 하는 생물개체수가 급격하게 증가한다. 호수의 바닥에는 과도하게 증식된 생물의 사체가 퇴적하게 되며, 이것이 다시 미생물에 의하여 분해되면서 영양염류가 용출됨으로써 식물성 플랑크톤이 재이용하게 되고, 그 결과 호수 내의 영양물질농도와 생산성이 과도하게 증가되는 악순환을 반복하게 된다. 물의 색깔은 녹색이나 갈색으로 착색되고 투명도는 대체로 5m 이하로 감소된다. 영양염류의 농도가 질산염이 0.2mg/L 이상, 인산염이 0.02mg/L 이상으로 높아 1차 생산량이 증가한다. 호수바닥에 침전된 생물의 사체와 현탁물이 분해되면서 바닥에서는 용존산소 결핍현상이 일어나고, 표면에서

[표 3-17] 부영양호수의 수질특성

구 분		수 질 특 성
물리적 성질	물색깔	녹색이나 갈색
	투명도	작음(5 m 미만)
수　　질	pH	중성에서 약알카리성, 여름에 표층이 강알카리성으로 되는 경우 있음
	용존산소(DO)	표수층은 포화 또는 과포화 심수층은 현저히 감소
	현탁물질	플랑크톤 및 그 사체에 의한 현탁물질 많음
	영양염류	다량 존재(N$>$0.2 mg/L, P$>$0.02 mg/L)
생　물　상	생산력	높음, 200 mg C/m²/day 이상
	클로필 a	5-140 mg/m³, 20-140 mg/m²
	식물성 플랑크톤	풍부, 여름에 남조류에 의한 수화 발생
	동물성 플랑크톤	풍부, 윤형동물류 증가
	저서생물	종류수 감소, 산소 부족에 내성이 강한 종류 우점
	어류	붕어, 잉어, 장어 등 온수성 어종 풍부
	연안식물	풍부, 얕은 곳에만 성장
저　　질		유기물 많은 부식 저질

는 광합성작용으로 산소 과포화현상이 일어나기도 한다. 수질의 pH는 일반적으로 중성에서 약알카리성을 나타내지만 여름철에는 표수층에서 조류가 용존상태의 CO_2를 대량으로 소비하므로 pH가 강알카리로 상승하기도 한다. 생물종의 다양성은 줄어들지만 개체수는 증가하며 우점종도 바뀐다. 고급어종이 사라지고 붕어, 잉어, 장어 등의 온수성 어종이 풍부해진다.

　그리고 부영양화된 호수는 조류의 이상증식으로 투명도가 감소할 뿐만 아니라 심수층의 용존산소를 고갈시키는 등의 수질악화를 초래하므로 물이용에 많은 악영향을 초래함으로써 상수원수, 생활용수, 공업용수 및 농림수산업에의 이용, 관광과 레크리에이션 등에 대한 영향 등 다방면에 걸쳐 피해를 끼친다(표 3-18).

④ 부영양화 방지대책

　부영양화를 예방하거나 부영양화된 호수의 수질을 개선하려면 먼저 부영양화현상을 조사하여 주요 원인을 찾아야 한다. 일반적으로 부영양화 방지대책으로서 호수 내의 식물성

[표 3-18] 부영양화에 의한 여러 가지 수질에 대한 영향

수질에 대한 영향	• 조류 대량번식에 의한 수화발생 및 물의 착색
	• 수중 현탁물질량의 증가 및 부식물질 생성
	• 이취미를 방출하는 유기물의 생성
	• 투명도의 저하
	• 대형수생식물의 번성
	• pH의 상승
	• 심수층의 용존산소 농도 저하에 의한 바닥층 환원→메탄가스 발생, 인, 철 및 망간 용출
상수에 대한 영향	• 유기물량 증가로 인한 과다 염소처리로 트리할로메탄(THM)의 생성
	• 킬레이트 물질의 증가로 인한 응집처리의 저해
	• 조류에 의한 완속 및 급속여과지나 스크린의 폐쇄
	• 소독과정에서의 장해
	• 조류의 대량증식에 의한 이취미발생
	• 심수층의 산소고갈로 인한 철, 망간의 용출
	• 조류가 생산하는 독소에 의한 건강상의 장해
농림수산업에 대한 영향	• 조류의 호흡, 분해에 의한 용존산소의 부족 및 유독물질의 방출에 따른 어류의 폐사
	• 부영양화한 호소수나 하천수를 관개용수로 이용할 경우 고농도의 질소에 의해 경작 장해
	• 산소부족으로 인한 토양환원 장해 유발
레크리에이션에 대한 영향	• 물의 착색으로 인한 미관상의 불쾌감 유발
	• 수영, 보트놀이 등 물과 접촉하는 활동에서 불쾌감 유발
	• 이취미가 발생하여 수변의 산책에도 불쾌감 유발

플랑크톤의 증식을 억제하는 데 초점이 모아진다. 부영양화를 방지하는 대책은 영양염류의 호수내 유입을 방지하는 오염부하량 감소대책과 호수의 수표면에 물리·화학 및 생물학적 처리를 하는 호수면 관리대책 그리고 호수의 종합적인 관리와 수질보전을 위하여 각종 규제기준을 세우고 단속하는 정책적인 대책의 세 종류를 들 수 있다.

일반적으로 호수에 부하되는 영양염류는 인간의 생활활동에서 배출되는 생활하수와 산업폐수에 의한 점오염원과 토지이용에 따른 농경지, 임야 등에서 유입되는 비점오염원에 기인하므로 환경수로의 설치 등 원인물질의 호수내 유입을 방지하여야 할 것이다. 호수면 관리대책으로는 호수내 성층현상에 의한 호저의 용존산소 결핍현상을 방지하고, 침전된 유기물이 환원 분해되어 재용출된 영양염류의 재이용을 방지하기 위하여 정기적인 폭기

를 실시하고 호저의 침전물을 제거하는 물리적 대책과, 영양염류가 유입되는 하천이나 호수입구에 조류나 수초 같은 큰 식물을 재배시켜 영양염류를 이용하도록 함으로써 조류증식에 이용되는 것을 방지하는 생물학적 방법을 들 수 있다. 또 호수내 화학약품을 살포하는 방법으로 발생된 조류를 죽이는 algicide나 제초제와 같은 약품을 사용하는 방법과 영양염류를 불활성화 시키는 alum과 같은 화학약품을 살포하는 방법도 있으나 2차적인 독성을 나타낼 수 있으므로 주의해야 한다.

(3) 농업용수 수질관리 및 대책

물은 이용형태에 따라서 생활용수, 농업용수, 공업용수로 나눠지는데, 우리나라는 농업용수의 비율이 약 48%로서 가장 높다. 농업용수는 경사지 또는 평야지에서 농경지가 위치한 들판으로 유입되면 농경지를 몇 단계 거쳐 그대로 인접한 다른 농경지로 유입되기도 하고, 때로는 축산폐수 또는 생활하수와 뒤섞여 인접한 농경지로 흘러들어간다. 또한 오염된 논에서의 물은 쓰레질 또는 논갈이 등의 농작업에 의하여 이웃 경작지로 들어가 벼농사에 피해를 주기도 한다. 오늘날에는 또 1년 내내 사계절 농산물을 생산하기 위하여 시설재배농가가 지하관정을 뚫어서 그 물을 하우스토양에 관개하므로 지하수오염문제도 심각하게 고려하여야 한다.

1) 수질오염 예방관리

① 농업현장관리

관개수의 수질오염이 농업현장에서 일어난다면 농경지의 주변 상황에 따라서 다양한 예방대책이 필요할 것이다.

◉ 경사지대

경사지에서 농사를 지을 경우, 아래쪽 평야지대의 관개수 수질에 영향을 주는 첫째 요인으로 빗물에 의한 토양유실을 들 수 있다. 홍수기에 경사지에서 흘러내리는 흙탕물은 수백 년에 걸쳐 만들어진 부드러운 흙과 함께 농민의 피땀어린 노력으로 조성해 둔 토양 중의 유기물과 각종 영양분을 고스란히 휩쓸어 간다. 이에 따라 경사지대 농경지는 농경지대로 토양이 황폐화되어서 작물생산력을 잃게 되고, 하류지역 농경지에서는 혼탁한 수질로 인한 병원균의 작물감염, 떠내려 온 흙알갱이의 침적에 의한 토양구조의 파괴, 영양물질 유입에 의한 작물의 영양장해 등이 일어나 작물재배가 어려워지기도 한다. 우리나라 밭은 호남 일부를 제외한 62%인 54만 ha가 경사 4도 이상의 비탈진 곳에 자리잡고 있으며 매년 ha당 48톤 가량의 흙이 빗물에 씻겨 하천이나 바다로 사라지는 것으로 분석된다. 그리고 밭토양의 경우 흙탕물에 섞여서 하천으로 유실되는 양분은 인산의 경우만 하더라도 연간 ha당 5.6kg 이상으로 영남지역에서만도 885톤을 초과하는 수준인 것으로 알려져 있다. 이러한 수치는 경사가 급한 지역일수록 높게 나타나고 그만큼 유기물, 인산, 칼리 등 각종 양분유실량이 많아져서 결국에는 농업용수로 이용되는 하천수의 수질을 오염시키는 원인이 된다. 그러므로 경사지밭에서는 갈이흙이 물에 쉽게 떠내려가지 않도록 잘 관리하여야 함은 너무나 당연하다.

이러한 측면에서 경사지토양의 유실을 방지할 수 있는 대책으로 토양피복작물 재배, 작물의 등고선 재배, 빗물의 타격에 잘 견딜 수 있는 토양의 떼알구조관리, 토양유실 차단시설물 설치 등이 있다. 구체적으로 우선 작물을 재배하지 않는 시기에는 헤어리벳치나 크로바 등의 토양피복용 녹비작물을 심어서 지력을 높임과 동시에 토양유실을 억제시킨다. 작물재배용 이랑은 경사방향과 직각의 등고선 방향으로 만들어서 빗물의 유출방향을 최대한 가로막아 주며, 작물은 가능한 비를 많이 가릴 수 있도록 목초나 고구마, 콩과 같이 잎이 많고 키가 작은 작물로 선별하여 재배하는 요령이 필요하다. 또한 평소 토양에 유기물을 많이 넣어서 토양구조를 떼알구조로 만든다. 그러면 빗물이 땅 속으로 잘 스며들고 흙알갱이가 쉽게 부스러지지 않아 적은 양의 빗물에 의한 토양유실을 어느 정도 줄일 수 있다. 더불어 비닐로 이랑을 덮어주면 비가 많이 와도 빗물이 이랑의 흙과 맞닿지 않으므로 토양피복효과만으로도 토양유실을 30% 정도 줄일 수 있어 앞의 방법과 병용한다면 토양유실을 보다 최소화할 수 있다. 그래도 밭토양이 유실될 경우에 대비하여 경사방향을 따라서 중간 중간에 풀이 무성하게 자랄 수 있는 초생대를 만들고 높은 밭둑을 쌓으면 토양유실을 획기적으로 줄일 수 있어 하류지역의 관개수 수질오염 예방에 큰 도움이 될 것이다. 밭토양의 경사도별로 보면 경사도가 5도 이하일 때는 작물을 등고선 재배하고 5~10도에서는 배수로 설치 및 초생대 재배, 15도 이상일 때는 계단식으로 재배하는 것이 토양유실을 막는 데 유리하다.

　그리고 다랑논이 밀집된 지역에서는 아래쪽에 저수지 또는 침전조를 설치하여 물에 떠내려 온 흙 등을 가라앉히고 상층부의 맑은 물은 관개수로 이용하는 방법도 수질오염의 예방책이 될 수 있다.

◉ 평야지대

평야지에서 농업용수의 오염은 농경지 유출수에 의한 지상의 물오염과 토양침투수에 의한 지하수오염으로 구분된다. 농경지 유출수에 의한 수질오염은 홍수기에 토양입자의 유실에 의한 양분의 동반유실에 의하여 이루어진다. 이때 수질오염을 최소화하기 위하여 외부로부터 농경지로 물유입을 최대한 줄일 수 있도록 별도의 물길을 만들어 준다. 그리고 비료를 줄 때는 토양의 양분함량상태를 고려해서 비료 양을 정하고, 가급적 4~5일 후까지 비가 오지 않는 날을 택해서 시비해야 할 것이다. 특히 밭에 유기물을 시용할 때에는 토양비옥도와 재배기간에 따라서 적당한 양을 넣어 주는 것이 바람직하다. 또한 논에서는 벼이앙 전에 물로타리 할 때 질소와 인산 등의 양분을 보유하고 있는 흙탕물이 물꼬나 논둑을 넘쳐나가지 않도록 하여야 하며, 벼재배 중에도 비가 많이 올 것으로 예상되면 미리 하천수가 오염되지 않도록 맑은 논물을 배출시켜서 빗물에 의한 논의 범람을 최대한 막아야 한다. 그래야만 논에서 각종 양분이 포함된 흙탕물의 유출을 최대한 줄일 수 있다.

　농경지의 침출수에 의한 영양물질의 지하이동은 농업현장에서 지하수오염의 중요한 인자로 작용한다. 노기안 등(1999)의 연구에 의하면, 양질사토의 논에서 벼를 화학비료로 재배하였을 때 300평당 질소의 지하 침투량은 4.82kg이었다. 그러나 볏짚퇴비 100kg과 함께 퇴비만으로 벼생육에 부족한 양만큼의 질소를 비료로 보충시비한 논에서는 지하로 침투된 질소량이 2.66kg으로써 화학비료로 농사지었을 때보다 지하수의 질소오염도를 45% 줄일 수 있었다. 이처럼 물빠짐이 비교적 잘 되는 논에서는 화학비료와 퇴비를 함께 시용하는 것도 지하수질을 보전하는 좋은 방법으로 여겨진다. 또한 비료성분이 천천히 녹아 나오는 완효성비료를 사용하는 것도 지하수질의 보전과 양분유출의 억제뿐만 아니라 비료의 작물이용률 향상에 좋은 것으로 확인되었다. 하우스밭농사에서는 토양 중에 작물양분이 이미 충분함에도 불구하고 작기마다 많은 양의 퇴비와 비료를 투입하는 경향이 있는데, 작물재배과정에 이랑과 골에 들어가는 오염된 관개수는 이러한 토양내 질산태질소 등의 양분을 땅속 깊이 운반하게 된다. 이 때문에 지하수는 영양염류로 인하여 오염된다. 이러한 지역에서는 갈수기에 지하수를 관개수로 활용할 경우 오염된 물을 사용하게 되므로 이에 따른 작물피해를 감수하여야 한다. 설령 오염된 관개수와 함께 들어온 영양물질이 토양특성상 지하수로 빠져 나가지 않고 토양 깊은 곳에 머물러 있다 하더라도 하우스 내부의 온도가 올라가서 표토가 건조해지면 땅 속으로 내려간 영양물질은 염류의 형태로 다시 표토 쪽으로 올라와 작물에 피해를 주게 된다. 이러한 염류오염 피해를 줄이려면 작물양분이 토양에 적당량 존재하도록 하는 양분의 적정 관리가 전제되어야 할 것이다.

② 축산현장관리

축산시설에서 발생되는 관개수오염원은 분뇨이다. 축산분뇨는 화학비료의 사용이 일반화되기 이전까지 대부분의 농촌에서 작물의 영양원 또는 토양개량제로 이용되었다. 그러나 축산분뇨에 대하여 오염원으로 관심을 갖게 된 것은 축산이 기업화되면서 많은 분뇨가 한꺼번에 발생하게 되자 주변의 자연생태계가 이를 모두 정화 또는 이용하지 못한 채 땅 속 지하수로 스며들거나 하천으로 유입되어 하천수의 부영양화, 병해충의 발생, 상수원오염 등 환경생태계에 나쁜 영향을 끼치면서부터이다. 이에 따라 환경부에서는 「오수, 분뇨, 축산폐수처리에 관한 법률」로 축사면적을 기준으로 간이정화조를 설치하게 하는 등 축산폐수에 대하여 다각적인 규제를 하고 있다. 그러나 이 역시 정화단계를 거치더라도 하천에서 산소를 소모시키는 유기물만 분해되어 제거될 뿐 영양물질의 농도는 여전히 높기 때문에 방류하게 되면 하천수의 오염원으로 작용할 수밖에 없다. 기존의 연구조사에 의하면 1998년도에 농촌지역의 축산폐수가 관개수의 주요 수질오염원으로 작용한 비율은 약 22%였다. 이 섬을 고려하여 1999년부터는 축사에서 발생되는 가축분뇨를 정화처리하기보다 비료로 자원화할 수 있는 처리시설을 장려하고 있다. 즉, 가축분뇨를 퇴비 또는 저장액비로 자원화하는 것이다.

가축분뇨의 비료자원화 원리는 미생물을 이용하여 생분뇨(生糞尿)를 부숙시켜 냄새를 없애고, 영양물질을 토양에 흡착되거나 작물에 이용될 수 있는 형태로 만듦으로써 환원장해 등의 피해가 없도록 하는 것이다. 비료로 자원화된 가축분뇨가 농경지에 들어가게 되면 농작물의 영양분의 공급, 토양의 물리·화학성 개량 및 토양생물상의 개선 등의 효과를 나타내는 것으로 알려져 있다. 1999년 기준으로 국내에서 생산되는 가축분뇨의 비료

활용가치를 작물별 표준시비량 대체율로 나타낼 경우 질소 63%, 인산 104%, 칼리는 95% 수준으로서 전체 화학비료 소비량의 82%에 달하는 것으로 분석된 바 있다. 그러므로 관개수의 수질오염 예방관리차원에서 축산분뇨의 퇴비 또는 액비자원화는 농업환경오염을 감소시키고 화학비료 사용량을 줄이는 데도 매우 바람직한 것으로 추천된다.

③ 중금속오염원의 관리

농촌지역에서 발생되는 중금속의 오염원은 농업자재, 휴·폐광 유출수, 대기오염물질, 생활하수 등이다. 농자재에 의한 오염은 비료의 경우, 유기성 산업폐기물을 원료로 한 불량유기질 비료에서 크롬과 납이 미량으로 검출되기도 한다. 기타 화학비료에 대해서는 비료공정규격으로 중금속함량을 엄격하게 설정하여 규제하고 있는 상황이다. 물론 농약도 과수원에 사용하는 황산구리와 같이 중금속이 들어 있는 경우가 있지만 중금속을 주성분으로 포함하지 않는 농약에 대해서는 엄격한 품질관리를 통하여 중금속피해를 차단하고 있다. 그러므로 농자재 사용에 따른 관개수의 중금속오염을 막기 위해서는 품질관리가 잘된 비료와 농약을 사용하여야 할 것이다.

휴·폐광에서 흘러나오는 폐수 또한 관개수의 중금속오염원으로 알려져 있는데, 이에 대해서는 지난 1980년대부터 국가차원의 예산을 지속적으로 투자하여 관개수는 물론 주변 농경지의 안전관리에 총력을 기울이고 있다. 폐광산 인근에서 농작물을 재배할 경우, 홍수기에 광구유출수와 광미(광물을 제련하는 과정에 생기는 부산물 찌꺼기: 광물 찌꺼기라 부르기도 함)가 섞여 농경지로 들어가지 못하도록 별도의 수로를 만들고 폐광산과 농경지 사이에는 완충지대를 설치하여 만약의 오염사태를 물리적으로 차단하는 노력이 필요하다.

대기오염물질들은 빗물과 함께 내려와서 관개수와 토양을 오염시킨다. 대기오염은 각종 화학제품의 폐기물을 소각하는 과정에서 많이 발생되고 기타 가스, 기름, 석탄과 같은 화석연료를 사용하는 농공단지나 농기계 엔진 또는 자동차, 농가 난방시설 등의 연소과정에서도 발생된다. 생활하수에 의한 중금속오염은 도시지역에 비하여 낮은 편이지만 생활용품으로 환경오염을 일으킬 수 있는 화학제품의 사용량이 늘면서 이에 따른 중금속오염의 가능성이 그전보다 높은 경향이다. 특히 하수찌꺼기에는 카드뮴과 함께 크롬, 니켈, 납 등의 각종 중금속이 포함되어 있는 것으로 밝혀졌다. 이렇게 볼 때 농촌지역에서도 관개수의 중금속오염을 예방하기 위한 각별한 노력이 필요함을 알 수 있다.

2) 수질오염 사후관리 대책

① 영양물질오염 관개수 대책

영양물질로 오염된 물을 관개수로 사용할 경우, 작물은 여러 가지 생리장해를 겪게 된다. 이 때 작물의 피해를 최소화하려면 작물의 양분을 균형 있게 관리하고 염류피해를 줄일 수 있는 대책을 강구하여야 한다.

◉ 작물양분의 균형시비

오염관개수 유입지에서 작물 양분을 균형 있게 유지하기 위해서는 관개수에 포함된 영양물질의 함량을 살피고, 이 물이 들어갈 농경지에서 재배되는 작물의 양분요구량을 고려하여 시비량을 결정하여야 한다. 특히, 논에서 질소, 인산 등의 영양물질이 풍부한 관개수로 벼를 재배하게 되면, 벼에 비료를 줄 때 토양비옥도에 맞는 표준시비량에서 관개수 중의 양분함량만큼 빼고 준다. 그래야만이 벼의 웃자람을 방지하고 병해충에 대한 저항성을 높이면서 완전미율의 향상과 밥맛 좋은 쌀을 생산할 수 있다.

그리고 음식물 찌꺼기나 가축분뇨 등의 유기성 영양물질이 논에 유입된 경우라면 깨끗한 물을 대어 논물 중의 영양물질농도를 희석시켜 환원장해와 양분과다피해를 줄여 주어야 한다. 특히 물빠짐이 불량하여 농한기에도 논바닥이 잘 마르지 않는 논에서는 가을추수 후에 갈이흙의 깊이를 18cm 정도로 깊이 갈아 논이 마르게 한다. 그래야만 토양 깊은 곳에 있던 유기성 영양물질의 분해가 촉진되어 벼의 환원장해가 없어지고 작토층이 깊어지면서 뿌리가 깊게 뻗어 잘 쓰러지지 않아 작물의 안전재배가 가능하다. 또한 지역적으로 유기성 영양물질이 1년 내내 유입되는 논에서는 벼농사 시작 전에 규산을 작토층의 흙 1kg 당 130mg 이상 되게 넣어서 벼줄기를 빳빳하게 하고 알갱이를 단단하게 하여 병해충에 잘 견디고 비바람에 잘 쓰러지지 않으며 햇빛을 충분히 받아서 벼가 잘 자라고 잘 익게 한다. 하우스밭토양에서는 유입된 관개수 중의 식물병원균 피해를 최소화하고, 유기성 영양물질이 분해되는 과정에는 질소, 인산 등의 양분변동을 관찰하여 작물의 양분관리에 힘써야 한다. 최근에는 오염된 관개용수를 근본적이고 친환경적으로 정화하기 위하여 오염지역에 정화습지를 만들어 수질정화식물을 이용한 수질보전방법이 추천되기도 한다.

◉ 토양염류의 제거

작물의 염류피해를 줄이기 위한 대책으로는 염류를 제거하는 수단이 강구되어야 한다. 일반 논에서는 깨끗한 물을 대어서 염을 씻어내고 염에 잘 견디는 벼품종을 재배하여 토양에 쌓인 염을 뽑아낸다. 바닷물의 영향을 받아 염분이 높은 논에서는 흙알갱이가 매우 작아서 물빠짐이 불량하다. 따라서 환원장해가 발생하기 쉬우므로 주변의 깨끗한 물을 대어서 토양 속의 염분을 씻어내야 한다.

하우스토양에서는 먼저 염류집적을 확인하여 대책을 강구하는 것이 농지의 경제적 이용과 투입된 양분의 활용도를 높일 수 있는 바람직한 방법이다. 작물의 염류장해증상은 잎이 한낮에는 시들고 저녁 무렵에 생기를 찾는 현상, 잎이나 과실의 착색이 나빠 토마토와 같은 과일에서 붉은색과 푸른색의 구분이 뚜렷한 점, 뿌리가 짧고 털이 거의 없는 점 등이다. 토마토에서는 과실의 배꼽썩음병이 발생하고 잎이 작아지며 심할 경우 줄기가 가늘어지고 잎이 말리는 증상을 보인다. 토양의 염류집적 징후는 물을 관개하였을 때 물이 쉽게 스며들지 많고 이랑표면을 따라 흘러내리고, 비가림상태에서 작물을 재배하지 않을 때 토양표면에 질산염 등에서 유래된 흰가루가 생기기도 하고, 또한 푸르거나 붉은 곰팡이가 나타나기도 한다.

하우스토양에서 집적된 염류를 없애는 방법으로는 응급조치로 물을 대어 지하로 씻어내는 방법, 제염작물을 심어서 염류를 지상으로 뽑아올리는 방법, 분해가 덜 된 유기물을 넣어 미생물을 증식시켜서 염농도를 일시적으로 낮추는 방법, 작토층 갈이흙을 제거하거나 객토로 희석하는 방법 등이 있다.

물을 대어서 염을 씻어 내는 방법은 사전에 물이 잘 빠져나갈 수 있도록 배수시설을 한다음, 물을 1회에 10 cm 높이로 2회 이상 흘려대기를 반복한다. 또 다른 방법으로는 물을 대고 벼를 심어서 집적된 염류를 지하로부터 지상으로 뽑아내기도 한다. 이러한 담수방법은 염류와 함께 석회, 고토 등의 일부 무기양분까지도 제거하여 지하수와 하천수를 오염시키게 되므로 친환경적이지 못하지만 당장 작물을 재배하기 위한 응급조치로 사용될 수 있다.

제염작물의 재배는 작물이 토양의 염류를 양분으로 섭취하여 물질생산에 이용하게 하는 것이다. 제염작물로는 염류집적지에서 생육량이 많고 비료가 많이 요구되는 식물이 좋은데, 이는 토양의 염류를 많이 흡수할 수 있기 때문이다. 주로 옥수수가 제염작물로 많이 이용된다.

신선한 유기물의 활용은 유기물이 미생물에 의하여 분해되는 과정에 토양의 염류성분인 질소, 인 등이 미생물의 주요 영양분으로 흡수되면서 염류농도가 줄어드는 방식을 이용하는 것이다. 이때 염류의 제거는 유기물의 탄질률이 높을수록 잘 되기 때문에 콩과식물보다는 볏짚·보리짚을 사용했을 때 더 효과적이다.

작토층의 교환과 희석에 의한 염류제거방법은 갈이흙을 뿌리가 많이 닿지 않는 아래쪽 흙이나 새흙으로 바꾸거나 또는 새흙과 섞어서 염류를 제거 또는 희석하는 방법이다. 만약 새흙으로 객토를 하게 되면 양분함량이 적어서 작물이 잘 자라지 못하므로 일반 경작지에서보다 많은 양의 비료를 주어야 한다. 그리고 기존의 갈이흙 위에 새흙으로 복토를 하게 되면 복토된 부위와 아래쪽 부위 흙의 물리적 성질이 서로 달라 토양수분과 양분의 위아래 방향으로의 이동이 원활하지 못하면서 작물생장에 지장을 준다. 또한 객토된 농지의 표면이 주변 농지보다 높아져서 갈수기에 물을 대고자 할 때 애로를 겪기도 한다. 그러므로 객토를 할 때는 이러한 농업환경에 미치는 영향까지 잘 생각하여야 할 것이다.

② 중금속오염 관개수대책

농촌지역에서 중금속이 오염된 휴·폐광산 폐수, 생활하수 등이 관개용수로 사용된다면, 일단 농작물의 중금속오염을 우려하지 않을 수 없다. 이에 대한 영농대책으로 오염토양의 물리·화학·생물적 복원을 들 수 있다. 물리적 방법으로는 오염된 흙을 깨끗한 흙으로 교체하거나 객토를 통하여 중금속농도를 낮추는 방법과 제올라이트와 같은 중금속 흡착물질을 이용하여 농작물의 중금속흡수를 막는 방법이 있다. 화학적 방법은 석회와 인산, 유기물 등을 시용하여 토양중금속을 작물에 이용되기 어려운 형태로 바꾸어서 작물체내 흡수를 억제시키는 것이다. 일반적으로 농작물의 중금속의 흡수량은 토양 pH가 낮은 조건에서 증가하고 높을 때는 감소한다. 또한 점질토양은 사질토양보다 중금속을 잘 흡착하므로 농작물의 중금속흡수를 억제시키는 데 유리한 것으로 알려져 있다. 따라서 비옥도가 높은 토양에서는 그렇지 않은 토양에 비하여 중금속의 농작물 오염피해가 적게 발생하는 것을 알 수 있다. 그러나 이상의 물리·화학적 방법은 여전히 토양중금속의 총량을 줄일 수 없기 때문에 오염농경지의 응급조치에 불과할 뿐 항구적인 해결책이 되지 못한다.

그리고 생물학적으로 토양 중금속을 줄이는 방법은 비식용 관상수나 화훼작물 등을 재배하는 것으로 양황철은 카드뮴, 팽나무는 구리, 회양목은 비소오염지에서 효과적인 중금속 탈취식물로 알려져 있다. 이 방법은 시간이 오래 걸리기는 하나 보다 적극적이고 친환경적인 해결책으로 제시될 수 있다. 또한 오염된 논에서는 부레옥잠과 같은 중금속 정화식물을 논물에 띄워서 논물 중의 중금속을 식물체에 흡수시켜 제거하는 방법이 강구되기도 한다.

농작물에 대한 중금속의 독성은 토양의 배수조건에 따라서도 영향을 받는 것으로 알려져 있는데, 아연과 구리의 경우 논에서는 pH가 올라가면서 물에 녹아 있는 농도가 감소된다. 반면에 비소는 밭에서는 독성이 약한 비산의 형태로 존재하지만 담수된 논토양에서는 아비산의 형태로 바뀌면서 농작물에 해를 끼친다. 그러므로 농경지의 적절한 이용과 관리는 중금속 오염지에 대한 또 다른 대책기술로서 중요한 의의를 갖는다.

참고문헌

강위금 · 이재생 · 고지연 · 박창영 · 정기열, 「낙동강 물 관개논의 농업환경 특성과 질소, 인산 요구량」, 『한국환경농학회』, 2004, 23(3): 170–177면.

건설교통부, 『수자원장기종합계획보고서』, 2006.

건설교통부 · 한국수자원공사, 『전국하천조사보고서』, 1992.

고지연 · 이재생 · 김민태 · 강항원 · 강위금 · 이동창 · 신용광 · 김건엽 · 이경보,「논토양에서 경운 및 무경운재배시 재배방법별 메탄 배출 양상」, 『한국토양비료학회』, 2004. 35(4): 209–216면.

국무총리실 수질개선기획단, 『2000년도 물관리통계자료집』, 2001.

국회 환경노동위원회 소속 열린우리당 의원 일동, 「현행 물관리체계의 문제점과 개선 방안」, 『2005 정기국회 정책연구보고서』, 2005.

기상청, 『기상연보(1986~1995)』, 1996.

김좌관, 『수질오염개론』, 동화기술(주), 2002.

노기안 · 하호성, 「사질논에서 벼 재배기간 중 시비방법별 양분수지」, 『한국토양비료학회』, 1999, 32(2): 155–163면.

농림부, 「친환경농업 육성 5개년 계획」, 2006.

농업기반공사, 『농촌용수 수요량 조사 종합 보고서』, 1999.

농업기반공사, 『21C 물관리 발전 기본계획 보고서』, 2000.

박정규 외 7인, 『최신수질관리』, 동화기술(주), 2001.

양재의 외, 「농업환경」, 『한국환경농학회』, 2001.

윤용남, 『한나라당 수자원대책특별위원회 주최 토론회 자료집』, 2001.

이상복 · 김종구 · 이경보 · 이덕배 · 김재덕, 「논토양에서 가축분뇨 액비시용이 볏짚 분해에 미치는 영향」, 『한국토양비료학회』, 2004, 37(2): 104-408면.

이홍근 외 7인, 『수질오염관리』, 신광출판사, 2005.

일본 사단법인 수자원협회, 『98 수자원 편람』, 1998.

일본, 『愛知農試』, 1974.

중앙기상대, 『한국강수자료(1961~1975)』제2권, 1985.

중앙기상대, 『한국강수자료(1976~1985)』제3권, 1986.

최동진, 『물관리체계 개편 및 관련법제 개선방안 연구보고서』, 2005.

최선화, 「아시아 몬순기후대에 속하는 국가들의 농업용수 수질기준 소개」, 『농어촌과 환경』, 2003, 79: 67-76면.

최선화, 「농업용수 사용지표 개발현황과 전망」, 『한국환경농학회 2005년 춘계학술 workshop』, 한국환경농학회, 2005, 97-118면.

팽종인 외 2인, 『수질오염개론』, 신광문화사, 2004.

하호성 · 양민석 · 이협 · 이용복 · 손보균 · 강위금, 「남부지방 시설재배지토양의 화학성과 작물의 양분함량」, 『한국토양비료학회』, 1997, 30(3): 272-279면.

하호성 · 양민석 · 이협 · 이용복 · 손보균 · 강위금, 「남부지방 시설재배지토양의 화학성과 작물의 양분함량」, 『한국토양비료학회』, 1997, 30(3): 272-279면.

한국환경농학회, 『2006년 학술논문 발표대회 초록집』, 2006.

한기학 외 9인, 『농업환경화학』, 동화기술(주), 1986.

홍욱희, 『21세기 국가수자원정책』, 동화기술(주), 2002.

환경부, 『환경정책기본법 시행령』

환경부, 『환경백서』, 2004.

환경정의시민연대, 『물위기의 시대 우리나라 수자원정책』, 2000.

Gleidk P. H., *The World WATER 1998-1999*, 1998.

Hammer M. J., *Water and wasterwater technoligy*, John Wiley Sons, 1998.

OECD, Enuiromental Indicators for Agriculture Vol. 3, *Methods and Results*, Paris, France, 2001.

OECD, Enuiromental Indicators for Agriculture Vol. 4, *Background Information*, Paris, France, 2004.

Ag-Environmental Science

Chapter **04**

농업환경과 기상

04 | 농업환경과 기상

농업은 자연환경 속에서 생물의 자기증식작용을 이용하는 생물산업이므로 환경의 지배를 받는다. 특히 기상환경은 토양과 함께 농업생산성을 결정하는 주요 환경요인이다. 인간의 활동에 의한 환경 변화는 전지구적 기상환경에도 영향을 주고, 변화된 기상환경은 농업생산성과 생태계에 많은 영향을 주게 되었다. 그러므로 기상환경에 대한 이해는 농업생산성을 안정화하고 생태계를 유지·보전하는 데 꼭 필요하다. 이 장에서 농업 기상환경에 대한 개념을 이해하고, 기상환경의 변화가 농업환경에 어떻게 영향을 주며, 이에 어떻게 대처해 나가야 할 것인지에 대하여 알아보고자 한다.

4.1 대기의 구조와 조성

4.1.1 대기의 두께와 구조

어린이들은 흔히 "하늘이 얼마나 높아요?"라고 묻는다. 누구도 이 질문에 명쾌한 답을 해 주기 어렵다. 왜냐하면 , 지구의 대기는 외기로 나갈수록 점차 엷어지기 때문이다. 열기구를 탄 사람은 위로 올라갈수록 대기의 밀도가 조금씩 낮아지는 것을 느끼게 되고, 어느 정도 높이에 올라가면 호흡하기 어려워진다. 대기의 밀도가 낮아 호흡에 필요한 산소가 부족해지기 때문이다. 16 km 상공의 대기밀도는 해면에서 대기밀도의 1/10이며, 50 km 상공에서의 대기밀도는 1/100에 불과하다. 수백 km 상공으로 올라가도 비록 희박하지만 기체가 존재하므로 대기라 할 수 있다. 그러나 대기라 정의할 수 있는 기체밀도는 명확하게 정의되어 있지 않으므로, 대기의 상한이 얼마인지에 대해서는 정해진 바가 없다 (Aguado and Burt, 2001).

지표면에서 하늘을 바라보면 대기는 한없이 높아 보인다. 하지만 실제에 있어서 대기는 지구의 크기에 비하면 지구의 겉을 덮고 있는 얇은 층에 불과하다. 대기의 99.99997% 이상이 존재하는 100 km 상공을 대기의 상한이라고 생각해 보자. 지구의 반지름이 6,500 km 이므로 대기는 지구 반지름의 2%에 불과한 얇은 층이다. 더욱이 구름이 올라갈 수 있는 최대 높이는 12 km이므로, 외계에서 지구를 바라보면 지구의 대기는 지구를 덮고 있는 얇은 층으로 보인다.

구름이 올라갈 수 있는 높이까지가 대기의 대류순환이 이루어지고 있는 대류권 (Troposphere)이다. 그 위는 성층권(Stratosphere)과 중간권(Mesosphere), 그리고 열권 (Thermosphere)으로 구분된다.

- **대류권**: 대기의 대류가 일어나는 접지층으로 8~16 km까지의 대기층이며, 기상학의 주된 관심대상이다. 구름이 올라갈 수 있는 최대 높이이다. 지표면 부근의 평균 온도는 15 ℃(288 K)인데, 이로부터 1 km 올라감에 따라서 6.5 ℃씩 낮아져, 11 km 상공에서는 −57 ℃(217 K)에 이르게 된다. tropo−는 "되돌아가다(turn)"의 의미로 그리스어인 tropos에서 왔다. 대류권에서 대기의 수직 혼합과 와류가 일어나면서 순환한다. 대기의 80%가 대류권에 존재한다. 그 경계를 대류권계면 (tropopause)이라 한다.
- **성층권**: 대류권계면 위로부터 약 30 km 부근까지는 기온이 일정하다가, 그 이상에

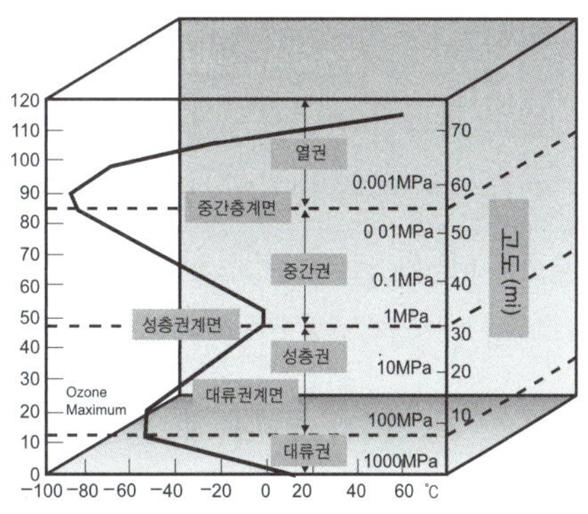

[그림 4-1] 대기의 수직구조

서 다시 높아진다. 50 km 상공의 성층권계면(Strtopause)에서는 지표 부근의 온도와 비슷한 0 ℃ (273 K) 부근을 보인다. 이 층을 성층권이라 한다. 대류권계면 부근에서 온도의 변화가 거의 없고 대기의 수직 흐름도 거의 없다. 이 때문에 항공기가 안정적으로 비행할 수 있어 장거리 항로로 이용된다.

- **중간권**: 50~80 km까지는 다시 기온이 낮아지는 층으로, 중간권계면(Mesopause)에서는 −90 ℃ (180 K)를 보여, 대기층에서 가장 온도가 낮다.
- **열권**: 중간권계면 이상의 고층에서는 온도가 급격하게 상승하여 1,500 ℃를 넘는다. 이곳의 온도는 지표 부근의 기온 개면과는 달리 열역학적 온도이다. 대기의 밀도가 대단히 낮으므로 일정 부피의 대기가 갖는 전체 열량은 매우 적어 뜨겁거나 차다는 의미는 없다.

4.1.2 대기의 성분

지상 80 km까지의 대기층은 수증기를 제외하고 대부분의 기체조성이 일정한 균질층이다. 표 4-1은 균질층의 건조대기의 조성으로, 질소가 78 %, 산소가 21 %이며, 아르곤, 이산화탄소 등이 소량 존재한다. 나머지 기체는 모두 합쳐 0.01 %에 불과한 미량 기체이다. 대기의 조성은 여러 가지 조건에 따라 반응하고 변화한다. 수증기와 이산화탄소, 오존, 그리고 메탄은 대표적인 변동기체이다. 특히 수증기는 대기 중에서 가장 변화가 많다. 이는 액체, 고체 그리고 기체로 상변화하면서, 열수지의 변화를 일으키고 날씨의 변화를 일으킨다.

특히 최근 인간활동으로 인한 대기오염은 대기물질의 국지적 차이뿐 아니라, 전지구적 변화를 보이며, 이에 따른 기후변화도 일어나고 있다. 이산화탄소와 오존은 대표적인 오염과 관련된 변동기체이다. 현재 대기의 이산화탄소농도는 0.036 %이다. 40년 전인 1960년대에만 해도 대기의 이산화탄소농도는 0.032 %였다. 이산화탄소는 광합성에 의해 대기로부터 유기물로 고정되며, 다시 분해되어 대기로 순환된다. 인간이 대기의 이산화탄소 순환을 초과하여 인간의 지나친 화석연료를 사용함으로써 대기의 이산화탄소농도를 높여왔으며, 이러한 추세는 앞으로도 상당 기간 계속될 것으로 보인다.

오존(O_3)은 산소에 산소원자 한 개가 더 결합한 분자로 불안정하며, 반응성이 높다. 고농도의 오존은 생물체에 치명적이지만, 미량으로 존재하지 않으면, 지구상의 생물존재가

[표 4-1] 균질층 대기의 조성

성분	분자식	함량(용적%)	분자량(g)
질소N_2	78.08	28.01	
산소O_2	20.95	32.00	
아르곤	Ar	0.93	39.95
이산화탄소	CO_2	0.036	44.01
네온Ne	$1.8×10^{-3}$	21.18	
헬륨He	$5.5×10^{-4}$	4.00	
메탄CH_4	$1.4×10^{-4}$	16.04	
크립톤	Kr	$1.1×10^{-4}$	83.80
일산화탄소	CO	$1×10^{-5}$	28.01
산화질소	N_2O	$5×10^{-5}$	44.01
크세논	Xe	$9×10^{-6}$	131.30
수소H_2	$5×10^{-5}$	2.02	
오존O_3	$2×10^{-6}$	48.00	
암모니아	NH_3	$1×10^{-5}$	18.04
이산화질소	NO_2	$1×10^{-7}$	46.01
아황산가스	SO_2	$2×10^{-8}$	64.06
수증기(대기층에 따라 변화 심)	H_2O	0.25	18.02

※자료: 홍성길 · 최희승, 1980.

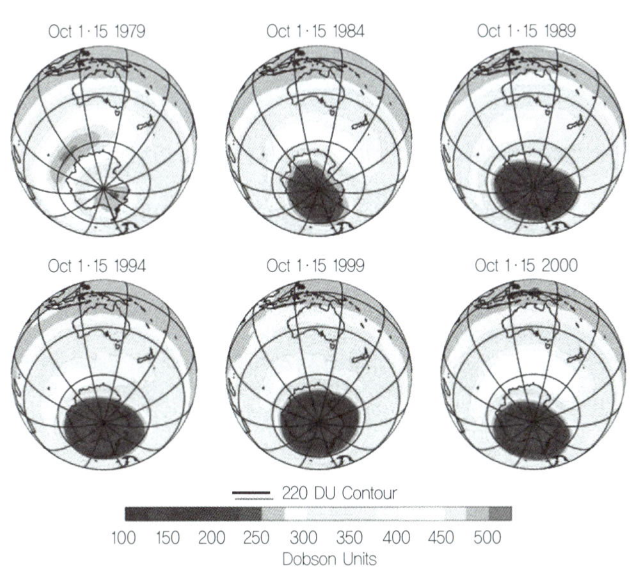

※자료: http://soer.justice.tas.gov.au

[그림 4-2] 남극 오존층의 구멍

위태로워진다. 지표 부근에서 오존농도는 0.1에서 0.2×10^{-6}%이지만, 성층권인 $25\,km$ 상공에는 이의 50~100배로 존재한다. 이 층이 오존층이다. 오존층은 생물체에 치명적인 자외선의 대부분을 차단한다. 최근의 관측에 의하면, 남극 상공의 오존층 구멍이 확대되고 있다(그림 4-2). 이는 대기환경오염에 의한 결과로 알려지고 있다.

메탄(CH_4)은 또 하나의 중요한 변동기체이다. 대기 중 메탄의 농도는 지난 수십 년간 매년 0.01×10^{-6}%씩 증가하여 지금은 1.7×10^{-6}%에 이르고 있다. 메탄의 증가원인이 충분하게 밝혀지지는 않았지만, 석탄과 석유의 채굴과정에서 대기로 유입되며, 가축의 소화과정에서의 배출, 논과 습지에서 유기물 분해과정에서의 배출 등에 의한 영향이 주목받고 있다.

4.1.3. 기상과 기후

농업은 그 본질적인 구조가 환경의존형 산업으로서 생산활동이 이루어지는 지역의 환경, 지리지형, 기후 및 토양환경에 의해 지배된다. 이들 중 기후적 요인은 농업의 실제적 · 잠재적 한계결정의 1차 요인이다. 이는 작물의 생장 및 발육이 그 지역의 기상조건에 따라 결정되기 때문이다. 시간과 공간에 따라 다른 기후를 농업 분야에서 효율적으로 이용하려면 기상환경과 작물과의 관계에 대한 과학적인 이해가 필요하다.

기상은 대기의 물리적 현상을 나타내며, 기상을 구성하는 요소, 즉 온도, 습도, 풍향, 풍속, 강우량, 일사 등의 물리적 현상을 말하며, 양적인 개념으로 표현한다. 기상요소는 일정한 장소에서 관측되어진 단시각의 대기상태를 의미한다. 이에 비하여 기후는 월평균, 연평균 혹은 연차간 변동율 등 어느 장소의 평균적인 대기상태를 의미한다. 이러한 기후요소는 해발고도, 위도, 경도 등 지리지형조건에 따라 다르게 나타난다. 예를 들어 기압은 해발고도에 따라 다르다. 기후요소에 영향을 미치는 이러한 지리지형조건도 기후인자에 포함된다. 날씨는 기상현상의 정성적 표현이라 할 수 있다.

4.2. 태양복사와 경지의 열수지

4.2.1 복사에너지

지구표면을 에워싸고 있는 대기의 상태를 좌우하면서 기상변화를 일으키는 원동력은 태양으로부터 오는 복사에너지다. 즉, 지구표면에서 햇볕의 강도, 더위와 추위, 바람의 세기 등 모든 대기상태의 변화는 태양복사(solar radiation)와 지구상의 물의 조화에서 비롯된다. 공기가 데워지는 것은 태양으로부터 오는 태양복사에 의해서이고, 반대로 지구표면이 냉각되는 것은 야간에 공중으로 방사되는 야간복사(nocturnal radiation) 때문이다. 이와 같이 복사는 지표상의 기상현상을 지배하는 근본적인 에너지원이라고 할 수 있다.

지구 외기에 도달되는 태양복사는 $1,367W/m^{-2}$($1.94\ cal/cm^{-2}/min^{-1}$)로 일정하다. 이를 태양상수라 한다. 지면에 도달하는 태양복사의 파장은 280~3,000nm이고, 이보다 단파장

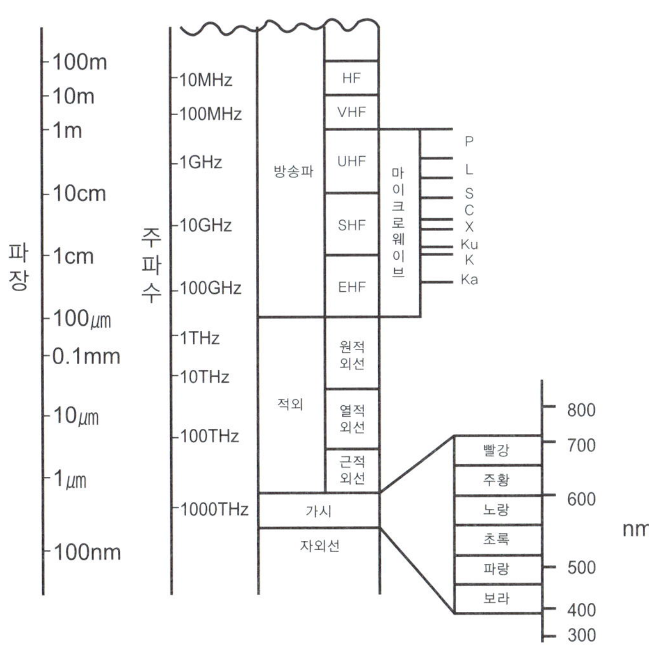

[그림 4-3] 전자파 스펙트럼

의 부분은 도중에서 흡수되어 버린다. 파장이 380 nm보다 짧은 것을 자외선(ultraviolet ray), 파장이 780 nm보다 긴 것을 적외선(infrared ray)이라고 한다. 눈에 보이는 광선, 즉 가시광선(visible light)은 파장이 380~780 nm의 범위이며, 광합성에 이용되는 파장역은 400~700 nm이다(그림 4-3).

지구면에 도달되는 태양복사량은 여러 가지 조건에 따라 변화된다. 일사는 대기 중을 통과하여 지면에 도달되는 사이에 일반적으로 줄어드는데, 장파장영역의 적외선은 대기 중의 이산화탄소와 수증기에 흡수되고, 단파장인 자외선은 오존층에 흡수된다. 대기 중의 공기분자 · 수증기분자 · 세진 등에 의하여 일사는 산란되어 일부는 공중으로 방사되고 일부는 지면에 도달하게 된다. 또한, 일사는 구름에 의해서도 흡수 또는 산란된다. 지구 전체에서의 평균 상태를 살펴보면 지면에 도달되는 일사량은 태양상수의 40~50%에 불과하다. 산란에 의하여 지면에 도달되는 복사를 산란태양복사(혹은 산란일사 diffused solar radiation)라고 하며, 태양으로부터 직접 도달되는 복사를 직달태양복사(직달일사 direct solar radiation)라고 한다. 산란복사는 맑은 날의 경우 직달복사의 1/8~1/3 정도이다. 수평면상에 입사하는 두 성분의 합을 전천복사 또는 전태양복사(total solar radiation)라 한다.

태양광이 지면에 도달된 입사광은 일부분은 반사되고 나머지는 지표면에 흡수된다. 여기서 입사광에 대하여 반사되는 일사량의 비율을 반사율(reflectivity)이라고 한다. 반사율은 파장에 따라 다른데 태양광선 전 파장역에 대한 총합된 반사능을 알베도(Albedo)라고 한다. 지표면의 대표적인 알베도 값은 산림 10~20%, 각종 밭 15~25%, 모래 18~40%, 나지 7~20%, 설면 80~90%(오래된 눈은 40~50%)이며, 하루 중 태양고도에 따라 다르다.

4.2.2 복사에너지 수지

태양으로부터 지구에 오는 복사의 수지를 살펴보면 대체로 항상 균형상태를 유지하고 있다. 지표면에서 복사에너지의 하향성분과 상향성분의 차이를 순복사량(net radiation)이라 한다. 순복사량의 연변화는 지점이나 기후(구름의 영향)와 깊은 관련이 있다. 그러나 지구 전체의 복사수지는 거의 평형이 잡혀 있고, 연평균 기온은 증가도 감소도 하지 않는다. 복사수지는 다음 식으로 나타낼 수 있다.

$$Rn = (1-\rho s)(ID+IS)+L\uparrow -L\downarrow \qquad\qquad (\text{식 } 4\text{-}1)$$

(식 4-1)에 Rn은 순복사량, ρs는 지표의 반사율(알베도라고도 함), ID는 직달일사량, IS는 산란일사량, $L\downarrow$는 대기장파복사량, $L\uparrow$는 지표장파복사량이다. 지표의 자연물은 파장 0.3~3㎛의 일사에 대하여 반사나 투과가 있으나, 파장 3㎛ 이상의 장파는 거의 흡수된다. 그림 4-4는 지표에서의 복사수지를 모식적으로 나타낸 것이다. 대기권 외에 도달하는 일사량을 100으로 한 백분율로 나타내고 있다. 일사의 약 19%는 구름에 의하여 반사되고, 약 6%는 대기에 의하여 산란·반사되므로 합계 25%는 지상에 이르지 않고 우주공간으로 방출된다. 또한 구름은 약 5%를 흡수하고 대기는 약 20%를 흡수한다. 따라서 지표에 이르는 것은 50% 정도이다. 이 중 지표면에서의 반사가 약 3%이므로 결국 지표면이 흡수하는 일사 에너지는 약 47%이다. 한편, 지표면에서 대기를 향한 일사량(약 114%, 지표면을 온도 15℃의 흑체로 가정한 계산)에서 대기복사(약 96%)를 빼면, 지표면이 잃는 에너지는 약 18%가 된다. 더욱이 지표면은 대류와 증산에 의하여 약 29%의 에너지를 잃는다. 이것들의 합(47%)은 지표면이 흡수하는 일사량과 같으므로 지표면에서 열적 평형이 유지되는 것이다.

순복사는 지상에 입사되는 복사에너지 전체와 천공으로 방출되는 복사에너지 전체와의

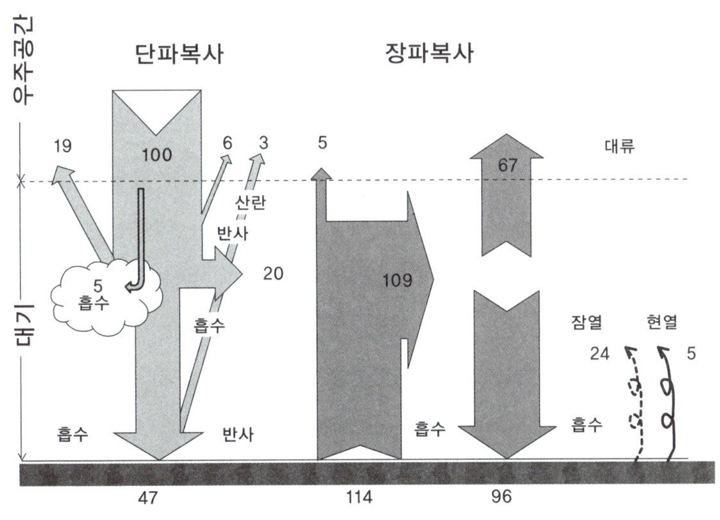

[그림 4-4] 지구 전체의 복사수지 모식도

차이로서, 경지가 받게 되는 최종의 복사에너지이다. 순복사량은 경지 내에서 증발잠열, 대기로의 현열, 식물체온과 지온의 변화, 광합성에 필요한 에너지로 배분된다. 이와 같이 수열과 방열 사이에는 에너지의 보존법칙에 의해 일정한 규칙성이 있는데 다음과 같은 열수지(heat balance) 식으로 나타낼 수 있다. 복사수지는 복사에너지 전 파장대의 동태를 해석하고 모식화하는 데 비하여 열수지는 산림, 농경지 및 온실 등 열에너지의 수지가 다른 여러 시스템 내에서 전체 복사열의 분배 및 동태를 분석하는 데 유용하게 이용된다.

$$Rn = lE + Q + G + M \qquad\qquad (식\ 4\text{-}2)$$

(식 4-2)에서 Rn은 순복사, lE는 잠열로 증발에 쓰이는 에너지(E는 증발속도, l은 증발잠열), Q는 현열로서 대기를 데우는 데 쓰이는 에너지, G는 토양이나 식물에 저류되는 열에너지, M은 식물의 대사과정(광합성, 호흡)에서 식물에 흡수 고정되는 에너지이다. 경지에서 주된 에너지 공급원은 태양으로부터의 복사이고, 이것이 경지에 있어서 증발, 증산, 광합성, 기온이나 지온변화의 원인이다.

4.2.3 경지의 열수지

경지의 열수지는 경지에 도달하는 복사에너지가 장파장의 열로 바뀌어 어떻게 배분되고 이용되는가를 본 것이다. 즉, 경지가 받아들인 순복사의 일부는 열로 변하여 토양이나 식물의 온도를 높이고, 나아가 대기온도를 상승시킨다. 또 일부는 식물의 광합성에 의하여 화학에너지로 고정되어 식물체내에 저장된다. 그러나 대부분은 식물의 증산이나 토양에서의 증발작용에 의하여 잠열로서 이용되어, 대기에 방출된다. 그러므로 경지의 열수지는 물수지를 결정한다.

지피가 적고 드문드문하면 낮에 토양 내에 저장되는 열이 순복사의 상당 부분을 차지하는 경우도 있을 수 있으나, 그 대부분은 야간에 지표면에서 천공으로 복사되어 잃어버린다. 따라서 하루 단위로 보면 토양에 저류되는 열은 적다. 결국 하루 동안 순복사에너지의 대부분은 잠열과 현열의 형태로 대기에 방출된다. 잠열과 현열의 배분비율은 증발산에 쓰이는 수분이 토양 중에 얼마나 존재하는가에 달렸으나, 생육중인 식피가 있는 경지에서는 잠열 쪽이 현열보다 많다. 그림 4-5는 초지의 열수지 측정 예이다.

도시에서는 지표구조의 특성상 증발에 의한 잠열손실이 적다. 그러므로 남는 열은 현열과 지중열로 소모되기 마련이다. 이 때문에 도시의 기온과 지온은 증발산이 활발

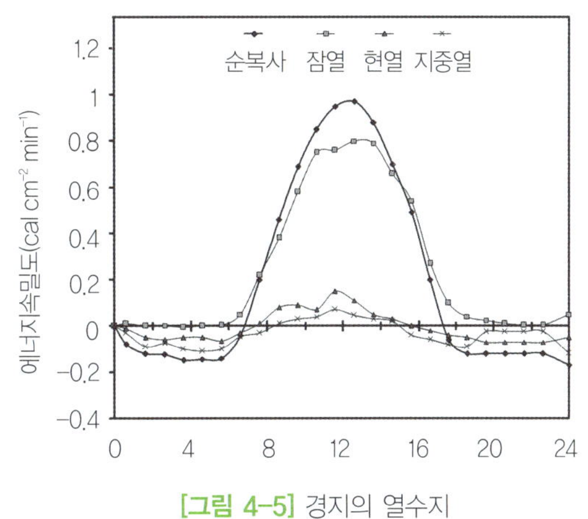

[그림 4-5] 경지의 열수지

하게 일어나는 농경지나 산림보다 높아진다. 낮은 온도의 녹지대기는 도시의 고온을 식혀주는 역할을 하며, 농업과 산림의 공익적 기능의 일부로 중요하게 평가된다.

대기중의 이산화탄소농도가 높아지면, 온도가 높아진다. 이산화탄소는 짧은 파장의 태양복사는 통과하기 쉽지만, 장파장의 지구복사는 차단되어 대기 밖으로 방출되지 않는다. 이 차단된 열은 결국 현열과 지중열로 전달되어 기온과 지온이 올라간다. 이는 마치 온실에서 유리에 의하여 열의 방출이 차단된 것과 같은 효과를 보이는데, 이를 온실효과라 한다. 온실효과도 결국 열수지의 변화에 의한 기상현상의 하나이다.

4.3. 지구온난화와 생태계

4.3.1 지구온난화

(1) 지질학적 규모의 기후변화

지질학적 고기후 연구를 통해 볼 때 과거 수십만 년 동안 지구에서는 여러 차례의 빙하

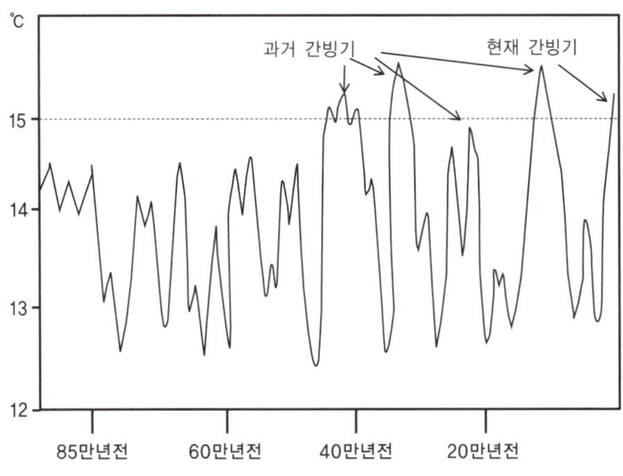

[그림 4-6] 지질학적 규모의 기온 변화

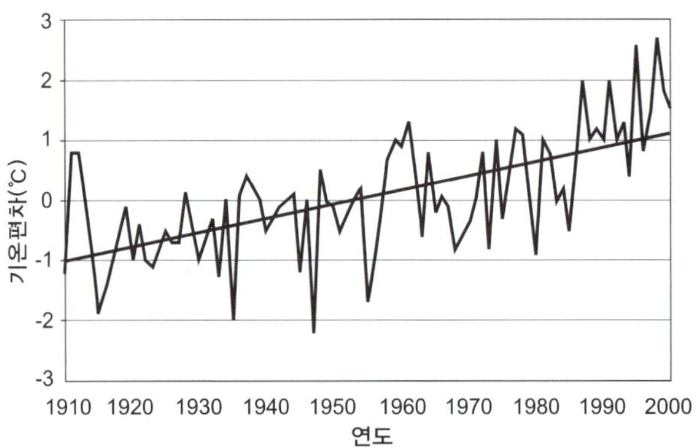

[그림 4-7] 우리나라 연평균 기온의 변화

기와 간빙기가 연속되어 왔다(그림 4-6). 지질학적 규모의 기후변화는 10℃ 이내이다.

그런데 전지구 지표면의 평균 기온은 19세기 후반 이래로 100년 동안에 약 0.5℃ 높아졌다. 이는 지질학적 기온변화 스케일에 비교해 보면 대단히 빠른 속도이다. 예를 들어 지질학적 규모의 기온변화가 10,000년에 1℃ 변화하였다면, 이는 0.0001℃/yr 규모이다. 최근 100년 동안 0.5℃ 높아진 속도는 이의 50배에 달한다. 지역적인 변화도 뚜렷하여 최근의 온난화는 중위도에서 가장 컸고 강수량의 경우 북반구의 고위도지역에서 증가하였다.

우리나라의 연평균 기온은 1904년~2000년까지 약 1.5℃ 상승하였고, 지역적인 변화도 뚜렷하여 최근의 온난화는 중위도에서 가장 컸고 강수량의 경우 북반구의 고위도지역에서 증가하였다(그림 4-7). 서울의 경우 100년 동안 2℃나 상승하는 엄청난 증가율를 보였고 대부분의 대도시에서도 큰 폭으로 기온이 상승하였다. 해안가에 위치한 지역에서 상대적으로 기온의 상승률이 낮았으며 울릉도와 추풍령에서는 기온의 상승이 나타나지 않았다. 온도의 변화와 함께 강수량이 증가되는 추세이다(그림 4-8).

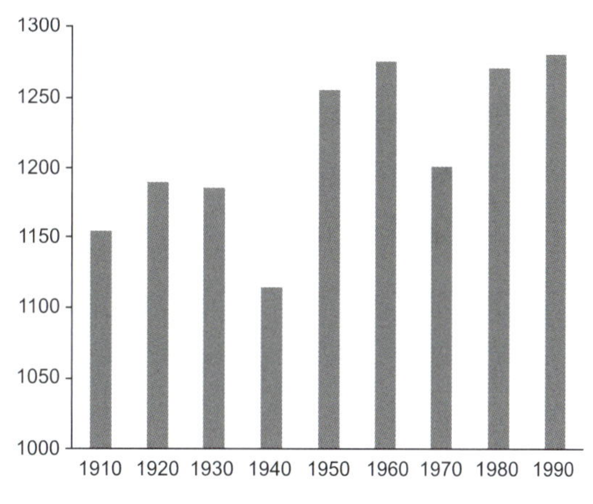

[그림 4-8] 서울 지방의 10년 평균 강수량 변화

(2) 기후변화의 예측

지구의 온도상승은 화석연료의 사용, 토지이용도의 변화 등에 의한 온실가스의 과다 배출에 그 원인이 있는 것으로 알려져 있다. 여러 기후예측모델에 의한 예측 결과로 볼 때 현재와 같이 온실가스를 계속 배출한다면 1990년을 기준으로 2100년에는 2℃가 더 올라갈 것으로 내다보고 있다. 대략 현재로서는 21세기 동안 온난화의 범위는 1~3.5℃가 될 것으로 추정하고 있다. 지구상의 온난화의 정도는 저위도보다 중위도에서 크고, 중위도보다 고위도에서 크게 나타날 것이라고 하였다.

우리나라의 기후변화를 추정한 결과를 보면, 향후 강수량은 봄과 가을철에는 다소 감소하고 여름철 강수량은 약 50~100mm 정도 더 증가할 것으로 예측하고 있다. 평균 기온은 봄과 가을철에는 다소 증가하고 겨울은 현재보다 약 1.0℃ 정도 상승할 것으로 전망하고 있다. 표고가 높은 고랭지는 도시효과로 온도상승효과는 더욱 심할 것이며 강우는 다소의 증가와 함께 강도와 변화폭이 커져 가뭄이나 홍수 등이 빈번하게 발생할 것으로 추정된다. 특히 겨울철 강수량이 증가하여 강원영동 및 중부 산간지역에는 적설량이 늘어날 가능성이 높다.

앞으로 이산화탄소가 배로 늘어나면 우리나라의 연평균 기온은 2.0~2.5℃ 올라갈 것이며, 10년마다 0.15~0.45℃씩 올라갈 것으로 예측한 바 있다. 우리나라의 연평균 기온이 2℃ 올라간다고 보면 중부평야지대는 13℃가 되어 현재 대구 등지의 영남분지지대와 같은 기후지대가 될 것이며, 영남분지지대와 남부해안지대는 현재 제주도와 같은 기온이 될 것이다. 쾨펜의 기후분류에 따르면 현재 대관령, 원주, 춘천 같은 곳은 가장 추운 달의 평균 기온이 −3℃보다 낮기 때문에 아한대기후로 분류되는데, 2℃가 올라가더라도 마찬가지로 아한대기후에 머문다. 그러나 제주와 서귀포는 가장 추운 달의 평균 기온이 6.1℃ 이상이 되어 아열대기후로 변하게 될 것이다.

우리나라의 강수량은 약 15% 증가할 것으로 전망하였는데, 증가량보다는 변화의 폭이 중요하다. 즉, 홍수와 가뭄의 양극화현상과 그 빈도가 높아질 것이다. 우리나라의 연강수량은 1,300mm로 지역에 따라서 970mm부터 성산포의 약 1,800mm까지 그 분포의 폭이 넓다. 여기에 15%가 더 내린다면 1,112~2,070mm로 늘어날 것이다.

(3) 기후변화의 원인과 온실효과

대기의 주요 온실가스에는 수증기, 이산화탄소, 오존, 메탄, 아산화질소, 염화불화탄소(CFCs) 등이 있다. 특히 이산화탄소, 메탄 및 아산화질소와 같은 온실기체의 대기중 농도는 뚜렷하게 증가하고 있으며, 특히 북반구의 고위도지방에서 심하다(그림 4-9). 이러한

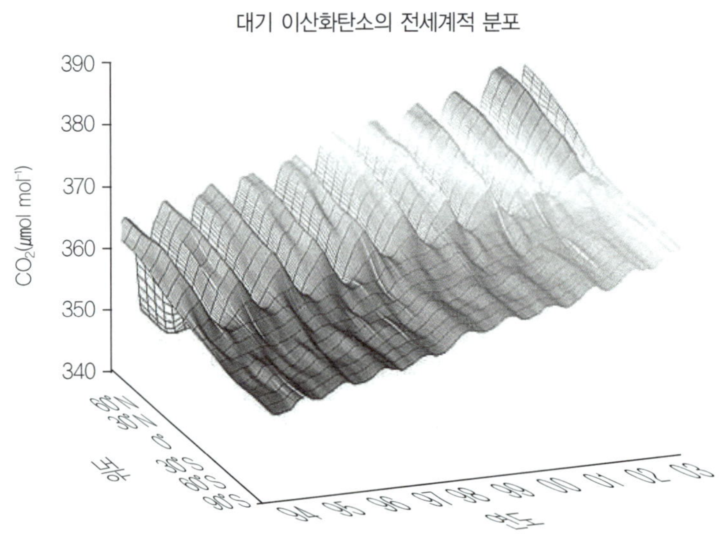

※자료: http://instaar.colorado.edu/sil/

[그림 4-9] 위도에 따른 이산화탄소농도 증가추세

경향은 대부분 인간의 활동에서 비롯된 것으로 볼 수 있으며, 화석연료의 사용, 토지이용도 변화 및 농업활동에서 비롯된다. 농업활동에서 비롯된 원인으로 반추가축의 정상적인 소화과정과 담수상태의 벼논에서 배출되는 메탄, 시용된 각종 질소질비료의 탈질과정에 의하여 배출되는 아산화질소 등을 들 수 있다.

4.3.2 농업생태계의 변화

(1) 농업생태계의 변화양상

기후변화의 가장 큰 원인은 지구온난화이고, 지구온난화는 대기에 온실가스의 농도가 증가하기 때문이다. 따라서 대기의 이산화탄소의 농도가 배로 높아질 것으로 추정되는 미래에 우리나라의 기후요소와 농업생태계는 어떻게 변화하게 될 것인지 예상해 본다.

일사량과 일조시간 등 광 관련 에너지의 증가 없이 기온이 상승되면 오랜 세월 적응되어 온 군락 내 기상환경의 균형이 깨어지고 이에 따른 작물체내의 생리·생화적인 교란현상으로 정상적인 생육을 위축시켜 작물의 수량과 품질을 저하시킬 수 있고, 토양 중 미생물활동 증대에 영향을 주어 토양 중에 축적되는 유기물의 함량을 저하시키며, 상승된 온도는 증발산량을 증가시켜 수자원에 영향을 미칠 것으로 보인다.

또한, 기온상승으로 월동해충의 밀도가 증가하고 문제가 되지 않던 잠재해충이 주요 해충으로 대두될 가능성이 있다. 특히, 과거에 비하여 겨울철과 봄철에 기온이 높아짐에 따라 과수의 휴면기간이 짧아지고 발아 및 개화 기간이 빨라질 것으로 예상되며, 여름철에 온도가 높아지면 생리장해와 병해 때문에 고랭지 채소재배지는 더욱 표고가 높은 지대로 이동하여야 할 것이다. 한편, 가을철에서 봄철로 이어지는 강수량의 감소로 산불발생의 위험성도 높아질 것으로 예상된다.

- **지역간 농업생태계의 변이 증대**: 봄철과 가을철에 강수량이 적어지고 여름철에 강우가 많아지며, 기온도 상승할 것으로 예상된다. 이런 추세가 계속된다면 농업생태환경에도 적지 않은 영향을 미치게 될 것이다. 기후자원분포의 변화는 작물재배기간의 지역별 차이를 가져올 수 있다. 봄철과 가을철의 기온상승으로 봄은 빨리 오고 가을은 늦게까지 지속되어 작물생육 유효온도기간이 길어질 것

으로 예상된다. 이렇게 작물재배기간의 차이는 기후변동에 따른 지역간 생산성변화를 야기시킬 수 있다. 또한, 지역간 생산성의 차이는 생육기간과 관계가 가장 크므로 작물생육기간 중의 기후변동은 기후자원분포, 기상재해양상, 농업용수원, 토양의 이화학성, 곤충상 등 환경생태 분야에 다양한 영향을 미칠 수 있다.

- **작물생육기간의 연장**: 만약 이산화탄소의 농도가 현재의 배로 높아졌을 때 지구온난화가 2℃ 상승으로 나타난다면 작물기간은 10~29일이 길어지게 된다. 이 때 재배개시기가 이르게 나타나는 것보다 수확기가 늦어지므로 재배일수가 더 많아진다. 즉, 지역마다 조금씩 다르지만 전반적으로 작물의 생육가능기간이 늘어난다. 이것은 온대와 한대지방에서 작물의 생육을 제한하는 첫째 요인이 온도조건이기 때문이다. 특히 작물의 파종 또는 모내기 때보다 생육후기의 낮은 온도 때문에 생산력의 저하를 초래하는 경우가 많아 후기의 온도상승효과는 안정적으로 생육기간을 늘리게 된다. 그러나 지구온난화는 연평균 온도에 대한 개념일 뿐이고, 그 안에서 일어나는 기상이변은 오히려 더욱 심각해질지 모르므로, 후기의 생육기간 연장은 농업생산력에 절대적으로 유리하게 작용한다고 볼 수는 없다.

- **농업지대의 변화**: 농업은 지역특성이 두드러진 생명산업이다. 지역특성이란 그 지역의 풍토에 따른 생태계의 특성을 일컫는다. 기후는 지역의 물리적 특성을 대표하는 요소 가운데 하나이다. 따라서 기후가 변화하면 농업지대는 변하게 된다. 현재 온도상승으로 주요 작물의 재배적지가 북상하고 있다. 과수는 최저 극기온 출현율의 감소로 동해 온도의 제한조건은 완화되고 맥류 또한 1월 평균기온의 상승으로 재배지대의 북상이 확인되고 있다(그림 4-10). 호냉성 원예작물은 온도가 높아지면

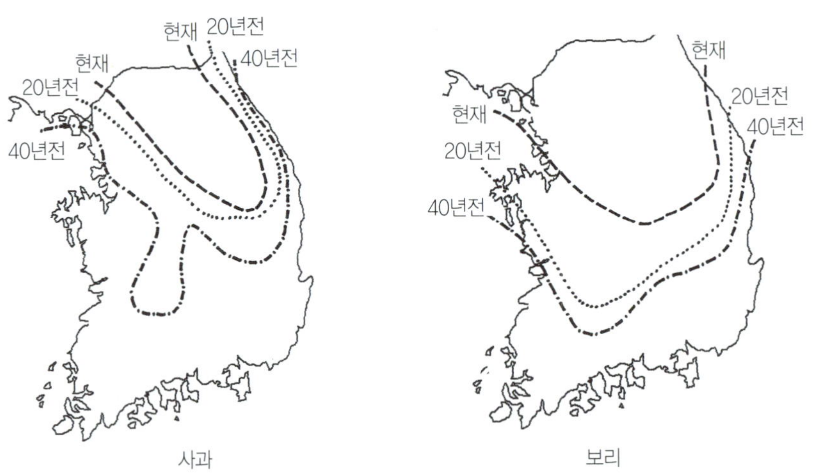

[그림 4-10] 우리나라의 작물 재배적지 변화

재배적지와 재배시기의 이동이 이루어질 수밖에 없다. 현재 여름철 고랭지채소 재배지대는 온도 상승과 그에 따른 생리장해와 병해로 더욱 표고가 높은 지대로 이동하거나 북상하여야 할 것이다. 여기에 고려하여야 할 사항은 온도는 올라가도 위도에 따른 일장은 변동이 없으므로 현재와는 전혀 다른 온도와 일장과의 관계설정과 함께 이에 따른 기후조건에 작물이 놓이게 된다. 기후가 변화할 경우 가장 예민하게 영향을 받을 수 있는 지역은 기후학적 한계지 농업이다. 대표적인 기후학적 한계지가 고랭지 지역이다. 특이적 지형조건으로 기상현상의 변화가 심한 산간 고랭지의 농업생태계는 어떻게 변화할까. 여름철에도 20℃ 전후의 서늘한 날씨를 보이는 특수한 환경조건을 이용하여 농업활동이 이루어지는 고랭지는 작목 선정, 작부체계 및 작물재배방법 등에 있어서 평난지와는 다르다. 대부분 1년 단작으로 씨감자, 고랭지채소 및 일부 화훼와 산지의 기능성을 이용한 약초 등이 재배되고 있다. 그러나 최근의 무리한 작목과 품종의 도입과 함께 환경의 변화는 고랭지농업에 문제점으로 대두되고 있다. 지형성 집중강우에 의한 경사지의 토양유실은 지력을 약화시킨다. 특히 최근 온도상승은 각종 병해충의 발생을 촉진하고 작물의 이상장해를 유발하는 원인으로 작용한다.

(2) 기후변화의 대응방안

우리나라 대부분의 농경지는 유역에 인접하거나 수계에 영향을 미칠 수 있는 지역에 위치하고 있다. 농업생산활동과 함께 발생되는 각종 물질은 수질과 토양환경에 바로 영향을 끼친다. 우리나라의 국토와 환경을 보전하면서 인간이 필요로 하는 농산물을 안정적으로 생산하기 위해서는 변하고 있는 환경에 대한 깊은 이해와 함께 기후자원을 최적 조건으로 이용할 수 있는 기술이 필요하다.

1) 기후적응력 강화

- 첫째로, 한반도의 기후변동이 농림업에 미치는 영향은 여러 가지 형태로 나타날 수 있어 주의와 대책 마련이 요망된다. 우선 농업생산의 안정과 환경보전을 이룰 수 있는 방안이 마련되어야 한다. 아울러, 기후자원의 활용성을 높이기 위하여 지대별로 기후적응력이 강화될 수 있는 적합한 작목과 품종 및 재배시기가 선정되어야 한다.
- 둘째, 기후변화에 대응할 수 있는 작물의 특성은 바이오매스(biomass)와 수량을 동시에 충족하여야 하고, 비료 등의 보조자재와 에너지 투입의 효율이 높아야 한다. 환경에 대한 적응성은 광지역적 응성보다 지역적응성이 요구되며, 이산화탄소의 증가에 따른 광합성 효율이 높고, 저온과 고온에 견디며, 병해충에 대해서는 광범위한 저항성이 요구된다.

• 셋째, 이산화탄소를 흡수 고정하는 능력이 큰 품종이 필요하다. 이산화탄소농도가 증가함에 따라서 온도가 올라가면 작물은 생육기간이 단축되고, 고온기에 등숙기간을 맞이하게 되면 등숙기간이 짧아져 소출이 줄어든다. 따라서 고온에서 탄수화물 소모가 늘어나는 것 이상으로 광합성률이 높고, 내열성이 큰 품종이 요구된다. 지구온난화는 기온의 양극화를 불러올 것이므로, 저온해도 함께 고려하여야 한다. 온대작물이면서 고온해와 냉해 등 두 가지 내성을 동시에 갖춘 품종이 필요해진다.

과수의 경우 기온상승으로 재배적지의 이동이 예상된다. 고온적응성 품종개발 등의 대책이 검토되어야 한다. 그리고 여름철 다우에 따른 새로운 생리현상이 과실에 나타날 수 있으므로 토양이나 시비관리 측면에서 새로운 조율과 수세관리에 필요한 영농계획이 강구되어야 한다.

2) 친환경적 농업구조 개선

기후변동에 대응하기 위하여 친환경적 농업구조로의 변화가 필요하다. 변화되는 환경에 적합한 작부체계 및 농법의 도입, 지대별 신작목의 개발 및 도입 및 새로운 농업기술의 개발과 함께 토양을 보전할 수 있는 피복작물과 영년생작물의 도입, 등고선재배 등 토양관리문제가 검토되어야 한다. 온실가스 흡수원 확대를 위하여 농업조건이 불리한 농경지는 조림으로 대체하는 등 구조적인 대응전략도 필요하다.

3) 효율적 물관리

기후변화시 가뭄과 집중호우 등 계절별 지역간에 강우량의 변화폭이 클 것으로 예측된다. 변화되는 기후환경에 대응하기 위하여 친환경적 농업구조로의 변화와 함께 수자원을 절약할 수 있는 토양관리문제가 검토되어야 한다. 특히 봄철 강수량 감소로 인한 농업용수의 부족은 벼의 생산성을 위협하는 요소이므로, 관개·수리시설의 정비·확충을 통한 수자원의 확보와 더불어 물이용 효율을 높이는 벼품종 및 절수재배법의 개발이 필요하다. 또한 기온상승에 따른 벼의 이삭 패는 시기의 변화를 고려하여 생육기간을 조절할 수 있는 대책마련과 기후변동에 의한 국지기후의 변화로 야기될 수 있는 생산량감소 및 품질저하를 최소화할 수 있는 품종개발과 재배법개선이 필요하다.

4) 병해충관리

기후변화에 따라 유해생물의 생태도 변화한다. 병해충의 확산, 외래 병해충의 유입 등에 대비하기 위하여 병해충에 대한 정확한 생활사의 규명과 지속적인 모니터링을 통한 조기 예찰 및 방제체계가 구축되어야 한다.

기후변화의 가장 큰 원인은 지구온난화이고, 지구온난화는 대기에 온실가스의 농도가 증가하기 때문이다. 따라서 지구온난화라는 재앙을 피하려면 화석연료의 사용을 줄이는 동시에 우리의 생태계를 친환경적으로 관리하여야 할 것이다. 대기중의 온실가스를 흡수 이용하여 산업에너지로 전환할 수 있는 생태순환형 시스템으로 전환하는 노력이 필요하다. 친환경 식물성 대체에너지 개발은 물론 우리나라의 지리지형적, 환경적 특이성을 고려한 농축산업체제로의 전환, 온실가스 흡수원 확대를 위하여 농업조건이 불리한 농경지는 조림으로 대체하는 등 구조적인 대응전략이 필요하다.

4.4. 대기오염과 농업환경

대기오염이란 대기 중에 인위적으로 발생한 어떤 물질의 농도나 이의 지속시간이 상당수의 사람에게 불쾌감을 일으키거나, 넓은 지역에서 걸쳐 공중보건상의 위해 또는 동·식물 등 생태계에 영향을 주는 상태로 정의된다. 농업에서의 대기오염의 영향은 농작물과 수목의 생장과 가축의 건강에 영향을 주거나, 그 밖의 농업생산환경에 영향을 주는 경우를 포괄한다. 특히 농축산물은 사람의 직접 또는 간접적인 식재료로 사용되므로, 이들에 대한 오염문제는 예민한 사안이다. 농업에 영향을 주는 대기오염물질은 어떤 것이 있으며, 이들에 의한 농업피해사례와 그 대책을 농작물을 중심으로 알아보자.

4.4.1 대기오염물질과 대기질의 변화

대기오염물질의 영향은 사람의 건강을 보호한다는 관점에서 정해져 있는 것이고, 식물, 건축물 또는 문화재 등에 미치는 영향을 직접적으로 고려하는 것은 아니다. 농작물에 영향을 많이 주는 대기오염물질은 황산화물과 질소산화물, 일산화탄소, 부유입자상 물질, 유기화합물 등이며, 이들은 우리나라 환경청에서 주요 지점에 대한 정규 모니터링을 하고 있다.

(1) 대기오염물질의 종류

- **황산화물(SOx)**: 황산화물은 화석연류에 포함된 유황 성분이 연소시에 산화되어 SO_2로 배출된다. 일부는 SO_3까지 산화된다. 대기 중에서 물에 녹아 황산(H_2SO_4)를 형성하여, 강한 산성을 낸다.
- **질소 산화물(NOx)**: NO_2, NO, N_2O등의 혼합물을 총괄하여 질소산화물(NOx)이라고 한다. 공기의 주성분인 N_2와 O_2는, 고온연소 시에 반응하여 일산화질소(NO)를 생성한다. 따라서 모든 연소장치로부터 NO가 배출된다. 자동차뿐만 아니라 보일러 등의 각종 고정발생원으로부터의 환경농도에의 기여도 적지 않다. 또 연료 중에 포함된 질소 부분도 NO 생성에 기여한다. 생성된 NO는, 배출과정에서 O_2에 의하여 산화되어 NO_2로 변환된다. 환경 중에서는 온도가 낮으므로 반응성이 센 O_3에 의하여 산화한다. −OH 래디칼의 단위 반응과정에서의 역할도 크다. NO의 반응성은 낮고, 그 영향은 적으므로, 대기환경기준은 NO_2만으로 정해져 있다.
- **일산화탄소(CO)**: 일산화탄소는 연료의 미연소 성분으로서 존재한다. 특히 가솔린 자동차의 대기 시동중에 고농도로 배출되는 특징이 있다.
- **광화학 산화재(Ox)**: 광화학 산화재는 태양으로부터의 자외선을 받아 질소산화물과 탄화수소가 반응하고 생성한다. 그 90 % 이상은 오존(O_3)이고, 잔여물은 각종 과산화물이다.
- **부유입자상 물질**: 입자상태 물질의 발생원으로서는 고정발생원 및 이동발생원뿐만 아니라, 토양, 해염 등의 자연 기원 및 환경 중에서 2차적으로 생성되는 것도 있다. 부유입자상 물질은 SPM(Suspended particulate material)이라 하며, 부유먼지의 경우 고체 입자의 직경에 유효 직경에 따라서 10 ㎛ 이하의 입자를 PM10, 50 ㎛ 이하의 입자를 PM50 등으로 표기한다. 가스 상태의 물질에 비교하여 삭감대책의 확립이 곤란한 물질이라고 할 수 있다. 자동차 중에서는 디젤엔진 차로부터 검은 연기의 배출량이 크다. 이전에는 납화합물의 배출이 큰 문제였지만, 가솔린의 무연화가 실시되었기 때문에 그 영향은 작아졌다.
- **유기화합물**: 벤젠, 트리클로에틸렌, 사염화에틸 등이 대기환경에서 문제되는 유기화합물이다. 벤젠은 화학 · 약품공업으로 용제, 합성원료로서 사용되고 있다. 또 가솔린 중에도 포함되어 있고 자동차

로부터도 배출되고 있다. 트리클로에틸렌은 금속제품의 세제, 용제, 저온용 열매체 등에 사용되고 있다. 사염화에틸은, 드라이클리닝용 세제, 금속제정 세제로서 폭넓게 사용되고 있다. 이들이 함유한 대기를 호흡할 경우 두통, 구역질, 마취작용, 간장장애를 가져오고 발암가능성도 높다.

(2) 대기오염물질의 발생원

대기오염물질의 대부분은 연소에 수반하여 발생한다. 석유, 천연가스, 석탄 등을 연소시키고 도시활동에 필요한 에너지를 얻을 때에 부가적으로 발생한다. 그러한 연소용 장치로서는 각종 공장, 빌딩의 냉난방, 가정용 기구 등 이동하지 않는 고정 발생원과, 자동차, 선박, 비행기 등의 이동발생원이 있다. 표 4-2에 남관동 지역의 일부에서 대기오염물질 배출량을 산정한 결과(일본 환경청, 1999)이다. 현재 상태로서는 가장 현저하게 오염물질을 배출하고 있는 것이 자동차이다. 이 지역에서 배출된 SO_2의 약 22%, NOx의 약 46%는, 자동차에 의한 배출이다.

(3) 대기오염물질의 환경농도의 특성

발생원으로부터 배출된 물질은, 희석과정을 거쳐, 우리들의 거주환경에 이르게 된다. 따라서 기상조건이 큰 영향을 주는 것으로 되어, 풍속 및 대기안정도가 주요한 환경농도에의 영향인자이다.

- **계절별 평균 농도의 변화**: 지상 부근에 발생원이 많이 존재하는 NOx 및 SO_2의 월별 평균 농도는, 화석 연료 사용이 많은 겨울에 농도가 높아지고, 비가 많은 여름에 낮아진다.
- **풍속 계급별 농도의 변화**: 풍속의 계급별 농도 변화를 보면, Ox를 제외하고, 부유입자상태 물질,

[표 4-2] 남관동 지방의 대기오염물질 배출량

	배출량(Mg/년)	비율(%)	배출량(Mg/년)	비율(%)	배출량(Mg/년)	비율(%)
공장	53,274	60.3	113,293	40.0	13,971	39.0
자동차	19,200	21.7	131.062	46.3	19,843	55.4
선박	14,980	17.0	15,188	5.4	1,843	5.1
항공기	1690.2	4,710	1.7			
민생	655	0.7	18,801	6.6	1410.4	
합계	88,278	100	283,054	100.0	35,798	100.0

NOx, SO$_2$ 및 비메탄 탄화수소(NMHC) 등 대부분의 오염물질농도가 풍속이 강해지면 농도가 낮아진다. 이는 물질의 이류와 확산현상을 생각할 경우, 대기중의 물질이 바람에 의하여 희석된 효과를 나타내기 때문이다. 부유입자상태 물질의 확산현상의 취급에 관해서도 다른 가스상태의 물질과 기본적으로는 비슷하다. Ox는 이류과정에서 생성되므로 풍속의 증가에 의하여 줄어들지 않고, 오히려 수송의 효과에 의하여 고농도상태로 된다.

- **습도와 오염물질농도의 관계:** 부유입자상태 물질, NOx, SO$_2$, Ox, NMHC의 각 오염물질농도와 상대 습도의 관계는 여름보다는 겨울에 뚜렷하다. 습도에 의한 부유입자상태 물질농도의 상승이 NOx 등의 다른 오염물질과 비교하여 겨울에 높아지며, 특히 고기압의 통과 후, 저기압 기압골의 접근에 따라 상대습도가 높아지는 상황하에서 고농도가 나타난다.

4.4.2 대기오염 지표식물

식물은 동물과 같이 스스로 서식장소를 선택하거나 움직일 수 없어, 주위환경에 반응해 나가면서 생존한다. 온도 및 토양수분, 양분, 대기오염물질과 같은 식물을 둘러싼 환경에 식물이 순응할 수 있는 한계를 넘어서게 되면, 식물은 가시적인 병상이나 이상생장을 나타낸다. 대기환경변화에 의하여 나타나는 이상증상이나 생장은 우리 인간에게 대기환경이 오염되고 있다는 것을 알려주는 지표가 된다.

(1) 이산화황 지표식물

1) 고등식물

환경지표식물의 대표적인 예는 이산화황에 대한 식물의 반응이다. 대기중 농도 100~300ppb의 이산화황에 수시간 노출되면, 알팔파나 메밀, 포플러와 같은 이산화황에 감수성이 큰 식물에서는 가시적인 피해증상이 나타난다. 네덜란드 대기오염조사의 전국 모니터링 네트워크에서, 이산화황의 영향을 모니터링하기 위하여 사용된 지표식물과 금속축적식물은 붉은토끼풀과 완두콩이었다.

SO$_2$의 지표식물로써 유용한 식물로는 초본식물인 메밀 및 새포아풀, 자주개자리, 보리, 호박 등과 목본식물인 스트로브잣나무 및 유럽 가문비나무, 미국물푸레, 유럽자작나무 등이 있다. SO_2는 다수의 발생원으로부터 방출되어 광역오염이 되는 면발생원의 경우와 특정 지역이 오염된 점발생원의 경우가 있다. 점발생원의 경우는 식물피해의 발생과 생육량이 발생원으로 추정되는 곳으로부터의 거리와 관계가 있다는 것으로부터 추정가능하며, 캐나다에서는 스트로브잣나무를 이용한 사례가 있다.

오늘날 도시에 있어서 대기중의 SO_2 농도가 저하되어, SO_2에 의한 가시적 피해가 발생하는 사례는 많지 않다. 그러나 현재도 수목의 쇠퇴가 진행하고 있는 곳이 있어, 수목이 SO_2를 함유한 대기·도시환경의 종합적인 지표가 된다. 느티나무, 소나무, 메밀잣밤나무, 자작나무, 삼나무 등의 수목활력으로부터 대기오염도의 지역적·경년적 변화를 파악하는 수단이 된다.

2) 이끼류

지의류와 선태류와 같은 하등식물도 이산화황에는 민감하여, 대기환경의 이산화황오염을 알려주는 우수한 지표식물이다. 식물의 수피나 기물 등의 표면에서 생활하는 이끼류는 착생물로부터 영양물을 흡수하지 않고, 필요한 양분을 비나 대기로부터 얻고 있는 착생식물이다. 선태류의 대부분은 통도조직이 없는 줄기와 대부분 단세포층으로 된 잎으로 구성되고, 수분과 양분의 흡수, 광합성이나 호흡을 위한 가스교환은 나출된 잎의 세포에 의하여 직접 일어나고 있다. 한편 지의류는 잎과 줄기의 구분이 없고, 계상균과 조류가 소위 공생체를 이룬 복합식물로써, 정식의 이끼인 선태류와는 녹색이 없는 생물군으로, 매화나무이끼나 꽃이끼 등 대부분이 흰색을 띠고 있다. 착생식물인 선태류나 지의류가 대기오염에 대하여 극히 민감하다는 것은 오래 전부터 알려져 있다.

- **선태류**: 중부유럽이나 북부유럽에서는 수피 위에 생육하는 착생식물의 대부분이 지의류이며, 선태류는 매우 소수이다. 난온대지역 착생식물의 대부분이 선태류이며, 선태류는 온대지역의 도시에서는 지의류보다도 우선한다. 선태류는 SO_2 농도가 높은 도심에서는 볼 수 없지만, 도심으로부터 떨어질수록 증가하고 있다.
- **지의류**: SO_2의 분포와 지의류 식생의 관계는 잘 알려져 있다. 영국의 착생 지의류와 대기오염과의 관계를 조사한 예를 들면, 지의류의 생육상황을 10단계로 나누고, 각각에 대응하는 SO_2 농도(5~60 ppb의 범위로써)로 대기오염분포도를 그릴 수 있다. 이와 같은 각종 지의류의 분포조사로부터 SO_2

오염의 지표가 되는 지의류를 뽑아 낼 수 있다. SO_2에 대한 감수성이 높고, 넓은 분포범위를 가지며, 종의 동정이 용이한 지의류로써 매화나무이끼가 대표적인 지표지의류로 선정되었다. 매화나무이끼류는 수목의 줄기나 바위에 착생하는 대형의 엽상지의류로써 유럽의 모든 도시에서는 도심부로부터 소실되었고, 그 원인이 건조나 SO_2의 영향이라는 것은 잘 알려져 있다. SO_2 농도의 저하와 함께 선태류는 생겨나지만, 지의류인 매화나무이끼는 사라진다. 매화나무이끼의 생육에는 SO_2 이외에도 질소산화물, 도시화에 의한 건조화나 고온화 등 여러 가지 요인이 함께 관계하고 있다. 따라서 매화나무이끼는 도시화의 총괄 지표식물 중 하나이다.

파리 시내의 착생지의류가 교외에 비하여 적으며, 그 원인이 대기오염이라고 한 것이 1866년 최초로 보고 되었으며, 도시에 있어서 착생지의·선태류의 식생조사 결과는 다음의 세 단계로 나눌 수 있다.

- **착생사막지대**: 수피 위의 선태류나 지의류가 보이지 않는 지역을 말하지만, 기생조류나 고착지의류의 몇 개의 종(레프라이끼속, 차삽속)이 소량 생육하고 있는 지역도 포함되는 경우가 많다. 바위 위에는 약간의 선태·지의류의 생육이 인정될 수 있다.
- **이행지대**: 착생사막과 정상지대의 중간대로써, 정상대에 비하여 착생선태·지의류의 감소(종류와 생육량)가 인정되는 지역,
- **정상지대**: 그 지역의 정상적인 착생식생이 보이는 지역. 대도시에서 착생사막은 매우 보편적인 현상이며, 착생사막은 연평균 SO_2 농도가 50~60 ppb 이상이 되면 생기며, 정상지대는 5 ppb 이하의 지역이다.

(2) 그 밖의 환경지표식물

1) 불화수소의 지표식물

불화수소(HF)는 강한 식물독성을 가진 대기오염물질의 하나이다. 튤립이나 글라디올러스와 같은 단자엽 원예식물과 서양자두나무나 살구나무와 같은 과수는 특히 HF에 대하여 감수성이 높다. F이온은 잎의 선단이나 엽록에 쉽게 축적되므로 그러한 부위에 괴사반을 일으킨다. 이와 같이 F이온은 잎에 축적되므로, SO_2와 동일하게 불소피해는 화학분석에 의하여 진단할 수 있다. 일반적으로 건전한 식물 잎속의 불소함량은 20 ppm 이하이다.

불화물의 지표식물로 글라디올러스가 가장 널리 사용되고 있다.

2) 에틸렌의 지표식물

에틸렌(C_2H_4)은 식물호르몬의 하나이지만, 식물독성을 가진 대기오염물질이기도 하다. 자동차 배기가스와 같은 발생원으로부터 방출된 에틸렌은 외생적인 에틸렌으로 식물에 영향을 주며, 줄기신장과 잎확대의 장해, 노화와 낙엽의 촉진, 상편생장의 유도와 꽃이나 과실의 생장 감소 등을 일으킨다. 페튜니아 및 오이, 대두, 까치콩, 밀에서는 25 ppb의 에틸렌에 노출될 때, 꽃과 과실의 생장이 감소한다. 특히 토마토의 상편생장이 환경대기의 에틸렌의 지표식물로써 가장 우수하다고 여겨진다. 한편, 페튜니아는 에틸렌에 의해 꽃의 크기가 작아지거나 꽃봉오리의 발육이 부진해지는 것으로 나타났다.

3) 오존의 지표식물

오존(O_3)은 넓은 범위에 걸쳐서 식물에 피해를 일으키는 식물독성이 강한 대기오염물질이다. 오존의 존재를 검사하거나 대략의 농도를 평가하기 위하여 몇 개의 지표식물이 자주 사용되고 있고, 담배는 전 세계에서 오존 지표식물로 가장 많이 사용되고 있다. 한편, 일본에서는 나팔꽃, 스웨덴에서는 토끼풀도 오존의 지표식물로써 널리 사용되어지고 있다. 무 한 종류의 생장 저하를 지표로 하는 방법도 있다.

4) PAN의 지표식물

1940년대 초 LA지역에서 상추, 근대, 블루글라스와 같은 식물이 PAN의 지표식물로 유용하다는 것이 보여졌지만, 일본에서는 페튜니아가 PAN의 지표식물로 선발되어 있다. 페튜니아는 PAN에 대한 감수성이 높고, 또한 감수성의 지속기간이 길다는 것, 또 해충과 병에 대한 저항성이 있는 등, PAN의 지표식물로 우수한 성질을 가지고 있다. PAN에 대한 페튜니아의 감수성에는 품종이나 계통간에 큰 차이가 있으며, 일반적으로 흰꽃 계통의 품종이 청색꽃이나 적색꽃 계통의 것보다도 감수성이 높다.

5) 지표식물법의 장점

대기오염 감시로서의 지표식물법은 물리화학적인 측정법의 숫자로 표시되는 감시법과 달리, 유해농도 이상으로 존재할 경우 식물의 반응을 이용하고 있다. 이러한 식물의 반응,

특히 특징적인 엽피해의 발생은 인간과 그 환경에 대한 오염물질의 잠재적으로 유해한 영향으로써, 감각적으로 이해하기 쉬운 형태로 보여주고, 경보장치로써의 역할을 완수할 수 있다. 이상적인 지표식물로써는 특정한 대기오염물질에 민감하고, 대기오염물질의 농도나 양(dose)에 비례하여 반응하는 것, 그리고 조사하는 그 지역에 토착하고 있거나 재배가 능한 것, 병해충에 대하여 저항성을 가진 것이 바람직하다.

지표식물법은 물리적 또는 화학적인 감시방법과 비교하여 환경감시의 수단으로써는 비용이 싸고 조사가 용이하다. 그러나 지표식물법에 의한 결과는 오염물질의 물리화학적인 측정과 같은 감각으로 이해할 것은 아니다. 또한, 물리화학적인 측정법으로 알 수 있는 것도 아니라는 점을 이해할 필요가 있다. 물리화학적인 측정법은 오염질의 농도를 정확하게 시시각각으로 측정한다는 사명이 있고, 지표식물법은 어떤 오염물질의 생물적인 영향을 누적으로 포착하고, 환경오염을 식물체라는 총체로써 표현하는 것이다. 더욱이, 어떤 오염물질의 양(dose)에 대한 식물의 반응은 기온, 토양수분이나 일사 등과 같은 다른 환경요소에 따라 크게 변한다. 이 때문에, 대기중의 오염물질의 양을 직접적으로는 산정할 수 있는 방법은 아니며, 이 방법의 한계도 알 필요가 있다.

(3) 대기질 평가를 위한 대기청정지수

캐나다의 Desloower와 LeBlanc(1968)은 선태식물과 지표식물의 두 식물을 조사대상으로 하여, 그것들의 생육분포를 기본으로 대기오염지도로써 나타낸 대기청정지수(IAP)를 제안하고, 몬트리올시의 대기오염지도를 작성했다. IAP는 다음 식에 의하여 계산된다.

$$\text{IAP} = [\sum_{i}^{n}(Q_i \times f_i)]/10 \qquad\qquad (\text{식 } 4\text{-}3)$$

(식 4-3)에서 n은 그 지점의 착생식물의 종수, Q_i는 생태지수로써 일정 지역 내의 각 지점에서 특정의 종류와 함께 출현하는 지의류·선태류 종수의 산술평균치, f_i는 조사대상으로 선택된 지점(station)에 있어서 그 종의 우선도(피도)로써 5단계로 나타내며, 우선도가 높은 것부터 5, 4, 3, 2, 1이며, 그 숫자를 f의 값으로 한다. 10으로 나누는 것은 수치를 다루기 쉬운 크기로 하기 위한 것이다. 이것에 의하면, 어느 지역에서 특정의 종 Q_i의 값은 일정하지만, 대기오염이 진행된 지점에서의 f_i의 값은 낮아지기 때문에 $Q_i \times f_i$는 작아

진다. 더욱이 이와 같은 지점에서는 출현하는 착생식물의 종수(n의 값)가 작아지기 때문에 $[\sum_{i}^{n}(Q_i \times f_i)]/10$의 값은 작아진다. 즉, IAP의 값이 작아지면 그 지점의 대기질이 악화된다는 것을 나타낸다.

$$\text{개정 IAP} = \sum_{i}^{n}(T_i \times f_i) \qquad\qquad (\text{식 } 4\text{-}4)$$

光木 등(1978)는 효고현에서 착생의 선태류와 지의류를 조사하여 IAP값을 계산했다. 그들은 IAP값이 대기중의 SO_2 농도와 강수중의 가용성물질농도와 관련 있다는 것을 실증했다(식 4-4).

4.4.3 대기오염물질에 의한 작물의 피해증상

대기중 오염물질들은 기공을 통해 식물체내로 직접 침입하거나 비 또는 안개와 함께 잎표면에 부착하여 침적함으로써 식물대사나 광합성을 저해하고 성장을 방해하거나 고사시키게 된다. 이와 같이 식물은 대기오염물질에 의하여 특징적인 손상을 입게 되고 이러한 장해는 오염물질이 제거된 뒤에도 그 영향이 오래 남게 된다. 식물의 피해를 유형별로 분류하면 육안판별의 가능 여부에 따라 가시적 피해와 불가시적 피해로 나뉘는데 가시적 피해는 급성피해, 만성피해 및 혼합형으로 구분된다. 급성피해는 고농도(일반적으로 ppm 수준)의 오염물질이 기류, 기온, 습도 및 지형 등 특수 조건하에서 농경지나 임야에 형성되어 단시간 내에 식물체 피해를 나타내는 것으로 공장에서의 돌발사고나 제련소 인근 피해 등이 있다. 만성적 피해는 비교적 저농도의 오염물질이 작물생육기간 중에 접촉되어 생육불량 또는 황화현상 등을 일으키는 것으로 도시근교의 대기오염 피해가 이에 속한다. 한편, 불가시적 피해는 저농도(일반적으로 ppb 수준)의 오염물질이 농작물에 장기적으로 접촉되어 눈에 보이는 피해증상은 없으나 식물이 생리화학적 장해를 받아 생육부진 및 병충해 등 2차 오염을 일으키는 것이다.

식물피해 발생에 미치는 요인으로는 대기오염에 의한 식물의 피해는 오염물질의 종류와 농도 외에도 접촉시기, 지속시간, 지역의 지형, 기압, 기류, 온도, 식물의 종류와 품종

[표 4-3] 착생이끼류의 "Tᵢ 값"과 생장한계의 SO_2 농도

종류	T_i 값	생장을 위한 SO_2 한계농도(ppb)
Leprariasp.	0.5	
Dirinaria applanata	1	20
Parmelia tinctorum		
Parmelia caperata		
Parmelia clavulifera	2	15
Parmelia leucotyliza		
Parmelia rudecta		
Genus Ramalina		
− Lobaria		
− Usnea	3	10
− Cladonia		
− Collema		
− Ochrolechia		

"T_i 값"은 조사지역 내에 생존하는 특정종의 착생 이끼류의 출현빈도와 그 종과 공존하는 종류의 종수로부터 평가됨.

및 생육단계 등의 영향을 받게 된다. 오염물질의 종류에 따라 피해 정도가 상이하나, 대기오염에 의한 피해는 단일오염물질에 의한 것보다 2종 이상의 오염물질이 복합적으로 작용한다. 대기오염물질의 접촉 시각에 따라 일사량과 침입경로인 기공개폐 정도의 차이가 있고 이와 관련하여 식물의 오염물질 흡수량에 차이를 일으키게 된다. 식물의 생육단계별 차이는 과수의 경우에는 일반적으로 개화기에 접촉될 때 결실에 큰 영향을 주며, 벼의 경우에는 활착기나 유수 형성기에 피해가 크다. 작물이 재배되는 토양의 비옥도에 따라서도 저항성에 차이가 있는데 오염된 토양의 경우에는 직접적인 영향을 받게 되며, 질소의 과다시용으로 내성이 작아지는 반면에 규산, 칼륨 및 칼슘시용으로 피해가 경감된다. 수분 상태에 따라 수분증산의 조절기능을 지닌 기공의 개폐 정도가 달라지기 때문에 수분이 많은 조건에서는 기공의 열림이 커져 가스흡수가 커지게 된다. 계절별로는 봄과 여름이 가을과 겨울에 비해 대기오염 피해가 커지는데 이는 온난한 기후조건에서 식물의 조직 및 세포가 연약하게 자라기 때문에 피해에 민감한 반면, 가을과 겨울에는 생육이 저하되어 대기오염 피해를 덜 받는 것으로 추정된다. 시간별로는 한낮에 식물의 동화작용이 왕성하여 기공이 열려 있어 피해가 커지게 된다. 온도가 높을수록 피해가 크고 지형적으로는 분

지나 곡간지처럼 기류가 정체되는 조건에서 피해발생의 우려가 크다.

(1) 황산화물 (SOx)

아황산가스에 의한 식물체의 피해는 기공을 통한 가스의 식물체내 유입속도가 식물체의 동화속도보다 빠를 경우 세포내에 축적되어 일어나는데 일반적으로 회백색 또는 갈색의 반점이 잎맥 사이에 무수히 발생하여 잎의 황화를 일으키고 피해가 심할 경우에는 고사하는 것이 특징이며, 조직의 수축, 낙엽현상, 수세의 약화현상과 성장억제 등을 초래한다. 급성피해는 농작물이 고농도의 아황산가스를 단시간에 흡수했을 때 나타나며 세포내에 함유된 엽록소의 급격한 파괴 및 세포괴사 등을 일으킨다. 만성피해는 저농도의 아황산가스가 장기간 노출되어 엽록소가 서서히 붕괴됨으로써 황화현상이 나타나는데 이는 세포는 파괴되지 않고 생명력을 유지하고 있으며 수일 후에 탈색이나 표백이 나타난다.

그림 4-11은 들깨 잎의 아황산가스 피해증상으로 회백색의 반점이 잎맥 사이에 무질서하게 무수히 나타나며 심한 잎은 반점 중심부가 백색으로 탈색되고 구멍이 뚫리게 된다.

피해대책

석탄이나 석유 같은 화석연료 대신 황함량이 적은 대체자원 개발로 공장이나 사업장으로부터 배출되는 아황산가스의 양을 최대한으로 제한하는 것이 바람직하나 현재로서는 경제성이 문제가 되며, 굴뚝을 높여 확산·휘산 등으로 주변지역의 피해를 줄일 수 있으나 지구 전체로서 볼 때 근본

[그림 4-11] 들깨의 아황산가스 피해증상

[표 4-4] 주요 식물의 아황산가스에 대한 감수성

구 분	식 물 명
감수성	보리, 양상추, 고구마, 시금치, 무, 호박, 메밀, 귀리, 콩
보 통	사탕무우, 토마토, 사과, 배, 포도, 복숭아, 살구, 수박
저항성	감자, 옥수수, 부추, 참외, 장미, 라일락, 단풍나무

적인 대책이라 할 수 없다. 아황산가스에 대한 식물 피해경감방법으로는 저항성 작물이나 품종재배, 단백질 대사를 증가시켜 저항성을 높이기 위한 질소 증시, 삼투압조절과 원형질 내 이온교환능력을 높이기 위한 칼리 및 규회석의 시용, 그리고 석회유를 살포하는 방법 등이 있다.

(2) 질소산화물

질소산화물(NO_x)에 의한 피해는 잎 가장자리의 엽맥 사이에 백색 또는 황갈색의 불규칙한 반점을 형성하는 것과 잎에 기름이 묻은 듯이 녹색부위가 뚜렷해지는 현상을 나타낸다. 이산화질소가스에 대한 작물의 감수성 정도는 표 4-5와 같이 갓과 담배가 피해에 예민하다고 보고되어 있다.

그림 4-12는 오이 잎에 0.2mg/L의 이산화질소가스를 접촉한 피해증상으로 주간에 접촉된 경우에는 황갈색 반점이 잎맥 사이에 나타나고 심한 경우는 백색으로 고사된다. 반면에 이산화질소가스를 야간에 접촉한 피해증상은 잎 가장자리가 백색의 선을 이루며 고사한다.

[그림 4-12] 이산화질소가스에 의한 오이,
잎의 피해(주간 접촉)

피해대책

이산화질소가스에 대한 식물의 피해를 줄이려면 다른 대기오염물질들과 마찬가지로 배출원으로부터 가스 배출량을 억제하고 저항성 작물 및 품종을 선택하여야 한다. 아울러 비닐하우스 내에서 가스가 발생할 경우에는 속히 환기를 시켜 피해를 조기에 방지하여야 한다.

[표 4-5] 주요 식물의 이산화질소가스에 대한 감수성

구 분	식 물 명
감수성	갓, 담배, 해바라기, 진달래
보 통	민들레, 라이밀
저항성	명아주, 아스파라거스

(3) 오존

오존(O_3)의 피해는 일반적으로 잎의 표면, 특히 책상조직과 표피에 피해를 준다. 피해 부위의 책상조직 세포의 핵이 수축되어 구형이나 불규칙한 타원형이 된다. 일반적인 피해증상은 회백색 또는 갈색 반점이 균일하게 확대되어 주름이 불규칙하게 분포한다. 세포조직이 영구적인 피해를 입으면 그 부위가 물에 젖은 듯한 외형을 나타내고 회백색으로 변한다.

[그림 4-13] 오존에 의한 벼잎의 피해
(높은 광도에서 접촉)

그림 4-13은 오존에 의한 벼잎의 피해증상으로 광도가 낮거나 그늘에 접촉된 경우에는 적갈색의 반점이 잎맥을 따라 나타나며, 광도가 높은 상태에서 오존가스의 피해를 받을 경우에는 은백색의 미세한 반점이 잎맥 사이에 무수히 나타나는 특징을 보인다. 생육시기별 벼의 오존피해는 최고분얼기에 피해가 크고 출수기에는 피해가 적다.

피해대책

오존을 생성하는 1차 오염물질인 질소산화물과 탄화수소를 배출하는 자동차에 대한 대책이 요구된다. 오염된 대기를 정화하기 위하여 질소산화물 흡수력이 좋은 은행나무 등의 환경정화수를 식재하는 방법이 있다.

[표 4-6] 주요 식물의 오존가스에 대한 감수성

구 분	식 물 명
감수성	시금치, 강남콩, 토마토, 담배, 파, 알팔파, 호박, 보리, 양파, 무, 들깨
보 통	양상추, 맨드라미, 라일락, 개나리, 벚나무
저항성	양배추, 박하, 후추, 글라디올러스, 은행나무, 튤립, 팬지

(4) 불화수소가스

불화수소(HF)는 기공을 통하여 식물체내로 들어가 도관에서 불화수소산이 형성되고 증산을 통해 상승하는 동안 규산과 결합하여 규불화수소산이 된다. 규불화수소산과 불화수소산은 세포막을 통하여 피해를 주고 원형질이나 엽록소를 파괴하여 효소작용과 광합성을 억제하여 세포를 고사하게 한다(그림 4-14). 표 4-7에서 보는 바와 같이 잎의 선단이나 가장자리 부분에 피해를 주는 특성이 있어 대기오염의 좋은 지표가 된다. 고형의 불화염은 잎 내부로의 침투가 거의 없어 피해가 적고 물에 녹을 경우에는 용해도와 잎 표면의 온도에 따라 피해 정도가 달라진다.

식물에 가장 유해한 불소화합물은 불화수소(HF)로 독성은 50~200 ppm에서 뚜렷한 피해를 입는 식물이 많고 피해증상이 아황산가스와 달리 반점 형성은 적은 반면에 잎둘레 또는 잎끝에 나타나는 특성을 지닌다. 잎으로 흡수된 불화물이 줄기나 뿌리로 이동이 어려워 부위별로는 잎에 가장 많은 양이 축적된다.

일반적으로 감수성 식물은 잎 중 불소농도가 50~200 mg/kg에서 피해를 나타내지만 저항성이 큰 식물은 500 mg/kg 이상에서도 피해를 나타내지 않는다.

[그림 4-14] 불화수소에 의한 복숭아의 'Soft suture' 증상

피해대책

농작물의 불소피해 경감방법으로는 근본적으로 대기로의 배출량을 줄이는 적극적인 방법과 경종적인 방법으로는 저항성 작물 및 품종 재배와 규

[표 4-7] 불화수소 피해식물의 잎 부위별 불소함량[†]

(단위: mg/kg)

구 분	벼	떡갈나무	칡넝쿨	잡 초
선 단 부	163	270	280	538
중 심 부	63	215	115	75
오염원으로부터 거리(m)	500	500	500	100

† : 피해 후 18일 경과.

[표 4-8] 주요 식물의 불화수소에 대한 감수성

구 분	식 물 명
감수성	복숭아, 옥수수, 감자, 딸기, 포도, 살구, 글라디오러스
보 통	보리, 시금치, 고구마, 사탕무우, 상추, 완두콩, 강남콩, 사과, 크로바
저항성	토마토, 호박, 오이, 담배, 콩, 고추, 가지, 셀러리, 감귤

회석, 석회물질 및 인산 증시 등이 있다.

(5) 암모니아가스

암모니아가스(NH_3)에 의한 식물피해는 가스가 기공이나 표피를 통해 들어가 색소를 파괴하여 그림 4-15와 같이 잎에 흑색반점을 형성하거나 잎 전체를 백색 또는 황색으로 변색시킨다. 경우에 따라서는 급격히 회백색으로 퇴색시킨다. 또한 암모니아가스가 뿌리에 접촉되면 뿌리가 흑색으로 변하며 줄기가 입고병증상과 같은 잘록현상이 생긴다. 식물의 민감도는 급성과 만성에 따라 차이가 나는데, 침엽수의 경우에는 급성피해에는 강하지만 만성피해에는 예민함을 보인다. 피해는 엽록체를 파괴하여 광합성능을 저하시키고 식물체내 pH를 높여 뿌리의 수분흡수를 억제한다.

겨자와 해바라기 등의 감수성 식물들은 3 ppm의 암모니아가스에 의하여 피해증상을 나타낸다. 암모니아가스 접촉시각별로는 주간에 접촉될 경우가 야간보다 피해가 컸으며, 주간에도 그늘보다 광조건하에서 피해가 큰 것으로 알려져 있다. 또한 수분조건에서는 토양수분함량이 높을수록 피해가 크다.

피해대책

암모니아가스를 취급하는 시설에서 가스 배출을 억제하고 질소질비료의 과용 및 미숙유기물 시용을 지양한다. 질소질비료는 알카리성비료와 혼용을 금지하고 비닐하우스 내의 환기를 철저히 하여 암모니아가스의 축적을 방지한다.

[그림 4-15] 암모니아가스에 의한 오이잎 피해

4.4.4. 오존층 파괴와 농업

자외선은 태양광선 스펙트럼에서 보라색 부분의 단파장 측에 있는 눈에 보이지 않는 복사선을 말한다. 자외선은 파장이 200~380 nm에 해당하며, 대기중의 오존층은 태양복사 파장 중 생물에게 가장 유해한 파장, 200~280 nm(UV-C)의 단파장은 거의 전량이 오존층에 흡수·차단되며, 비교적 덜 해로운 파장 280~320 nm(UV-B)도 70~90%를 흡수하여 생물권의 생명체를 보호하는 역할을 하고 있다.

오존층(ozone layer)은 전체 대기의 10만 분의 1에 불과하지만 성층권에서 지구를 얇게 감싸 태양빛에서 나오는 유해 자외선을 차단함으로써 지구상의 생명체를 보호하는 역할을 하고 있다. 그러나 냉장고, 에어컨, 스프레이 등에 널리 사용되는 프레온가스가 이 오존층을 파괴하여 남극상공에 오존구멍이 생겼다. 즉, 남극상공 성층권의 오존농도가 정상의 1/3 이하로 줄어들었음을 말한다.

북반구에서는 이런 현상으로 지난 20년간 성층권 오존량이 3% 정도 감소하였다. 온실효과가 지구대기에 오염물질이 불순물처럼 껴서 동맥경화를 일으키는 것이라면, 오존층의 파괴는 지구의 생명보호막이 파열되는 것과 같다.

다른 한편으로는 앞으로 오존층 파괴 못지않게 지표 부근에서 발생하는 오존증가의 문제가 심각한 대기오염과제가 될 것이나, 여기에서는 성층권의 오존에 관해서만 언급하고자 한다.

(1) 오존층 오존의 파괴

성층권의 오존은 인류의 활동으로 생성된 질소산화물, 염소, 염화불화탄소류(CFCs) 등에 의해 파괴된다. 특히 염화불화탄소는 성층권에서 태양광선에 의하여 자체 분열되어 염소원자가 떨어져 나와 연속적으로 오존 분해작용을 일으킨다. 예를 들면, 한 개의 염소와 같은 촉매가스는 1,000개 정도의 오존을 차례대로 파괴한다. 염화불화탄소(CFCs)가 성층권의 오존파괴과정은 그림 4-16과 같이 성층권으로 올라간 CFCs 분자들은 자외선에 의하여 분해되어 유리염소원자(Cl)들을 방출한다. 이 원자들은 오존(O_3)과 반응하여 산화염소(ClO)를 만들어 낸다. 이어 산화염소(ClO)는 산소원자와 반응하여 다시 염소(Cl)를 방출하고, 이것이 다시 다른 오존분자와 반응하는 과정이 여러 번 계속될 수 있다. 오존층 파괴에 영향을 미치는 가스들의 종류를 표 4-9에 제시되어 있으며, 이들의 용도·생산량 및 잔류기간은 다음과 같다.

[표 4-9] 주요 오존층 파괴물질의 용도·생산량 및 잔류기간

종류	구성성분	오존파괴지수	용도	1985년 세계생산량(톤)	대기권 잔류기간(연)
CFC-011	$CFCl_3$	1.0	냉각, 에어로졸, 발포제	298,000	65-75
CFC-012	CF_2Cl_2	0.9-1.0	냉각, 에어로졸, 발포제, 살균 식품냉동, 열탐지, 경고장치, 화장품, 가압송풍장치	438,000	100-140
CFC-113	CCl_3CF_3	0.8-0.9	용제, 화장품	138,000	100-134
CFC-114	$CClF_2CClF_2$	0.7-1.0	냉각		300
CFC-115	$CClF_2CF_3$	0.4-0.6	냉각, 거품크림 안정제		500
할론 1301	$CBrF_3$	10.0-13.2	소화(消火)	2,600	110
할론 1211	$CClBrF_2$	2.2-3.0	소화(消火)	2,600	15
HCFC-22	$CHClF_2$	0.05	냉각, 에어로졸, 발포제, 소화(消火)제	81,200	16-20
메틸 클로로포름	CH_3CCl_3	0.15	용제	499,500	5.5-10
사염화탄소	CCl_4	1.2	용제	71,200	50-69

※자료: 지구의 위기, 1992.

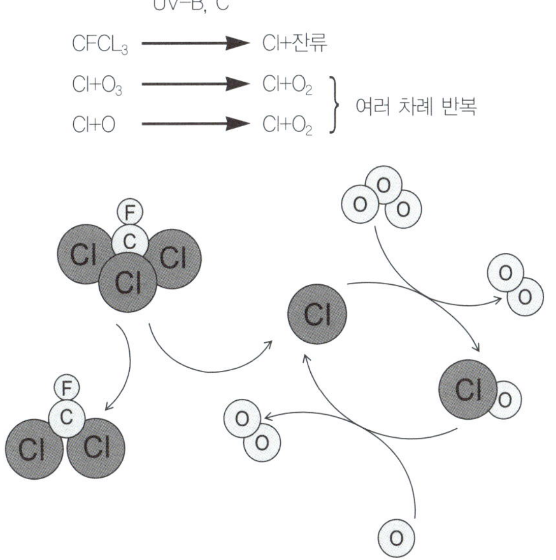

[그림 4-16] CFCs에 의한 오존파괴 과정

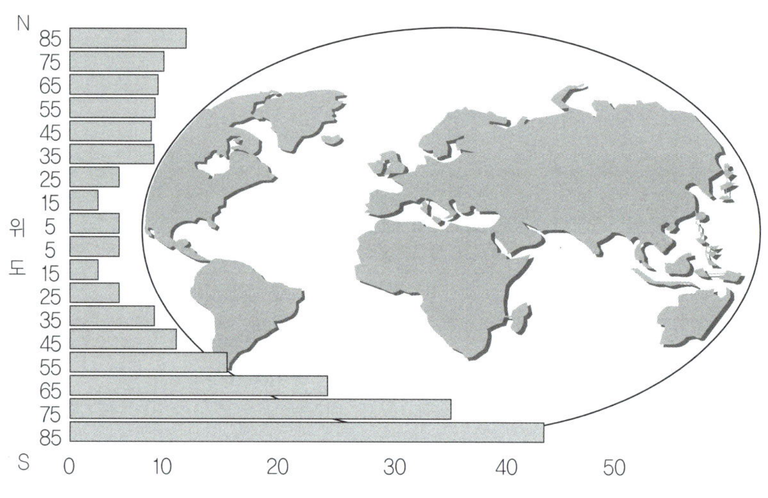

[그림 4-17] 위도별 10년마다 예상되는 UN-B의 유입량

우리나라 서울 상공에서 관측된 오존량도 지난 10년간 약 3%가 감소된 것으로 나타났다. 대략 성층권 오존량이 5% 감소하면 지표면상의 UV-B(280~320 nm)의 유입량은 10%가 증가한다. 그림 4-17은 현재와 같은 추세로 오존량이 감소할 경우 10년마다 지구의 지역에 따라 지표면에 유입되는 UV-B의 증가율을 나타낸 것이다. UV-B 유입량이 가장 큰 곳은 남극지역이 될 것이고, 세계의 인구밀집 지역인 북반구(35~60°N)는 7% 증가할 것으로 예측되고 있다.

(2) 농업에의 영향

1) 작물에의 영향

UV-B의 증가가 반드시 작물생장을 저하시키는 것만은 아니고 어떤 경우에는 반대로 생장이 증가하기도 하고 또는 UV-B의 조사구와 대조구 사이에 유의한 차이를 나타내지 않는 경우도 있다. 또한 UV-B에 대한 영향은 똑같은 식물종에서도 사용한 품종, 연구자, 시기, 지역에 따라 그 결과가 다르다. 많은 경우에 이들 차이는 품종과 UV-B 조사실험에 있어서 실험조건의 차이에 따른 경우가 많다. 지금까지 온실과 인공기상실에서 행해진 UV-B 조사실험의 결과는 표 4-10에 요약되어 있다.

[표 4-10] 육상식물에 대한 UV-B 증대의 영향식물의 반응

식물의 반응	영향
광합성	많은 C3, C4 식물종에서 감소한다.
엽의 기공 확산	감소한다. 즉, 기공이 폐쇄된다.
물이용효율	거의 모든 종에서 감소한다.
엽면적	거의 모든 종에서 감소한다.
엽의 두께	거의 모든 종에서 증가한다.
작물의 성숙 속도	영향 없다.
개화	저해 또는 촉진된다.
건물 생산과 수량	많은 종이 감소한다.
식물종의 감수성	UV-B에 대한 감수성은 식물종에 따라 큰 차이가 있다.
품종의 감수성	품종에 따라 다른 반응을 나타낸다.
건조 스트레스 감수성	물부족에 대한 감수성은 높아진다.
양분 스트레스 감수성	식물종에 따라 차이가 있다.

2) 엽면적의 변화

식물기관 중 가장 환경 스트레스에 감수성이 큰 것은 잎이다. 각종 스트레스와 같이 UV-B 조사량의 증대는 식물의 엽면적을 감소시킨다. 인공기상실 내에서 70여 종 이상의 식물종에서 60% 이상이 엽면적이 감소했다고 한다. 엽면적이 가장 크게 감소한 식물은 대두, 강남콩, 완두, 오이, 수박, 대황 등이 있고, 벼, 소맥, 대맥, 귀리 등의 곡류와 땅콩, 목화, 해바라기는 엽면적에 큰 영향은 보이지 않았다. 이 외에 가장 감수성이 높은 식물은 엽면적이 60~70%나 저하하였다.

3) 엽두께의 변화

많은 식물종에서 UV-B에 의한 엽면적 감소와 더불어 엽중비(엽중/엽면적)가 증가하는 것이 관찰되었다. 이와 같은 반응은 UV-B에 대한 하나의 적응반응이라고 생각되어지고 있다. 즉, 엽의 두께를 증대시킴에 따라서 엽표면에 가까운 세포는 UV-B의 공격을 받게 되더라도 그 아래에 있는 세포군에는 유해한 UV-B가 도달되지 않게 되고 정상적인 세포 활동을 할 수 있는 것이다. 그러나 이 엽의 두께 증가는 UV-B의 장애의 결과로서 나타나는 것이나, UV-B에 대한 식물의 적응기구인지에 대해서는 밝혀져 있지 않다.

UV-B를 담배잎에 처리하면 상층부 잎의 가장자리가 위로 말린다. 이것은 아마도 UV-

B에 의하여 잎의 가장자리 식물호르몬(IAA)이 파괴되어 아래 부분의 생장이 상대적으로 커서 잎말림현상이 나타난 것이 아닌가 생각된다. 특히 사초과 식물류는 UV-B를 처리하면 가지의 수가 증가하고, 엽장이 짧아지며, 엽수는 증가한다.

4) 광합성 저해

광합성은 식물이 광에너지를 이용하여 탄산가스와 물로부터 유기물을 합성하는 반응이다. 강한 UV-B조사는 많은 식물종의 광합성 속도를 저하시킨다. 특히 인공기상실 내에서 가시광선량이 적은 경우에는 광합성의 저해가 현저하다. 몇 가지 식물종에 있어서 UV-B에 의한 광합성속도의 저하는 명반응에서의 전자전달의 활성화와 관련이 있다. 또한 제1광계보다 제2광계가 UV-B의 장해를 받기 쉽다. 그 외에 지나치게 강한 광의 조사와 저온조건, 오존과 SO_2 등의 대기오염가스에 폭로되었을 때에도 제2광계가 장해를 일으키기 쉽다는 것이 알려져 있다(陽 捷行, 1995).

UV-B 수준에 따른 순광합성은 식물 종에 따라 달라 전혀 변화가 없는 것으로부터 40% 감소하는 것까지 있다. UV-B는 식물색소의 양, 증산율, 기공전도도에도 영향을 준다. 표 4-11은 몇 가지 식물종의 UV-B에 대한 감수성을 나타낸 것이다.

[표 4-11] 생물량 축적을 기초로 한 몇몇 식물 종의 UV-B에 대한 감수성과 저항성

식물 종	감 수 성	중 간 형	저 항 성
섬유작물		목화	
C3 곡류작물	보리, 귀리벼, 호밀	밀, 해바라기	
C4 곡류작물		수수	옥수수, 기장
두과작물	대두, 완두	강남콩, 완두	
과일작물	토마토, 오이, 호박 멜론, 나무딸기	고추	오렌지, 가지
줄기작물	대황, 사탕수수		셀러리, 아스파라거스
뿌리작물	사탕무우, 당근	감자	무, 양파, 방풍나물
채소작물	꽃양배추, 브로콜리 근대, 겨자, 시금치	상추	양배추, 셀러드용 양배추
사료작물			레드클로바, 알팔파
화훼작물	불르벨, 콜레우스	페츄니아	메리골드, 포인세티아
수 목	자작나무	참나무, 너도밤나무	대부분의 침엽수

※자료: Runeckels et al, 1994.

주요 작물인 벼는 UV-B에 의하여 생장이 상당히 억제되며, 다른 곡류작물은 영향이 덜하다. 영국에서 완두의 경우 10년후 위도 52°N 부근에 오존감소에 의한 UV-B의 예상되는 증가량 7%를 처리한 결과 수량이 7%가 감소되었다(UNEP 보고서, 1991).

5) 기공폐쇄와 증산작용의 감소

UV-B에 의한 광합성저해로서는 엽록체의 직접적 장애와 더불어 간접적인 영향으로서 기공의 폐쇄를 들 수 있다. 기공개도를 나타내는 물리량으로서 엽의 기공확산 저하가 그것이다. 그러나 UV-B에 의한 광합성속도의 저하와 평행하게 엽의 증산속도도 저하된다는 보고도 있고, 또한 영향이 없다고 하는 보고도 있어 기공개도에의 영향은 분명하지 않다.

4.4.5 산성비와 농업

산성비(Acid rain)의 영향은 풍향과 풍속에 따라 차이는 있으나 수백 km를 이동하여 주변 국가에도 직접 또는 간접적으로 영향을 주기 때문에 국제적 차원의 환경문제로 대두되었고, 세계 각국은 산성비 피해에 대하여 공동으로 대처하고 있다. 그동안 산성비의 피해는 북미와 유럽에서 주로 발생하였으나 최근 경제발전에 따른 에너지 사용량의 증가로 아시아에서도 산성비와 대기오염문제는 앞으로 심각한 환경문제화 될 것이다.

(1) 산성비의 발생

산성비의 원인물질은 주로 이산화황(SO_2)이나 질소산화물(NOx)이다. 이들의 대기중 방출은 자연적 요인과 인위적 요인으로 나눌 수 있다. 자연적 요인으로는 육상 및 해상 생물에 의한 방출과 산불, 지질운동, 번개, 대기중의 먼지 등 비생물적인 요인들이 있으며, 인위적인 요인으로는 공장, 가정 및 교통수단 등 인간생활으로부터 기인되는 요인들이 있다. 강우는 대기로부터 오염물질들을 정화하는 중요한 기작으로 산성비의 생성은 아황산가스나 질소산화물들이 대기중에서 그림 4-18과 같은 복잡한 반응을 거쳐 산성물질을 형성한다. 이는 건성 침전물(Dry deposition) 또는 습성 침전물(Wet deposition)에 의하여 강하된다. 전자는 산성비 전구물질인 SO_2나 NOx 등이 기체상태로 직접 식물체, 토양 및 수

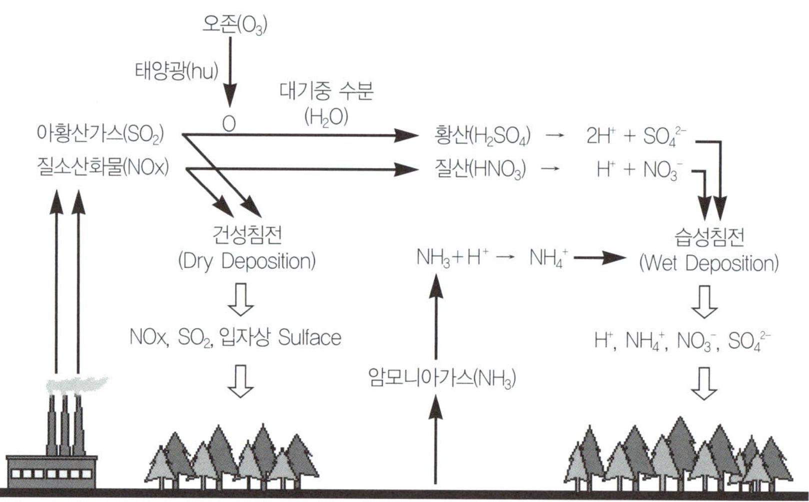

[그림 4-18] 산성비의 생성과정

면에 흡수되거나 연무질(煙霧質, Particulate aerosols)이 중력에 의하여 침강되는 것이다. 후자의 경우는 산성물질들이 대기중의 수분과 결합하여 강우형태로 침강하는 것으로, pH가 5.6 이하를 나타내게 되면, 이를 산성비라 한다. 이 기준은 비오염지의 대기중 이산화탄소(약 340 ppm)가 대기중의 수증기에 의하여 용해될 때 생성되는 탄산의 수소이온농도를 기준으로 한 것이다.

(2) 농업에의 영향

산성비는 식물체에 직접적인 피해를 주며, 관개수원의 수질을 변화시키고, 경지의 산도를 낮추며, 중금속류의 미립자는 경지에 낙하하여 토양을 오염시킨다.

산성비가 작물에 미치는 영향은 산성비가 작물체에 접촉함으로써 발현되는 직접적 영향으로 가시장해, 광합성저해, 기공기능의 저해 등을 들 수 있다. 한편, 그 이외의 영향으로는 토양의 산성화에 의한 유해금속의 활성화 및 양분원소의 흡수 저해, 토양 중 양분의 용탈 또는 작물체 표면으로부터의 양분용탈 촉진에 의한 양분 결핍, 산성비에 포함된 질소의 엽면 흡수에 따른 식물체내 양분불균형의 악화 등이 있다. 또한 환경 스트레스에 의한 내성의 저하 등도 큰 문제가 되고 있다. 더불어 위에서 언급한 각 요인간의 상승작용에 의한 복합적인 영향도 생각할 수 있다.

1) 작물에의 영향

자연조건하에서 산성비 접촉에 의한 장해의 예로서, 화훼의 탈색이 잘 알려져 있다. 나팔꽃을 산성비에 의한 탈색의 지표식물로서 이용하려는 시도도 있다. 인공산성비의 처리 실험에 의하면 엽면상에 백색 또는 적갈색의 괴사반이 생겨난다. 괴사반이 생겨나는 pH는 식물의 종 및 품종에 따라 다르지만, 일반적으로 pH 3.0 이하가 되면 생긴다. 괴사반의 대부분은 산성비가 머무는 부분에서 생겨난다. 식물에 따라 잎의 형태나 표피구조가 다르므로 산성비가 머무는 부분을 특별히 정할 수는 없지만, 주로 엽맥부나 엽연부에서 생겨나는 경우가 많다. 또한 괴사반이 생겨남과 동시에 잎이 기형화하는 경우도 있다.

이석순 등(1997)이 인공산성비 처리에 의한 잎의 가시적 피해를 조사한 결과를 보면, 벼, 콩, 고추는 pH 1.8에서 피해 정도가 2.8~3.0, 또 pH 2.3에서는 1.7~2.5 등급의 가시적 피해가 나타났다. 감자에서는 pH 1.8까지도 가시적 피해는 전혀 나타나지 않아 작물에 따라 그 반응이 다르다고 하였다. 피해증상은 벼에서는 잎 선단으로부터 상당한 부분이 갈색반점을 나타냈고, 인공산성비의 pH 농도가 낮을수록 피해 정도가 더 심해지는 경향이 있다(표 4-12).

[표 4-12] 몇몇 작물의 인공산성비에 의한 잎의 가시적 피해

인공산성비의 pH	가시적 피해(0~9)			
	벼	대두	토마토	고추
1.8	3.0	3.0	0.0	2.8
2.3	2.5	1.3	0.0	1.7
2.8	0.0	0.0	0.0	0.0
6.0	0.0	0.0	0.0	0.0

0: 가시적 피해가 없음, 1: 10% 갈색, 2: 20% 갈색, 3: 30% 갈색 등.
※자료: 이석순 등, 1997.

2) 광합성 및 수량에의 영향

pH가 낮은 산성비의 첩촉에 의해 식물의 광합성속도가 저하된다(Taniyama 등, 1981). 그러나 동시에 pH 2.0과 같이 극히 산성도가 높은 경우를 제외하고 산성비에 의한 광합성속도의 저하는 검출하기 어려운 수준으로 미미한 경우도 있다. 이석순 등(1997)이 인공

[표 4-13] 몇몇 작물의 광합성 능력에 대한 인공산성비의 영향

인공산성비의 pH	광합성 능력($mgCO_2/dm^2/hr$)			
	벼	대두	토마토	고추
1.8	12.9ns	12.6c	11.6b	17.5b
2.3	13.9	14.9b	13.0ab	17.0b
2.8	14.5	19.2a	14.3a	21.1a
6.0	14.2	20.8a	14.4a	21.2a

※자료: 이석순 등, 1997.

산성비를 처리한 결과 표 4-13에서 보는 바와 같이 벼에서는 처리 간에 광합성 능력의 차이는 없었다. 그러나 콩, 감자, 고추에서는 pH 2.8 이하에서는 pH가 낮을수록 광합성 능력이 떨어진다. 산성비가 광합성에 큰 영향을 미치지 않는다는 사례도 있어, 현재의 산성비 수준은 직접적으로 광합성을 크게 저해하지 않는다고 보아도 될 것 같다. 또한 조직내로 침투한 산성비에 의한 엽록소함량이 감소한다는 보고도 있으나(Johnston 등, 1982), 발생기구에 대한 연구가 거의 되어 있지 않다.

Agrawal 등(1999)의 인공산성비에 의한 건물량의 감소를 보면 채소작물이 산성비에 가장 민감하였으며, 다음으로는 대두와 목화 그리고 그 다음은 곡류작물이었다(표 4-13). pH 4.6의 인공산성비에서의 건물량 감소는 채소류에서는 5~12%였으며, 대두와 목화에서는 pH 4.1까지는 수량이 감소하지 않았다. 반면에 밀과 보리는 pH 3.6까지 건물량의 감소를 보이지 않았다.

3) 토양의 산성화

토양으로부터 용탈되는 교환성 염류의 양은 강우의 pH가 낮을수록 많아진다. 따라서 산성비에 의하여 토양의 산성화가 촉진될 가능성이 있다. 토양의 산성화에 따라 특히 문제가 되는 것은 용출된 알루미늄(Al)에 의한 식물의 생육장해작용이다. 토양 중의 알루미늄이온의 농도가 일정 수준을 초과하면 식물의 뿌리가 장해를 받아 수분 및 양분흡수가 저해되어 생육이 감퇴한다.

Al의 해작용은 칼슘(Ca) 등의 염류농도가 높으면 경감된다. 따라서 그 해작용은 Al이온의 절대량은 아니고, 염류와의 비율에 따라 평가된다. 토양산성화에 따른 Al 용출의 척도

로서는 Ca/Al이나 Mg/Al이 사용된다.

4) 식물체로부터의 염류용탈

일반적으로 비에 의해서도 식물체 표면으로부터 염류가 용탈되지만, 강우의 pH가 낮을수록 용탈된 염류의 양은 많아진다. 염류의 용탈은 주로 식물체 표면에 있어서 산성물질의 중화 또는 완충반응의 형태로 일어난다. 현재 수준 강우의 산성 정도에도 염류의 용탈이 촉진된다고 생각되나, 정상적인 토양 양분상태에서는 산성비에 의한 염류의 용탈 자체가 식물생육에 제한요인이 된다고는 생각되지 않는다.

(3) 수목에의 영향

현재 각국에서 수목, 삼림의 쇠퇴현상이 확인되고 있지만 이러한 원인으로서 고찰되고 있는 요인은 표 4-14와 같다. 일반적으로 삼림의 쇠퇴원인에 관해서는 한 가지 요인에 의해서가 아니라 많은 요인이 복합적으로 작용하고 있다고 여겨진다.

[표 4-14] 수목 피해요인과 작용기구

요인	수목에 대한 작용기구	인용문헌
토양 산성화	산성비에 의한 토양의 산성화로 토양양분의 용탈 및 알루미늄(Al)의 용출	Urich (1983)
마그네슘(Mg) 결핍	산성비에 의한 토양 및 식물체로부터 마그네슘이 용탈에 의한 마그네슘의 결핍	Moseholm and Andersen (1986) Schutt and Cowling (1985)
오존 및 황산화물	오존 및 황산화물에 의한 직접적 피해	Aschmore(1985), Krause (1986)
질소 과잉	질소 과잉흡수에 의한 과잉성장에 따른 상대적인 양분결핍	Fiedland 등 (1984)
복합 스트레스	상기한 용인들의 상가적 또는 상승작용 또는 기후, 양분 등의 스트레스의 복합적 영향	Hinrichsen (1986), Kikens (1989)

※자료: 新しい農業氣象·環境の科學, 1994.

4.4.6 생태계에서 탄소순환과 격리

탄소는 대기→식생→토양 사이에서 교환되어 순환한다. 탄소의 흐름은 대략적으로 대기→식생→토양으로 되지만, 에너지와 같이 최종적으로 생태계 외로 방출되는 일방적인 것은 아니고, 그 일부는 다시 생태계 내로 순환되는 흐름이다(그림 4-19).

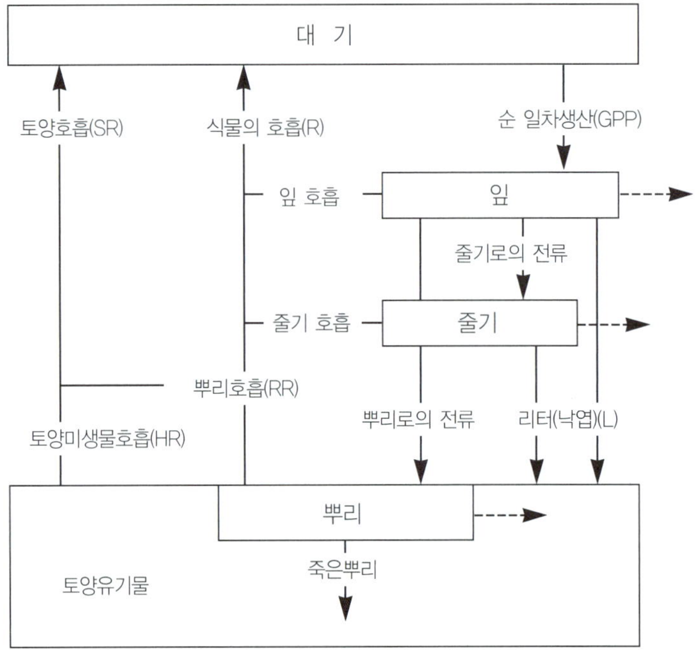

[그림 4-19] 탄소순환의 모델

탄소순환의 평가에 이용되는 것이 순일차 생산량(net primary production, NPP)이다. NPP는 모든 영양생물의 에너지 원천으로, 생태계 레벨에서의 CO_2 흡수량은 생태계 순생산량(net primary ecosystem production, NEP)에 의하여 평가된다. NEP는 NPP로부터 생물계에 의한 호흡량(heterotrophic respiration, HR)을 뺀 양으로서 정의된다.

$$NEP = NPP - HR$$

NEP는 지구 규모의 탄소순환에 있어 가장 중요시되고 있는 플럭스이다. NPP > HR이라면 생태계는 싱크, NPP 〈 HR 이면 소스이다. 식생이 젊은 장소 또는 천이 초기인 경우에는 생태계는 싱크로서 기능하지만, 성숙한다면 NPP와 HR이 평형을 이루고 싱크도 소스도 아닌 상태에 이른다.

HR은 토양 중의 종속영양생물(특히 미생물)의 호흡으로, SR에 대한 HR의 비율은 50~70% 정도이다. 일반적으로 HR의 비율은 삼림보다도 초원에서 낮다.

탄소격리(Carbon sequestration)란 대기중의 이산화탄소를 광합성에 의하여 토양유기물로 고정하여, 생태계의 순환에서 격리하여 대기의 이산화탄소 증가를 완화하자는 개념이다. 지구온난화로 기온이 올라가면, 토양의 유기물분해량은 많아지고, 대기의 이산화탄소 농도는 높아지게 되며, 이는 다시 온난화를 가속화 시키게 된다. 특히 냉한대지역의 영구동결층이 녹게 되면, 영구동결층에 남아 있던 유기물의 분해가 진행되며, 그 양은 막대한 것으로 추정된다. 이에 따라 탄소격리의 중요성이 점차 커진다.

참고문헌

기상청, 「한국기후표」, 2001.
김광식 외 15인, 「농업기상학」, 향문사, 1995.
김수일 외, 「생화학」, 문운당, 1990.
김정열 · 이강응 역, 「기후변동」, 사이언스북스, 1999.
류복모, 「지형공간정보론」, 동명사, 1994.
안재훈 외, 「감자 역병 초발생일 예찰을 위한 '이동평균법' 개발」, 「한국식물병리학회지」, 1998, 14(1): 34-40면.
윤진일, 「농업기상학」, 아르케, 1999.
이종범, 「대기오염기상학」, 신광출판사, 2000.
이창덕, 「고랭지농업」, 강원대학교 출판국, 1987.
임정남 외, 「농업기상용어해설」, 향문사, 1987.
전성우 외, 「기후변화에 따른 생태계 영향평가 및 대응방안 연구Ⅲ」, 2002.
형기주, 「농업지리학」, 법문사, 1993.
홍성길 · 최희승, 「미기상학」, 신광출판사, 1980.

日本農業氣象學會 關東支部, 『農業氣象の測器と測定法』, 農業技術協會, 1988, 332면.

長野敏英 外 11人, 『農業氣象·環境學』, 朝倉書店, 1986, 191면.

坪井 八十二 外 19人, 『農業氣象ハンドップ』, 養賢堂, 1961. 600면.

坪井 八十二 編者, 『農業氣象學』, 養賢堂, 1995, 183면.

Aguado E., J. E. Burt, *Understanding Weather & Climate* 2nd Ed., Ptentice Hall: 505, 2001.

Campbell G. S., *Fundamentals of radiation and temperature relation*, New York, 1981.

Dale J. E. and F. L. Milthorpe, *The growth and functioning of leaves*, Cambridge University Press, 1983.

de Wit C. T. and J. Goudriaan, *Simulation of ecological process*, Pudoc, Wageningen, 1974.

Fireman, D. M,. and E. J. Allen, Relationship between light interception ground cover and leaf area index in potatoes, *J. Agric. Sci. Camb*, 1989, 113: pp. 355–359.

France J. and H. M. Thornley, *Mathematical model in agriculture*, Butterworth, London, 1984.

Fuchs M., G. Asrar and E. T. Kanemasu, Leaf area estimates measurements of photosynthetically active radiation in wheet canopies, *Agric. For. Meteorol*, 1984, 32: pp. 13–22.

IPCC, Climate Change, Impacts, Adaptations and Mitigation of climate change: *Scientific–Technical Analyses*, Cambridge Uni. Press, London, 1995.

Krause R. A., L. B. Massie and R. A. Hyre, BLITECAST: A computerized forecast of potato late blight, *Plant Dis. Rept.*, 1975. 59(2): pp.95–98.

Penning de Vries, F. W. and H. H. van Laar, *Simulation of plant growth and crop prodution*, Wageningen, 1982.

Shibles R. M. and C. R. Weber, Interception of solar radiation and dry matter production by various soybean planting pattern, *Crop Sci.*, 1996, 6: pp.55–59.

Terry N., L. J. Waldron and S.E. Taylor, The growth and functioning of leaves Ⅰ, *Leaf growth and the development of function*, Cambridge Uni. Press, 1983.

Thornley J. H. M., *Mathematical models in plant physiology*, Academic Press, London, 1983.

Ag-Environmental Science

Chapter **05**

농업환경과 농약

05 농업환경과 농약

5.1 농약과 방제

근대농업에서 농업생산성의 향상을 위하여 병해충 및 잡초로부터 작물을 보호하여야 함은 필연적으로 요구되는 사항이며 이들을 효율적으로 방제하기 위하여 다양한 기술들이 시도되고 있다. 이들 중 해충방제를 위하여 사용되는 기술형태는 크게 화학적·생물학적·물리적 방제기술 및 이러한 제반기술들을 복합·응용하는 종합방제체계(integrated pest management)를 들 수 있다.

이 중 화학적 방제기술은 주로 해충에 대한 생물학적 활성이 높은 화합물들, 즉 농약을 살포하는 방법으로 해충의 밀도를 경제적 피해 수준 아래로 낮추는 데 소요되는 비용과 노력이 다른 방제기술에 비하여 상대적으로 낮은 장점이 있어 가장 널리 사용되고 있다. 그러나 이러한 활성화합물들의 사용은 방제의 기본 목적인 해충밀도의 감소에는 탁월한 효과가 인정되나, 현재까지는 그 선택성의 결여로 인하여 다른 방제기술에 비해 비표적 생물계에 대한 교란 정도가 크며 또한 살포화합물의 환경 중 잔류로 인한 만성적 위해(慢性的 危害, chronic hazard)를 유발할 가능성이 커다란 사회문제로 제기되고 있다. 이러한 화학적 방제기술의 단점을 해결하는 대체방제기술로 생물학적 및 물리적 방법들이 제시되고 있으나 불행히도 아직은 그 실용화에 많은 어려움을 안고 있어 앞으로도 상당 기간 농약의 화학적 방제기술은 그 단점에도 불구하고, 주요 해충방제수단으로서 계속 사용될 전망이다.

화학적 방제기술에서 주로 사용되는 농약은 해충밀도의 감소라는 살포목표를 충분히 달성할 수 있도록 어느 정도의 잔효력을 지니고 있으므로 살포된 농약은 필연적으로 일정 기간 환경 중에 잔류하기 마련이다. 이러한 농약잔류분이 비표적생물계에 급만성적 위해를 유발할 가능성 여부는 살포된 모화합물(母化合物) 및 환경 중 변환화합물들에 대한 독성학적 특성과 그 잔류수준을 총체적으로 평가함으로써 판단할 수 있는데, 이를 위해서는 농약사용량과 사용형태, 환경 중 행적 및 분해대사산물들의 독성학적 중요성, 그리고 그들 화합물들의 환경 중 잔류 및 오염정도 등에 대한 전반적인 지식이 선행 요구된다.

최근에 이르러 농약사용으로 인한 환경오염문제를 해결하기 위한 연구가 활발하게 진행되고 있는데, 이를 크게 나누어 보면 이미 오염된 환경의 복원(environmental remediation)과 농약사용의 효율화를 통한 오염의 최소화라고 할 수 있다. 환경복원에서는 생물 및 비생물학적 방법에 의한 오염물질의 분해 또는 불활성화가 그 주류를 이루고 있다. 후자의 경우에는 고활성 저투하 신농약물질의 창출, 고효율 제형의 개발, 그리고 살포방법의 최적화 등을 들 수 있다. 이 장에서는 현대농업에서 사용되고 있는 농약의 특성, 환경 중 동태, 잔류 및 안전성 등을 소개하여 농업환경과 농약과의 관계를 알아보고자 한다.

5.1.1 농약의 종류

(1) 정의

농약이란 본래 영농과정에서 병해충과 잡초로부터 농작물을 보호하기 위하여 사용되는 약제를 지칭하였으나 현대에 이르러서는 보다 넓은 범주를 포함한다. 우리나라의 농약관리법에서 농약을 정의한 내용을 소개하면 다음과 같다. "농약이라 함은 농작물(수목 및 농림산물을 포함)을 해하는 균(菌), 곤충(昆蟲), 응애(蜱), 선충(線蟲), 바이러스, 잡초, 기타 농림수산식품부령에서 정하는 동식물(동물; 달팽이, 조류 또는 야생동물, 식물; 이끼류 또는 잡목)의 방제에 사용되는 살균제(殺菌劑), 살충제(殺蟲劑), 제초제(除草劑), 기타 농림수산식품부령이 정하는 약제[기피제(忌避劑), 유인제(誘引劑), 전착제(展着劑)]와 농작물의 생리기능을 증진하거나 억제하는 데 사용되는 약제를 말한다." 즉, 농약은 병해충 및 잡초로부터 농작물 보호를 위한 약제, 비료를 제외하고 작물의 생리조절이나 품질향상을 위한 약제,

또한 농약제조 및 효율증진을 위한 보조제 등을 포함한다고 할 수 있다.

(2) 농약의 분류

현재 사용되고 있는 농약은 그 종류가 많고 용도가 다양하기 때문에 일정한 기준에 따라 부류별로 구분·이해하여야 할 필요가 있다. 분류기준으로는 사용목적, 화학구조, 작용특성 및 제형(물리적 형태) 등이 적용되는데 이 중 방제대상에 따른 농약의 용도를 위주로 한 사용목적에 따른 분류법이 가장 보편적이며 농약사용자 및 취급자에게 편리하다. 그러나 같은 용도의 농약이라고 하더라도 농약유효성분의 화학구조는 매우 다양하며 농약의 환경오염문제는 화학구조에 따라 보다 크게 좌우된다.

따라서 본 장에서는 사용되는 농약들을 사용목적에 따라 대별하되 각 부류에 포함되어 있는 성분들의 화학구조별 분류를 함께 기술하고자 한다.

1) 살충제(殺蟲劑, insecticide)

절지동물류의 해충을 방제하기 위하여 사용되는 약제를 총칭한다. 작용특성에 따라 살포된 약제가 해충의 표피에 직접 접촉되거나, 섭취에 의하여 체내에 침입하여 독작용을 나타내는 접촉독제(contact poison)와 약제성분이 식물체로 흡수·이행되어 작물체 각 부위에 분포되는 특성을 나타내며 흡즙(吸汁)해충에 뛰어난 약효를 발현하는 침투성 살충제(systemic insecticide)로 세분한다. 그 외 해충을 일정한 장소로 유인하는 유인제(attractant), 이와 반대로 농작물 또는 저장농산물에 해충접근을 막는 기피제(repellent), 해충을 불임화하여 자손의 번식을 막는 화학불임제(chemosterilant) 등도 살충제에 포함된다. 또한 해충의 천적(기생봉, 병원균, 바이러스)이나 독소성분을 함유한 생물학적 살충제도 일부 실용화되고 있다.

- **유기염소계(organochlorines)**: 분자 내에 염소 또는 할로겐 원자의 비율이 높은 특징을 나타내는 부류로서 일명 잔류성 유기염소계 살충제라고 지칭된다. 과거 1940~1960년대에 걸쳐 가장 많이 사용되었던 접촉독제들이나 환경 중 매우 긴 잔류성과 생물농축현상 등에 의한 만성독성학적 위해를 유발할 가능성이 제기되어 1970년대에 대부분 사용금지 조치가 내려졌다. 주요 화합물로는 DDT류, BHC류 및 cyclodienes류가 있으며 현재 사용되고 있는 endosulfan은 환경 중 잔류성이

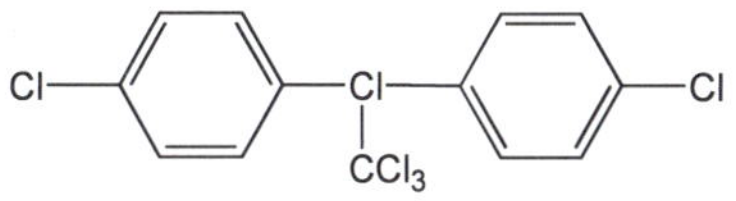

(a) DDT

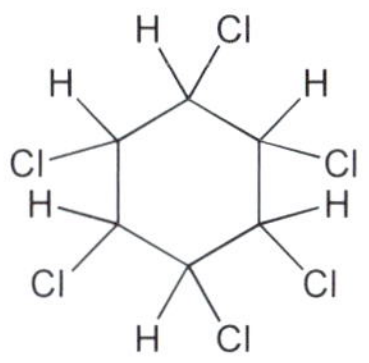

(b) BHC(HCH)

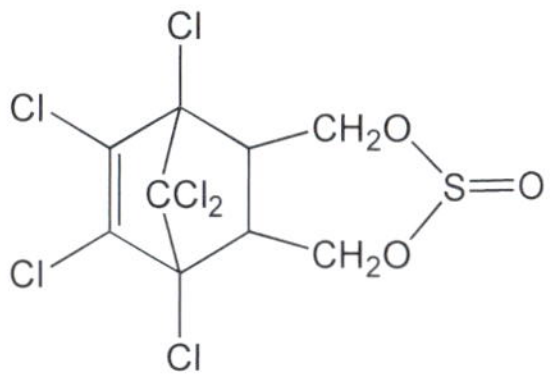

(c) Endosulfan

[그림 5-1] 유기염소계 살충제

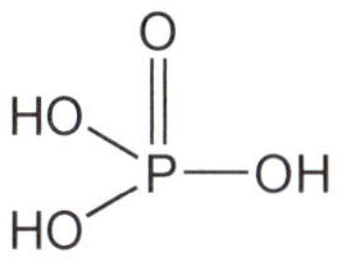

(a) 인산(phosphoric acid)

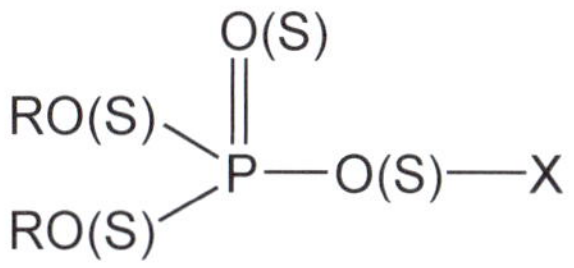

(b) 유기인계 살충제의 일반적 화학구조

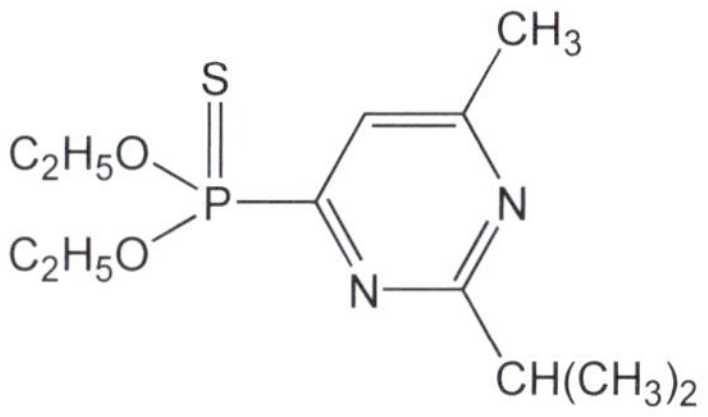

(c) Diazinon(phosphorothionate계)

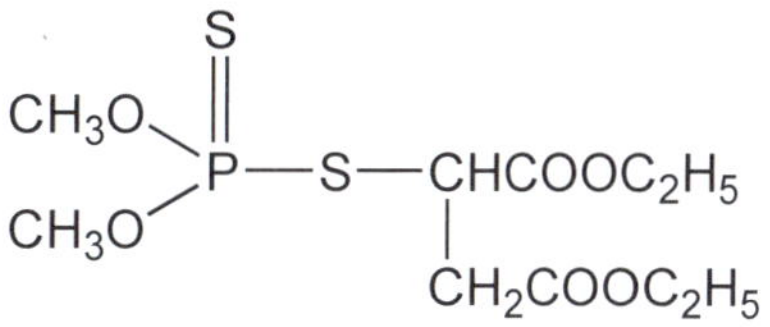

(d) Malathion(phosphoroditioate계)

[그림 5-2] 유기인계 살충제

비교적 짧아 이러한 부작용이 없는 것으로 알려져 있다.

- **유기인계(organophosphates)**: 현재 가장 많은 종류가 사용되고 있는 살충제 부류로 화학구조는 유기의 인산에스테르 유도체이다. 인(phosphorus)원자에 결합된 산소와 유황의 위치 및 수에 따라 phosphate, phosphorothionate, phosphorodithioate, phosphonate 등으로 세분되며 그 중 phosphorothionate 계통이 가장 많이 사용된다. 선도화학구조의 다양한 변경으로 접촉 및 침투성 약제들이 모두 많이 개발, 사용되고 있으며 해충의 신경계에 작용, 자극전달에 중요한 역할을 하는 아세틸콜린에스테라제(acetylcholinesterase, AChE)를 저해함으로써 살충작용을 나타낸다.
- **카바메이트계(carbamates)**: Carbamic acid의 유도체들로 *N*-monomethyl carbamates가 주종을 이루고 있다. 작용기작은 다소 상이하나 유기인계와 마찬가지로 해충의 신경전달과정에서 AChE를 저해한다.
- **Pyrethroid계(synthetic pyrethroids)**: 제충국(Chrysanthemum cinerariaefolium)식물 중에 함유되어 있는 천연제충국제(pyrethrum)의 구조를 변경하여 농업용 살충제로 개발된 부류이다. 구

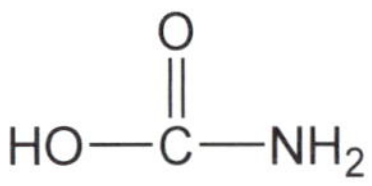

(a) Carbamic acid

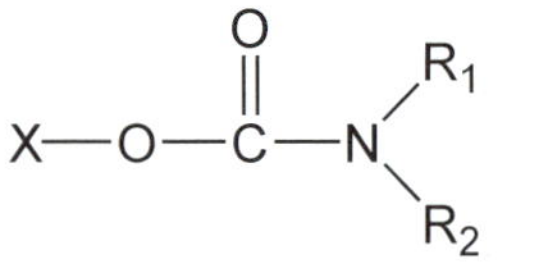

(b) Carbamate계 살충제의 일반적 화학구조(XO⁻ : 이탈기)

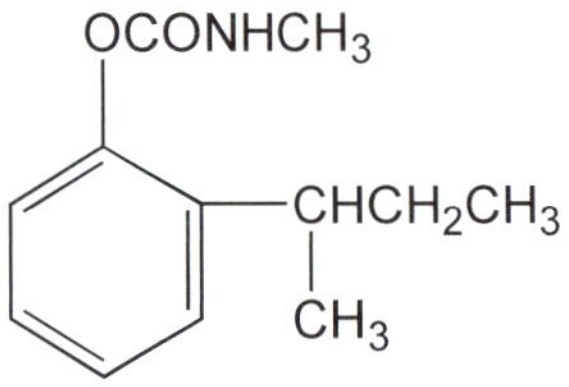

(c) Fenobucarb

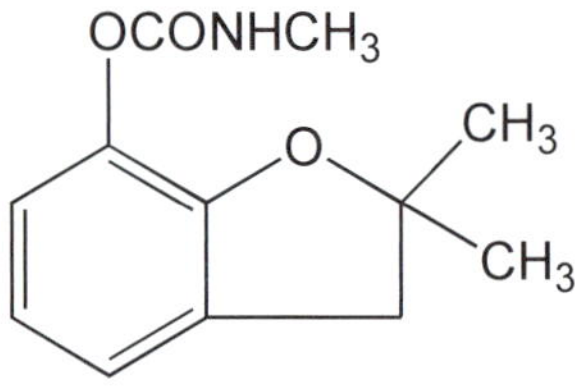

(d) Carbofuran

[그림 5-3] 카바마이트계 살충제

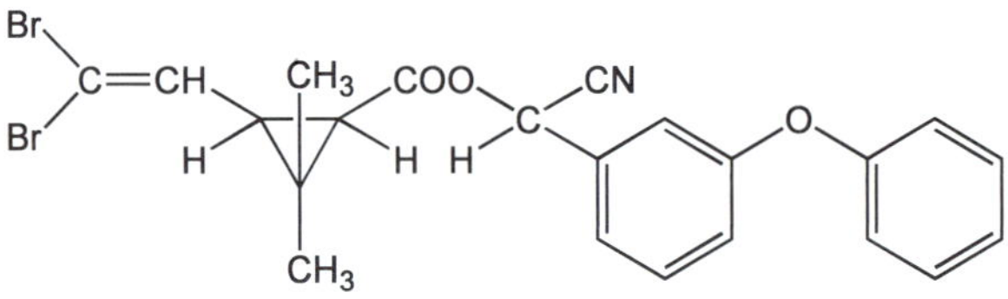

(a) Deltamethrin

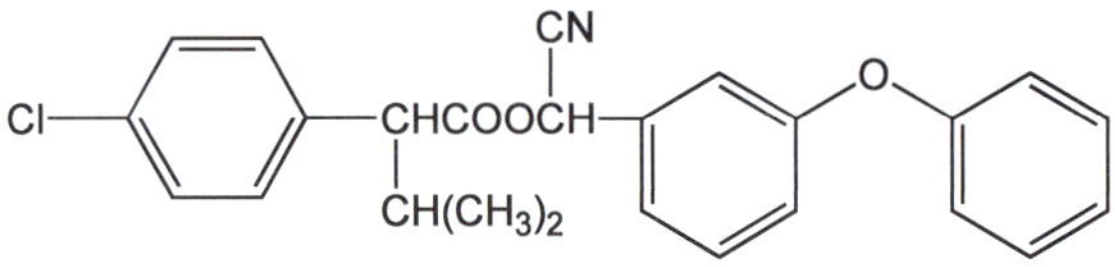

(b) Fenvalerate

[그림 5-4] Pyrethroid계 살충제

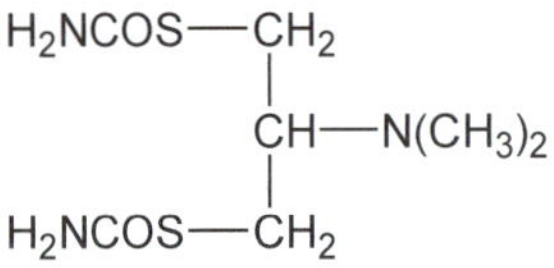

(a) Cartap

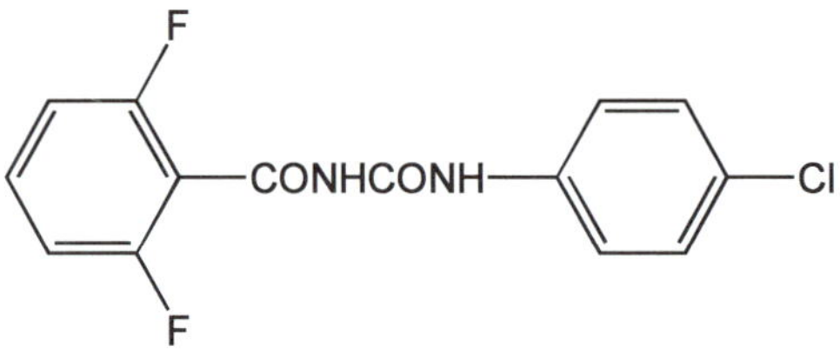

(b) Diflubenzuron

[그림 5-5] Benzoylphenylurea계 살충제

조는 국산(菊酸, chrysanthemic acid)과 해당 알코올간 에스테르(ester) 화합물이며 산과 알코올 구조가 다양하게 변개, 수십 종의 약제가 사용되고 있다. 이들 부류는 기존의 유기인계나 카바메이트계에 비하여 약 1/10의 적은 살포량으로도 동일한 살충력을 나타내는 고효율 약제들이다.

- **그 외 갯지렁이(Lumbriconereis heteropoda)** : 의 천연독소인 nereistoxin의 구조를 변경한 cartap과 같은 nereistoxin 유도체와 키틴합성저해제로 잘 알려진 diflubenzuron과 같은 benzoylphenylurea계 등이 살충제로 많이 사용된다.

2) 살균제

살균제(殺菌劑, fungicide)는 병원균에 의하여 작물에 발생하는 각종 병을 예방하거나 치료하기 위한 목적으로 사용되는 약제를 말한다. 병원균의 포자 또는 포자발아 단계에서 작용, 병원균의 식물체로의 침입을 방지하기 위하여 사용되는 보호살균제(protectant)와 발병 후 균사 등에 직접 작용, 병원균을 살멸시키는 치료용 직접살균제(eradicant)로 세분되는데 이 두 특성을 모두 나타내는 약제도 상당수 있다. 또한 병원성 곰팡이가 아닌 세균 및 바이러스병을 각각 방제하는 bacteriocide나 virucide도 분류상 살균제에 포함시킨다.

- **Dithiocarbamate계** : 보호용 살균제의 대표적 부류로 유기유황계 살균제라고도 불린다. Dithiocarbamic acid의 유도체들로 dialkylamine계와 alkylene diamine계로 다시 세분되는데 현재에는 alkylene diamine계가 주로 사용되며 mancozeb과 propineb이 전형적이다.
- **Phthalimide계** : 보호와 치료효과를 동시에 나타내는 비침투성 살균제 부류로 captan, folpet 등이 대표적이고 주로 과수용으로 널리 사용된다.
- **Dicarboximide계** : 보호와 치료효과를 같이 나타내는 살균제로 곰팡이 체내 triglyceride 생합성을 저해, 살균효과를 나타낸다고 알려져 있다. Procymidone, iprodione, vinclozolin 등이 그 예

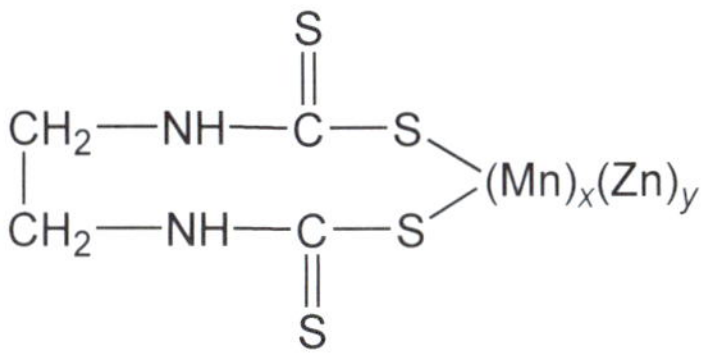

(a) Mancozeb

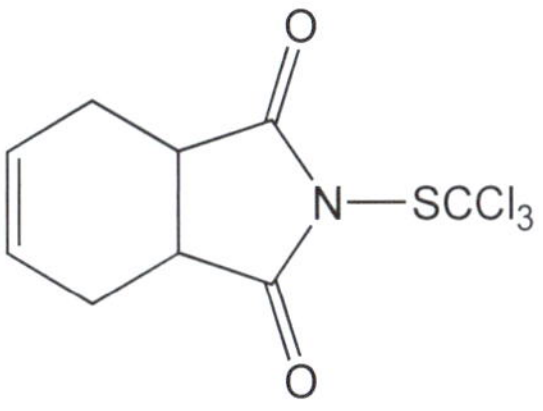

(b) Captan

[그림 5-6] Dithiocarbamate계와 Phthalimide계 살균제

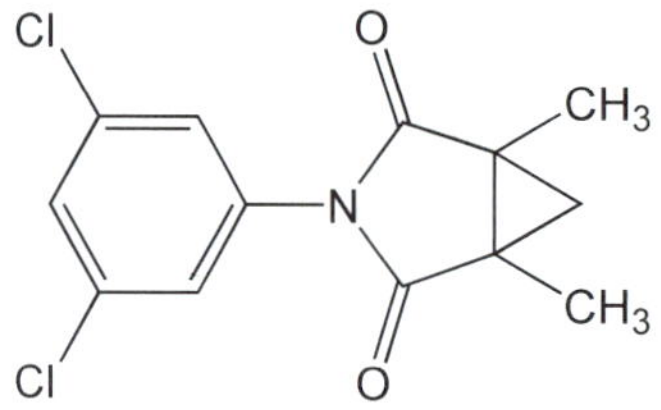

(a) Procymidone

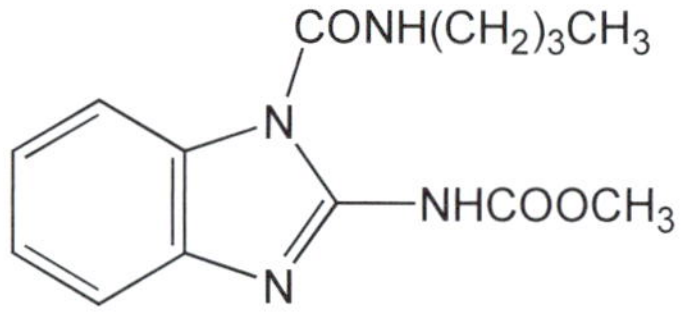

(b) Benomyl

[그림 5-7] Dicarboximide계와 Benzimidazole계 살균제

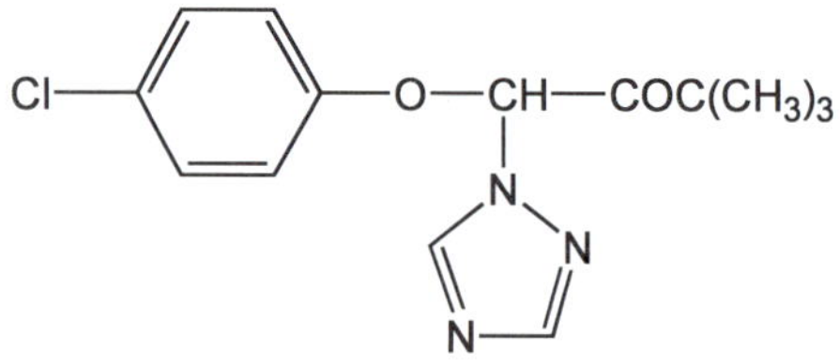

(a) Triadimefon

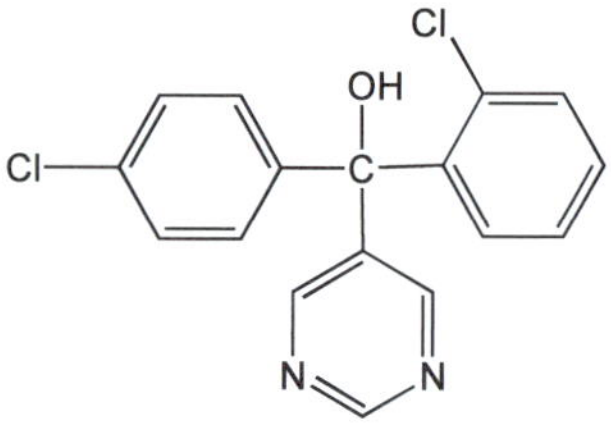

(b) Fenarimol

[그림 5-8] Triazole 계와 Pyrimidine계 살균제

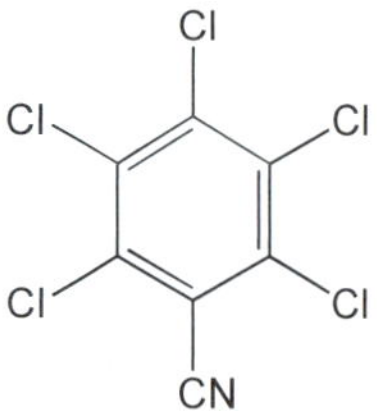

(a) Chlorothalonil

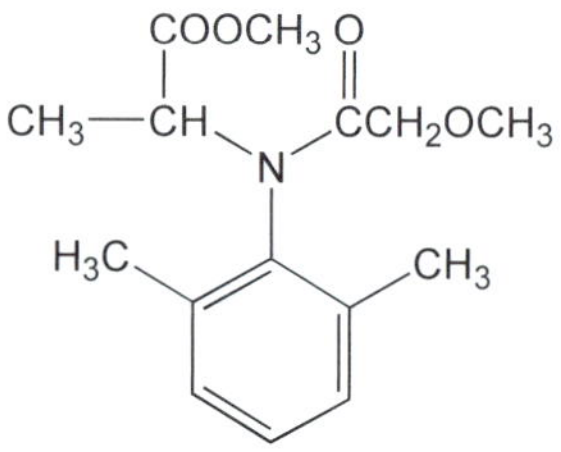

(b) Metalaxyl

[그림 5-9] 염소화 방향족화합물와 Phenylamide계 살균제

이며 주로 채소류의 재배시에 사용된다.

- **Benzimidazole계**: Benzimidazole 고리를 포함하며 보호와 치료효과를 겸비한 침투성 살균제 부류이다. 과수 및 채소 재배시에 널리 사용되는데 benomyl, thiophanate-methyl, carbendazim 등이 대표적 예이다.

- **스테로이드 생합성 저해제(Ergosterol biosynthesis inhibitors, EBIs)**: 병원균의 세포막 형성에 필수적인 스테로이드의 생합성과정 중 중간체인 ergosterol 생합성과정을 저해함으로써 약효를 발현하는 살균제 부류를 총칭한다. 여기에는 다양한 화학구조들이 알려져 있는데 triazole, pyrimidine, pyridine, piperazine, imidazole기 등을 포함하는 부류들로 세분할 수 있다. 이 중 가장 널

리 알려진 부류는 triazole 계통으로 triadimefon, tebuconazole 등 10종 이상의 화합물이 과수 및 채소용으로 널리 사용되고 있다.

이들 외 살균제로서 사용되는 화합물 부류로는 dinocap과 같은 dinitrophenol 유도체, chlorothalonil과 같은 염소화 방향족화합물, iminoctadine과 같은 guanidine 유도체, triademorph와 같은 morpholin계, metalaxyl과 같은 phenylamide계 등 100여 종의 화합물들이 살균제로 사용되고 있다.

3) 제초제

제초제(除草劑, herbicide)는 작물과 경쟁적 관계에 있으면서 작물이 필요로 하는 양분을 수탈하거나 생육환경을 불리하게 만드는 잡초를 방제하기 위하여 사용되는 약제를 말한다. 작물과 잡초는 동일한 식물이므로 해충과 작물 및 미생물과 작물간 차이에 비하여 큰 생리 · 생화학적 차이를 기대하기 힘들다. 그러므로 제초제는 그 선택성을 극대화하기 위하여 약제의 작용특성을 처리 및 경작방법과 연계하여 사용한다. 즉, 제초제는 약제처리 방법에 따라 잡초가 발아하기 전 토양에 처리하는 발아전처리제(pre-emergence herbicide)와 잡초발아 초기에서 생육기간 중에 토양이나 경엽에 처리하는 발아후처리제 (post-emergence herbicide)로 세분한다. 또한 살초기작에 따라 처리된 제초제가 식물체 내에 침투, 이행하여 살초활성을 보이는 이행형(translocated) 제초제와 약제가 접촉된 부위에만 국부적으로 작용하여 살초활성을 보이는 접촉형(contact) 제초제로 분류한다. 그리고 제초제의 적용잡초에 따라 특정한 잡초만을 살초시키고 그 이외의 잡초에는 활성이 없는 선택성(selective) 제초제와 식물의 종류에 관계없이 모든 식물에 살초활성을 보이는 비선택성(nonselective) 제초제로 구분하여, 재배작물의 종류와 시기, 환경조건 등에 최적화하여 사용하게 된다. 현재 국내에서 제초제로 사용되는 화합물의 종류는 80여 종으로 화학구조별 주요 부류를 살펴보면 다음과 같다.

- **Acetanilide계**: 모두 carbonyl기의 α-carbon 위치에 염소원자를 갖고 있는 α-chloroacetamide 형태라는 구조적 특징이 있다. 주로 잡초종자의 발아를 억제하는 특성을 나타내며 살초기작은 단백질 생합성저해이다. Alachlor와 butachlor가 대표적인 약제이다.

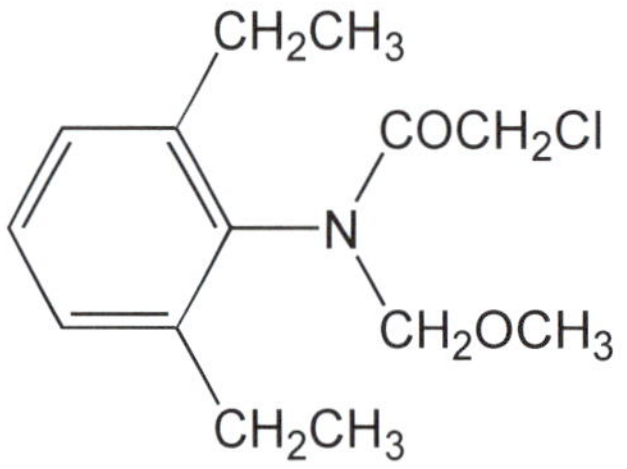

[그림 5-10] Acetanilide계와 Amide계 제초제

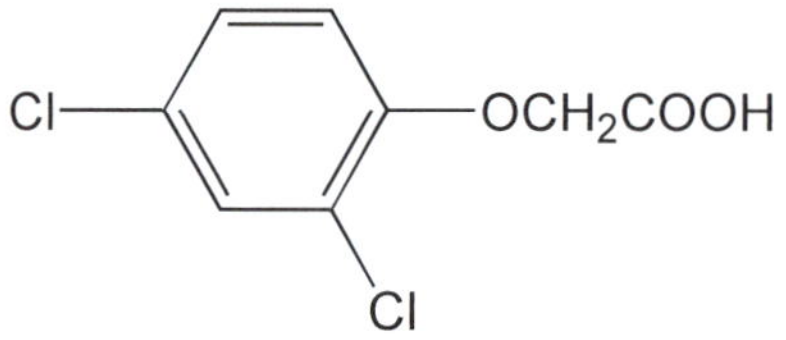

(a) Alachor

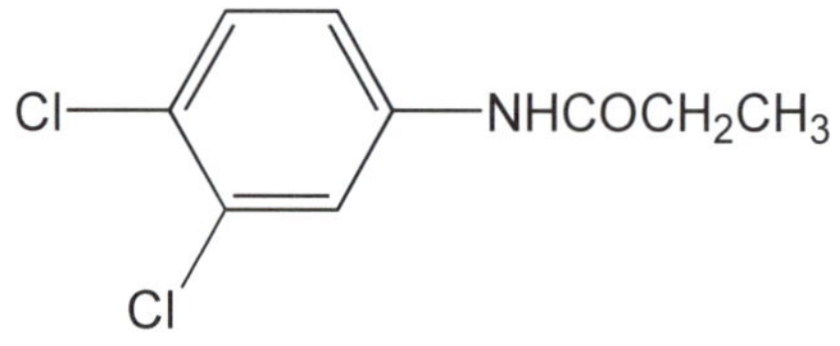

(b) Propanil

(a) 2,4-D

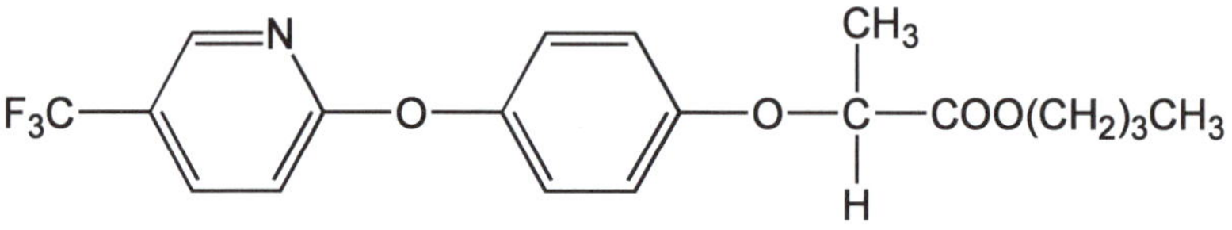

(b) Fluazifop-butyl

[그림 5-11] Aryloxyalkanoic acid계와 Arylxoyphenoxypropionic acid계 제초제

- **Amide계**: 그 구조가 acetanilide계와 비슷하나 carbonyl기에 chloromethyl기가 결합되지 않는다는 점에서 서로 구별된다. Propanil, napropamide 등의 약제가 이에 속한다.
- **Aryloxyalkanoic acid계**: phenoxy계로도 잘 알려져 있는 식물 호르몬형 제초제이다. 침투이행성의 선택성 제초제로서 생체내 auxin의 균형을 교란하여 살초작용을 나타내는 제초제 부류이며 2,4-D가 대표적이다.
- **Arylxoyphenoxypropionic acid계**: 이들 제초제는 화학구조적으로 aryloxyalkanoic aicd계와 매우 유사하나 제초활성이 매우 다른 특징을 나타낸다. 즉, aryloxyalkanoic acid계는 주로 광엽잡초를 살초하나 이 계통의 제초제는 광엽작물에는 안전하고 주로 화본과 잡초에 매우 강한 살초작용을 나타내어 일명 graminicide로 불리기도 한다. 2-(4-aryloxyphenoxy)propionic acid형의 제초제의 살초기작은 식물체내의 지질(脂質)합성효소인 ACCase(acetyl CoA carboxylase)를 저해함으로써 잡초를 방제한다. Haloxyfop-methyl이나 fluazifop-butyl 등 수종의 제초제들이 밭작물에서 화본과 잡초방제에 널리 사용되고 있다.

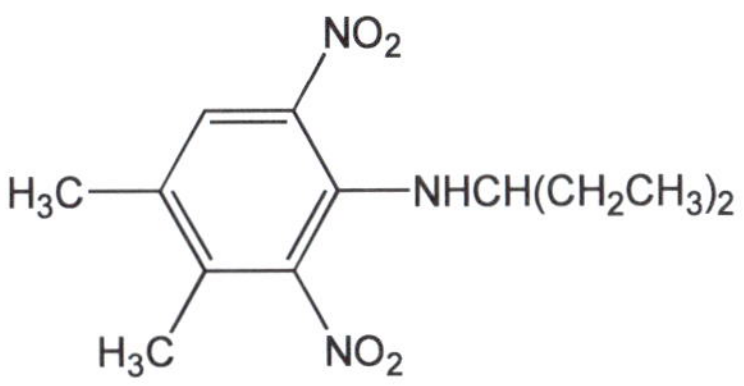

(a) Pendimethalin

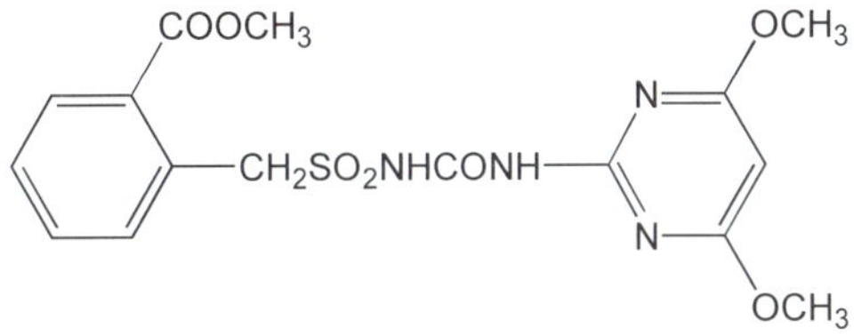

(b) Bensulfuron-methyl

[그림 5-12] Dinitroaniline계와 Sulfonylurea계 제초제

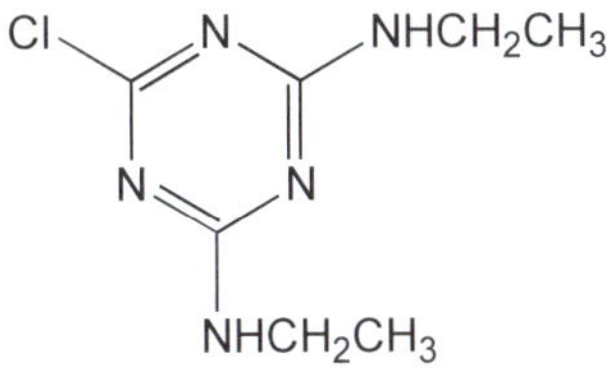

(a) Simazine

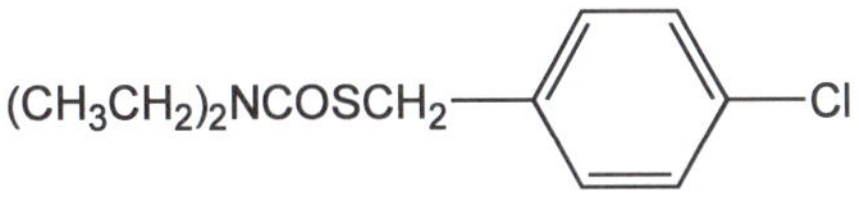

(b) Thiobencarb

[그림 5-13] Triazine계와 Thiocarbamate계 제초제

- **Dinitroaniline계**: 벤젠고리 2,6-번에 nitro기가 존재하며 para위치가 trifluoromethyl, methyl, methanesulfonyl기 등으로 치환된 점이 구조적 특징이다. 이 계통의 제초제는 토양처리제로 뿌리로부터 흡수되어 벼과 잡초의 발아를 선택적으로 억제하는 특성을 보이고 특히 단백질의 생합성 저해에 의한 세포분열 저해가 주요 작용기작이다. Benfluralin, ethalfluralin, nitralin, oryzalin, pendimethalin, prodiamine 등이 이 부류에 속한다.
- **Sulfonylurea계**: 저약량으로 높은 제초활성이 있어 환경에 부하를 적게 하는 새로운 계통의 제초제이다. 최근 많은 종류의 화합물(bensulfuron, cinosulfuron, flazasulfuron, pyrazosulfuron, imazosulfuron 등)이 개발 · 사용되고 있다. 침투이행성의 선택성 제초제로 식물의 뿌리나 잎으로 흡수되어 식물의 필수 아미노산인 valine 및 isoleucine의 생합성에 관여하는 acetolactate synthase(ALS)의 활성을 저해함으로써 세포분열과 식물의 생육을 억제하여 잡초를 방제한다.
- **Triazine계**: Triazine을 기본 골격으로 하는 제초제는 simazine을 시초로 많은 종류의 제초제가 개발되어 밭 및 논잡초 방제용으로 실용화되었다. 살초작용의 특성은 식물 광합성과정의 Hill반응을 저해한다. Triazine계 제초제의 구조적 특징을 살펴보면, simazine의 고리구조 2번 위치에 있는 염소원자의 치환 및 amino기에 있는 alkyl기의 치환, 그리고 triazinone의 세 가지 형태로 구분된다.
- **Thiocarbamate계**: carbamic acid와 thioalcohol과의 ester 화합물로서 molinate, thibencarb 등 우수한 논잡초 방제약이 실용화되었다. Thiocarbamate계 제초제는 일반적으로 벼의 체내에는 살초활성이 약하므로 벼농사용으로 널리 사용되고 있다. 살초기작은 auxin 활성을 저해하여 단백질

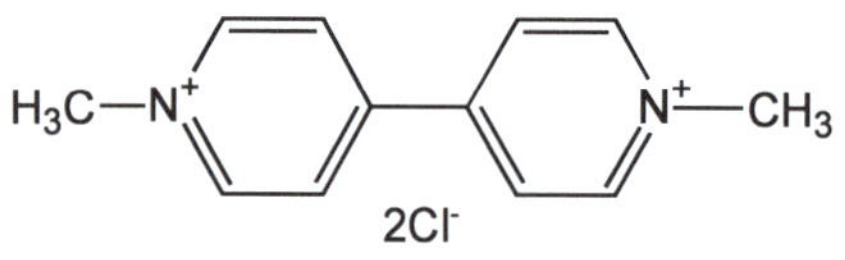

[그림 5-14] 비선택성 Bipyridylium계와 Phosphono amino acid계 제초제

(a) Paraquat

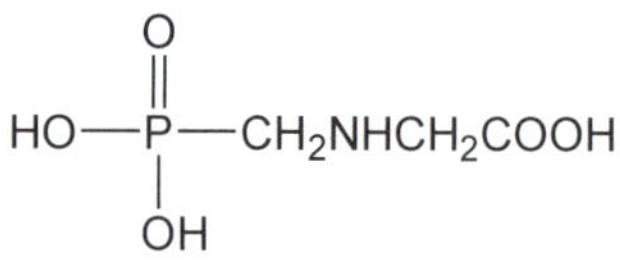

(b) Glyphosate

의 생합성을 저해하는 것이다.

- 이들 제초제 부류 외에도 dicamba와 같은 benzoic acid계, bentazone과 같은 benzothiadiazole 계, bifenox 등의 diphenyl ether계, bensulide와 같은 화합물을 포함하는 유기인계 등이 있다. 또한 비선택성제초제로서 bipyridylium계의 paraquat와 phosphono amino acid계의 glyphosate 및 glufosinate 등이 있는데 이들 화합물들은 국내에서 사용량이 많은 접촉형의 과원잡초용 제초제 들이다.

4) 기타 농약분류

- **살응애제(殺蟎劑, acaricide)**: 응애류에 선택적인 살비력을 지니고 있는 약제를 말한다. 응애류는 그 종류가 많고 일 년 동안 여러 번의 세대를 거치므로 살응애제는 응애 성충과 유충 및 알 등도 죽일 수 있는 특성을 가지고 있다(예: fenazaquin, pyradaben).

- **살선충제(殺線蟲劑, nematicide)**: 농작물에 피해를 주는 선충은 토양에 서식하기도 하고 작물의 뿌리나 하부에 기생하기도 하는데 이들 선충을 죽이는 약제를 말한다. 토양 중에 서식하는 선충은 주로 토양훈증제로 방제가 가능하고 작물을 가해하는 선충은 침투성 살충제로 방제가 가능하다(예: fosthiazate, ethoprophos).

- **살서제(殺鼠劑, rodenticide)**: 들쥐 등 설치류의 방제에 사용하는 화합물로서 쥐약이라고도 한다 (예: warfarin).

- **식물생장조절제(植物生長調節劑, plant growth regulator)**: 식물의 생육을 촉진 또는 억제하거 나, 개화촉진, 착색촉진, 낙과방지 또는 촉진 등 식물의 생육을 조절하기 위하여 사용되는 약제이다 (예: ethephon, gibberellin). 최근에 이르러 숙기조절에 따른 출하시기조절, 고품질 농산물의 생산 을 위해 그 사용량이 증가하고 있는 농약의 부류이다.

- **보조제(補助劑, supplemental agent, adjuvant)**: 살균제, 살충제, 제초제 등 농약 유효성분의 효력을 증진시키거나 농약제품을 조제할 때 사용되는 부제들을 말한다. 농약의 유효성분을 병해 충이나 식물체 표면에 잘 확전·부착시키기 위해 사용하는 전착제(spreader), 고체 농약제품 조제 시 사용되는 증량제(carrier), 액체 농약제품 조제시의 용매(solvent), 그 외 계면활성제(surfactant)

등의 첨가제들이 포함된다. 또한 농약 유효성분의 약효를 상승적으로 증가시키기 위해 사용되는 협력제(synergist), 농약의 작물체에 대한 약해유발을 경감시킬 목적으로 사용되는 약해방지제(safener)도 이러한 보조제 부류에 속한다.

5.1.2 농약의 사용

지난 20여 년간 국내 농약사용추세를 살펴보면 연평균 2.3%의 증가율을 나타내고 있다. 증가율을 1980년대와 1990년대로 나누어보면 1980년대에는 연평균 4.5%를 나타내었으나 1990년대 이후에는 연평균 사용량 약 25,000 M/T에서 거의 변동이 없음을 알 수 있다. 그 이유는 1980년대에는 1970년대 초부터 시작된 이른바 녹색혁명이라 불리는 식량증산정책에 따라 다수확품종이 개발 보급되었고, 밀식재배 및 다량시비로 요약되는 영농기술의 도입에 수반하여 병해충 발생이 증가하면서 농약사용량이 급증하였기 때문이다. 또한 이농현상과 고령화로 인해 농가노동력이 부족해지면서 제초제의 사용량이 점증한 것도 큰 이유 중 하나이다. 한편 1990년대에 이르러 농약사용량이 일정한 수준을 유지하는 것은 농가에서 농약사용을 자제하는 것은 아니며, 경지면적의 감소와 더불어 새로운

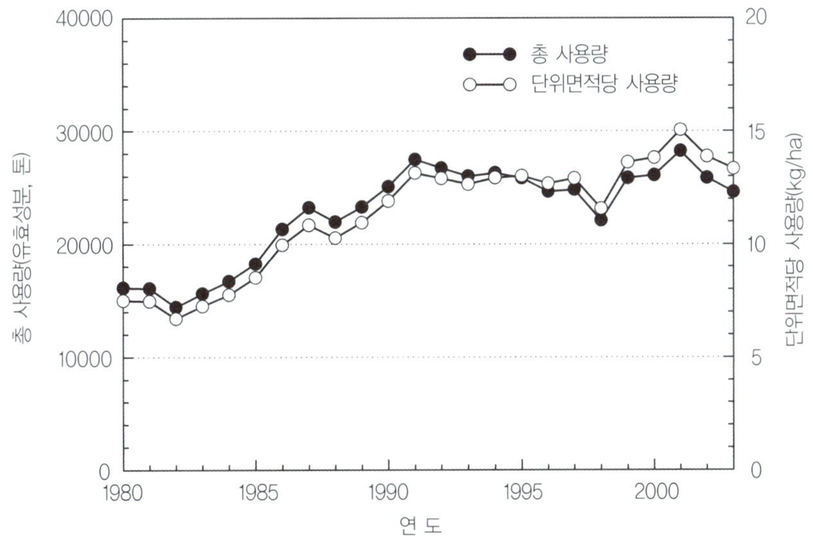

[그림 5-15] 연도별 농약사용량 변화

고효율의 농약들이 개발되면서 농약제품 중 유효성분함량이 기존 농약보다 낮은 고효율 농약품목들이 보급, 상대적으로 유효성분사용량이 증가되지 않았기 때문이다.

단위면적당 농약사용량은 총농약사용추세와 매우 유사한 양상을 보이며 1990년대 이후 ha당 약 13~14kg의 유효성분이 농경지에 살포되고 있다. 전세계적으로 볼 때 단위면적당 사용량은 조방농업을 하는 미국보다는 많으나 집약농업을 위주로 하는 선진국과는 대등한 수준으로 평가된다.

주요 농약부류별 사용량을 보면 살충제, 살균제 및 제초제 사용량이 전체 농약사용량의 90%를 차지하고 있으며 사용량은 살충제 〉 살균제 〉 제초제 순이다. 이 중 살충제와 살균제는 병해충 발생양상에 따라 연도별 변동 폭이 크게 나타나는 반면, 제초제는 농가인력의 감소에 따라 꾸준히 증가하는 추세이다.

국내에서 사용되고 있는 농약의 품목수는 2005년 현재 1,246품목이며 500여 종의 유효성분이 각종 제형(劑型, formulation)의 형태로 사용되고 있다. 국내에서 등록, 사용되고 있는 농약품목을 제형별로 분류하면 표 5-1과 같다. 농약의 제형은 살포하기 전에 희석과정을 요구하는 고농도제형과 직접 살포할 수 있는 직접살포용 제형으로 크게 구분되며 그외 종자처리용 제형 및 특수목적으로 고안·제조된 특수제형 등이 있다. 희석용 제형의

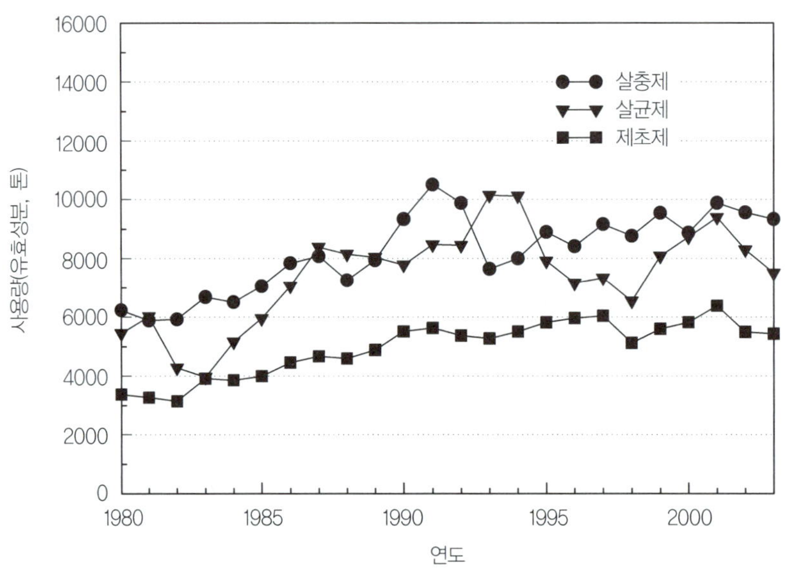

[그림 5-16] 주요 농약부류의 연도별 사용량 변화

[표 5-1] 국내 등록농약의 제형별 분류(2005년)

(단위: 품목)

제형	살균제	살충제	살균·살충제	제초제	생장제·기타	합계	점유율(%)
희석살포용제형	345	319	11	132	35	842	67.8
수화제	180	120	5	21	6	332	26.7
액상수화제	76	47	1	9		133	10.7
입상수화제	38	17		22		77	6.2
유제	29	96	3	49	6	183	14.7
유탁제	2	8		2	1	13	1.0
유현탁제	2					2	0.2
미탁제	1	2		5	2	10	0.8
액제	11	12	1	21	19	64	5.2
분산성액제	1	6				7	0.6
수용제	2	2			1	5	0.4
수용성입제		5		3		8	0.6
입제	1					1	0.1
캡슐현탁제		4				4	0.3
수화성미분제	1					1	0.1
기타	1		1			2	0.2
직접살포용제형	40	77	18	213	6	354	28.5
입제	25	55	17	178	3	278	22.4
액상수화제				13		13	1.0
유제				6		6	0.5
세립제		1		4		5	0.4
수면부상성입제		2		4		6	0.5
수면전개제		4		1		5	0.4
분제	13	10	1		2	26	2.0
미분제	1					1	0.1
저비산분제		1				1	0.1
캡슐제		1				1	0.1
유탁제				3	1	4	0.3
유현탁제	1			2		3	0.2
점보제				2		2	0.2
오일제		1				1	0.1
직접살포액제		2				2	0.2
종자처리용제형	2	4	4		2	12	1.0
종자처리수화제		4	4			8	0.7
종자처리액상수화	2				2	4	0.3

[표 5-1] 국내 등록농약의 제형별 분류(2005년)(계속)

(단위: 품목)

제형	살균제	살충제	살균·살충제	제초제	생장제·기타	합계	점유율(%)
특수제형	15	9		2	8	34	2.7
훈연제	2	5				7	0.5
과립훈연제	6	1				7	0.5
연무제	2					2	0.2
도포제	5				2	7	0.5
훈증제		1				1	0.1
마이크로캡슐훈증제					1	1	0.1
정제		2			1	3	0.3
농약함유비닐멀칭제				1		1	0.1
판상줄제				1		1	0.1
기타					4	4	0.3

경우 고농도제형이므로 부피가 작아 수송 및 보관에 유리하나 살포시 살포용수가 필요하다. 직접살포용제형은 살포용수는 필요 없으나 부피가 큰 단점이 있다.

그동안 우리나라에서는 주로 외국에서 이미 개발된 유제(乳劑), 수화제(水和劑), 액제(液劑), 수용제(水溶劑), 분제(粉劑), 입제(粒劑) 등의 제형에 대한 제조처방이 그대로 사용되어 왔으나, 최근에 이르러 국내 제제기술이 발달함에 따라 우리나라의 기상, 토양 등 자연환경과 살포용 기계, 영농방식 등에 적합하도록 제형의 제조처방이 크게 개선되고 있다. 또한 기존 제형의 단점을 보완한 미립제(微粒劑), 저비산분제(低飛散粉劑), 미분제(微粉劑), 캡슐제, 훈연제(燻煙劑)등의 제형이 약효증진과 우리 농촌의 실정에 알맞게 그리고 환경오염을 최소화하도록 새로이 개발·보급되고 있다.

5.1.3 농약의 독성

농약은 병해충 및 잡초와 같이 농작물에 해를 미치는 생물을 살멸시키는 약제(biocide)로서 정도의 차이는 있으나 독성을 가진 화학물질이다. 이러한 독성물질 사용에 따른 부작용의 크기인 위험도는 생물체별 독성의 크기와 노출 정도로부터 산출할 수 있다. 즉, 농약사용시 농약의 독성으로 인한 비표적 생물체에 대한 부작용은 다음과 같이 표시된다.

$$농약에 의한 위험도(risk) = 농약의 독성(hazard) \times 노출도 \text{ 또는 } 섭취량(exposure)$$

농약의 부작용에 대한 주요 관심대상은 인간을 비롯한 포유동물과 환경 중 비표적 생물계이다. 따라서 농약 자체의 포유동물에 대한 독성과 환경독성을 조사하고 농약살포후 환경 중 동태와 잔류성에 관련하여 노출도를 산출한다면 합리적 위험도 평가가 가능하다.

(1) 포유동물에 대한 독성

농약의 포유동물에 대한 독성은 독성 발현속도에 따라 급성독성(acute toxicity), 아급성독성(subacute toxicity) 및 만성독성(chronic toxicity)으로 구분하는 것이 일반적이다.

급성독성은 독물을 1회 투여하였을 때 대상 생물집단에서 관찰되는 독성학적 특성을 대개 1주 정도의 짧은 기간 내에 평가하는 것이다. 급성독성은 농약의 투여경로에 따라 다시 경구(oral), 경피(dermal), 흡입(inhalation), 정맥주사(intravenous), 복강내주사(intraperi-toneal), 피하주사(percutaneous)로 세분하며 그 외 동물의 종류, 성별, 생육단계 그리고 농약의 형태에 따라서도 독성이 다르게 나타나므로 Good Laboratory Practice(GLP)와 같은 일정한 기준에 따라 시험하도록 요구되고 있다.

농약의 급성독성은 시험동물의 50%가 죽는 농약의 양을 의미하는 반수치사량 또는 중위치사량(median lethal dose, LD50)으로 나타내며 단위는 mg/kg 체중(흡입독성은 mg/L air)으로 표시되는데, 이러한 반수치사량 수치에 따라 독성를 평가한다. 우리나라에서는 표 5-2 와 같이 WHO에서 권장하는 방법으로 농약의 급성독성을 구분하고 있다.

이러한 급성독성은 농약제품 또는 살포액에 직접 노출될 수 있는 농약취급 및 사용자에

[표 5-2] 농약의 급성독성 구분

| 구 분 | 반수치사량(mg/kg)* | | | |
| | 경 구 | | 경 피 | |
	고체	액체	고체	액체
맹독성	5 이하	20 이하	10 이하	40 이하
고독성	5~50	20~200	10~100	40~400
보통독성	50~500	200~2,000	100~1,000	400~4,000
저독성	500 이상	2,000 이상	1,000 이상	4,000 이상

*농약제품 기준

대한 안전성을 확보하는 데 그 중요성이 있으며 독성등급에 따라 별도의 농약취급 제한규정을 설정하고 있다.

그러나 농약의 환경오염은 농약살포후 환경요소 중에 잔류하는 잔류농약에 의하여 발생하므로 오염에 따른 부작용평가에는 급성독성보다는 만성독성이 보다 중요한 의미를 갖는다. 만성독성은 오랜 기간 급성적 치사량 이하로 독물을 반복투여하였을 때 생물체내에 조직 및 생리적 이상을 초래하여 치사에 이르게 하는 독성을 말한다. 따라서 매일 섭취하는 농산물이나 섭취가능한 환경요소 중 잔류농약의 안전성을 검토하는 분야와 직접적 연관성이 있다.

만성독성은 쥐나 생쥐는 전 생애기간 동안, 개나 원숭이 등과 같이 큰 동물은 수명의 1/10 정도의 장기간 치사량 이하의 농약을 투여하여 독성학적 반응 등을 관찰하는 것이 일반적이다. 이러한 독성반응에는 발암성(carcinogenicity), 번식독성(effect on reproduction), 최기형성(tetratogenicity), 지발성독성(delayed toxicity), 돌연변이(mutagenicity) 등과 같은 특수독성의 유발 여부가 함께 고려된다. 만성독성은 오랜 기간에 걸쳐 서서히 발현되는 독성이므로 급성독성에서와 같이 단기간에 일정한 치사유발수치를 얻기 힘들다. 따라서 일반적으로 치사유발수치가 아닌 실험동물에 대한 최대무작용량(no observed adverse effect level: NOEL)으로 표시한다. 즉, 최대무작용량이 낮을수록 그 농약의 만성독성이 높다는 것을 의미하며, 이에 따라 안전성을 확보하기 위하여 보다 적은 노출량(잔류량)만을 허용하게 된다. 이러한 최대무작용량은 실험동물을 대상으로 얻어진 수치이므로 이를 직접 인간에게 적용하기 어렵다.

따라서 일정한 보정계수, 즉 안전계수(safety factor)를 적용하여 인간에 대한 일일섭취허용량(acceptable daily intake; ADI)을 산출한다. 즉, 실험동물과 인간간의 생물종 차이에 따른 보정계수 1/10, 인간개체별 독성반응 차이에 대한 통계학적 분포를 감안한 보정계수 1/10, 그리고 과학적 실험자료의 확보 유무에 대한 보정계수 1~1/10을 곱하여 1/100~1/1,000의 안전계수를 산출하고 이를 최대무작용량에 곱하여 인간에 대한 일일섭취허용량(ADI = NOEL × safety factor)을 산출한다. 이는 인간에 대해서는 실험동물에 대한 최대무작용량의 1/100~1/1000만을 허용하겠다는 의미를 갖는다. 농약마다 이러한 일일섭취허용량은 수년 간의 만성독성연구 결과를 전문가들이 면밀히 평가하여 개별적으로 설정된다.

[표 5-3] 농약 부류별 ADI 비교

농약부류	약종수	ADI(mg/kg 체중)*	
		범위	평균
살충제	86	0.0001~0.3	0.021
살균제	57	0.0005~0.4	0.071
제초제	11	0.0003~1	0.117

*CCPR, FAO/WHO(2006).

이러한 만성독성에 대한 평가과정을 고려할 때 농약별 인간에 대한 만성독성 정도는 최종 ADI수치를 비교함으로써 어느 정도 상대적으로 평가할 수 있을 것이다. 전 세계적으로 사용되고 있는 154종 농약을 대상으로 부류별 ADI값을 살펴보면 표 5-3에 나타난 바와 같이 살충제에서 가장 그 수치가 낮고 그 다음이 살균제, 제초제 순이다. 이는 식품이나 환경 중 동일 수준의 잔류량이 함유되어 있다면 살충제에 의한 만성독성학적 위해 유발가능성이 가장 크다는 것을 의미한다.

(2) 환경독성

포유동물을 제외한 환경 중 비표적 생물계에 대한 환경독성의 평가는 그 대상이 너무 광범위하므로 현실적으로 주로 지표적 생물을 대상으로 한다. 즉, 살포된 농약이 유입될 가능성이 있는 환경계의 대표적 비표적 생물을 지정하고 그에 대한 독성을 평가하여, 농약 자체의 환경독성을 검토한다. 국내에서 시행되고 있는 환경독성의 평가사항을 요약하면 표 5-4와 같다.

[표 5-4] 농약의 환경독성 평가사항

구 분	환경생물종	영향평가사항
수생생물종	어류	급성독성, 초기생활단계, 만성독성, 농축성
	물벼룩	급성유영저해, 번식독성
	녹조류	생장저해
육생생물종	조류(鳥類)	급성혼이독성, 급성경구독성, 번식독성, 농축성
	지렁이	급성독성, 번식독성, 농축성
	꿀벌	급성경구독성, 급성접촉독성(실내 및 야외)
	누에	급성독성(실내 및 야외)
	천적	영향 또는 독성(실내 및 야외)

*농축성은 n-옥타놀/물 분배계수 log Pow > 3인 경우 또는 기타 생물농축성의 가능성이 있을 경우.

구 분	I급	II급	III급	계
잉어반수치사농도 (mg/L, 48시간)	0.5 미만	0.5~2.0	2.0 이상	
품목수(%)	219(17.6)	199(16.0)	828(66.4)	1,246(100)

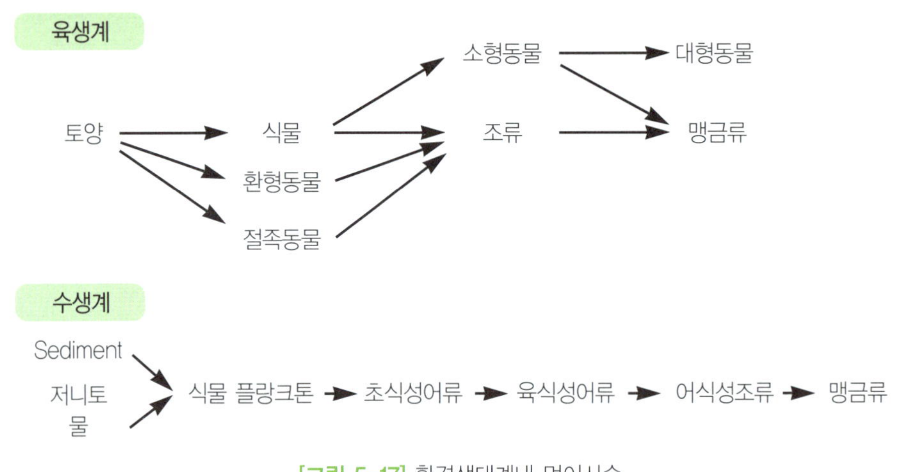

[그림 5-17] 환경생태계내 먹이사슬

특히 수생태계는 미생물로부터 포식성 어류와 조류(鳥類)에 이르기까지 다양한 생물상을 가지고 있고 살포된 농약은 강우에 의한 토양의 유실과 함께 또는 용탈에 의해 수생태계로 유입될 수 있다. 특히 논에 투여하는 농약의 유효성분은 논물에 녹아 관개수와 직접 연결된 하천이나 호수에 유입될 수 있으므로 우리나라와 같이 벼농사용 농약의 사용량이 전체 사용량의 50% 정도나 차지하는 경우에는 수서생물(水棲生物)에 미치는 농약의 영향이 매우 중요하다. 따라서 국내에서는 농약관리법상 농약의 어독성을 표 5-5와 같이 구분하고 어독성 I급의 경우 수도용으로 사용을 금지시키는 규제조치를 취하고 있다.

한편 환경생태계 내에서 생물종들은 서로 포식관계를 이루며 생존하고 있다. 환경계 중 존재하는 농약이 분해에 대해 안정하고 기름에 잘 녹는 특성을 나타낼 경우 생물종간 먹이섭취순위(trophic level)가 올라가면서 먹이사슬(food chain)에 따라 잔류농약의 생물농축현상(bioconcentration)이 일어날 수 있다. 즉, 그림 5-17에 나타낸 바와 같이 환경생태계에서는 일정한 먹이섭취순위가 있다. 일반적으로 환경계 전체나 먹이섭취순위가 낮은 생물체내에는 매우 적은 양의 잔류농약이 존재한다. 그러나 이러한 농약이 화학·생화학

[표 5-6] DDT의 생물농축현상

환경계	생물종	생물농축계수(BCF)*
토양계	식물뿌리	0.1
	굼 태 충	4
	지 렁 이	73
수 계	녹 조 류	33
	게 류	144
	새 우	2,800
	조 게 류	70,000
	어 류	829,300

*BCF(bioconcentration factor) = 생물체 내 DDT 농도/환경계 중 DDT 농도.

적으로 안정하고 물보다는 기름에 더 잘 분배되는 특성을 가졌다면 낮은 순위의 생물을 먹이로 섭취하는 높은 순위의 생물체내에는 같이 유입된 잔류농약이 소화되지 않고 지방질에 계속 축적되는 현상이 일어날 수 있게 된다.

이러한 생물농축현상은 폐쇄환경계에 가까운 수생태계에서 보다 심하게 관찰되는데 과거 사용되었던 DDT에 대한 생물농축현상을 조사한 결과로부터 이를 확인할 수 있다(표 5-6). 따라서 잔류농약에 의한 환경오염은 단순히 환경 중의 잔류수준만을 조사하여서는 정확히 평가할 수 없으며 이러한 생물농축성을 함께 고려하여야 한다. 따라서 국내에서도 농약의 등록 단계에서 이러한 생물농축성을 면밀히 평가하고 있다.

5.2 농약과 환경

5.2.1 농약의 환경에서의 동태

농작물의 보호와 품질향상을 위해 사용되는 농약은 농약으로서의 기능을 다하기 위하여 어느 정도의 독성과 잔효성을 갖춰야 한다. 또한 농약은 반드시 환경 중에 살포되어야

[표 5-7] 농약의 토양환경 중 동태

특 성	동 태
물리적인 과정	용탈(leaching)
	휘산(volatization)
	토양침식(soil erosion)
	흡착(adsorption)
화학적인 과정	광화학적 분해(photochemical decomposition)
	흡착(adsorption)
	토양성분과 화학적 반응(chemical reaction with soil constituents)
생물학적인 과정	미생물에 의한 분해(degradation by microorganism)
	식물에 의한 흡수(uptake by plants)

하므로, 최종적으로는 토양환경 중에 집적하게 되면서 여러 가지 형태로 생태계에 비의도적인 영향을 미치게 된다. 따라서 농약의 토양환경 중에서의 동태를 명확하게 파악하는 일은 생태계의 보호 측면에서 매우 중요한 일이라 할 수 있다.

토양에 집적된 농약의 행동양상은 농약의 이화학적인 성질과 토양의 특성 그리고 기상환경 등이 복합적으로 관여되어 다양하게 행동하는 것으로 알려져 있다. 토양환경 중에서 농약의 동태는 표 5-7과 같이 물리·화학 및 생물학적인 과정으로 분류될 수 있다.

(1) 흡착

1) 흡착특성

토양 중 농약의 흡착양상은 주로 농약의 이화학적 성질과 토양의 표면성질에 의해 크게 영향을 받는다. 주로 농약분자에 있는 관능기(functional group)의 종류, 관능기의 산도와 염기도, 분자의 크기와 형태, 분자의 극성과 전하 정도에 영향을 많이 받는다. 특히 농약의 흡착성에 많은 영향을 미치는 농약의 극성과 전하 정도에 따라 농약을 분류하면, 그림 5-18과 같다.

토양은 크게 고상, 액상 그리고 기상으로 구분할 수 있는데 그 중 고상은 토양부피의 50% 정도를 차지하고 있으며 주로 점토광물, 유기물, 철과 규소의 산화물, 수산화물 등으로 구성되어 있다. 고상은 토양 중에서 농약의 흡착에 가장 중요한 역할을 하는 점토광물과 유기물을 포함하고 있다. 흡착제(adsorbent)와 흡착질(adsorbate) 사이의 강한 결합은

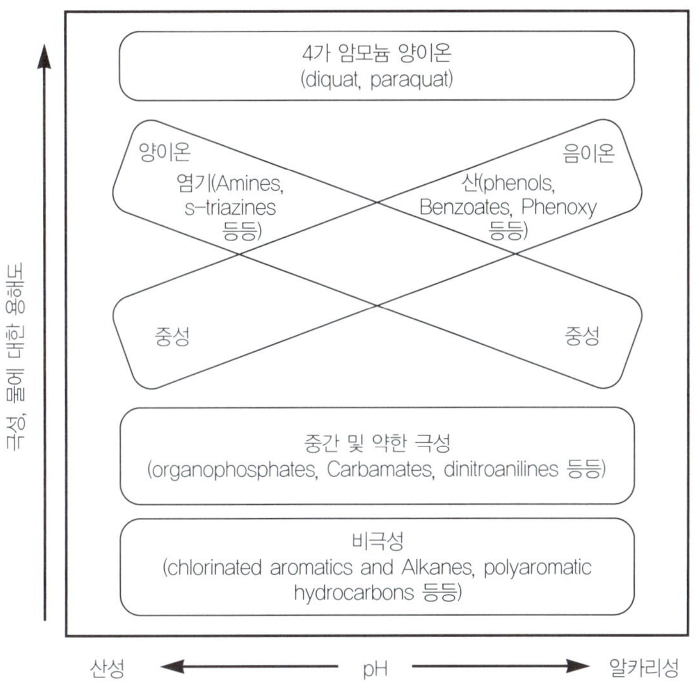

[그림 5-18] 극성과 전하 정도에 의한 농약의 분류

[표 5-8] 물리 및 화학적 흡착의 특성

성 질	물리적 흡착	화학적 흡착
흡착흡착열	〈 10 kcal/mole	〉20 kcal/mole
흡착온도	흡착질의 끓는점 이하	저온과 고온 모두
흡착등온선의 기울기	흡착질의 농도가 높을수록 크다	흡착질의 농도가 높을수록 작다
흡착제의 성질에 대한 영향	비교적 적다	크다
흡착질의 성질에 대한 영향	크다	크다
흡착을 위한 활성화 에너지	낮거나 없다	높게 될 것이다
흡착된 분자의 층	다분자층	단분자층

농약분자와 토양표면 사이에 공유결합이나 전기적인 결합으로 나타나는 화학적인 흡착 (chemisorpion)에 의해서이고 물리적 흡착에 의해서는 약한 결합을 나타내게 된다. 물리 및 화학적 흡착의 특성을 서로 비교하면 표 5-8과 같다.

2) 흡착등온선

농약의 토양 중 흡착양상은 흡착등온선(adsorption isotherm)으로 표현할 수 있는데, 흡착질과 흡착제와의 흡착양상에 따라 다음과 같이 네 가지 형태로 분류될 수 있으며 이들을 그림으로 나타내면 그림 5-19와 같다.

- L-type: 흡착질과 흡착제간에 높은 친화력을 나타낼 때 일어나는 것으로 보통 화학적인 흡착(chemisorption)에서 볼 수 있다.
- S-type: 흡착질간의 작용이 흡착질과 흡착제 사이의 작용보다 더 강할 때 일어나는 것으로 흡착질 간에는 중첩된 결합양상(clustering)이 나타난다.
- C-type: 흡착제에 대한 흡착질의 흡착 정도가 비교적 일정한 비율로 나타나는 것으로 주로 흡착 초기에 나타난다.
- H-type: 흡착질과 흡착제 사이에 아주 강한 결합인 화학적 흡착을 나타내는데 L-type의 극단적인 경우라 할 수 있다.

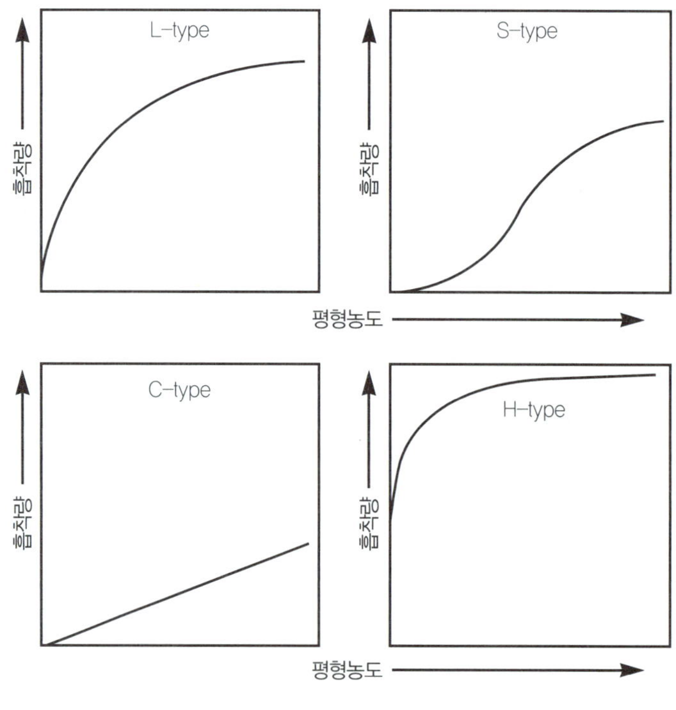

[그림 5-19] 흡착등온선의 분류

3) 흡착등온식

농약이 토양 중에서 흡착되는 양상은 Langmuir와 Freundlich 흡착등온식에 의해 설명될 수 있다.

① Langmuir 흡착등온식

이 식은 고체 흡착제에 대한 기체 흡착질의 흡착양상을 규명하기 위하여 다음과 같은 가설을 전제하였다. ① 흡착에너지는 일정하고 표층전하와 무관하다. ② 흡착은 일정한 표면에서 일어나고 흡착된 분자들 사이의 상호작용은 없다. ③ 가능한 최대 흡착은 완전한 단분자층을 이룬다.

Langmuir 흡착등온식은 흡착제 단위그램당 흡착되는 용질의 mol수 (X)는 평형상태에 있는 용액중의 흡착질농도 C의 함수로 나타낼 수 있다.

$$X = \frac{Xm \cdot bC}{1 + bC}$$

단, Xm = 흡착제 1g에 흡착하여 완전한 단분자층을 생성하는 흡착질의 mol수
b = 흡착에너지에 관여한 상수 (C=1/b, X=Xm/2의 경우)

이 흡착방정식은 다음과 같이 선형방정식으로 나타낼 수 있다.

$$\frac{1}{X} = \frac{1}{Xm} + \frac{1}{b \cdot Xm} \cdot \frac{1}{C}$$

이 흡착등온식이 잘 맞으면 절편 1/Xm와 1/b·Xm의 기울기를 갖는 직선식을 얻을 수 있다. 많은 농약의 다양한 토양표층에서의 흡착은 이 흡착등온식에 따르는 것으로 나타나고 있다.

② Freundlich 흡착등온식

어떤 농도범위의 용액에서 흡착제 m그램에 흡착되는 x그램의 비는 흡착질의 농도 C에 비례한다는 것을 식으로 표현하면 다음과 같다.

$$\frac{x}{m} = KC^{1/n}$$

단, x = 흡착제 m(mg)에 흡착되는 흡착질의 양

C = 용액중의 흡착질의 평형농도

K = 평형상수 (C=1일 때, K=x/m)

1/n = 비선형의 정도

위의 흡착방정식을 선형방정식으로 처리하면 다음과 같이 나타낼 수 있다.

$$\log x/m = \log K + 1/n \log C$$

즉, log x/m을 log C의 함수로 표시하면 절편 log K와 기울기 1/n을 갖는 직선방정식을 얻을 수 있다. Freundlich식의 1/n은 종종 1에 접근하는데 이는 흡착량과 용액중의 평형농도 사이의 비례관계를 나타낸다. Langmuir식도 아주 특수한 조건에서는 비례관계를 나타내므로 화학물질의 표면과 용액 사이의 분포를 알 수 있다.

4) 흡착평형계수

McCall 등에 의하면 여러 가지 농약의 토양에서의 흡착성은 토양흡착평형계수(Kd)와 토양흡착평형정수(Koc)로 비교할 수 있다고 하였다. 즉, Kd값은 토양의 종류에 따라 크게 변동되지만 Koc값은 일반적으로 변동이 작다. 주로 농약은 해리가 되지 않는 것이 많기 때문에 이러한 농약들은 유기물에 의해 주로 흡착이 일어나 농약의 토양흡착성을 서로 비교하는데 Koc값이 사용된다. 일반적으로 물에 용해하기 쉬운 화합물일수록 토양에 흡착되기 어렵고 작은 Koc값을 나타내며 토양표층에서 주로 흡착되고 하부로의 용탈도 어려워진다.

$$Kd = \frac{\text{화학물질 } \mu g/ \text{ 토양 } g}{\text{화학물질 } \mu g/ \text{ 물 } g} \qquad Koc = \frac{Kd \times 100}{\text{토양유기탄소함량 } \%}$$

농약과 같은 소수성 유기화학물질은 비극성 유기용매에 용해되지만 물에는 잘 용해되지 않기 때문에 이들이 물에 용해되었을 때 물보다 극성이 적은 토양의 유기탄소에 흡착하게 된다.

(2) 결합잔류

토양에 집적되어 토양구성체에 결합하여 존재하는 농약들 중에는 그 농약을 가장 잘 용해하는 유기용매로 추출할 경우에도 추출되지 않고 결합되어 있는 농약성분이 있다. 이렇게 토양에 강하게 결합되어 추출되지 않고 남아 있는 농약을 결합잔류물(bound residue)이라고 한다.

토양 중에서 농약의 행적을 추적하기 위하여 주로 사용되고 있는 방사능추적자에 의한 연구 결과들에 의하면 살포된 농약의 40~50% 정도는 결합잔류물로 존재한다고 한다. 현재까지 알려진 바로는 일단 농약이 토양 중에서 결합잔류물로 존재하게 되면 자신이 가지고 있는 독성은 발현되지 못하고 이동성 및 후작물에 대한 영향도 거의 없는 것으로 알려져 있다. 농약이 토양 중에서 결합되는 양상은 주로 토양유기물의 구조에 병합(incorporation)되어 존재하는 것으로 알려졌다. 제초제 bentazon의 토양유기물과의 결합잔류물은 oxidative coupling을 통한 공유결합을 하는 것으로 밝혀졌으며 토양유기물의 humic acid에 30%, fulvic acid에 40%, 그리고 나머지는 humin에 존재하는 것으로 나타났다.

(3) 농약의 이동

농약의 최종적인 집결지라고 할 수 있는 토양 중에서 농약이 이동하는 과정은 크게 확산(diffusion)과 집단이동(massflow)으로 설명할 수 있다. 확산은 열에너지로부터 생기는 분자의 무질서한 움직임의 결과로서 농약의 용해도 및 증기압에 영향을 받으며 고농도에서 저농도의 장소로 이동하게 된다. 집단이동은 농약성분이 담체로서 작용하는, 즉 토양의 경우에는 물에 의하여 그 움직임은 동력과 같은 외부의 힘에 의하여 발생되며 용탈과 같은 개념으로 생각할 수 있다.

1) 확산

확산은 농약의 토양 중의 분포양상에 영향을 주게 되는데 고농도의 화합물이 저농도로 이동하는 것은 토양의 가비중, 수분함량, 용해도, 증기압, 흡착강도 및 입자의 공극성 등에 영향을 받는 것으로 나타났다. 이동속도는 농도기울기의 함수로 나타낸 Fick의 확산법칙에 의하면 어떤 화합물의 이동량은 단위면적으로 단위시간당 움직이는 질량으로 나타낼 수 있다.

2) 집단이동(mass flow)

집단이동은 농약의 담체로 작용하는 물, 공기, 토양입자의 외부에 어떤 힘이 가해져 일어나는 것이다. 따라서 물, 공기, 토양의 이동에 영향을 주는 요인들에 대한 지식은 농약의 환경 중 집단이동을 이해하는 데 중요하다고 할 수 있다.

농약의 토양 중 집단이동을 예측하기 위하여 사용되고 있는 실험방법으로는 토양으로 충진된 관(column)이나 lysimeter를 설치하여 물로 용출시켜 용출수와 토양을 심도별로 분석하여 얻은 결과로 실제 포장에서의 결과를 예측하고 있다. 토양단면을 통과하는 물에

[표 5-9] 농약의 토양 중 상대적인 이동성

작다 ← 이동성 정도 → 크다				
I	II	III	IV	V
Lindane	Prometryn	Propachlor	Picloram	Dalapon
Phorate	Terbutryn	2,4,5-T	MCPA	Dicamba
Parathion	Propanil	Terbacil	Amitrole	Chloramben
Diquat	Diuron	Propham	2,4-D	
Zineb	Linuron	Flumeturon	Dinoseb	
Nitralin	Molinate	Diphenamid	Bromacil	
Benomyl	EPTC	Monuron		
Paraquat	Chlorpropham	Atrazine		
Trifluralin	Azinphosmethyl	Simazine		
Heptachlor	Diazinon	Alachlor		
Aldrin		Ametryne		
Chlordane		Propazine		
DDT				

[표 5-10] 지하수를 오염시킬 가능성이 있는 농약의 이화학적 특성

종 류	특 성
용해도	30 ppm 이상
Kd	1~5 이하
Koc	300~500 이하
Henry 상수	$10^{-2} mol \cdot m^{-3} \cdot atm^{-1}$ 이하
분극	완전하거나 부분적인 (−)전하
가수분해에 의한 반감기	25주 이상
광합성에 의한 반감기	1주 이상
포장상태에서의 반감기	3주 이상

의한 집단이동은 물의 흐름방향, 토양과 물의 비율, 그리고 농약의 토양에의 흡착특성에 의존한다고 할 수 있다. 또한 토양에 흡착된 농약은 침식 또는 바람과 같이 물이나 공기가 이동할 때 함께 이동할 수 있다. 농약이 살포된 곳이 아닌 다른 곳에서 많이 발견되고 있는 것은 물론 여러 가지 복합적인 요인에 의해 이동된 것이겠지만 집단이동도 농약의 환경 중 이동에 상당히 영향을 미치는 것으로 나타나고 있다. 표 5-9는 Helling 등이 농약의 토양 중 상대적인 이동성을 나타낸 것이고 표 5-10은 토양 중에서 농약이 용탈되어 지하수를 오염시킬 가능성이 있는 농약의 특성을 나타낸 것이다.

3) 휘산

농약이 토양표면에 흡착하고 용탈되는 것 이외에 농약은 휘산되어 대기중으로 들어갈 수 있다. 농약의 증기압은 대단히 작지만 물에 용해되어 있을 때는 고체상태로 있을 때 보다 휘산이 더 많이 일어나게 되며 또한 적은 양의 휘산이라도 토양표면의 넓은 면적에서 일어나게 될 때 대기중으로 유입되는 양은 상당하므로, 휘산도 농약의 환경 중 동태에서 중요하게 다루고 있다. 토양 중 농약의 휘산율은 토양 내에서의 농약의 증기압과 그 증발하는 표층에의 이동률과 관계가 있다. 각 농약에 특징적인 포화증기압은 온도에 의해 변화되며 또한 토양에의 흡착에 의하여 영향을 받게 된다.

농약의 휘산에 영향을 미치는 인자로서는 농약의 성질과 토양 중의 잔류농도, 토양의 유기물함량, 수분함량, 점토함량, pH 등과 같은 토양의 성질 등이 주로 관여하는 것으로 알려져 있다. 특히 토양에 유기물함량이 높으면 휘산이 적게 되고, 수분함량이 높으면 물

이 증발될 때 농약도 공증류현상에 의하여 같이 휘산되므로, 휘산량이 증가되는 것으로 알려져 있다. 온도는 휘산에 직접 영향을 미치게 되는데 온도가 상승하게 되면 토양 중 농약의 휘산율이 증가되고 또한 확산에 의한 농약의 표층으로의 이동도 증가시켜 주고 증발하는 물의 집단이동에 의한 농약의 휘산에도 영향을 주게 된다.

(4) 농약의 전환

토양환경 중에서 농약의 전환과정은 생물학적인 것과 화학적인 것으로 구분할 수 있으나 토양환경 중에서 농약의 전환에 더 크게 관여하는 것은 주로 미생물이므로, 여기서는 미생물에 의한 전환(transformation)만을 다루기로 한다.

농약의 미생물학적인 전환은 기본적으로 다음의 다섯 가지 과정으로 나눌 수 있다.

① 생분해(biodegradation): 농약이 미생물의 성장을 위하여 기질로서 사용되는 경우, ② Cometabolism: 농약이 미생물의 에너지원으로서 이용이 되지 않으면서 대사반응에 의하여 전환되는 경우, ③ 중합 또는 접합(polymerization 또는 conjugation): 농약이 다른 농약이나 또는 다른 화합물들과 결합되는 경우, ④ 축적(accumulation): 농약이 미생물에 병합되는 경우, ⑤ 미생물의 활성에 의한 이차적인 영향(secondary effects of microbial activity): 농약이 미생물에 의해서 야기된 환경조건, 즉 pH, 산화환원조건, 반응산물 등에 의하여 전환되는 경우이다.

미생물에 의한 농약의 대사과정에 포함된 주요 반응은 산화, 환원, 가수분해, 합성반응 등으로 크게 구분할 수 있다.

1) 산화반응

미생물에서 일어나는 가장 중요하고 기본적인 반응 중의 하나가 산화반응이다. 농약의 산화반응에 관여하는 산화효소로는 mixed function oxidase, peroxidase, laccase 등이다. 주요한 산화반응은 표 5-11과 같이 hydroxylation, N-dealkylation, β-oxidation, decarboxylation, ether 결합의 절단, epoxidation, oxidative coupling, 방향족고리 계열, heterocyclic고리 계열, sulfoxidation 등이다.

[표 5-11] 미생물에 의한 농약의 산화반응

산화반응	반응의 예
Hydroxylation	$RCH_3 \rightarrow RCH_2OH$ $ArH \rightarrow ArOH$
N-Dealkylation	$RNCH_2CH_3 \rightarrow RNH_2 + CH_3CHO$ $ArNRR' \rightarrow ArNH_2$
β-Oxidation	$ArO(CH_2)nCH_2CH_2COOH \rightarrow ArO(CH_2)nCOOH$
Decarboxylation	$RCOOH \rightarrow RH + CO_2$ $ArCOOH \rightarrow ArH + CO_2$ $Ar_2CH_2COOH \rightarrow Ar_2CH_2 + CO_2$
Ether cleavage	$ROCH_2R' \rightarrow ROH + R'CHO$ $ArOCH_2R' \rightarrow ArOH + R'CHO$
Epoxidation	$RCH{=}CHR' \rightarrow RCH\overset{\diagup O \diagdown}{-}CHR'$
Oxidative coupling	$ArOH \rightarrow (Ar)_2(OH)_2$
Sulfoxidation	$RSR' \rightarrow RS(O)R'$ or $RS(O_2)R'$

[표 5-12] 미생물에 의한 농약의 환원반응

환원반응	반응의 예
Nitro group의 환원	$RNO_2 \rightarrow RNH_2$
2중 또는 3중 결합의 환원	$Ar_2C{=}CH_2 \rightarrow Ar_2CHCH_3$ $RC{\equiv}CH \rightarrow RCH{=}CH_2$
Sulfoxide의 환원	$RS(O)R' \rightarrow RSR'$
환원적 탈할로겐화	$Ar_2CHCCl_3 \rightarrow Ar_2CHCHCl_2$

2) 환원반응

미생물에 의해 일어나는 주요한 농약의 환원반응은 표 5-12와 같다.

Parathion, paraoxon, EPN 또는 fenitrothion과 같은 유기인계농약은 amino기까지 환원되는데 이 환원된 중간체는 농약으로서의 활성이 거의 없는 것으로 알려져 있다. 환원반응으로서는 sulfoxide가 sulfide까지, 포화이중결합, 알데히드가 알코올까지, 키톤이 2급 알코올까지, 그리고 일부 금속의 환원 등을 들 수 있다. 탄소로부터 전자를 당기는 방향족고리에 치환된 할로겐 치환체는 미생물에 의해 공격을 받기가 쉽지 않은데 할로겐 치환체의 수가 많을수록 미생물의 공격에 대해 보다 저항성을 갖게 된다. 그러나 pentachlorophenol과 같은 경우에는 예외도 있어 할로겐 치환체의 수와 위치뿐만이 아니라 분자 자체의 형태도 생분해에 영향을 미친다고 할 수 있다. DDT, heptachlor, lindane, methoxychlor 등과 같은 염소계 농약은 여러 종류의 미생물들에 의해 탈염소화되는 것으로 알려져 있는데 환원된 Fe(II) cytochrome oxidase가 관여하는 것으로 알려져 있다.

3) 가수분해반응

대다수의 농약들은 물이 첨가됨으로써 가수분해반응이 일어나 분해될 수 있다. 가수분해반응에 관여하는 효소로는 esterase, acylamidase, phosphatase 그리고 lyase 등이 알려져 있다. Ether, ester 또는 amide 결합을 가지고 있는 농약들은 쉽게 가수분해되어 농약으로서는 독성이 없는 중간산물들을 만들어 표 5-13과 같이 분해된다.

미생물이 매개된 합성반응은 농약이나 그 대사산물들이 그들 자신이나 다른 화합물들과 결합되는 것을 말한다. 합성반응은 그 화합물의 관능기를 중심으로 이루지며 반응 결과 더 큰 분자량의 화합물로 전환된다. 합성반응은 두 물질간의 포합을 나타내는 포합반응(conjugation reaction)과 여러 물질의 중합체를 형성하는 축합반응(condensation reaction)으로 구분할 수 있다. Methylation 및 acetylation과 같은 포합반응은 화합물의 미생물에 의한 대사에서 나타나고 glycoside 형성, 아미노산이나 황과의 반응과 같은 포합은 주로 식물이나 동물에서 나타난다. 축합반응은 앞에서 설명한 oxidative coupling의 경우를 예로 들 수 있다. 토양미생물들은 농약이 토양유기물과 결합하는 데 중요한 역할을 하는 것으로 알려져 있다. 토양에 있는 리그닌 유래의 페놀성 및 quinoid 화합물들은 산화환원 촉매들에 의하여 그들 자신끼리나 다른 특수한 관능기를 가지고 있는 화합물들과 반응하여 더 큰 중합체를 형성하게 된다.

[표 5-13] 미생물에 의한 농약의 가수분해반응

가수분해반응	반응의 예
Ether hydrolysis	$ROR' + H_2O \rightarrow ROH + R'OH$
Ester hydrolysis	$RC(O)OR' + H_2O \rightarrow RC(O)OH + R'OH$
Phosphor-ester hydrolysis	$(RO)_2P(O)OR' + H_2O \rightarrow (RO)_2P(O)OH + R'OH$
Amide hydrolysis	$RC(O)NR'R'' + H_2O \rightarrow RC(O)OH + HNR'R''$
Hydrolytic dehalogenation	$RCl + H_2O \rightarrow ROH + HCl$

5.2.2 농약오염토양 복원

농약의 사용량이 증가됨에 따라 여러 형태로 토양에 유입되는 농약의 양도 늘어나게 되어 비의도적으로 생태계에 영향을 주고 있다는 보고가 늘어남에 따라 이제는 농약으로 오염된 토양을 복원시키는 일 또한 매우 중요한 과제라고 할 수 있다.

토양의 오염은 수질이나 대기오염과는 달리 직접적으로 사람에게는 영향을 미치지 않기 때문에 관심도가 떨어졌으나 최근에는 토양오염으로 인하여 지하수 및 농작물의 오염 등이 유발되어 사람에게도 직접적인 영향을 미치게 됨으로써 토양오염에 대한 관심도가 점점 더 증가하고 있는 실정이다. 현재 우리나라에서도 1998년부터 토양환경보전법을 공포하여 토양환경의 관리에 만전을 기하고 있다.

농약이 토양 중에 유입되는 과정을 살펴보면 살포된 농약의 최종 집적지, 살포액의 폐기, 살포용기의 세척수 폐기, 농약을 보관해 놓는 곳, 농약제조 공장, 그리고 실수나 고의로 농약액이 토양에 유입된 경우 등을 생각할 수 있다. 정상적인 농업활동으로 토양에 유입되는 농약의 농도는 ha당 1에서 4.5kg 범위이기 때문에 토양표면에서의 잔류농도는 0.5에서 2.5mg/kg 정도가 되나 토양에 유입됨과 동시에 농약분해가 되므로 대부분의 경우에는 잔류농도가 아주 낮은 것으로 알려져 있다. 그러나 비정상적으로 토양에 유입된 경우에는 상당히 고농도로 존재할 수도 있다.

현재 우리나라 토양환경보전법에서 규정하고 있는 토양오염물질 중 농약과 관련된 항목으로는 유기인 화합물, 그리고 농약의 분해산물로서 나올 수 있는 페놀, 석유계 탄화수소 등이다. 이 중 유기인화합물은 유기인계 농약을 총칭하는 것으로서 토양오염 우려기준으로 10~30mg/kg을 설정해 놓고 있다. 그러나 유기인계 농약의 토양환경 중 빠른 분해 반감기를 고려한다면 정상적인 농업활동에 의하여 이 기준을 초과할 우려는 없다고 생각된다. 그러나 농약은 적은 양으로 상당한 독성을 나타내며 또한 매년 연용을 하게 되고 다른 약제들과 혼용하기 때문에 이들의 행동양상은 여러 토양환경조건에서 철저하게 규명하여야 하고 또한 오염이 가속화되는 곳이 있다면 원래 상태로 복원시켜야 할 것이다.

우리나라의 토양환경보전법에는 유기인계 농약을 제외한 다른 농약은 전혀 언급되어 있지 않은 상태인데 아직까지 우리나라의 토양에 DDT 관련 화합물과 PCNB, endosulfan 등의 유기염소계 화합물의 검출빈도가 높은 편이며 특별히 제초제 paraquat는 불활성상태로 존재하지만 우리나라 과수원토양에는 평균 8mg/kg 정도 오염되어 있는 것으로 나타나 농약에 의한 토양오염문제에 대해 많은 관심을 가져야 할 것이다.

오염된 토양을 복원하기 위해 사용하는 기법으로는 오염된 토양이 있는 곳에서 바로 처리하는 기술인 원위치(*In Situ*)기술과 오염된 토양만 따로 채취하여 다른 곳에서 처리하는 비원위치(*Ex Situ*)기술로 크게 구분할 수 있다. 현재까지 알려진 토양의 정화기술은 표 5-14와 같다.

[표 5-14] 오염토양의 정화기술 분류

분 류		오염토양 정화기술
비원위치 (Ex Situ) 기술	물리적 방법	소각법(Incineration)
		열탈착법(Thermal Desorption)
		토양증기추출법(Soil Vapor Extraction)
		분급법(Mechanical Separation)
		굴착폐기(Excavation and Disposal)
	화학적 방법	토양세척법(Soil Washing)
		고형화 및 안정화(Solidification/Stabilization)
		탈염화법(Dehalogenation)
		용제추출법(Solvent Extraction)
		화학적 산화 및 환원법(Chemical Reduction/Oxidation)
	생물학적 방법	경작법(Landfarming)
		생반응법(Bioreactors)
원위치 (In Situ) 기술	물리적 방법	토양증기추출법(SVE ; Soil Vapor Extraction)
		가열토양증기추출법(Thermally-enhanced SVE)
		차폐 및 반응벽체(Containment/Reactive Walls/Barriers)
		전기 개선법(Electroreclamation)
		매립 차폐법(Landfill Cap)
	화학적 방법	토양세척법(Soil Washing)
		안정화 및 고형화(Stabilization/Solidification)
	생물학적 방법	생분해법(Bioremediation)
		식물정화법(Phytoremediation)
		자연저감법(Natural Attenuation)

(1) 생물학적 복원

오염된 토양의 복원기술 중 생물학적 복원(bioremediation)기술은 모두가 미생물의 작용에 크게 의존한다. 심지어는 식물을 주로 이용하는 phytoremediation에서도 미생물의 역할은 아주 중요하다고 할 수 있다. 미생물의 빠른 성장과 짧은 세대기간은 생태계에서 분해자로서 역할을 하므로, 오염물질의 생물학적 분해에 있어 미생물의 역할이 가장 크다고 할 수 있다.

생물학적 복원기술은 오염된 토양에 토착 미생물들이나 선택적으로 분리된 미생물이 왕성하게 오염물을 분해할 수 있도록 영양소, 산소 등을 주입하여, 오염물질의 분해를 촉진시키는 것이다. 이 기술은 표 5-15와 같이 bioaugmentation, biofilter, biostimulation, bioreactor, bioventing, composting, landfarming 등으로 크게 세분할 수 있다.

각각의 기술들은 모두 미생물의 활성에 의하여 큰 영향을 받게 되는데 bioremediation 기술들이 가지고 있는 장점은 다음과 같다.

① 오염현장에 직접 적용할 수 있고, ② 오염지역의 토양교란을 최소화할 수 있으며, ③

[표 5-15] Bioremediation기술의 종류

종 류	특 징
Bioaugmentation	오염된 곳에서 그 오염물질을 잘 분해하는 균을 분리하고 배양하여 그 배양액을 처리하는 것, 주로 바이로리엑터나 비원치기술에 적용가능
Biofilter	미생물이 접종된 필터에 오염된 공기를 방출시켜 오염물질의 제거에 이용.
Biostimulation	토양에 있는 원래의 미생물들의 활성을 증가시켜 주는 기술, 원위치 또는 비원치기술로 사용가능
Bioreactor	특별한 반응조 내에 오염된 것을 넣고 거기에 미생물을 접종시켜 생물학적 분해가 일어나도록 하는 것
Bioventing	오염된 불포화토양에 공기를 주입하여 휘발성 오염물질을 기화하여 이동시키는 한편, 토양내 산소농도를 증가시킴으로써 미생물의 생분해능을 촉진시켜 처리하는 기술
Composting	오염토양을 굴착하여 팽화제(bulking agent)로 나무조각, 동식물폐기물과 같은 유기성물질을 혼합하여 공극과 유기물함량을 증대시킨 후 공기를 주입하여 오염물질을 분해시키는 기술로 폐기물 퇴비화기술에서 발전된 기술
Landfarming	오염토양을 굴착하여 깔아놓고 정기적으로 뒤집어 줌으로써 공기를 공급해 주는 호기성 생분해 공정으로 오염물질의 분해율을 최적화하기 위해 수분함유량, 산소함유량, 양분, pH, 토양부피 등을 조절하는 기술

수송비용을 절감할 수 있고, ④ 폐기물을 남기지 않으며, ⑤ 장기간에 걸쳐 운전효율을 유지할 수 있고, ⑥ 비용적인 측면에서 경제적이며, ⑦ 다른 기술들과 복합적으로 처리될 수 있다.

Bioremediation에서 미생물의 역할은 그 대사과정인 발효(fermentation)와 호흡(respiration)이라 할 수 있다. 미생물은 산화환원반응이 복합되어 있는 이화작용을 통하여 유기화합물을 이산화탄소와 에너지로 변환시킨다. 이 반응에서 유기화합물로부터 제거된 전자는 중간대사물로 이동되고 여기서 발생된 에너지는 고에너지 인산결합을 갖는 ATP로 변환된다. 발효과정의 경우 전자공여체는 유기화합물이고 최종적인 전자수용체 역시 유기화합물이므로 원래의 유기화합물이 이산화탄소로까지 완전히 분해되지는 않는다. 따라서 bioremediation에서는 호흡과정이 유기화합물을 최종 전자수용체인 무기물까지 변화시켜 주므로, 더 중요한 과정이라 할 수 있다. 미생물들은 다른 생물들에 비하여 비교적 단순한 유전정보를 가지고 있으므로 형질의 변환도 쉽게 일어난다. 어떤 오염물질이나 난분해성 물질을 이용할 수 있는 미생물을 찾는 것이 다른 생물종으로부터 찾는 것보다 수월하다고 할 수 있다. 즉, 어떤 오염물질로 오염된 곳에서 분해균을 선발하고자 하는 것도 바로 이러한 이유 때문이다.

농약의 생물학적인 분해를 촉진시키기 위하여 사용되는 여러 가지 기법들은 대부분 biostimulation이나 bioaugumentaion기법에 근거를 두게 된다. Biostimulation기법은 오염된 곳에 토착미생물의 성장에 제한적인 인자인 질소, 인, 산소, 유기물, pH 등을 적절하게 공급하여 미생물의 정화능력을 높이는 방법이다. 또한 bioaugumentaion기법은 오염지에 토착미생물의 활성을 기대하기 어려운 곳에 따로 배양한 미생물을 적절한 영양원과 함께 처리하는 것이다. 즉, 오염된 환경을 환자라고 가정한다면 환자의 영양상태를 좋게 하여 체력을 회복시키는 것이 biostimulation이고 상태가 심각하여 치료제를 바로 투약하는 것이 bioaugumentaion이라 할 수 있다.

(2) 비생물학적인 복원

비생물학적인 복원기술로서는 소각법, 열탈착법, 토양세척법, 화학물질의 이용 등 다양한 방법들이 시도되고 있다.

1) 소각법

오염된 토양을 처리하게 되면 농약은 분해되고 처리된 토양은 원위치에 다시 매립할 수 있다. 소각법은 탈착과 연소의 두 가지 반응기작으로 오염된 토양을 처리하는 것이다. 탈착은 토양에서 농약을 제거하여 기상(gas phase)으로 유리시키는 기작으로서 소각로에서 열처리와 동시에 공기를 흘려주어 수행되며 연소는 탈착된 농약을 산화적 조건하에서 분해하는 기작이다. 탄소와 수소로 구성되어 있는 유기화합물은 위해성이 없는 이산화탄소와 물이 최종적인 연소생성물이다. 그러나 농약과 같은 유기독성물질들은 탄소와 수소 이외에 염소, 질소, 인 또는 황을 포함하고 있어 위해성이 있는 연소생성물이 생성될 수 있어 소각로와 대기오염 제어시스템 설계시 농약의 물리화학적 성질이 고려되어야 한다. 농약으로 오염된 토양의 처리시 오염농도가 일반적으로 100mg/kg 이하이므로 배출가스에서 연소생성물의 농도가 낮아 문제가 되지는 않는 것으로 알려져 있다.

2) 열탈착법

비교적 낮은 끓는점을 가진 오염물질을 기화시켜 토양으로부터 분리하기 위하여 95~540℃의 온도로 오염된 토양을 열처리하는 처리기술로서 기화된 오염물질은 포집된 후 일반적인 배출가스처리 시스템으로 처리하는 것이다. 이 방법은 소각법보다 상대적으로 낮은 온도에서 열처리하여 오염물질을 기화시켜 제거하는 기술로서 주로 휘발성인 유기화합물 그리고 PCB, PAH 또는 농약과 같은 유기화합물들에 가장 효과적인 처리기술이다. 농약으로 오염된 토양의 처리에서 이 방법의 주요 이점들은 처리 결과가 실험실 규모의 조사를 통하여 확실하게 측정할 수 있다는 점, 각 농약들의 잔류농도가 0.1~5mg/kg 범위라는 점, 운영조건을 토양처리기준에 따라 쉽게 조정할 수 있다는 점, 농약의 총 배출량이 규제기준 이하라는 점, 짧은 복원기간, 그리고 처리비용이 비싸지 않다는 점이다.

3) 토양세척법

토양으로부터 유기오염물질을 제거하기 위하여 보통의 경우에는 물 또는 특별히 계면

활성제나 초임계 유체를 이용하는 기술이다. 이 기술의 in situ에서의 적용을 soil flushing, ex situ에서의 적용을 soil washing이라 한다. Soil flushing기술은 오염된 지역에서 오염물질을 제거하기 위하여 계면활성제 또는 화학보조제(알콜류)가 혼합되거나 또는 물만을 세척액으로 하여 오염된 지역에 살포하거나 주입하여 오염물질의 방출과 이동을 증가시킨 후 지하수의 수위가 낮은 지역에 설치한 추출관정(extraction well)에서 오염물질을 퍼올려 회수하는 것이다. 농약처리에 이 기술이 사용되고 있다는 연구보고는 없는 실정이나 지형적 조건이 이 기술을 이용하기에 좋은 조건에서 농약을 제거하기 위한 가능성 있는 기술로 평가되고 있다. Soil washing기술은 ex situ에서 채취된 오염토양으로부터 오염물질을 제거하기 위하여 용매로 토양을 세척하는 기술로서 추출된 유기오염물질은 소각법이나 다른 방법으로 처리하는 것이다.

4) 초음파

초음파는 인간의 청력범위 이상인 20 kHz 이상의 주파수를 가진 음파로서 초음파에 의한 화학물질의 변화가능성은 상당히 오래 전부터 알려져 왔지만 화학물질을 처리하는 데는 아직까지 본격적으로 이용되고 있지 않은 기술이다. 음파는 공동화(cavitation)를 야기시키고 미소한 기포들을 제거시킴으로써 화학반응에 영향을 미친다. 초음파를 처리하게 되면 기포들이 제거되는 지점에서는 수백 기압과 수천 도의 온도가 국부적으로 형성되는데 이러한 일시적인 변화로 인하여 화합물을 변화시키는 기법이다. 화학폐기물처리의 관점에서 가장 중요한 것은 초음파처리에 의한 물의 열분해 시에 발생되는 OH라디칼은 강력한 산화제로 작용하고, 반면에 H라디칼은 효과적인 환원제로 작용하여 결국 산화환원 작용에 의한 처리가 이루어지게 되는 것이다. 농약분해를 위한 초음파처리의 이용에서 parathion의 경우 공기로 포화된 수용액에서 20 kHz, 75 W/cm^{2}로 초음파 처리되었을 때 약 2시간 내에 거의 분해되는 것으로 나타났다. 초음파가 처리되었을 때 화학적 반응기작(열분해, 산화 및 환원작용)들의 조합이 동시에 반응을 촉진한다는 점은 초음파기술이 갖는 장점이므로, 다른 적절한 방법이 없는 매우 처리하기 어려운 오염물질을 처리하기 위한 방법으로 사용할 수 있을 것이다.

5) 기타

지하수에서 유기염소계 화합물을 분해하기 위하여 금속의 부식화와 관련된 화학기법을 이용하는 이 방법은 최근에 큰 관심을 끌고 있다. 처리방법은 금속가루로 충진된 투과성 장벽을 지하수의 흐름과 수직으로 설치하여 오염된 지하수를 통과시켜 오염물질을 제거하는 것이다. 비록 주석, 알루미늄, 아연과 같은 금속이 더 효과적이지만 철이 가격 면에서 저렴하고 독성이 없어 선택되어졌다. 또한 이 방법이 흥미를 끄는 것은 처리방법이 간단하고 비용이 저렴하며 운영비는 매우 적게 들고 지상의 구조물이 필요 없으며 오염물질을 현장에서 분해할 수 있다는 점이다.

ZVI(Zerovalent iron)에 의한 오염물질의 분해과정은 본질적으로 부식화학으로서 철금속이 0가 상태에서와 2가 철로의 산화시에 알킬할라이드 또는 방향족 니트로화합물, 질산염, 크롬산염과 같은 오염물질에는 효과적인 환원제로 작용하여 오염물질을 무독화시키는 것이다. 방향족 니트로화합물이 ZVI로 처리되었을 때 우선적으로 더 환원되거나 고정화가 요구되는 아닐린 중간산물이 생성될 수 있어 농약으로 오염된 지역의 복원을 위해 ZVI기술이 이용되었을 때 농약은 환원되어 모화합물보다 환경적 위해성이 더 큰 중간산물을 생성할 수도 있으나 이들 중간산물은 이후에 보다 쉽고 빠르게 생분해되거나 무독화될 수 있어 문제가 되지 않을 것이다.

5.3 농약의 잔류와 안전성

5.3.1 농약의 잔류성

(1) 작물잔류

농약에 의한 위해는 농약 자체의 독성과 노출 정도(섭취량)의 곱으로 표시할 수 있다. 농약의 잔류성은 이러한 노출 정도(섭취량)를 평가하는 데 필수적인 자료를 제공한다. 농약 잔류성의 관심대상은 대상 농작물, 토양, 수계 및 대기라고 할 수 있다. 살포된 농약의 이러한 환경요소 중 잔류량 변화는 많은 예외가 있기는 하나 일반적으로 다음과 같은 1차 소실반응으로 해석된다.

$$R = R_0 \cdot e^{-\lambda t}$$

R = 농약잔류량, R_0 = 초기농약잔류량, λ = 소실계수, t = 시간

즉, 잔류성시험을 수행하여 실측한 및 λ로부터 특정한 시간에서의 환경요소 중 잔류량을 산출할 수 있으며 이로부터 잔류농약에 대한 노출 정도를 결정할 수 있다. 또한 농약별로 소실계수나 반감기(half-life)를 비교함으로써 상대적 잔류수준의 비교가 가능하다. 토양, 수계, 대기의 경우 주로 이러한 접근법을 사용하나 농작물의 경우는 보다 현실적으로 수확물 중 잔류량을 직접 조사하여 섭취량을 결정하는 방법을 많이 이용한다.

표 5-16에 나타난 바와 같이 농약을 살포하였을 때 농작물 중 초기잔류량은 농약제품 중 유효성분의 함량, 희석배수 및 살포약량에 따라 다양한 수준을 나타내며 상당수가 잔류허용기준을 초과한다. 그러나 시간이 경과함에 따라 농약잔류량은 일반적으로 지수함수적으로 감소하는데 그 속도는 농약 및 작물별 그리고 환경요인들의 관여 정도에 따라 상이하다. 작물 중 농약의 잔류성은 초기잔류량의 50%가 감소되는데 소요되는 시간, 즉

[표 5-16] 작물별 수확물 중 살포농약의 잔류량 변화

작물	농약	잔류량(mg/kg)		반감기 (일)	잔류허용기준 (mg/kg)
		살포 직후	살포 10일후		
상추	Benomyl 50% 수화제	54.19	3.67	2.8	5.0
	Imidacloprid 10% 수화제	6.63	0.17	2.0	5.0
사과	Dichlorvos 50% 유제	0.11	0.01	2.7	0.1
	Fenitrothion 50% 유제	0.97	0.41	8.4	0.5
포도	Azoxystrobin 10% 수화제	0.41	0.29	27.2	1.0
	Mepanipyrim 50% 수화제	1.48	0.61	7.5	5.0
	Triflumizole 30% 수화제	0.45	0.12	7.1	2.0

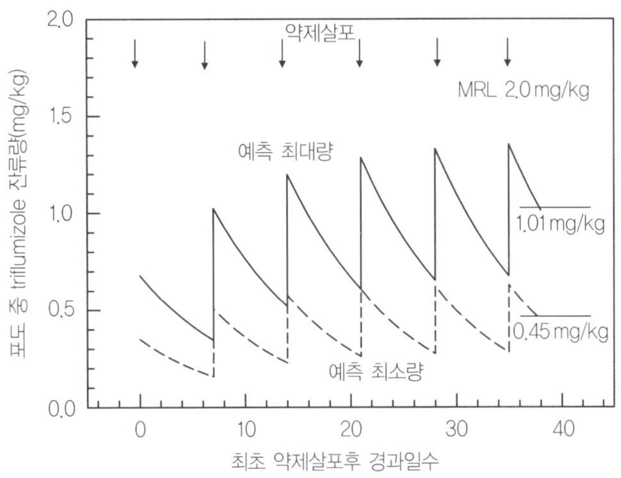

[그림 5-20] 포도재배 중 triflumizole 농약살포에 따른 잔류농약의 수준 평가

반감기로 평가된다. 반감기가 짧으면 그만큼 그 농약의 잔류성이 짧아 작물 중에서 빠른 속도로 소실되는 특성을 나타냄을 의미한다. 초기잔류량이 상당히 높다고 하더라도 그 소실속도가 빠르면 최종 약제살포일과 수확일간 경과시간을 짧게 설정하더라도 안전성을 확보할 수 있다. 반면에 반감기가 길면 최종 약제 살포일과 수확일간의 그 경과시간을 보다 길게 설정해야 한다. 따라서 시기별 잔류량조사를 통하여 그 소실속도를 산출하고 살포회수와 수확전 최종 살포일을 달리한 최종 수확물 중 잔류량을 잔류허용기준과 비교, 실용적 안전사용기준을 설정하게 된다.

그림 5-20에 나타난 바와 같이 잔류성 실험을 통해 설정된 안전사용기준에 따른 살포 농약의 잔류량 변화를 과학적으로 예측하면 실험오차 및 농약사용 형태의 가변성을 고려

[표 5-17] 국내 사용중인 주요 농약의 토양 중 반감기(성분수)

구 분	토양 중 반감기(일)				
	≤15	16~30	31~60	61~120	121~180
살충제	45	43	26	14	2
살균제	37	31	21	15	1
제초제	33	30	25	4	1
생장조절제	8	6	1	1	1
계(%)	123(35.6)	110(31.9)	73(21.2)	34(9.9)	5(1.4)

하더라도 수확 농산물 중 잔류량이 허용기준을 초과할 가능성은 거의 없다는 것을 알 수 있다.

(2) 토양잔류

농작물의 경우 수확에 의해 농약잔류분이 살포환경계에서 이탈되지만 토양 중 잔류분은 계속적으로 잔존하게 된다. 이러한 잔류분은 토양 내에서 분해되기도 하고 강우 등에 의해 수계와 같은 타 환경계로 전이되므로 시간이 경과됨에 따라 점진적으로 감소된다. 그러나 그 기간 동안 토양생물계는 연속적으로 농약잔류분에 의한 악영향을 받게 된다. 따라서 토양잔류성은 작물과는 달리 농약잔류분의 소실속도로 평가하는 것이 더 합리적이다. 토양 중 농약의 잔류성은 살포초기 농약잔류량의 50%로 감소하는데 소요되는 시간, 즉 반감기(half-life)로 평가한다. 이러한 반감기는 $DT_{50} = \ln 2 / \lambda$로 표시되므로 소실속도를 직접 반영하며 토양 중 농약의 부작용을 일으킬 수 있는 수준과 그 기간에 대한 직접적 정보를 제공한다고 할 수 있다. 국내에서 사용중인 주요 농약 345개 성분의 토양 중 반감기를 살펴보면, 대부분의 농약이 포장상태에서 2개월 이하로 나타내고 있어 과거 잔류성 유기염소계 농약의 경우 토양 중 반감기가 1~10년 정도로 평가되었던 점과 비교하였을 때 토양잔류성은 상당히 개선되었다고 할 수 있다.

국내에서는 경작지 토양 중 반감기가 6개월 이상인 농약으로 후작물 등에 영향이 있는 농약은 토양잔류성 농약으로 분류, 등록 자체를 보류하고 있어 앞으로도 과거 잔류성 유기염소계와 같은 농약은 사용되지 않을 것이 확실하다. 그러나 상대적으로 농약 자체의 환경독성이 크고 반감기가 비교적 길며 연중 사용횟수가 많은 농약들의 경우 토양 중 잔류분의 생태계에 대한 영향을 배제할 수 없다.

[표 5-18] 토양 중 농약잔류 실태('95~'98)

구 분	경작지 토양			
	논	밭	시설재배	과수원
채취시료수(점)	187	165	140	170
분석농약수(종)	50	68	68	90
검출농약수(종)	25	19	25	26
검출농약의 빈도(%)	0.5~26.2	0.6~4.8	0.7~10.0	0.6~13.5
검출범위(mg/kg)	0.003~0.698	0.011~0.511	0.003~0.512	0.007~0.438

수중잔류성은 국내에서의 논농사 비중과 토양잔류분이 수계로 유입되었을 경우를 감안할 때 중요한 의미를 갖는다. 대부분 농약의 수중 반감기는 광분해 및 가수분해반응 속도의 증가로 토양 중 반감기에 비해 짧은 경향을 나타내나 수계가 폐쇄환경계이며 수중생물이 잔류분에 직접 노출된다는 점에서 그 오염에 의한 부작용은 무시할 수 없다.

국내 토양 중 농약잔류 실태를 1995~1998년에 걸쳐 경작지별로 구분하여 조사한 결과를 요약하면 표 5-18과 같다. 이 조사에서는 현재 많이 사용되고 있는 농약성분들을 위주로 잔류 수준을 평가하였고, 전국 경작지별로 가능한 한 대표시료를 채취하였으므로 국내 토양 중 농약잔류 실태를 비교적 잘 반영하였다고 판단된다. 대상 농약성분 중 검출된 농약성분의 비율은 27~50% 범위였으며 검출된 농약의 시료 중 검출빈도는 0.5~26%이었다.

이러한 결과로부터 현재 사용중인 농약이라고 해서 토양환경 중에 반드시 잔류하는 것은 아니며 앞서 언급한 농약의 반감기, 살포시기 및 회수가 토양환경 중 잔류 수준을 결정한다는 것을 알 수 있다. 경작형태별로는 밭작물 재배토양에서의 농약 검출빈도와 수준이 가장 낮았는데 이는 국내 밭작물 노지재배의 경우 시설재배에 비해 농약사용량이 적고 대부분 경사진 경지형태이므로 토양유실에 의한 잔류소실의 속도가 비교적 크게 나타나기 때문이라 생각된다. 검출된 농약의 잔류 수준은 대부분 살포 수준의 10% 미만으로 나타나고 있으나 일부 농약에서는 살포초기 수준에 근접한 경우도 발견된다. 이는 잔류성이 비교적 긴 농약을 시료 채취시기, 즉 수확기에 임박하여 살포했거나 살포횟수가 많았기 때문이라 판단된다. 이 경우 다음 작물재배 시기까지의 시간적 여유가 있어 후작물에 대한 영향은 거의 없을 것으로 생각되나 잔류기간 중 토양생물계에 대한 영향평가는 별도로 검토되어야 할 것이다. 한편 1980년대 초반까지 꾸준히 검출되었던 DDT, BHC 등 잔류성 유기염소계 농약들은 전혀 검출되지 않아 이들 농약의 잔류에 따른 부작용은 무시해도 좋을 것으로 판단된다.

(3) 수중잔류

수계 중 잔류농약 수준에 대해서는 1998년에 전국 6대 강을 대상으로 시기별로 128종의 농약성분을 조사한 바 있다(표 5-19). 하천수 중 잔류농약 수준은 농약 성수기에 다소 높았던 점을 제외하고는 대부분 미미한 수준으로 음용수를 섭취하는 인간이나 수생생물

[표 5-19] 전국 6대 강, 하천 수중 농약잔류 실태(1998)

| 농약명 | 월별 농약 검출빈도 및 범위 | | | | | |
| | 4월 | | 6월 | | 8월 | |
	검출빈도(%)	검출범위(mg/L)	검출빈도(%)	검출범위(mg/L)	검출빈도(%)	검출범(mg/L)
Alachlor	2.6	0~0.003	5.3	0~0.0004	–	–
Buprofenzin	–	–	–	–	2.6	0~0.0003
Butachlor	–	–	28.9	0~0.0029	–	–
Carbofuran	–	–	31.6	0~0.0019	2.6	0~0.0002
Diazinon	5.3	0~0.0036	31.6	0~0.0022	–	–
Fenitrothion	10.5	0~0.0067	10.5	0~0.0003	2.6	0~0.0002
Hexaconazole	–	–	–	–	2.6	0~0.0005
Iprobenfos	–	–	57.9	0~0.0016	52.6	0~0.0042
Isoprothiolane	34.2	0~0.0006	73.7	0~0.0110	89.5	0~0.0027
Molinate	–	–	73.7	0~0.0400	–	–
Oxadiazon	–	–	26.3	0~0.0005	–	–
Phenthoate	–	–	5.3	0~0.0004	5.3	0~0.0002
Simetryn	–	–	5.3	0~0.0002	–	–
Thiobencarb	–	–	18.4	0~0.0015	–	–
Tricyclazole	–	–	–	–	7.9	0~0.0005
불검출 성분(종)	124	116	120			

계에 급성적 영향은 없을 것으로 생각된다. 그러나 농약이 살포되는 경작지 인근 소하천이나 수계에서는 농약 성수기에 비교적 높은 잔류수준이 예상되므로 이들 수계에 대한 실태조사 및 평가가 계속적으로 이루어져야 할 것이다.

5.3.2 농약의 안전성

(1) 농산물 안전성

작물잔류성은 농약살포후 작물체 중 생물학적 반감기를 산출하여, 소실속도를 비교하기도 하나 생산물이 직접 인간에게 섭취된다는 중요성을 고려하여 수확물 중 잔류수준으로 평가하는 것이 더 실질적이다. 농산물 시료를 분석하여 얻어진 수확물 중 농약잔류량

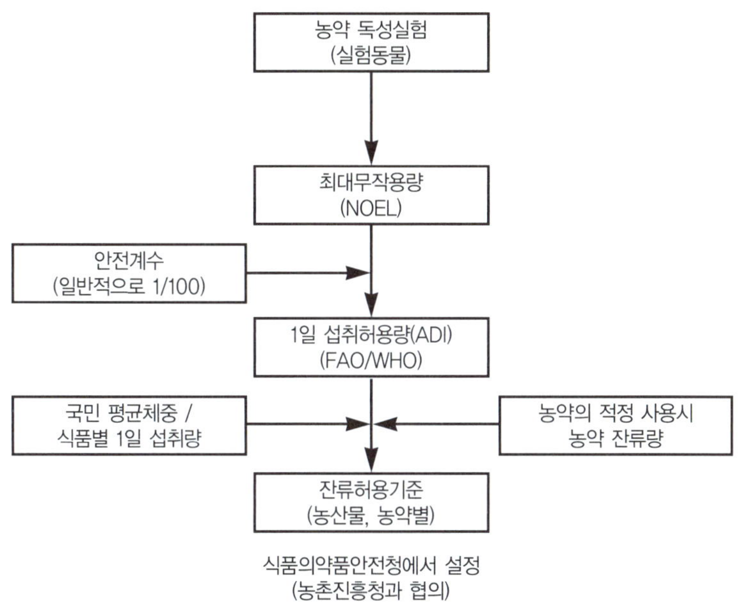

[그림 5-21] 농약잔류허용기준 설정과정

은 농약잔류허용기준과 비교하여 안전성을 평가하는 데 허용량을 결정하는 과정을 요약하면 그림 5-21과 같다.

1일섭취허용량(ADI)로부터 실용적으로 적용할 수 있는 농산물 중 잔류농약의 노출허용량(잔류허용기준)이 도출된다. 먼저 1일섭취허용량은 인간의 체중 1kg당 허용량으로 표시되므로 이 수치에 표준체중 55kg을 곱하면 인간 1명에 대한 1일잔류농약 섭취허용량이 산출된다. 이를 인간 1인의 1일농산물섭취량으로 나누면 이론적 잔류허용한계(permissible level, PL= ADI × 55/농산물섭취량)를 구할 수 있다. 그러나 이 수치는 농약이 1개 작물에만 사용될 경우를 계상한 것이므로, 2종 이상의 농산물에 사용이 허가되는 일반적 농약 등록형태와는 맞지 않는다.

따라서 이 수치를 최대한계로 하되 실제 잔류성시험을 수행한다. 즉, 정상적 경작조건(good agricultural practice, GAP)에서 표준 잔류성시험(supervised residue trial)을 수행하여 수확물 중 최대 잔류량을 실험적으로 얻는다. 여기에 실험적 오차 등을 감안한 여유분을 감안하여 실용적 잔류허용기준(maximum residue limit, MRL)을 설정한다. 물론 이때 최대 잔류량이 이론적 잔류허용한계를 초과하면 그 농약은 등록 자체가 금지된다.

[표 5-20] 농산물 섭취에 따른 살충제 imidacloprid의 TMDI

농산물	농산물 섭취량 (kg/일)	잔류허용기준 (mg/kg)	농약 섭취량 (mg/일, 성인)
쌀	0.2211	0.05	0.01106
감 귤	0.0832	0.5	0.04160
배 추	0.0118	3.5	0.04130
상 추	0.0034	5.0	0.01700
양배추	0.0048	3.5	0.01680
사과	0.0318	0.5	0.01590
배	0.0244	0.5	0.01220
기타(농산물 16종)	0.0419	0.1~5.0	0.03363
	TMDI		0.22312(ADI의 6.1%)

*성인 1일 imidacloprid 섭취허용량 : ADI 0.06mg × 55kg = 3.3mg

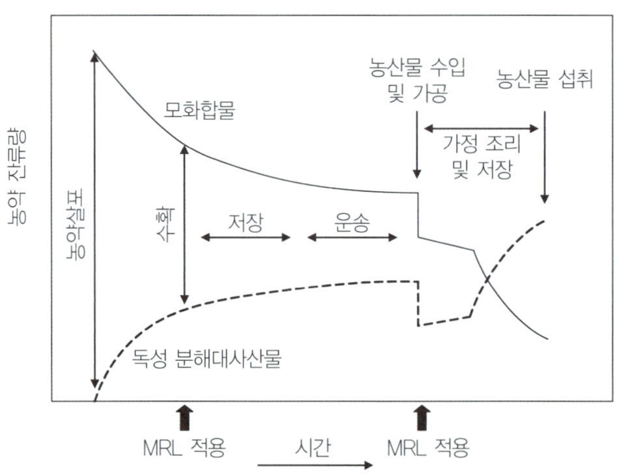

[그림 5-22] 농산물 중 잔류농약 경시변화 및 규제시점

또한 다종의 농산물에 잔류허용기준을 설정하였을 때 허용기준을 적용한 이론적 최대 섭취허용량(theoretical maximum daily intake, TMDI)이 ADI의 80%를 초과하지 않도록 농약사용을 허가하는 농작물의 수를 제한한다. 이는 잔류농약의 섭취경로가 농산물 80%, 축산물 10%, 그리고 음용수 10%인 점을 감안하여 계상한 제한기준이다.

예를 들어 살충제 imidacloprid에 대하여 사용허가작물 전체를 대상으로 잔류허용기준을 적용했을 때, 농산물 섭취에 따른 TMDI를 산출하면 표 5-20에 나타낸 바와 같이 ADI

[표 5-21] 우리나라의 기간별 농약잔류허용기준 설정

기간	고시횟수	기준설정 농약수
1988~1990	2회	32
1991~1995	9회	106
1996~2000	4회	160
2001~2006	8회	176
19년	23회	474(인삼, 차, 농산물, 축산물)

의 6.1%이며 이는 만성독성학적으로 매우 안전한 수준이다.

이러한 잔류허용기준은 그림 5-22에서 보는 바와 같이 국내 농산물의 경우 출하시점, 수입 농산물의 경우 통관시점을 기준으로 적용되며 기준 이하의 농약잔류량을 함유한 농산물만이 소비자에게 공급된다. 출하후 저장, 유통, 가공 및 조리과정에 따라 잔류농약은 추가적으로 감소되므로 소비자들은 실제로 허용기준보다 훨씬 적은 농약잔류분이 함유된 안전한 농산물만을 섭취하게 된다. 따라서 이러한 과학적 연구 및 평가를 통해 설정된 농약잔류허용기준이 준수되면 잔류농약에 대한 농산물의 안전성은 명확하게 확보될 수 있다.

한편 이러한 잔류허용기준을 농약사용자인 농민에게 직접 준수하라고 하는 것은 비현실적인 요구사항이다. 왜냐하면 잔류허용기준을 준수하려면 잔류농약의 소실특성, 분석 및 평가가 이루어져야 하는데 이는 극히 전문적인 사항으로 농민들은 이를 판단할 능력이 전무하기 때문이다.

따라서 농약을 실제 살포하는 농민들을 대상으로는 보다 실용적인 접근방법으로 안전사용기준이 설정된다. 즉, 살포 농약의 잔류소실 특성, 분석 및 평가는 전문 과학자가 미리 실험적으로 수행하고, 이 결과를 토대로 수확전 살포가능 시기와 최대 살포회수를 실용적으로 지정, 농민으로 하여금 이를 준수하도록 하는 접근방법이다.

우리나라는 농약안전사용기준(농약관리법) 및 잔류허용기준(식품위생법)을 동시 설정하고 있으며 현재 380종 농약에 대해 기준을 설정하고 있다. 외국의 경우 미국 375종, 일본 246종(2006년 6월부터 Positive List 제도 도입을 통해 총 714종 물질에 대해 잔류기준을 설정), EU 193종 및 Codex 157종을 설정하고 있음을 감안하면 우리나라가 식품 중 농약잔류허용기준의 설정 및 관리에 있어서 국제적으로 상당한 수준에 있다.

우리나라의 농약잔류허용기준 설정은 1990년대 이전까지는 외국의 기준을 단순 비교하

여 낮은 기준을 설정했으나 1990년대 초반부터는 TMDI가 ADI 이하 수준이 되도록 기준을 설정해 왔다. 하지만, 1998년 이후(식약청 설립 이후)부터는 선진국과 같이 작물잔류성적을 바탕으로 과학적인 수치를 제시하고 TMDI가 ADI 이하 수준이 되도록 기준을 설정하고 있다. 따라서 향후에는 1998년 이전에 설정된 농약잔류허용기준에 대한 재평가를 실시하여 과학적이고 안전한 수준으로 재설정할 필요성이 있다.

(2) 농산물 중 농약잔류 실태

농식품 중 잔류농약에 대한 모니터링은 세계적으로 많은 국가에서 실시하고 있으며 대부분의 국가에서는 크게 세 가지 분야로 구분하여 실시하고 있다.

첫째, 규제모니터링으로 농약잔류허용기준의 위반 여부에 대한 감시차원의 조사로 자국내 생산·유통되는 농산물과 수입되고 있는 식품에 대해 실시하고 있으며 잔류허용기준을 초과하는 경우에는 폐기·반송 등 각국의 법규에 따라 처리한다.

둘째, 정보획득을 위한 발생/농도모니터링(Incidence/level monitoring)으로 자체적인 계획하에 무작위로 시료를 채취하고 분석대상 농약도 기준설정 여부와 관계없이 많은 종류의 잔류농약을 분석하여 그 결과를 향후 집중관리해야 할 농약 및 식품 등에 대한 자료를 축적하고 현행의 잔류기준 제·개정의 기초자료로 활용하고 있다. 시료수집은 법에 따라 수거하지 않으므로 결과에 대해서도 법적 제재를 가하지 않는 것을 원칙으로 한다.

셋째는 국내 유통식품의 섭취에 의한 국민의 실제 농약섭취량을 조사하기 위해 실시하는 총식이섭취량조사(Total Diet Study)가 있다. TDS조사에 의한 실제 농약섭취량은 농약잔류허용기준 설정시 기준치에 따른 농약의 TMDI가 1인 1일 농약섭취허용량을 초과할 경우 가장 기본적으로 필요한 자료이다.

1) 국내의 잔류농약 모니터링

국내에서의 농약잔류량 조사연구는 한정된 지역 내에서 산발적으로 수행된 것이 대부분이다. 또한 대상 시료의 종류가 매우 다양한 반면 1개 시료형태별 분석시료수와 농약의 수기 비교적 적은 편이다. 그러므로 국내에서의 농산물 및 환경 중 농약잔류실태를 정확히 파악하여, 평가하기란 매우 어려우며 단지 잔류 수준에 대한 어느 정도의 제안만이 가

[표 5-22] 농산물 중 농약잔류 실태 ('83~'99)

구 분	농산물	조사 농약성분	조사 시료점수	농약잔류량/MRL
수 도	현미	50	357	1/2~1/200
과실류	사과, 배, 감귤, 포도, 감	26	536	1/2~1/2,500
과채류	딸기, 오이, 풋고추, 토마토	12	115	1/2~1/1,250
엽채류	상추, 배추	22	366	1/2~1/1,200

[표 5-23] 국내식품의 잔류농약 규제모니터링 실적 (2000~2003)

2000			2001			2002			2003		
검사건수	부적합	부적합율	검사건수	부적합	부적합율	검사건수	부적합	부적합율	검사건수	부적합	부적합율
24,902	347	1.4	24,639	268	1.1	25,813	320	1.2	28,153	394	1.4

능할 뿐이다. 따라서 농산물 및 환경요소에 따라 시기와 지역별로 체계적인 잔류농약 모니터링체계의 확립이 오염실태를 정확히 평가하기 위해 필수적으로 요구된다.

농촌진흥청에서 1983~1999년에 걸쳐 농산물 중 농약잔류 실태를 조사한 결과를 요약하면 표 5-22와 같다. 검출된 농약의 최대잔류량은 농약잔류허용기준(MRL)의 1/2 수준으로 비교적 안전하다고 판단된다.

그러나 잔류실태조사의 경우 조사대상 농약 성분수가 등록 성분수에 비해 현저하게 적어 이 조사를 전적으로 신뢰하기에는 미흡하다고 생각된다. 아울러 서울시 보건환경연구원에서 1998~2000년에 걸쳐 연도별로 유통시장에서 채취한 1,301~3,765점의 농산물 시료 중 잔류농약검사를 시행한 결과, 전체 시료 중 1.4~5.7%가 MRL을 초과한 점을 고려할 때 국내에서 농약사용 및 잔류관리를 보다 철저하게 시행할 필요가 있다고 판단된다.

현재 우리나라의 잔류농약 모니터링은 방대한 규모로 수행되고 있다. 규제를 위한 모니터링은 식품 중 농약잔류허용기준이 최초로 설정된 1989년 이후인 1990년부터 농산물부터 실시하였으며 1999년도부터는 농약에 대한 농산물 안전성의 확보 목적에 따라 신선채소류에 대해서 신속·수거검사를 실시하기도 하였다. 우리나라에서의 TDS는 1995년부터 곡류 및 곡류가공품을 시작으로 매년 대상 식품을 바꾸어 실시하였으며 또한 조사대상 농약을 연차적으로 증가하여 실시하고 있다(표 5-23).

① 규제모니터링

국내유통식품(국내산 및 수입산)에 대한 규제모니터링은 식품의약품안전청, 산하 6개 지방청 및 15개 시·도에서 수행하고 있으며, 실험 결과에 따라 해당 식품의 생산자 등에 벌금, 수거, 폐기 등 행정처분을 실시한다.

우리나라의 잔류농약 규제모니터링은 1999년 이전에는 주로 잔류허용기준이 설정된 농약에 대하여 이루어졌으나 1999년부터는 잔류허용기준설정 여부와 관계없이 동시다성분 분석에 의하여 검색하고 있으며 기준이 설정되지 않은 농약 검출시에는 최저기준을 적용하는 지침을 운영함으로써 부적합율이 1998년 3.1%, 1999년 2.3%로 낮아졌으며 2004년에는 1.5% 정도의 부적합 비율을 보였다(표 5-24).

② 총식이섭취량 조사(Total Diet Study)를 통한 농약섭취량

1996년부터 2000년까지 5년간 우리나라에서 생산·유통되는 대부분의 국민 다소비식품 18개군 110종에 대하여 procymidone, etrimfos 등 100종 농약의 잔류량을 분석하고 해당 식품의 1일 평균섭취량을 계산하여 우리나라 국민의 1일 평균 농약섭취량을 구한 결과는 표 5-25와 같다.

5년간 실시한 100종 농약 중 식사 직전의 음식에서 검출된 농약은 BHC, chlorpyrifos, chlorpyrifosmethyl, dichlofluanid, dimethoate, endosulfan, etrimfos, EPN, ethoprophos, fenitrothion, isofenphos, malathion, parathion 및 procymidone 이었으며, 이들 농약의 잔류량과 해당식품의 섭취량에 의해 계산된 농약섭취량은 최고 4.19μg에

[표 5-24] 1998년부터 2004까지 신선채소류 규제모니터링(신속·수거검사) 결과

년도	총건수	부적합	
		건수	비율(%)
2004	21,608	333	1.5
2003	19,385	274	1.4
2002	18,785	253	1.3
2001	17,738	241	1.4
2000	15,584	258	1.7
1999	11,450	262	2.3
1998	11,442	357	3.1

[표 5-25] 우리나라 국민의 식품을 통한 1일 평균 농약섭취량

농약명	ADI (mg/kg)	ADI × 체중(µg)	농약섭취량(µg)				ADI 대비 %
			곡류 및 가공품	채소 및 가공품	과일 및 가공품	합계 (µg)	
BHC 0.001	55	0	0	0.38	0.38	0.69	
Chlorpyrifos	0.01	550	0.09	0.32	0.053	0.463	0.084
Chlorpyrifos-methyl	0.01	550	0.64	0	0	0.64	0.01
Dichlofluanid	0.3	16,500	0.03	0	0.179	0.209	0.001
Dimethoate	0.002	110	0.06	0	0.245	0.305	0.28
Endosulfan	0.006	330	0.4	3.79	0	4.19	1.270
Etrimfos0.003	165	1.05	0	0.339	1.389	0.84	
EPN0.00001	0.55	0	0	0.13	0.013	0.36	
Ethoprophos	0.0004	22	0	0.54	0	0.54	2.47
Fenitrothion	0.005	275	0	0	2.723	2.723	0.99
Isofenphos	0.001	55	0.43	0	0.33	0.76	1.38
Malathion	0.3	16,500	0.09	0	0	0.09	0.001
Parathion	0.004	220	0.0014	0	0	0.0014	0.001
Procymidone	0.1	5,500	0	0.48	0.0064	0.4864	0.01

서 최저 0.0014µg 이었고 1일섭취허용량(ADI)에 대한 비율은 0.001%에서 2.47%로 나타났다. 총식이섭취량조사에 선정된 18개군 110종의 국민 다소비식품 섭취시 분석대상 100종 농약 중 대부분은 섭취되지 않았으며 섭취되는 것으로 밝혀진 14종 농약도 극히 미량으로 안전성에는 문제가 없는 것으로 평가되고 있다.

2) 미국의 잔류농약 모니터링

미국의 농약관련 규제 및 모니터링업무는 연방정부의 환경보호청(Environmental Protection Agency: EPA), 보건부(Department of Health and Human Services: DHHS), 농무부(US Department of Agriculture: USDA)로 나누어져 있다.

환경보호청은 농약등록(사용허가)과 농약잔류허용기준을 설정하며 보건부, 농무부에서는 식품에 잔류하는 농약의 모니터링과 검사 결과에 대한 규제의 집행을 담당하고 있다(표 5-26). 보건부의 식품의약품청(Food and Drug Administration; FDA)은 육류, 가금류, 달걀가공품 이외의 미국산 식품과 수입식품에 대해 농약잔류허용기준 준수 여부를 알기

[표 5-26] 미국의 규제모니터링에서 자주 검출된 농약목록 (1996~1999)

Acephate	Disulfoton	Malathion	Phosphamidon
Azinphos-methyl	Endosulfan	Methamidophos	Procymidone
BHC	Endrin	Methidathion	Quinalphos
Bifenthrin	EPN	Mevinphos	Quintozene
Chlorothalonil	Esfenvalerate	Monocrotophos	Thiabendazole
Chlorpyrifos	Fenvalerate	Omethoate	Triadimefon
Diazinon	Imazalil	Oxamyl	Trifluralin
Dichlorvos	Iprodione	Parathion	Vinclozolin 외 41종

[표 5-27] EU 회원국 17개 국가의 잔류농약 모니터링 결과 (1999년)

국가	총 시료수	분석 농약수	검출 농약수	기준 초과수	부적합율 (%)	EU기준 초과수	EU기준 초과율(%)
덴마크	2,287	133	67	45	2.0	43	1.9
독일	6,617	103	61	393	5.9	375	5.7
스페인	3,325	176	70	118	3.5	98	2.9
프랑스	4,553	228	115	377	8.3	299	6.6
이탈리아	7,938	67	34	75	0.9	74	0.9
스웨덴	3,046	204	74	73	2.4	68	2.2
영국	1,372	180	83	39	2.8	33	2.4
노르웨이	3,091	156	73	60	1.9	55	1.8
외 9개 국가	8,348	38~182	28~101	557	6.4	10~114	4.5
총	40,577	142	62	1,737	4.3	1,407	3.5

위한 규제모니터링을 실시한다. 또한 식품에 잔류하는 농약의 발생/농도(incidence/level) 모니터링과 식사를 통해 섭취하는 농약의 총량을 결정하는 총식이섭취량조사(total diet study)를 수행한다.

3) 유럽연합의 잔류농약 모니터링

EU의 모니터링은 크게 두 가지로 실시하고 있는데, 첫째는 각 회원국별로 실시하는 국가모니터링이다. 이 모니터링은 최종 결과를 EU에서 취합해 전체 모니터링 결과를 발표하고 있으며 각국의 사정에 따라 대상 농약이나 시료가 자유로이 선택될 수 있다(표 5-27). 둘째로는 EU 회원국들이 모두 참여하는 합동모니터링이 있는데 이 모니터링은 공통

[표 5-28] 1995년도 일본의 잔류농약검색 결과 총괄

구분	생산지	검사건수	검출수		기준초과 검출수	
			건수	%	건수	%
잔류기준 설정 농약	일본산	91,234	551	0.60	20	0.02
	수입산	70,726	760	1.08	2	0.00
	합 계	161,960	1,311	0.81	22	0.01
잔류기준 미설정 농약	일본산	41,610	285	0.69		
	수입산	51,287	184	0.36		
	합 계	92,897	469	0.51		
총계	일본산	132,844	836	0.63		
	수입산	122,013	944	0.77		
	합 계	254,857	1,780	0.70		

으로 대상농약과 시료를 결정하여 실시하는 것으로 매년 평균 20개 정도의 농약을 4종류의 농산물에 대해 실시하고 있다.

4) 일본의 잔류농약 모니터링

일본에서는 후생노동성에서 국립위생시험소 외에 지방위생연구소 등 20여 기관의 협력을 얻어 전국적인 식품 중 잔류농약 실태조사를 실시하고 있다. 각 기관의 검사 결과는 농약잔류허용기준이 설정되어 있는 것과 설정되어 있지 아니한 것으로 대별하여 집계하고 있다(표 5-28).

5.4 농약 환경오염대책

살포된 농약의 환경 중 잔류로 인한 각종 위해 유발가능성을 최소화하기 위한 대책으로는 많은 접근법이 있을 수 있지만, 이를 크게 두 방향으로 요약하면 투하량 경감 및 안전성 향상방향일 것이다. 투하량 경감방향은 약효는 그대로 유지하면서 환경 중 농약유효성

분의 사용량을 대폭 감소시켜 잔류 수준을 위해유발 수준 아래로 격감시키는 방안으로, 이는 고활성의 농약을 개발함과 동시에 제형 및 살포기술의 개선 등을 통해 농약의 효율성을 높임으로써 상대적으로 사용량 및 회수를 줄이는 방향이다. 안전성 향상방향은 농약의 선택성을 고도로 강화함으로써 화합물 자체의 안전성을 확보, 동일한 사용량을 살포한다고 하더라도 그 위해유발 정도를 감소시킬 수 있는 방안으로 이에는 고안전성 약제의 개발이 전제된다.

(1) 고효율 농약의 창출 및 도입

적은 유효성분 살포량으로도 기존 농약과 대등 또는 우월한 약효를 나타내면서 안전성이 강화된 고효율 농약을 개발·도입하는 것은 농약사용에 따른 환경오염 정도를 경감시키는 근본적인 대책이 된다. 살충제의 경우를 예를 들면, 1970년대부터 그 사용량이 급증하여, 현재까지 국내 살충제의 주류를 이루고 있는 유기인계 및 카바메이트계 살충제는 과거 사용되어 온 유기염소계 살충제를 대체하여 그 잔류성 등이 대폭 개선되었으나 아직도 여전히 그 투하량은 거의 대등한 수준이며 또한 급만성독성도 그다지 개선되지 않은 상태이다. 그러나 최근에 이들 유기인계 및 카바메이트계 살충제를 대체할 수 있는 고활

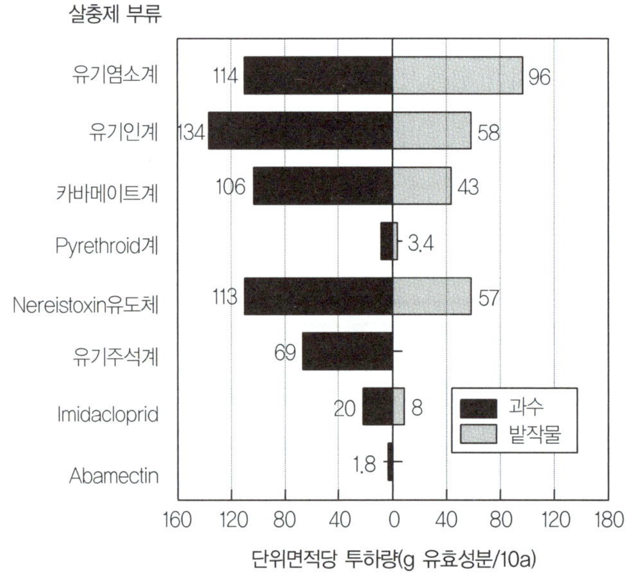

[그림 5-23] 살충제 부류별 단위면적당 유효성분 투하량 (희석 살포용 제형기준)

성 살충제들이 등장하고 있다. 즉 살충제 구조별로 단위면적당 유효성분 투하량을 살펴보면 그림 5-23에 나타낸 바와 같이 기존의 유기인계 및 카바메이트계 등이 10a당 유효성분량으로 43~134g을 살포하는 데 비하여 1980년대에 새로이 등록, 사용하고 있는 합성 pyrethorid계, benzoylphenylurea, 그리고 기타 신살충제의 투하량은 1.8~24g 범위로 그 투하량이 크게 감소한 것을 알 수 있다.

또한 이들 신살충제들은 유기인계 및 카바메이트계에 비해 만성독성학적 안전성도 강화된 약제들이다. 앞으로도 이러한 고활성이면서 만성독성학적으로 안전한 농약의 개발은 계속될 전망이므로 국내에서는 이들 신농약들의 개발 및 도입을 적극 추진하여, 기존 농약들과 대체함으로써 환경 중 농약잔류수준의 경감 및 안전성 강화를 모색할 수 있다고 본다.

(2) 제형기술의 개선

적정한 방제효과를 유지하면서 환경 중 잔류수준을 경감할 목적으로 고효율의 신제형을 개발하는 것도 새로운 농약의 창출과 함께 중요하다. 왜냐하면 동일한 유효성분량으로 제형개선을 통해 보다 증진된 방제효과를 거둘 수 있다면 이는 결국 농약투하량을 줄이는 이점이 있기 때문이다. 현재 국내에서 사용되고 있는 농약의 제형은 주로 희석용 제형으로서 유제, 수화제, 액제 및 수용제 등이며 직접살포용 제형으로는 입제와 분제가 주종을 이루고 있다. 그러나 이들 제형들은 살포시 목적해충에 대한 효율성과 살포자에 대한 안전성 측면에서 상당한 개선의 여지가 있다고 보인다. 즉, 살포제의 경우 비산 등에 의한 유효성분의 손실 및 비표적 생물계에 대한 위해가 우려되며 입제에서도 그 효율성이 상당히 떨어지는 편이다. 따라서 앞으로의 살포제 제형은 그 적용대상 및 약제특성에 따라 가장 최적의 양을 효율적으로 살포할 수 있는 제형으로 발전될 전망이다. 이러한 예로서 microgranule 및 DL(driftless)분제는 종래 분제의 단점으로 지적되어 온 비산성을 개선하고자 개발된 신제형들이다. 이러한 저비산 제형과는 다른 측면에서 개선된 살포제형으로 미분제나 훈연제 등을 들 수 있다. 이들은 비닐하우스와 같은 밀폐된 공간에서 살포의 목적으로 개발된 고비산 제형이다. 즉, 밀폐된 비닐하우스와 같은 조건에서, 전자의 경우는 하우스 밖에 동력분무기를 이용, 균일한 살포를 가능하게 하는 제형이며 후자의 경우는 하우스 내 일정위치에 약제를 설치하고 점화와 동시에 대피할 수 있도록 고안되어 살

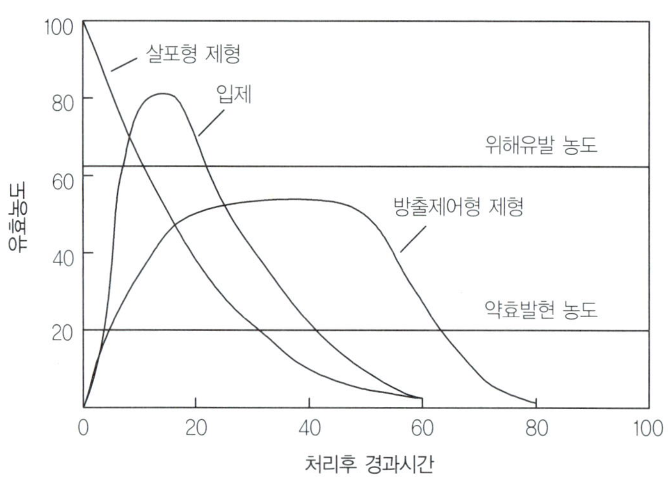

[그림 5-24] 기존제형과 방출제어형 제형간 농약 유효성분의 방출양상

포자에 대한 안전성과 동시에 초미세화에 따른 약제 효율을 강화한 신제형들이라 하겠다.

입제형태의 제형에서 가장 기대되는 형태는 이른바 방출제어형 제형(controlled release formulation)일 것이다. 이들 제형은 주로 침투성 약제를 대상으로 종래 입제의 특성을 대폭 개선, 유효성분의 효율을 극대화하는 데 목적이 있다. 그림 5-24에 나타난 바와 같이 종래 제형에서의 유효성분 방출은 그 수준이 비표적생물계에 부작용을 일으킬 수 있는 고농도에까지 도달 또는 상회함으로써 비표적생물계에 대한 위해유발 가능성이 문제시되어 왔으며 또한 과다한 유효성분의 투하를 초래하였다. 이에 반해 새로이 개발되고 있는 방출제어형 제형은 물리화학적 방법에 의해 유효성분의 방출을 최적상태로 조절하여, 유효성분의 급격한 방출을 완화시킴으로써 그 위해 유발가능성을 격감시킴과 동시에 약효의 증진을 꾀하고자 하는 것이다. 제어방식은 크게 물리적 방식과 화학적 방식으로 나눌 수 있는데 전자는 diffusion barrier의 형태로서 주로 polymer 등이 사용되고 있으며 후자는 환경 중 그 분해가 비교적 용이한 단순측쇄결합방식이 사용되고 있다.

희석살포용 제형에서는 수화제에서의 비산성, 유제에서 부제로 사용되는 유기용매 등을 경감시키기 위한 새로운 제형들이 개발, 실용화되고 있다. 액상수화제, 과립수화제, 유탁 및 미탁제, 그리고 캡슐현탁제 등이 대표적이며 이들 제형들은 약액의 부착효율도 함께 향상시켜 상대적으로 적은 유효성분 투하량으로도 대등한 약효를 나타낸다.

(3) 살포기술의 향상

새로운 농약 및 제형개발 못지않게 합리적 살포기술 역시 환경 중 농약잔류문제를 해결하는 데 중요하다. 살포기술의 개선점을 한마디로 요약한다면 적정 약종을 적정 시기에 적량 살포하는 것이다. 적정 약종의 선택에서 가장 중요한 사항은 해충의 저항성, 특히 교차저항성(cross resistance) 발현을 억제하는 것으로 동일화학군 내 약종들의 반복적 사용 자제 등 살포약종의 다양화가 가장 현실적인 접근법으로 제시될 수 있으며, 적정 시기는 해충발생 추이에 따라 가장 효과적인 방제시기를 선택함으로써 불필요한 약제살포를 피하는 것이라 하겠다. 또한 적정살포는 해충밀도를 경제적 피해 수준 이하로 감소시키는 데 필요한 약량만을 살포하는 것으로 과다한 약량살포로 인한 부영향 및 잔류문제의 발생 가능성을 최소화하자는 것이다. 또한 살포액적의 미립화와 대상작물 및 표면의 부착효율 등을 증대시키는 정전기 살포법(electrostatic application)과 같은 기술의 적극적인 도입이 필요하다. 이러한 합리적 살포기술의 확립은 신농약이나 제형 도입 때마다 검토되어야 하므로 이에 대한 꾸준한 연구가 요망된다.

(4) 잔류농약관리체계의 확립

아무리 고효율의 새로운 농약, 제형 및 살포기술이 도입된다고 하더라도 실제적으로 사용하는 농민이 이를 적용하지 않거나 농약을 남용한다면 농산물 및 환경오염의 경감은 기대할 수 없다. 농산물의 경우 이미 농약잔류허용기준과 안전사용기준(safe use standards)을 관련법령으로 규정하여, 이를 준수하도록 하고 있으나 일부 농산물에서는 허용기준을 초과하는 사례가 발견되고 있어 지속적인 교육 및 관리가 요구된다. 이에 따라 국내에서는 잔류농약에 대하여 정부기관별로 실질적인 안전관리체계를 구축하고 있다. 그림 5-25에 나타낸 바와 같이 농작물 재배 중 농약안전사용기준의 준수를 위한 생산단계관리, 출하 농산물의 잔류허용기준 검사 및 관리, 그리고 최종적으로 소비자 섭취단계에서의 잔류농약섭취량관리 등을 전담하는 기구들을 각 단계별로 운영하고 있다.

이러한 정부 및 민간체계를 꾸준히 확보, 주기적으로 농산물 중 농약잔류량 조사(monitoring)체계를 실질적으로 운영함으로써 농산물 중 잔류 수준의 평가와 농민의 안전사용기준 준수 여부를 판별하여야 한다. 또한 환경오염에 대한 관리를 위해 토양 및 수계환경

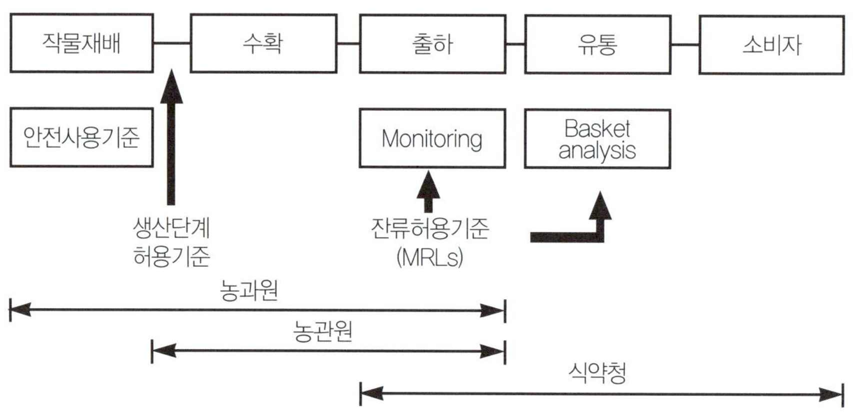

[그림 5-25] 정부기관별 잔류농약관리체계

에 대한 잔류량조사도 실시하여, 연도별 농약잔류량의 증감 유무와 조사된 잔류수준에서 환경생물에 대한 과학적 영향평가체계가 확립되어야 할 것이다. 한편 이미 잔류농약에 의하여 과다하게 오염된 환경에 대해서는 환경복원을 위한 실용적 기술을 연구·도입할 필요가 있다고 판단된다.

참고문헌

농업과학기술원, 『농약의 안전성과 작물보호』, 2000, 3-50면, 정부발간등록번호 11-1390093-000054-14.

농촌진흥청, 『2006년도 농약관리연찬회지』, 2006, 5-37면.

식품의약품안전청, 『식품공전』, 2005.

오병렬·송병훈·박창규·박영선·이영득, 「제초제와 환경」, 『한국잡초학회지』, 1986, 6(별호 1): 76-96면.

이영득, 「환경 중 살충제 잔류 - 잔류실태, 평가 및 경감방향」, 『한국응용곤충학회지』, 1991, 30(4): 294-320면.

일본후생성 생활위생국 식품화학과편, 「식품 중 잔류농약」, 『일본식품위생협회』, 1999.

정영호·김장억·김정한·이영득·임치환·허장현, 『최신 농약학』, 시그마프레스, 2000, 1-364면

정오진, 『환경화학』, 자유아카데미, 1995, 106-123면.

한정상, 『지하수환경과 오염』, 전영사, 2000, 691-695면.

홍무기·오창환 외 6인, 「식이를 통한 농약섭취량에 관한 연구」, 『식품의약품안전청연보』, 1997, 제1권: 43-49면.

홍무기·이철원 외 7인, 「식이를 통한 농약섭취량에 관한 연구」, 『식품의약품안전본부연보』, 1996, 제 1권: 49–57면.

金澤純, 『農業の 環境科學』, 合同出版, 1992, 39–54면.

Alexander M., *Biodegradation and Bioremediation*, Academic Press USA, 1994, pp.325–349.

Cheng H. H., *Pesticides in the Soil Environment: Processes, Impacts and Modeling*, Soil Science Society of America USA, 1990, pp.169–211.

Codex Alimentarius Commission, Residues of Pesticides in Food and Animal Feeds, Rome Italy, 2006.

Food and Drug Administration, Food and Drug Administration Pesticide Program Residue Monitoring, 1996. Available from FDA's World Wide Web site at http://vm.cfsan.fda.gov/~dms/pes96res.html

Hassall K. A., *The Biochemistry and Uses of Pesticides*, MacMillan Press, London UK, 1990, pp. 81–494.

Kearney P. C. and T. Roberts, *Pesticide Remediation in Soils and Water*, John Wiley & Sons, 1998, pp.129–285.

Kim J. E., E. Fernandes and J. M. Bollag, Enzymatic coupling of the herbicide bentazon with humus monomer and characterization of reaction products, *Environ. Sci. Technol.*, 1997, 31: pp.2392–2398.

Kruger E. L., T. A. Anderson and J. R. Coats, *Phytoremediation of Soil and Water Contaminants*, 2~19, ACS Symposium Series 664, American Chemical Society, Washington DC USA, 1997.

Lee Y. D., H. J. Kim, J. B. Chung and B. R. Jeong, Loss of pendimethalin in runoff and leaching from turfgrass land under simulated rainfall, *J. Agric. Food Chem.*, 2000, 48: pp.5376–5382.

Lim K. H. and Y. D. Lee, Kinetic modeling on the persistence of pesticides in paddy and upland soil under laboratory condition, *Int'l J. Environ. Cons. Des. Manufac.*, 1999, 8(1): pp.41–59.

Marrs, T.C. and Ballantyne B., *Pesticide Toxicology and International Regulation*, Wiley, Chichester UK, 2004, pp.554.

McBride M. B., *Environmental Chemistry of Soils*, Oxford University Press, UK, 1994, pp.343–391.

Nasreddine L., Food contamination by metals and pesticides in the European Union, *Toxicology Letters*, 2002, 127: pp.29–41.

Pennington J. A. T., Capar S. G., Parfitt, C. H. and Edwards C. W., History of the Food and Drug Administration's Total Diet Study(Part II)1987–1993, *J. of Assoc. Off. Anal. Chem.*, 1996, 79(1): pp.163–170.

UNEP/FAO/WHO, Assessment of dietary intake of chemical contaminants, 1992.

UNEP/FAO/WHO, The contamination of food, UNEP, Nairobi, 1982.

Ware G. W., The Pesticide Book, 4th ed., pp.386, 1994, Thomson Publications Presno USA.

Huang, P. M. and I. K. Iskandar *Soils and Groundwater Pollution and Remediation – Asia, Africa and Oceania*, 2000, CRC Press Boca Raton USA, pp.290–329.
WHO, Guidlines for the study of dietary intakes of chemical contaminants, 1985.
WHO, Lead, Environmental Health Criteria No.3, WHO, Geneva, 1977, pp.44–55.

Ag-Environmental Science

Chapter **06**

농업환경과 미생물

06 농업환경과 미생물

6.1 서론

토양에 서식하는 식물과 미생물은 상호 긴밀한 영향을 주고받으며 하나의 거대한 생태계를 이루고 있다. 특히 토양미생물은 토양 안에서 유·무기물의 생산과 분해과정, 즉 물질순환과 밀접하게 관련되어 있는 생태계의 중요한 구성원이다.

토양에서 미생물이 차지하는 비율은 그림 6-1과 같이 다른 조성에 비하여 적지만 생태계는 이들 미생물의 작용에 의하여 유지되고 있다고 해도 지나치지 않다. 이러한 토양미생물의 기능을 올바로 이해하려면 토양환경을 종합적으로 이해하여야 한다. 그래서 미생물의 생태계에서의 역할을 지구적인 차원으로까지 넓혀 생물지구화학적 순환작용(Biogeochemical cycle)이라는 용어로 설명하기도 한다(Ehrlich 1990). 이는 탄소, 질소, 황, 규산, 인, 그리고 기타 유·무기화합물의 지구권 내의 생물학적 변환과정을 뜻한다. 이와 같이 토양미생물은 한줌의 흙덩어리 안에서가 아닌 지구라는 거대한 시스템에서 기능을 수행하고 있는 것이다. 그러므로 토양을 기반으로 하는 모든 행위는 이러한 면에서의 미생물의 행동을 파악하고 이들 기능을 적절히 활용할 수 있는 기법을 개발하고 이용하여야 할 것이다.

토양은 외부로부터 투여되는 물질을 단계적으로 재순환시키는데, 이 과정에 토양미생물이 작용한다. 때때로 토양의 자정능력이 초과된 경우에는 미분해성 물질이 축적되어 환경문제가 일어난다. 이는 미생물이 분해하기 어려운 난분해성 물질이 집적되거나, 미생물

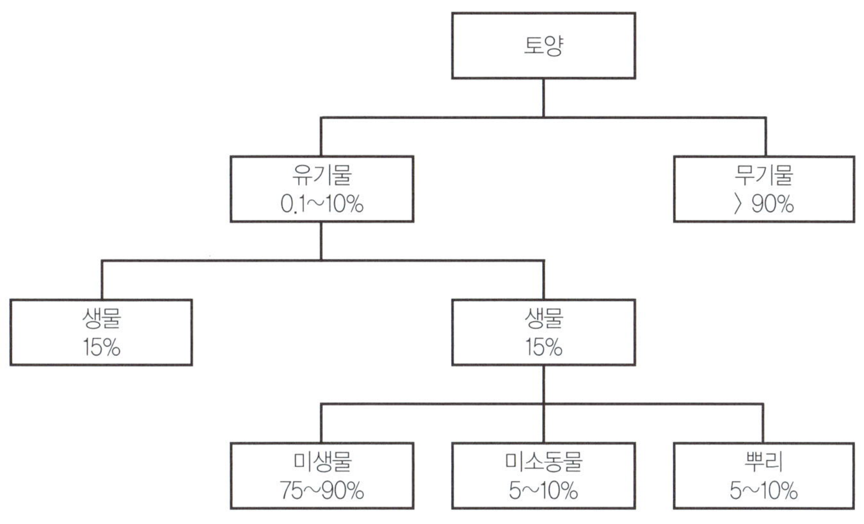

[그림 6-1] 토양의 주요 구성성분

활성용량 이상의 물질이 투입된 것으로, 이는 곧 토양의 건강이 극도로 악화되었다고 표현할 수 있다.

농업환경의 이용이란 토양의 물질순환기능을 활용하는 것이므로, 건전한 농업환경이란 생태계가 막힘 없이 순환되는 곳이라 할 수 있다. 이는 곧 토양이 환경을 치유하는 능력이 있다는 것이다. 그러므로 환경문제가 대두되고 있는 이 시점에서 생각하여야 할 점은, 토양이 가지고 있는 고유의 생물적 복원(Bioremediation)능력을 고려하여 농업환경을 관리하고 이용하는 지혜로운 접근이 절실히 요구되고 있는 시대라고 하겠다.

6.2 토양미생물의 종류

생물의 분류는 시대의 변천과 학자들에 따라 여러 방법이 있으나 기본적인 체계는 원시미생물계(Monera)로부터 원생생물계(Protista)로 분화된 후 여기에서 최종적으로 동물계(Animalia), 식물계(Plantae), 그리고 균계(Fungi)로 나뉘고 있다. 토양미생물에서 주로 다루고 있는 세균과 방선균은 원시미생물계(Monera), 미세조류는 원생생물계(Protista), 그리고 사상균은 균계(Fungi)에 속한다. 균계는 보통 균류 또는 사상균이라 하는데 여기에는 생활사 중 아메바상의 단계를 거치는 점균류가 속한 변형균문과 곰팡이, 버섯, 효모 등으로 불리는 진균류가 속한 진균문이 있다.

현재까지 알려지고 있는 미생물 종류별 비율은 표 6-1과 같이 세균이 10%, 곰팡이와 효모 등의 균류가 5%, 그리고 조류는 67%에 이른다. 이처럼 알려진 미생물이 일부분에 지나지 않아 미생물을 인공적으로 이용하고자 할 때는 많은 제약이 따르지만, 미지의 균이 많다는 것은 미생물의 새로운 기능을 이용할 수 있는 가능성이 잠재되어 있다는 측면에서 긍정적으로 평가할 만하다. 이는 측정할 수 없는 미생물에 의한 수많은 작용이 토양 안에서 자발적으로 일어나고 있음을 의미한다.

토양미생물은 크게 고유종과 침입종(외래종)으로 구분할 수 있다. 고유종은 토착종(indigenous species) 또는 고유종(autochthonous species)이라고 한다. 환경저항성을 가지고 있는 토착종은 활동 없이 오랜 기간 잠복하다가도 적당한 때가 되면 증식을 시작하여 군락의 생화학적 대사에 참여하지만, 침입종은 생육환경이 달라 주요한 생태학적 기작에는 거의 관여하지 못하는 경우가 많다. 이러한 미생물의 특성은 미생물제제와 같은 생물자재 이용에는 방해가 되지만 생태계보전에서는 매우 중요한 의미를 지니고 있다고 할 수 있다.

6.2.1 세균

세균(Bacteria)의 크기는 직경이 0.5~1.0 μm 길이가 2.0~5.0 μm 정도로 매우 작아 현미경을 이용하여야만 관찰할 수 있다. 이처럼 작은 세균의 세포 하나의 무게는 10^{-12}g으로 1조 개체의 세균 전체 무게는 약 1g에 지나지 않는다. 그러나 이와 같이 작은 세균도 인공배지에 생육시키면 일정한 크기의 콜로니, 즉 하나의 세포에서 증식해서 형성된 집락이 나타나는데(그림 6-2), 이러한 방법을 평판배양법이라 하여 미생물수를 측정하는 데 널리 사용하고 있다.

세균은 배양조건 및 생육기간에 따라 그 형태가 달라지지만 기본적으로 구형이나 타원

[표 6-1] 현재 추정되고 있는 미생물 종수

종 류	알려진 종수	추정 종수	알려진 종수의 비율
세균	3,000	30,000	10%
균류(사상균)	69,000	1,500,000	5%
조류(algae)	40,000	60,000	67%

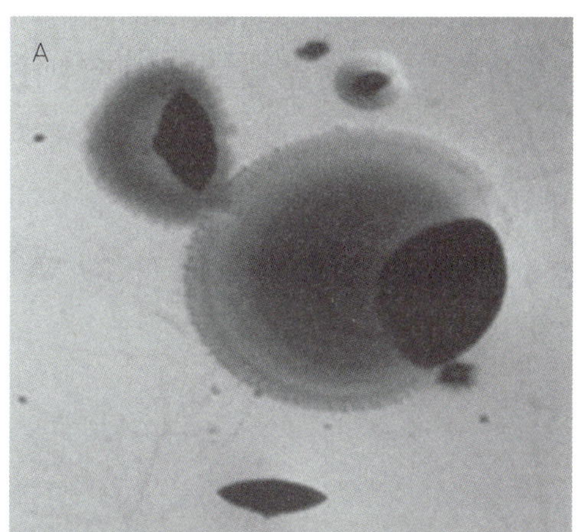
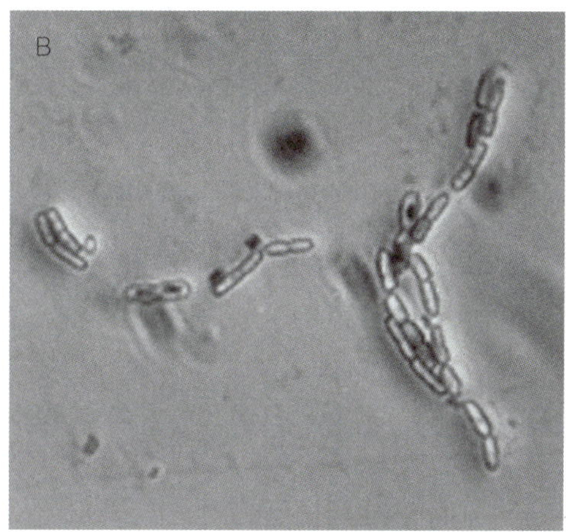

[그림 6-2] 세균의 콜로니(colony) 형태(A)와 간균(B)

형을 나타내는 구균, 원통형이나 막대모양의 간균(그림 6-2), 그리고 나선형의 나선균으로 구분되고 있다.

세균은 고등식물과 같이 바깥쪽이 두껍고 탄성을 가진 세포벽을 가지고 있다. 일부 세균은 편모나 섬모를 가지고 있어 스스로 목적하는 방향으로 이동할 수 있다. 빛을 향하여 움직이는 주광성, 영양물질을 향하여 움직이는 화학주화성 등을 그 예로 들 수 있다. 세균의 증식은 세포분열에 의한 것이 일반적이다. 즉, 세포가 길게 자라 2배로 되면 중앙부에 벽이 생겨 2개의 개체로 되는 것이다. 새로운 세포가 생장하여 분열할 때까지의 시간을 세대라 하여 Bacillus속의 세대시간은 약 30분이지만, 이 기간은 미생물의 종류에 따라 서로 다르다.

세균은 생리생태적 특성에 따라 체계적으로 분류되어 학명이 부여되지만, 유산균(요구르트, 김치), 초산균(식초), 고초균(청국장), 대장균(장내세균), 광합성세균 및 부숙화균 등으로 불리기도 한다.

6.2.2 방선균

  방선균(Actinomycetes)은 사상균과 세균의 중간 특성을 가지고 있지만 세포벽의 화학구
조가 세균과 유사하기 때문에 세균류로 분류한다. 방선균의 형태는 사상균과 매우 유사하
여 그림 6-3처럼 균사체를 형성하지만 균사폭은 사상균의 10~20 ㎛에 비하여 0.5~1 ㎛
로 작아서 현미경으로도 관찰이 어려운 경우가 많다. 방선균은 사상균처럼 균사체 또는
균사 끝에 포자를 형성한다. 한편 방선균은 흙냄새를 나게 하는 독특한 물질을 분비하는
원인균이기도 하다. 방선균 중 가장 널리 알려져 있는 균은 항생물질인 스트렙토마이신을
생성하는 *Streptomyces* 속이다. 이처럼 방선균은 다양한 종류의 길항물질을 분비하여
토양의 미생물군락을 조절하는 한편 난분해성 유기물을 분해하는 역할을 하기도 한다. 키
틴을 함유하고 있는 게껍질
등을 토양에 시용하면 방선
균의 생육이 증진되어 식물
병의 원인이 되는 균류가 현
저하게 억제되기도 한다.

  대부분의 방선균은 비병
원성균이지만 감자더뎅이병
(*Streptomyces scabies*)의 원
인균도 있다는 점에 유의할
필요가 있다.

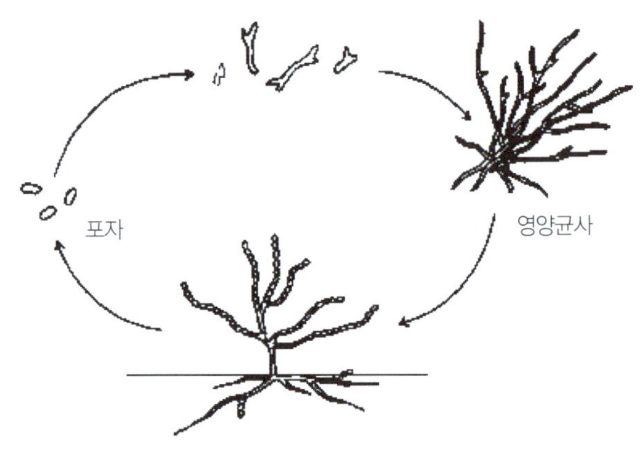

[그림 6-3] 방선균 Streptomyces의 생활사

6.2.3. 사상균

  사상균(Fungi)은 핵을 가지고 있지만 광합성에 필요한 색소가 없고, 유성 또는 무성적으
로 번식하는 미생물로 대부분의 균체는 나뭇가지처럼 생긴 실모양을 나타낸다. 곰팡이라
고도 하는 사상균은 착색된 가루의 포자를 갖는 솜털모양으로 육안으로 확인할 수 있다.
사상균 포자의 표면은 매끄러운 것, 가시가 붙어 있는 것 등 곰팡이의 종류에 따라 매우

다르다. 그러므로 포자 및 균사의 형태는 분류상 매우 중요한 지표가 되고 있다.

곰팡이는 절단된 균사에 의하여도 번식하지만 주로 포자에 의한다. 포자는 번식에 알맞은 환경이 되면 발아관을 형성한 후 점차 길어지면서 균사로 된 후 균사체를 형성한다.

사상균은 편모균류, 접합균류, 자낭균류, 담자균류, 그리고 불완전균류로 분류되고 있다. 일반적으로 통용되고 있는 이름으로는 털곰팡이(*Mucor*속), 거미줄곰팡이(*Rhizopus*속), 활털곰팡이(*Absidia*속), 누룩곰팡이(*Aspergillus*속)(그림 6-4), 푸른곰팡이(*Penicillium*속), 홍국곰팡이(*Monasus*속), 빨강곰팡이(*Neurospora*속) 등이 있으며 버섯도 이에 속한다.

누룩곰팡이인 *Aspergillus*속은 된장, 간장, 약주, 탁주, 감주 등 양조공업에 이용되는 대표적인 곰팡이다. 푸른곰팡이인 *Penicillium*속은 치즈 제조에 이용되는 것, 과일을 부패시키는 것 등 다양하며, 특히 항생제인 페니실린을 생성하는 균주인 *Penicillium notatum*이 여기에 속한다. 이 밖에도 식물병을 일으키는 *Fusarium*속, 유기물을 분해하는 균 등 다양한 곰팡이가 생태계 내에 서식하고 있다.

사상균은 세균이나 방선균과는 달리 산성, 중성 또는 알카리성의 모든 영역에서 서식할 수 있기 때문에 산도가 낮은 토양에서는 세균이나 방선균에 비하여 상대적으로 높은 밀도로 분포하는 특징을 가지고 있다. 그러므로 토양이 산성인 경우 산도를 교정하여 여러 종류의 미생물이 함께 살 수 있도록 관리하여야 한다.

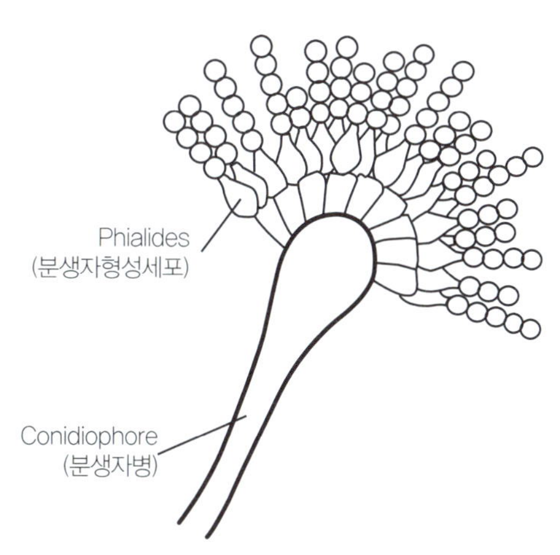

[그림 6-4] *Aspergillus*속

6.2.4 효모

효모(Yeast)는 알코올 발효능력을 가지고 있는 것이 많아 양조, 제빵 등에 널리 이용되고 있다. 일부 병원성을 갖는 종류도 있지만, 효모는 과일의 표면, 나무즙, 꽃의 암술대,

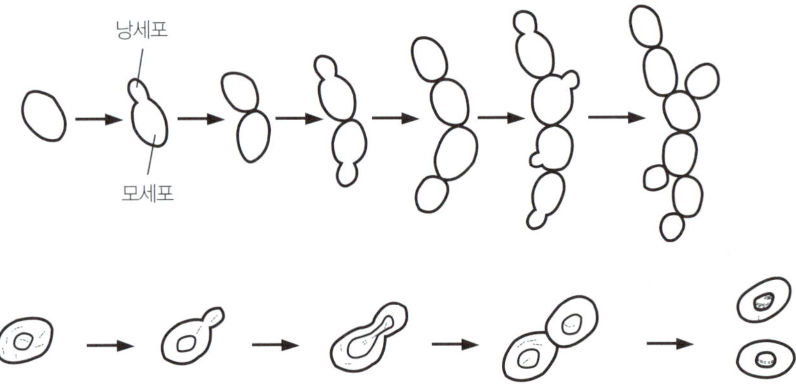

[그림 6-5] 효모의 분열

토양 등 매우 널리 분포하고 있다.

효모는 종류, 배양조건, 영양상태 및 증식법에 따라 모양이 다르지만, 대표적인 형태로는 계란형·타원형·구형·레몬형·소세지형·삼각형 등이 있다.

효모의 번식은 주로 출아법에 의하여 증식한다. 즉, 그림 6-5처럼 성숙된 세포의 표면에 싹과 같은 돌기가 생기고 이것이 점차 커진 후 둘로 나뉘는 것이다. 때로는 이들 출아세포가 서로 연결되어 있는 경우도 있다.

효모 역시 전문적인 분류방법이 있지만, 이용 면에서 살펴보면 맥주효모, 청주효모, 포도주효모, 알코올효모, 빵효모, 간장효모, 사료효모 등 여러 종류로 분류되고 있다. 이와 같이 우리들의 일상식품 제조에도 널리 사용되는 효모는 식물의 표면에 많이 분포하고 있어, 식용이나 사료용으로 할 수 있는 식물체를 충분한 양의 당분과 혼합하여 적정한 조건에 놓아 두면 이들 효모에 의하여 유용한 발효산물로 숙성되기도 한다.

6.2.5 조류

조류(Algae)는 해양·호수·하천 등의 수계에 분포하는 미생물이지만 토양·암석·나무표면 등에 부착하여 서식하기도 한다. 대부분의 조류는 광을 에너지로 전환하는 엽록소를 가지고 있는 광합성 미생물이지만 일부는 종속영양적 특징을 가지고 있다. 토양조류는 보통 녹조류·남조류·규조류(그림 6-6) 및 황녹조류로 구분되며 남조류는 세균류로 분류되고 있다. 남조류와 규조류는 산성보다는 알카리성토양에서 발생빈도가 높다. 한편 녹조류는 토양반응에 제한을 크게 받지 않아 산성 서식처의 조류상을 지배하는 경우가 많다.

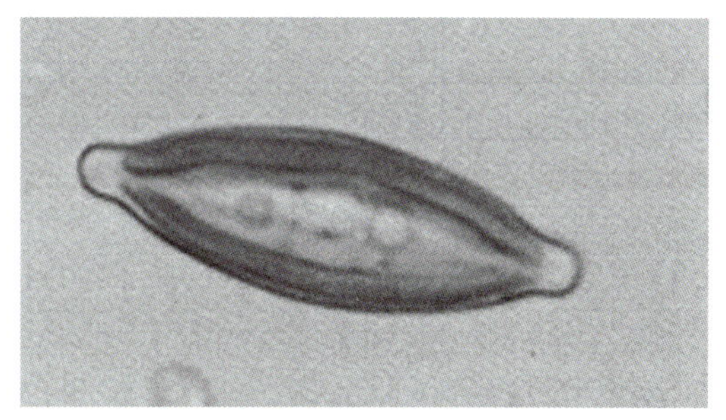

[그림 6-6] 규조류(깃돌말, *Navicula*)

청세균(Cyanobacteria)이라고도 불리는 남조류는 부영양화가 된 지역의 물이 하절기와 같이 고온이 되면 대량으로 증식하여 수질을 악화시키는 주요 원인균이 된다. 한편 규조류는 특수한 환경에 적응하거나 내성을 가지고 있는 것이 많아 환경에 대한 지표생물로써 중요하게 취급되고 있다.

규조류는 껍질에 규산질을 함유하고 있어 매우 단단하여 분해되지 않고 퇴적되는데, 이를 규조토라 한다. 한편 녹조류인 클로렐라(Chlorella)는 양질의 단백질을 대량 함유하고 있어 식품 또는 사료로 응용되기도 한다. 조류는 생리적으로 Na염을 세포 밖으로 내보내고 상대적으로 해가 적은 K염을 흡수하는 능력을 가지고 있다. 그래서 바다에 조류가 번식하고 염류농도가 높은 시설재배지토양에 조류의 밀도가 일반적으로 높다고 알려지고 있다.

6.3 기능별 주요 미생물

미생물이 농업환경, 특히 토양 안에서 하는 기능을 미생물의 입장에서 살펴보면, 그것은 단지 단순한 반복적인 종 번식의 수단일 뿐이다. 그러나 이들 수단이 다른 생물에 어떠한 영향을 주는가에 따라, 인류의 측면에서 유해 또는 유용미생물로 분류된다. 농업에 적용되는 토양미생물의 중요한 점은 그림 6-7처럼 미생물간의 상호뿐만 아니라 작물과도 밀접한 관계를 가지고 있다는 점이다. 여기서는 토양미생물이 가지고 있는 기능 중 유기

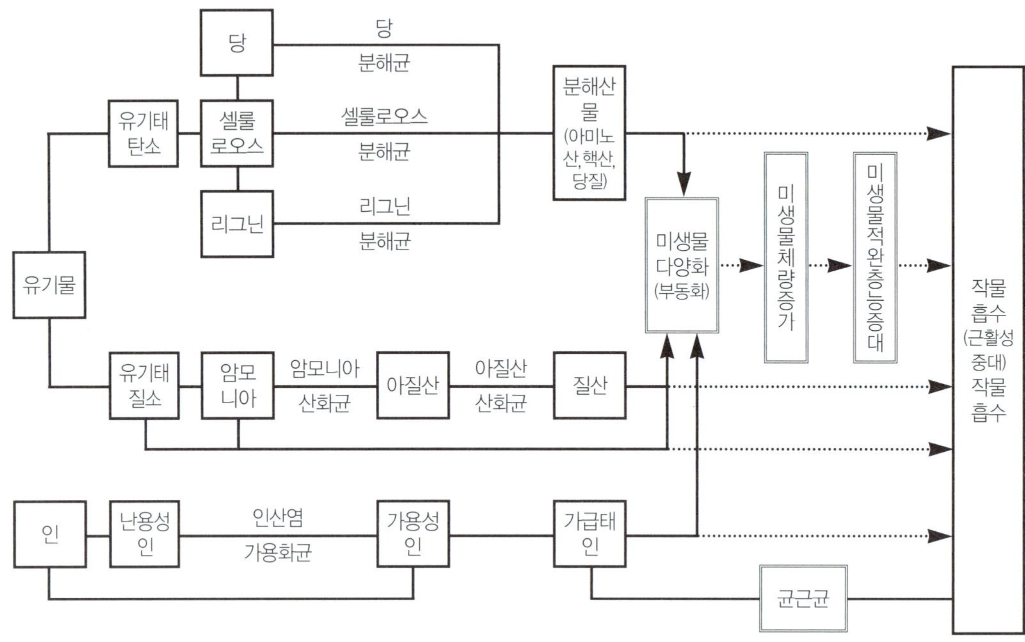

[그림 6-7] 주요 기능군의 역할

물분해, 인산가용화, 질소고정, 길항 등에 관련된 주요 유용미생물을 예로서 설명하고자
한다.

6.3.1 유기물 분해균

생명이 다한 유기체가 토양에 들어오면 당·셀룰로오스·리그닌 등이 토양에 서식하고
있는 여러 종류의 미생물에 의하여 점진적으로 분해된다. 그러나 토양에 신선한 유기물이
계속 가해지지 않으면 토양에 있는 유기물의 함량은 낮아질 뿐만 아니라, 잔존하는 유기
물도 분해에 대한 저항성이 매우 커진다. 이런 환경에서 살고 있는 토양미생물을 고유미
생물(autochthonous microorganism)이라고 하는데 분해에 저항성이 큰 부식과 같은 유기
물을 이용하면서 살아가기 때문에 밀도가 낮다. 그러나 새로운 유기물이 가해지면 발효형
미생물(zymogenous microorganism)의 개체수가 기하급수적으로 불어나 토양고유미생물

의 개체수를 압도하게 된다.

상당 시간이 지나면 발효형 미생물의 개체수는 정점에 이르게 되고, 이때 호흡에 의한 CO_2 발생량도 최고점에 이른다. 이러한 발효형 미생물은 분해에 저항성이 큰 부식물질이나 리그닌의 분해를 촉진시키는데 이를 기폭효과(priming effect)라고 부른다.

발효형 미생물의 활성에 의하여 분해되기 쉬운 단당류, 유리 아미노산, 유기산, 단백질, 헤미셀룰로우스, 펙틴 등은 곧 사라지고, 분해에 저항성이 있는 셀룰로우스나 리그닌만 남게 된다. 시간이 경과함에 따라 대부분의 셀룰로우스는 분해되지만, 상당량의 리그닌은 토양에 남게 된다. 정점에 이르렀던 미생물의 활성은 사멸기에 이르고, 미생물의 사체는 다른 미생물에 의하여 분해되어 무기양분(Ca, Mg, K, NH_4^+, NO_3^-, S 등)이 유리된다. 토양에 더 이상의 유기물 공급이 없으면 토양발효형 미생물의 개체수는 초기상태로 되돌아 간다. 분해되지 않고 남아 있던 리그닌은 미생물의 작용에 의하여 더욱 복잡하고 분해되기 어려운 물질인 부식물질로 변한다. 토양에 유기물이 가해진 1년후 대부분의 유기물질 (60~80%)은 CO_2로 방출되고 3~8%는 토양미생물의 생체구성물질로, 3~8%는 비부식 물질, 그리고 나머지 10~30%는 부식물질로 남게 된다(그림 6-8).

이러한 분해과정을 거치면서 생성되는 중간물질은 토양의 생물 · 화학 · 물리성을 향상시켜 작물의 성장을 돕는다. 토양유기물은 탄소화합물과 영양물질을 공급하여 토양미생물의 활성을 증가시키고, 미량으로 필요하나 없어서는 안 될 생육제한인자나 식물성장촉진제, 각종 호르몬, 비타민 및 아미노산 등을 공급한다. 토양유기물은 양이온교환용량과

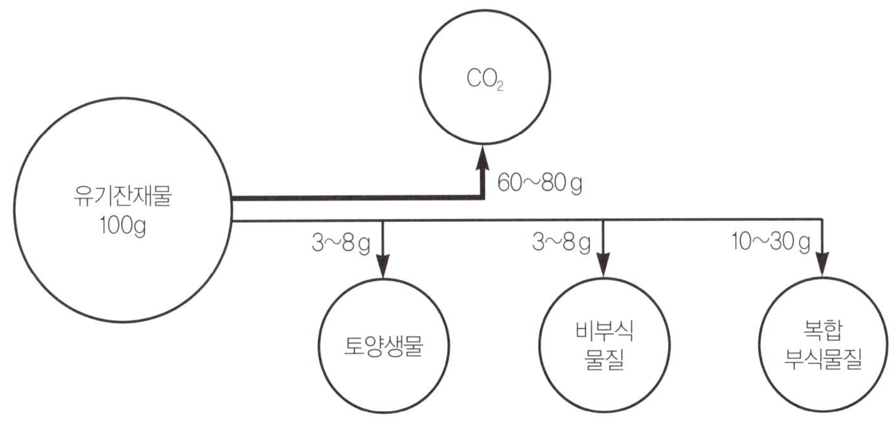

[그림 6-8] 토양유기물 100g의 1년후 변화

pH완충용량을 향상시키며, 입단 형성을 촉진하여 통기성과 배수성을 높여 준다. 따라서 토양유기물을 계속적으로 공급하는 것이 토양을 질을 높이기 위해 무엇보다 중요하다.

- **생물학적 효과**: 천천히 분해된 탄소화합물과 영양물질은 토양에 서식하고 있는 수만 종의 미생물의 활성을 증가시킨다. 또한 부식은 아주 미량으로 필요하나 없어서는 안 될 생육제한인자(growth factor)나 식물성장촉진제(plant growth-promoting regulator)를 공급한다. Hormone, vitamin 그리고 amino acids 등이 이에 해당된다.
- **화학적 효과**: 부식은 토양의 양이온치환능력(CEC)을 증가시킨다. 점토의 CEC는 일반적으로 10~150 cmol$_c$/kg인 반면 부식은 200~250 cmol$_c$/kg이다. 부식은 토양 pH의 변화에 완충작용을 한다. 유기물은 R-COO$^-$와 R-NH$_3^+$를 포함하고 있다. 강산이 토양에 들어올 때에는 R-COO$^-$가 H$^+$와 결합하여 R-COOH로 되고 강알칼리가 들어올 때는 R-NH$_3^+$가 OH$^-$와 결합하여 R-NH$_2$ + H$_2$O로 되어 토양 pH의 급격한 변화를 감소시킨다. 부식이 천천히 분해되면서 미생물이나 식물의 성장에 필요한 영양원인 질소, 인산, 황 등을 공급하며, 부식이 분해될 때 생성된 유기산이나 무기산들은 불용화된 양분을 가용화시킨다. 인산비료는 퇴비와 함께 시용하였을 때 그 효과가 증대되는데, 이는 유기물의 분해시 생성되는 산의 작용으로 다음 반응식과 같이 가용화가 증대된다. 부식은 Al^{3+}, Cu^{2+}, Pb^{2+} 등과 chelate 화합물을 형성하거나 독성 유기화합물을 흡착함으로써 그 독성을 경감시킨다.
- **물리적 효과**: 유기물에 포함되어 있거나 미생물의 합성에 의하여 생긴 다당류(polysaccharide, polyuronide)는 토양입자를 결합시켜서 입단화를 증진시킨다. 특히 유기물이 분해될 때 증식되는 사상균의 균사는 토양입단화 증진에 도움이 되는 결합체의 역할을 담당한다. 유기물은 입단화를 통하여 용적밀도를 낮추어 토양공극을 증가시키며, 결과적으로 토양의 통기성과 배수성을 향상시킨다. 또한 유기물은 물을 흡수 보유하는 능력이 커서 토양의 보수력을 증가시킨다. 부식은 상당 부분 검정색을 띠므로 빛을 잘 흡수하여 지온을 상승시켜 토양생물의 활성을 높일 뿐만 아니라 특히 지온이 낮을 때 식물생육을 양호하게 한다.

6.3.2 인산염 가용화균

인산은 미생물이나 식물체를 구성하는 주요 구성원소이다. 그러나 토양 중에 가용성 인산농도는 극히 낮다. 작물의 수량을 높이기 위하여 다량의 인산비료가 H$_2$PO$_4^-$ 형태로 시용된다. 그러나 시용된 인산비료는 작물이 흡수하기 전에 60~80%가 토양에 존재하는 Al^{3+}, Fe^{3+}, Ca^{2+}와 결합하여 불용성 형태인 $AlPO_4$, $FePO_4$, $Ca_5(PO_4)_3OH$ 등으로 고정된다. 현재 농경지토양의 총인산함량은 대략 $1,000~5,000\,mgkg^{-1}$로써, 이 가운데 토양용액 중 용해되어 있는 인산농도는 $0.5~10\,mgkg^{-1}$ 수준에 불과하다. 따라서 토양에 집적된 인산을 유용하게 활용하는 것은 매우 중요하다.

토양에는 불용화된 인산을 용해하는 인산가용화균(Phosphate solubilizing bacteria)이 서식하고 있다. 현재까지 알려진 인산가용화균으로는 *Pseudomonas*, *Mycobacter*, *Bacillus*, *Enterobacter*, *Acromobacter*, *Flavobacterium*, *Erwinia*, *Rahnella*속 등이 있다. 인산가용화 미생물은 가용성 인산농도가 낮은 환경에서 유기산(oxalic, citric, succinic, malonic, gluconic, 2-ketogluconic acid 등)을 분비함으로써 불용성 인산을 가용성 인산으로 바꾸어 자신들의 생육뿐만 아니라 작물의 생육에도 도움을 준다. 인산가용화 미생물에 의하여 생성된 유기산은 착화합물(chelate)로서 Al^{3+}, Fe^{3+}, Ca^{2+}와 강력하게 결합하여 인산의 용해도를 증가시킬 뿐만 아니라 Al^{3+}에 의한 독성을 줄이는 효과도 있다.

6.3.3 균근균

균근(mycorrhiza)은 "사상균 뿌리"라는 뜻으로, 사상균과 식물뿌리와의 공생관계를 의미한다. 균근은 병원성 사상균이 뿌리에 감염되는 것과 비슷한 과정으로 식물뿌리에 침입하면서 형성된다. 식물의 뿌리와 공생관계를 형성한 균근균(mycorrhizal fungi)은 탄수화물을 직접 식물로부터 얻는다. 식물은 5~10% 정도의 광합성산물을 균근균에 제공하지만 식물은 균근균으로부터 여러 가지의 이득을 얻는다. 균사는 감염된 뿌리로부터 5~15cm까지 토양 중으로 연장되어 자라므로 근모가 도달하지 못하는 작은 공극까지 도달하게 된다. 이는 근권의 확장을 의미한다. 따라서 균근균에 감염된 식물은 그렇지 못한 식물보다 10배 정도의 높은 양분흡수율을 갖게 된다. 균근균은 인산과 같이 유효도가 낮거나 적은 농도로 존재하는 토양양분을 식물이 쉽게 흡수할 수 있도록 도와주며, 과도한 양의 염류와 독성 금속이온의 흡수를 억제한다. 균근균은 수분흡수를 증가시켜 한발에 대한 저항성을 높여 주고, 항생물질을 생성하거나 뿌리표피를 변환시키며, 병원성균과 경합하여 병원

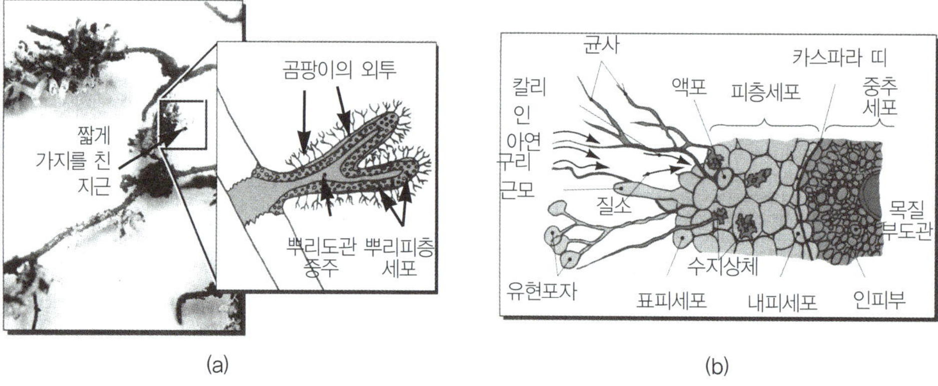

[그림 6-9] 사상균과 식물뿌리의 공생관계인 외생균근(a)과 내생균근(b)의 모식도.

균이나 선충으로부터 식물을 보호하기도 한다. 균근균의 균사는 토양을 입단화하여 통기성과 투수성을 증가시켜 식물뿌리의 호흡을 돕기도 한다. 균근은 크게 외생균근과 내생균근으로 나눈다(그림 6-9).

(1) 외생균근

외생균근(ectomycorrhiza)은 수백 종이 존재하며, 온대 혹은 반건조 지역의 소나무, 자작나무, 너도밤나무, 참나무, 가문비나무, 전나무와 같은 나무 및 관목과 공생관계의 균근을 형성한다. 균사는 뿌리에 침입하여 피층(cortex)의 세포 주변 공간에서 증식하지만 피층 세포벽을 침입하지는 않는다(그림 6-9 a). *Pisolithus tinctorus*는 나무 유묘에 널리 사용되는 종이며 척박한 토양에 접종할 경우 50~100%의 생육증가의 효과가 있다. 외생균근은 바람에 의하여 쉽게 이동되므로 1~2년 사이에 인근 지역에 널리 퍼진다.

(2) 내생균근

Arbuscular mycorrhiza(AM)는 대표적인 내생균근(endomycorrhizae)이다. 균근이 뿌리에 침입하면, 균사는 피층세포벽 공간은 물론이고 피층세포벽을 뚫고 들어가 식물세포 안에서 고도로 분화된 나뭇가지 모양의 구조인 수지상체(arbuscule)를 형성한다(그림 6-9 b). 이들 수지상체는 사상균으로부터 양분을 기주식물에 전달하고 식물로부터 탄수화물을 얻는 기능을 한다. 일부 내생균근은 세포벽 공간에 낭상체(vesicle)를 형성하는데 이 구조는 양분을 저장하는 역할을 한다.

열대지역에서 극지방에 이르기까지 거의 100여 종의 AM균이 식물뿌리와 공생하고 있다. *Glomus, Gigaspora, Acaulospora, Sclerocystis, Scutellospora*속의 균이 대표적인 균근이다. 옥수수, 목화, 밀, 감자, 콩, 사탕수수, 카사바, 밭벼와 같은 대부분의 식량작물, 거의 모든 채소작물 그리고 사과, 포도, 귤나무, 단풍나무, 아메리카 삼나무, 카카오, 커피, 고무나무 등이 AM 균근균과 공생하여 균근을 형성한다. 균근을 형성하지 않는 작물로는 배추, 겨자, 카놀라, 브로콜리, 사탕무, 근대, 시금치 등이 있다.

6.3.4 질소고정균

생물질소고정(biological nitrogen fixation)은 지구상에서 광합성 다음으로 중요한 생물학적 작용이다. 질소를 고정하는 미생물에는 원핵생물(procaryote)로서 기주식물과 관계없이 독립적으로 생활하면서 질소를 고정하는 단생질소고정균(free-living nitrogen fixing bacteria)과 기주식물과 공생하면서 질소를 고정하는 공생질소고정균(symbiotic nitrogen fixing bacteria)이 있다. 미생물에 의한 질소고정량은 연간 약 2억 Mg으로 농업에서 사용된 질소의 약 65%를 차지하고 있다. 이는 공업적으로 생산하는 암모니아비료에 들어가는 에너지를 고려할 때 엄청난 이득이 아닐 수 없다.

(1) 단생질소고정균

단생질소고정균으로 잘 알려진 *Azotobacter*는 타급영양의 호기성 세균이며, 중성 또는 알칼리성토양에 널리 분포하고 있다. *Azotobacter*와 유사한 *Beijerinckia*와 *Derxia*는 광범위한 pH조건에서 존재하며, 특히 열대지방의 산성토양에서 많이 발견된다. *Klebsiella, Azospririllum, Bacillus*는 미호기성(microaerophiles) 질소고정세균이며, *Clostridium, Desulfovibrio, Desulfomaculum* 등은 편성혐기성(obligate anaerobe) 세균이다. 한편 광합성 세균인 Cyanobacteria(blue-green algae)는 수생생물로서 논토양에서 질소를 고정하는 중요한 질소공급원이 되고 있다.

(2) 공생질소고정균

공생질소고정균은 주로 두과식물과 공생하면서 질소를 고정한다. 두과식물과 공생하는 공생질소고정균은 *Rhizobium*과 *Bradyrhizobium*속이 대표적이다. 이들 균은 근류(根瘤, 뿌리혹, root nodule)를 형성하므로 보통 근류균이라 부른다(그림 6-10). 각각의 질소고정균은 특정한 기주식물과 특이적으로 공생관계를 맺는다. 특이적인 공생관계를 맺는 질소고정균과 숙주식물의 군을 동일교호접종군(cross inoculation group)이라고 한다(표 6-2).

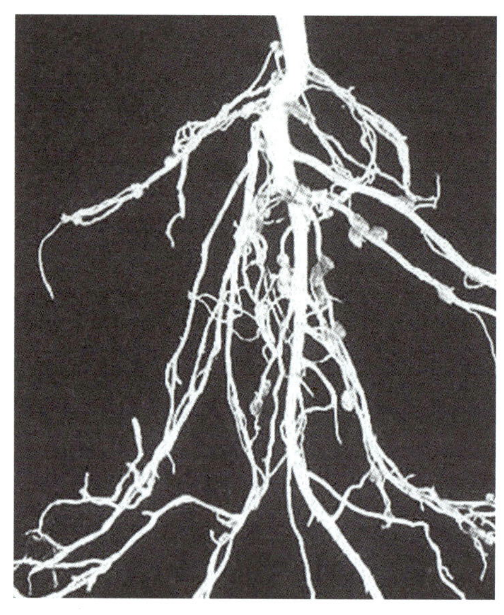

[그림 6-10] 뿌리혹이 형상된 콩과작물 뿌리

[표 6-2] 근류균과 동일교호접종군

근류균	공생 두과식물
Rhizobium leguminosarum	clover, pea, bean, lentil
Rhizobium loti	trefoli
Rhizobium phaseoli	bean, peanut, accacia
Rhizobium trifolii	clover
Rhizobium lupini	lupine
Sinnorhizobium meliloti	sweet clover, alfalfa, fenugreek
Sinnorhizobium fredii	soybean
Bradyrhizobium japonicum	soybean

6.3.5. 작물생육촉진미생물

작물생육촉진미생물의 기작은 미생물이 분비하는 물질에 의한 병원성 미생물의 활성 억제 또는 분비물에 의한 생육증진효과를 들 수 있다. 작물의 생육촉진에 관여하는 미생물은 주로 *Pseudomonas*속인데, 이 세균은 자외선 하에서 형광성을 나타내는 특성을 가지고 있어 다른 세균과 쉽게 구별할 수 있다. PGPR균은 근권에 왕성하게 서식하는 세균으로 종자의 발아나 식물성장을 촉진시킨다. 식물생장촉진에 관한 기작은 대단히 다양하다. 예를 들어 *Rhizobium*속이나 *Azotobacter, Azospillium*속 등을 접종하면 질소고정력이 증가하고, *Bacillus*와 같은 균은 *gibberellic*산이나 indolacetic산 등의 식물생장촉진 호르몬을 생성하여 식물의 생장을 촉진한다. *Pseudomonas*속은 종자나 뿌리에 군락형성능력과 철을 결합시키는 시데로포아(siderophore)라는 물질을 생성하여 식물병원균이나 주변의 해로운 균에 필요한 철분을 결핍시켜 병원성미생물의 세포생장이나 발육을 억제시키는 방법으로 식물생장을 촉진한다.

6.3.6. 키틴분해미생물을 이용한 생물학적 방제

키틴은 일반적인 토양균류의 중요한 세포벽 구성물질로서, 건조중량으로 균류의 3~25%를 차지한다. 특히 식물에 병을 일으키는 *Pythium ultimum*(잘록병), *Fusarium solani*(뿌리썩음병), *Furium oxysporum*(시들음병), *Rhizoctonia sp.*(모잘록병), *Fusarium moni*(시들음병), *Alternaria kiki*(점무늬낙엽병), *Colletotrichum gloeosporioides*(잎탄저병), *Penicillum expansum*(푸른곰팡이병), *Stemphylium sp.*(잎마름병), *Septoria solani*(둥근무늬병), *Puccinia adenophora*(녹병), *Phytophthora capsici*(역병), *Heterodera trifolii*(두과작물의 뿌리썩음병) 등도 세포벽의 일부가 키틴으로 구성되어 있다. 긴 사슬형태로서 *N*-acetylglucosamine의 선형 생중합체인 키틴은 섬유소와 유사한 화학구조로 되어 있으며, 세균세포벽 내의 펩티도글리칸의 다당류 부분에도 존재한다. *N*-acetylglucosamine으로부터 아세틸 그룹이 제거되면 그 결과로 글루코사민의 중합체가 생성되는데 이는 키토산이라고 알려져 있으며 균류의 세포벽에서도 발견된다. 거대한 비수용성의 중합체인 키틴이 분해되는 첫 번째 단계는 chitinase라는 세포외 효소에 의하여 *N*-acetylglucosamine으로 가수분해되는 것이다(그림 6-11). 수용성의 *N*-acetylglucosamine은 계속 미생물세포 내부로 운반되어, 호기성 조건하에서는 쉽게 산화되는 acetyle-CoA와 글루코사민으로 가수분해된다.

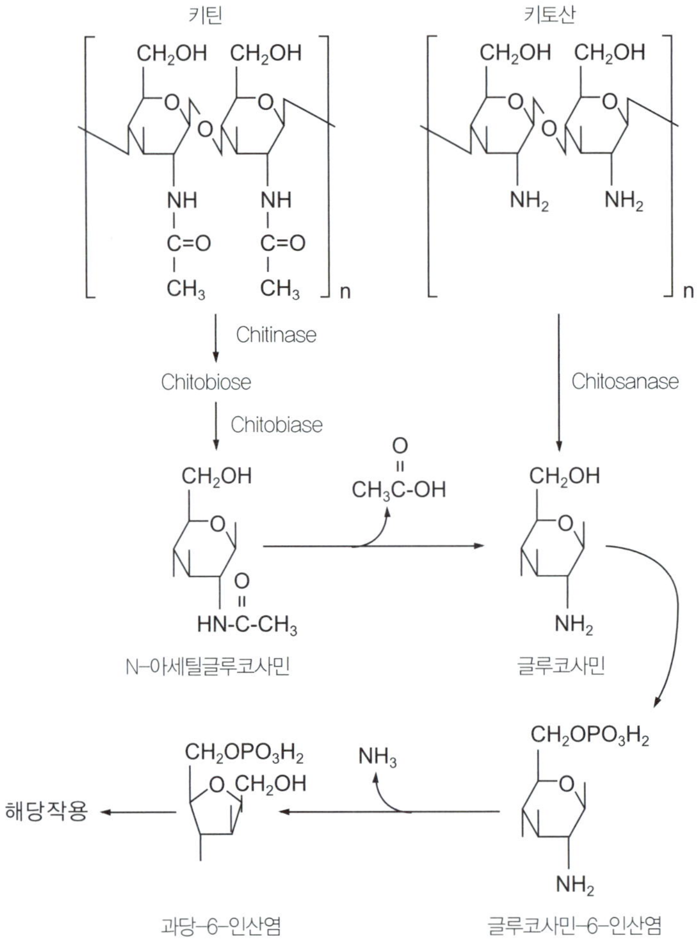

[그림 6-11] 호기성 조건하에서 키틴과 키토산의 분해

한편 어떤 미생물은 chitinase를 분비하여 키틴중합체를 잘라(즉, 세포벽의 파괴) 생성된 N-acetylglucosamine을 체내에 흡수하여 탄소원과 영양원으로 사용하면서 살아간다. 이러한 미생물을 키틴분해미생물이라 부른다. 지금까지 알려진 키틴분해미생물은 *Bicillus sp.*, *Paenibicillus sp.*, *Trichoderma sp.*, *Burkholderia sp.* 등이다.

6.4 농업환경과 미생물

미생물은 환경에 잘 적응할 수 있어 깊은 바다의 진흙뿐만 아니라 바다 속에서 분출되는 100℃가 넘는 고온의 용출수 주변과 같이 고등동식물이 살 수 없는 극한지역에도 서식하고 있음이 밝혀지고 있다. 한편 기후에 따라 분포가 달라져서 기온이 낮은 지역에서는 저온성 미생물이, 기온이 높은 지역에서는 중고온성 미생물의 활성이 높아진다. 또한 미생물은 토양의 깊이에 따라서도 서식밀도가 달라 일반적으로 작물이 재배되는 표토에 많고 심토일수록 적어지는 특성을 가진다. 이와 같은 기본적인 분포적 특성 외에도 미생물은 토양의 종류, 재배작물 및 경종방법 등에 따라서도 달라지므로 영농에 활용하려면 여러 측면에서 검토 및 평가되어져야 한다.

6.4.1 근권미생물

토양에서 뿌리의 작용이 미치는 범위를 근권이라고 한다. 근권환경은 뿌리에서 분비되는 물질, 작물의 양분흡수에 따른 무기양분의 농도저하, 수분흡수에 따른 토양의 부분적인 건조 및 뿌리의 탈락으로 인하여 주위의 비근권토양과 매우 다르다. 이와 같은 특성 때문에 근권은 작물과 토양미생물간에 긴밀한 상호관계가 일어나는 장소로 토양생물권에서 매우 중요한 부분을 차지하고 있다.

일반적으로 근권미생물상은 유기태화합물보다는 뿌리에서 분비되는 아미노산, 당과 같은 단순한 영양분을 요구하는 세균과 사상균의 밀도가 높아진다. 근권에 널리 분포하고 있는 세균은 *Agrobacterium*속, *Pseudomonas*속이지만 포자형성균인 *Bacillus*속은 일반적으로 적다. 사상균은 *Fusarium*속, *Mucor*속, *Rhizopus*속, *Penicillium*속, *Rhizoctonia*속 등이 서식한다. 방선균은 색소생성균으로 생리학적으로 활성이 높은 것이 많다. 미생물 중 근권서식비율이 높은 것은 세균인데, 그 이유는 근권의 영향을 사상균이나 방선균보다 세균이 크게 받기 때문이다.

미생물은 작물의 종류에 큰 영향을 받게 된다. 그렇기 때문에 뿌리주변, 즉 근권에 서식하는 근권미생물의 역할규명은 작물재배에 있어 중요하다. 특히 근권을 형성하는 유용미

생물의 생물막은 병원균의 침입을 막아 줄 뿐만 아니라 작물의 환경적응성을 높여 주는
중요한 역할을 한다.

6.4.2 작물종류별 토양미생물상

시설재배지 작물별 미생물상은 표 6-3과 같이 다양한 차이를 보여주고 있다. 특히 원예
작물과 화훼류 간에 차이가 있음을 확인할 수 있다.

염류에 감수성인 형광성 슈도모나스 균수 및 미생물 다양성지수는 원예작물재배지보다
장미와 화훼재배지에서 현저히 높고, 부생성 사상균인 푸사리움과 토양염류가 높을 때 증
식하는 조류는 원예작물재배지에서 많음을 알 수 있다.

이러한 재배지별 미생물상 변화에서 알 수 있는 것은 재배기간이 짧고 재배회수가 많은
원예작물재배지의 토양 및 작물관리에 더욱 노력하여야 한다는 사실이다. 그 이유는 푸사
리움과 같은 병원성 미생물이 상대적으로 많아지고 미생물의 분포도 고르지 못하게 되기
때문이다.

[표 6-3] 재배작물별 시설재배토양의 주요 미생물상

구 분	중온성 바실러스	고온성 바실러스	형광성 슈도모나스	푸사리움속	조 류 (흡광도)	다양성지수
	$(\times 10^6)$	$(\times 10^3)$	$(\times 10^4)$	$(\times 10^2)$		
딸 기	36.6	162.6	91.7	7.6	901	0.25
배 추	22.4	158.0	97.9	4.3	898	0.28
상 추	24.4	80.4	97.1	16.3	781	0.24
시금치	17.1	15.24	0.7	9.5	1020	0.27
오 이	15.0	185.9	81.4	30.0	741	0.28
참 외	21.1	84.5	25.0	23.2	801	0.27
장 미	10.0	60.2	129.7	4.0	227	0.32
화 훼	15.7	60.0	113.8	3.8	709	0.29

6.4.3 재배기간별 토양미생물상

시설재배지의 특성은 같은 장소에서 장기간 동일한 작물을 재배하는 경우가 많다는 것이다. 이는 일반 논이나 밭과는 다른 생태계가 형성될 수 있는 것을 나타낸다. 실제로 시설재배지에서는 연작장해와 같은 현상이 많이 발생하여 이의 해소를 위하여 물리 · 화학 및 생물학적 개량을 실시하는 경우가 많다.

재배년수별 시설재배토양의 미생물상은 표 6-4와 같다. 재배년수가 11년 이상인 토양의 중온성 바실러스, 고온성바실러스, 형광성슈도모나스의 수 및 조류 흡광도가 높음을 확인할 수 있으나, 다양성지수는 재배년수가 증가함에 따라 낮아지는 경향을 읽을 수 있다. 이것은 미생물종이 점차 단순화되어 간다는 것을 뜻한다. 그러므로 같은 장소에서 장기간 작물을 재배하는 경우 많은 종류의 미생물이 살 수 있도록 환경을 더욱 개선해 주어야 할 필요가 있는 것이다.

[표 6-4] 재배년수별 미생물상 변화 (세포형성수/g 건토)

구 분	중온성 바실러스	고온성 바실러스	형광성 슈도모나스	푸사리움속	조 류 흡광도	다양성지수
	$(\times 10^6)$	$(\times 10^3)$	$(\times 10^4)$	$(\times 10^2)$		
11년 이상	35.1	137.8	126.7	14.6	895	0.26
7~10년	21.1	124.0	90.0	13.6	711	0.26
4~6년	22.7	88.4	91.5	12.1	767	0.27
1~3년	12.2	109.0	51.9	18.0	661	0.29

6.5 토양생태계와 미생물

생태계는 먹이사슬을 이루며 상호 긴밀하게 연결되어 있어 구성요소의 하나가 변하게 되면 다른 요소도 연쇄적으로 영향을 받게 된다. 그러므로 농업환경관리는 물리 · 화학 ·

생물성을 구별하여 개별적으로 적용하는 것이 아니라, 이들 상호 요인간에 나타나는 영향을 파악하여 종합적으로 접근하여야 한다. 여기서는 토양관리가 미생물 특성에 미치는 영향 및 생물학적 관리방법으로서의 미생물 활용방법에 대하여 알아보고자 한다.

6.5.1 토양환경관리에 따른 미생물상의 변화

토양이란 생물생육에 필요한 영양원을 제공하고 서식처를 제공하는 생명의 모체이므로 토양의 물리·화학적 특성변화가 미생물에 미치는 영향은 매우 크다. 토양환경관리와 밀접히 관련되어 있는 물리·화학적 요인이 미생물의 활성변화에 미치는 영향을 살펴보고자 한다.

(1) 입단화

양이온 또는 음이온으로 하전된 점토광물에 흡착된 유·무기분자 및 미생물 세포는 점토광물 표면에서 다양한 생화학적 반응을 하지만, 토양이 입단화되지 않으면 강우 등에 의하여 콜로이드상의 점토광물이 씻겨나가 토양층이 상실되고 만다.

입단화에는 물리화학적 기작도 있지만, 미생물의 증식과 더불어 형성되는 균사체와 각종 미생물이 분비하는 다당류 등의 점성물질에 의한 생물학적 입단화가 있다. 입단에는 공극이 있기 때문에 극단적인 환경변화에 대처할 수 있는 중요한 서식처를 미생물에 제공한다. 그래서 수분을 필수로 하는 미생물의 서식분포는 하나의 같은 입단이라도, 건조·습윤에 의하여 변동이 심한 입단표면과 수분변동이 비교적 적은 공극안 간에 커다란 차이를 보인다. 이와 같은 현상은 토양을 훈증제나 유독물질로 처리할 때도 비슷하게 나타난다. 이처럼 토양의 입단은 생물학적으로 매우 중요한 역할을 하고 있는 것이다.

(2) 통기성

토양의 통기성은 담수·경운 등의 경종방법에 의하여 호기 또는 혐기상태로 되는데, 이러한 영향에 의해 토양에 서식하는 미생물상이 신속하게 변화된다. 산소요구성에 의해 미생물은 호기성균, 혐기성균 및 통성균으로 나눌 수 있다. 토양미생물의 주체를 이루는 사상균과 방선균 및 질산화균이나 *Azotobacter* 등과 같은 세균은 산소를 이용하는 절대호기성균이지만, 담수 논토양에 많은 *Clostridium*이나 황산환원균 등의 세균은 산소가 있으면 생육할 수 없고 오직 발효에 의하여 에너지를 획득하는 절대혐기성균이다. 한편 탈질균 같은 대부분의 미생물은 산소 존재 하에서 호흡하여 에너지를 획득하고, 산소 없는 조건에서도 생활할 수 있는 통성균이다.

미생물은 토양공극 중의 공기체적비율이 10% 이하가 되면 주로 발효를 행하고, 20% 이상에 이르면 호흡을 하게 된다. 발효에 비하여 호흡은 미생물에 의한 에너지나 탄소의 이용효율이 높아, 유기물의 분해속도가 빨라 유기산 등의 중간물질이 축적되지 않고 탄산가스와 물로 쉽게 분해된다.

논토양처럼 수분함량이 높아 통기성이 악화되면 질화작용 같은 호기적 미생물대사가 중단되고, 메탄화작용이나 탈질작용과 같은 혐기적 미생물의 대사가 활발하게 진행된다. 밭토양은 건조상태이므로 산소를 사용하여 호흡하는 미생물이 대부분을 점유하지만 적당한 수분조건에서 영양이 충분하면, 입단 외부에서 산소를 소비하는 호흡이 급속하게 진행되어 입단 내부는 산소가 고갈되어 혐기적 반응이 일어난다. 이러한 작용에 의하여 통기성이 좋아 호기적 반응만 일어난다고 생각되는 밭토양에서도, 호기성균과 혐기성균이 공존하며 다양한 기작을 수행할 수 있게 된다.

(3) 건토화

토양이 마르면 미생물은 다량 사멸되나, 사멸된 균체는 토양조건이 미생물생육에 양호하게 될 때 토양입단 내부 등에 살아남아 있던 미생물의 증식에 이용되거나, 무기태 영양

[표 6-5] 토양종류별 미생물 유래 유기탄소량

토양구분		미생물탄소량	미생물유래유기탄소량	건토효과
모 재	토양통			
		(mg/kg)	(mg/kg)	(%)
하성충적	덕천	161.5	55.2	34.2
하해혼성충적	하사	48.3	38.9	80.5
석회암붕적	평전	204.1	59.7	29.3
화산회	하모	156.2	40.1	25.7

분으로 방출된다. 경작지에 있어서 건조에 의하여 사멸된 균체에서 방출되는 양분의 양은 정확히 측정되고 있지는 않으나, 건토효과에 의하여 많은 양의 무기태 질소 및 탄소가 표 6-5처럼 사멸된 균체에서 유래되고 있음이 보고되고 있다(서장선 등, 1999).

(4) 경운

적절한 경운은 토양을 팽창시켜 뿌리뻗음과 통기성을 좋게 하여 미생물의 활성을 토양 전반에 걸쳐 증진시킨다. 이처럼 경운은 미생물을 토양 깊은 곳까지 분포시켜 호기적 대사를 촉진하고, 지력질소 등의 양분방출을 촉진한다. 그래서 심경과 더불어 유기물을 시용하게 되면 미생물활동의 증대와 더불어 뿌리신장이 촉진되어 작물의 생육이 건전해지는 효과를 얻게 된다. 그러나 과도한 경운은 급격한 유기물의 분해 및 미생물상 교란 등의 역기능이 나타나므로, 적절한 경운방법의 도입이 필요하다. 한편 지렁이와 같은 토양 중 형동물에 의하여 형성되는 토양 안의 터널도 경운의 효과를 나타내는데, 이를 생물적 경운이라고 한다.

(5) 유기물시용

토양미생물의 증식이나 활성을 제한하는 또 다른 요인은 영양분이다. 질산화균 등 무기물만으로 생활할 수 있는 특수한 세균을 제외한 대부분의 미생물생육에는 유기태화합물이 필요하다. 특히 영양분 가운데 유기태탄소의 양에 의하여 토양미생물의 증식이 가장 크게 제한되고 있다. 대부분의 미생물은 에너지원으로 화학물질을 그리고 탄소원으로 유기태화합물을 사용하는 화학합성 유기영양성이다. 따라서 토양에 유기질자재를 시용하면 토양에는 토양미생물의 수가 시용량에 비례하여 증식함과 더불어 미생물을 먹이로 하는 미소동물의 수도 증가한다.

즉, 유기태탄소가 충분히 공급되면 질소와 인과 같은 무기태양분이 토양미생물의 증식에 있어 제한요인이 되지만, 일반적으로 밭토양에서는 질소나 인과 같은 화학비료의 시용이 토양미생물의 증식에는 직접적인 영향을 주지 않는다는 것이다.

퇴비를 시용하게 되면 시용 직후에는 세균이, 다음으로는 사상균의 미생물체량이 증가한다. 증가한 미생물체 유지에 필요한 에너지원인 유기태탄소화합물이 고갈되면 미생물의 일부는 사멸에 의하여 감소하지만 사멸된 미생물체에서 양분이 방출된다. 사멸된 미생물체로부터의 양분 공급속도는 토양유기물보다 크다고 추정되고 있는 바와 같이 양분 저장고로서의 토양미생물체량의 확보는 토양개량에서 중요한 의미를 지닌다. 그러므로 미생물체량의 증식에 직접적인 영향을 주는 양질의 퇴비시용은 토양의 생물학적 특성을 개선하는 데 있어 매우 중요한 역할을 한다고 할 수 있다.

(6) 토양산도

토양 pH는 토양미생물의 증식이나 활성에 큰 영향을 미친다. 일반적으로 세균의 적정 pH는 중성 부근이다. 사상균의 적정 pH 범위는 비교적 넓어, 산성토양에서는 세균에 비하여 식물병원균이 많이 속해 있는 사상균이 많아진다. 이처럼 토양미생물은 토양산도와 밀접한 관계가 있는데, 서장선 등(1997)은 논토양에서 암모니아 산화세균의 밀도는 토양산도가 높아질수록 증가한다고 하였다.

질소를 과다 투여한 하우스토양에서는 질산화작용에 의한 질산축적으로 토양 pH가 5까지 낮아지게 되면 질산화작용이 저해를 받게 된다. 이때 암모니아 산화세균에 비하여 아질산 산화세균의 활성이 더욱 심하게 낮아져 축적된 아질산이 아산화질소로 방출되면 밀폐된 하우스 내에서 가스장해가 발생하는 이유가 된다. 이와 같이 토양산도는 토양양분의 가용화 뿐만 아니라 미생물 대사작용에 직접적인 영향을 주므로 토양개량의 대상이 되고 있지만, 토양의 생물다양성이 교란되지 않는 범위 안에서 시도되어야 한다.

(7) 토양살균

병원성 미생물이 토양에 많아지면 토양을 살균처리하게 된다. 살균방법으로는 태양열이나 증기를 이용한 물리적 열처리, 화학물질의 시용 등이 적용되고 있다. 여기서 유의해야 할 점은, 토양을 살균하게 되면 병원성 미생물뿐만 아니라 유용한 미생물도 동시에 소멸된다는 것이다.

특히 토양에 서식하고 있는 질소대사 관련 미생물 중 암모니아 산화균이나 아질산 산화세균 등이 급격히 감소된다. 그 결과, 토양으로부터 암모니아와 아질산가스가 발생되어 작물에 피해를 주는 경우가 발생한다. 그러므로 토양살균을 마친 후에는 이들 가스가 발생될 수 있는 질소성분이 높은 유기물의 시용을 억제하거나, 관련 미생물의 인공적인 접종 또는 건전한 토양을 미생물 접종원으로 공급하는 등의 토양관리가 선행되어야 한다.

6.5.2 미생물을 이용한 토양관리

미생물을 이용한 토양관리란 앞에서 설명한 기능성 유용미생물을 이용한 것이다. 미생물을 활용하려면 적용방법이 정확하여야 한다. 특히 자연생태계를 대상으로 할 때는 여러 가지 예기치 못한 문제가 발생되므로 그 적용방법을 명확히 구분할 필요가 있다. 효율적인 미생물제제 활용을 위하여 적용대상범위를 폐쇄계(closed system), 임의계(facultative system), 그리고 개방계(open system)로 분류하여 설명하고자 한다.

- **폐쇄계**: 폐쇄계란 미생물 배양에 필요한 영양원, 공기, 산도조절용 물질 및 소포제 첨가 등 제반작용을 인위적으로 조절할 수 있는 배양기(bioreactor, chemostat)와 같은 환경을 의미한다. 이 방법은 외부로부터 유입되는 오염을 완전히 차단하며 순수 분리된 미생물을 배지에서 증식시켜 배양체 또는 산물을 얻고자 할 때 활용된다. 즉, 순수한 미생물체 및 그 대사산물을 이용하고자 할 때는 폐쇄계를 이용하여야 한다.
- **임의계**: 오염물질 정화작업 및 가축분 퇴비화 등을 위하여 일정한 장소에서 다량의 물질을 인공적으로 처리하는 과정으로, 여기서는 외부와 완전히 격리되지 않기 때문에 단지 미생물을 인공적으로 접종하는 의미에서의 공정이라고 할 수 있다. 이때는 공정과정에서 생기는 가스, 분진, 유출수 등의 오염원을 완전히 차단할 수 없기 때문에 각별한 주의가 필요하다.
- **개방계**: 개방계란 모든 과정에 인위적인 요소가 가해지지 않은 환경으로 생태계 보전에서 가장 이상적인 시스템, 즉 자연계(natural system)를 뜻한다. 엄밀한 의미에서 토양에 작물을 재배하는 것도 인위적인 요소가 가해지는 것이므로 생태계 측면에서는 개방계라기보다는 임의계에 속한다고 할 수 있다. 그렇다면 협의에 속하지만 토양에 미생물을 어떻게 활용하여야 하는가 하는 문제가 생긴다. 이는 그 지역에서 자연적으로 생산되는 모든 것을 그대로 환원시켜 토양 내에 서식하는 고유미생물에 의하여 재순환시키면 된다. 그렇지만 여기에는 생산물을 다른 생물이 먹이와 같은 용도로 이용할 때 문제가 발생된다. 즉, 자연적인 순환시스템이 파괴된다는 것이다. 이와 같이 평형이 상실되는 생태계문제를 해결하려면 투입(input)과 산출(output)을 제어하는 적극적인 의미에서의 환경친화적 농업관리가 추진되어야 한다.

(1) 용도별 적용미생물

자연생태계가 건전한 지역에서는 일부러 인공적인 방법으로 미생물제제를 시용할 필요는 없다. 그러나 집약재배나 오염물질 과다집적 지역과 같이 투입과 산출이 평형을 이루지 못하는 지역에서는, 토양미생물은 물론 기타 생태계가 가지고 있는 모든 기능을 최대로 활용할 필요가 있다. 그 하나의 방법으로서 미생물이 이용되고 있다. 용도별 관련 미생물의 종류는 표 6-6과 같다.

한편 작물재배와 직접적인 관계는 없지만 농약이나 환경오염물질의 분해에 관여하는 미생물이 생물적 복원(Bioremediation)의 방법으로써 주목을 받고 있는데, 이에 관한 것은 다음 장에서 설명하고자 한다.

[표 6-6] 용도별 관련 미생물의 종류

용도	기작	관련 미생물
토양개량	• 중금속 불활성화 • 토양 입단화	Bacillus속, Clostridium속, Trichoderma속, Azotobacter속, Rhizobium속
등병해충 방제	• 항생물질, 박테리오신 등 물질 • 용균작용 • 유도저항성 발현 • 살충성단백질	Pseudomonas속, 균근균, Gliocladium속, Trichoderma속, Bacillus속, Streptomyces속, Xanthomonas속, Azotobacter속 등
물질분해	• 유, 무기물 분해 및 합성 • 난분해성 화학물질 분해	Streptomyces속, Pseudomonas속, Bacillus속, Clostridium속, Thermus속 등
양분흡수촉진	• 인용해 미생물 • 내한발, 내염 및 내병성증대 • 대기 질소 고정	Bacillus속, Streptomyces속, Aspergillus속, 균근균, Rhizobium속, Azospirillum속 등
작물생육촉진	• Siderophore 등 착화합물 • 호르몬 등	광합성세균, Pseudomonas속 등
제초	• 잡초 병원성 미생물 • 미생물 생성 제초성물질	Epicoccosorus속, Dendryphiella속 등

6.6 생물적 복원

생물적 복원(Bioremediation)이란 미생물과 같은 생물을 이용하여 오염된 환경을 개선하는 것이다. 생물학적인 방법에 의하여 오염된 토양 혹은 오염원인 Benzene, Toluene, Chloroform, Naphthalene, Phenol, BHC, Chromium, cyanides와 같은 유기합성물질을 분해하여 무해한 물질로 전환시키는 작용이다.

6.6.1 생물적 복원의 원리

환경오염이 유발된 곳에서의 생물에 의한 유해물질분해가 일어나려면 토양에 서식하는 고유미생물이 오염물질을 분해할 생육조건이 되어야 한다. 미생물이 오염물질을 분해하려면, 오염물질을 분해할 수 있는 미생물이 증식하여 관련된 대사작용을 수행하여야 한다. 그러므로 생물적 복원의 최종 목적은 유해한 유기화합물을 이산화탄소, 물 또는 무기염류 등의 무해한 상태로 전환하는 것이라 할 수 있다(서장선, 1997).

6.6.2 생물적 복원을 위한 미생물 접종

생물적 복원이 필요한 곳에 미생물이 없거나 있다고 하더라도 적정수준에 이르지 못할 경우에는 미생물의 접종이 필요하다. 그러나 미생물이 효과를 발휘하려면 반드시 접종미생물이 오염물질과 접촉되어야 하며, 영양원과 전자수용체를 충분히 확보하여 기존의 고유미생물과 경합하여 증식할 수 있어야 한다. 그리고 오염물질에 특이적으로 반응할 수 있는 대사능력을 가져야 하며, 오염지에 존재하는 독소물질 및 극단적인 환경에 서식할 수 있어야 하는 생존능력을 가져야 한다. 이러한 극한조건 때문에 생물적 복원에 이용하고자 하는 미생물을 형질 전환하여 처리하는 시도가 행해지고 있지만, 유전자조작에 의하여 변형된 미생물을 사용할 때에는 각별한 주의와 관리가 이루어져야 한다.

6.6.3 생물적 복원방법

생물적 복원의 형태에는 현장처리, 퇴비화 및 반응조 등으로 구분할 수 있다. 이들 방법은 대상물질이 유기합성물이라는 점만 다를 뿐 일반 유기물 처리방법과 유사하다.

(1) 현장처리법

오염지 토양이나 지하수에 서식하는 고유의 미생물에 의하여 오염물질이 분해되는 작용을 말한다. 이들 미생물에 의한 분해작용은 일부 영양원과 전자수용체가 제한농도에 이를 때까지 진행되므로 미생물의 증식을 촉진시키기 위하여 질산염과 인산염 등 무기물질을 가하기도 한다. 이 방법은 원유 등에 의하여 넓은 지역이 오염된 경우에 적용되는 것으로 현지의 환경조건을 이용하는 방법이다.

(2) 퇴비화

퇴비화 생물적 복원은 저항성이 있는 고농도의 화학폐기물질을 처리하고자 할 때 적용된다. 예를 들어 TNT(2,4,6-trinitrotolune)는 상온에서 고상을 띠고 있어 분해율이 낮지만, 약 55℃를 유지하는 퇴적더미에서는 80일 내에 약 90% 이상이 생물학적으로 다른 물질로 전이된다. 그러므로 퇴비화란 부숙열을 이용하는 방법이라 할 수 있다.

(3) 토양혼합법

오일슬러지를 처리하는 방법으로 먼저 토양과 혼합한 후 현장처리방법을 이용하는 것이다. 이 경우에는 토양물리성 및 지리적 여건에 세심한 고려가 있어야 한다. 이 방법의 단점은 진행이 매우 늦고 처리가 완전하지 못할 뿐만 아니라 중금속물질이 토양에 집적된다는 점이다. 그래서 토양혼합법을 처리한 곳에서는 작물재배 및 목축 등이 엄격히 규제되어야 한다.

(4) 반응조법

반응조법은 오염물질이 활성탄 또는 규조토 등으로 충진된 표면적이 넓은 반응조를 통

	지 표	질	건전성
물리성	광물 조성	+	−
	토성	+	−
	토심	+	−
	가비중	+	+
	포장용수량	+	+
	공극률	+	+
화학성	pH	+	+
	전기전도도	+	+
	양이온치환용량	+	+
	유기물	+	+
	다량원소	+	+
	중금속	+	+
생물성	미생물체량	+	+
	토양호흡량	+	+
	가급태 질소	+	+
	효소활성	+	+
	미생물의 풍부성	+	+
	미소동물의 풍부성	+	+
	뿌리병해	+	+
	토양생물다양성	−	+
	먹이사슬구조	−	+
	식물생육상	+	+
	식물다양성	−	+

※ − 관련성이 약하거나 없음, + 관련성이 높음.

과하도록 하여 처리하는 방법이다. 즉, 인공적으로 반응조를 만들어 이용하는 것으로 하수처리 등 여러 면에서 널리 이용되고 있다.

6.7 농업환경지표 미생물의 특성

6.7.1 지표미생물수

토양미생물수란 콜로니를 형성할 수 있는 하나의 독립된 미생물의 세포를 의미하므로 콜로니 형성수(colony forming units, CFU)라고 표현한다. 사상균(Fungi)이나 방선균(Actinomycetes)은 균사 절편에서도 단일 콜로니가 발현되기도 한다.

토양종류별 주요 미생물의 콜로니 형성수는 표 6-8과 같이 건전지와 염류집적지 간에 유의적인 차이가 있음을 확인할 수 있다. 토양에 서식하는 미생물의 생리적 특성이 매우 다양하여 미생물계수에 사용되는 인공배지 위에 나타나는 콜로니수는 극히 제한되어 일반적으로 배지상에서 확인할 수 있는 미생물의 개체수는 토양에 서식하고 있는 미생물 개체수의 10%에 지나지 않는다. 그러므로 토양의 미생물수를 측정하고자 할 때는 단순히 세균, 사상균, 방선균 등의 일반적인 미생물수보다는 시험하고자 하는 목적에 알맞은 기능성 미생물을 선택하는 것이 필수적이다.

토양유기물함량과 퇴비시용량에 따른 변화를 알기 위하여 생육적온이 55℃인 고온성 *Bacillus*속을 검정하는 것으로, 서장선 등(1998)은 논토양에 서식하는 고온성 *Bacillus*속은 퇴비시용량이 많을수록 일정하게 증가했다고 하였다. 형광성 *Pseudomonas*속(그림 6-12)은 앞에서 설명한 바와 같이 작물생육촉진 미생물일 뿐만 아니라 토양염류농도에 민

[표 6-8] 토양종류별 주요 미생물의 콜로니 형성수

토양	미생물(cfu g⁻¹ 건토)				
	호기성세균	방선균	사상균	Bacillus속	형광성 Pseudomonas속
	($\times 10^6$)	($\times 10^5$)	($\times 10^4$)	($\times 10^5$)	($\times 10^3$)
척박지	51.7 b	35.0 ab	27.5 a	5.7 b	29.7 a
건전지	95.0 a	49.9 a	16.2 b	44.4 a	25.0 a
염류집적지	38.7 b	23.7 b	12.4 b	13.6 b	1.2 b
LSD 5%	31.2	19.0	4.0	13.2	13.8

감하므로 이들 미생물의 서식상을 조사하는 것도 토양의 생물학적 특성을 평가하는 데 중요한 자료로 활용할 수 있다. 이와 같이 환경에 특이적인 반응을 나타내는 미생물을 지표미생물이라 할 수 있기 때문에 농업환경, 특히 토양을 평가하는 중요한 진단법이라 할 수 있다.

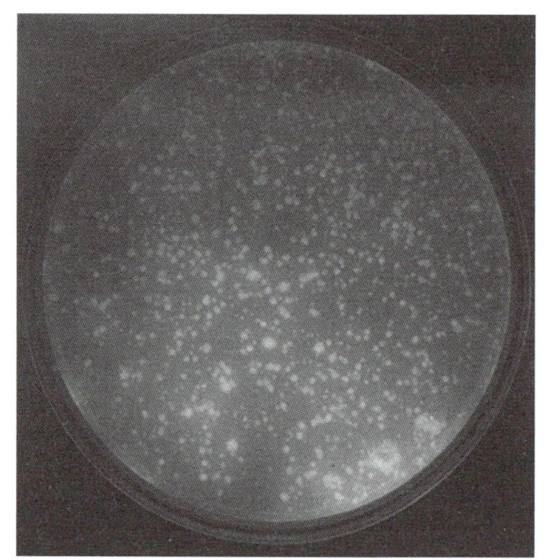

[그림 6-12] 형광성 *Pseudomonas*속

6.7.2 효소활성

토양미생물의 활성(activity)이란 미생물의 능동적인 기능으로, 활성이 있다는 것은 미생물이 환경을 극복하고 주어진 계(system)에서 뭔가의 역할을 수행하고 있다는 것이다. 활성이란 미생물의 대사활동에 필수적인 각종 효소의 작용이라고 할 수 있다.

미생물에 의하여 생성되는 효소는 크게 세포외효소(exocellular enzymes)와 세포내효소(endocellular enzymes)로 분류할 수 있으며, Catalase, Dehydrogenase, Cellulase, Lipase, Phosphatase, Protease, Urease 등이 있다.

토양종류별 주요 효소활성은 표 6-9와 같다. 토양효소도 토양미생물수와 마찬가지로 건전지와 염류집적지 간에는 Dehydrogenase와 Phosphatase가 유의적인 차이가 있음을 확인할 수 있다. 효소는 미생물의 대사작용을 위해 생성되는 것이므로, 효소활성은 미

[표 6-9] 토양종류별 주요 효소활성(배추재배)

토양	효소		
	Dehydrogenase	Phosphatase	Protease
	(μg TPF)	(μmol PNP)	(nmol Leucine)
척박지	11.5 b	1.2 c	6.5 b
건전지	26.2 a	2.1 a	12.8 a
염류집적지	17.7 b	1.9 b	10.7 a
LSD 5%	8.1	0.1	4.1

생물의 기능적 특성이라 할 수 있다.

6.7.3 미생물체량

토양미생물체량(soil microbial biomass)이란 생태계에 존재하는 모든 생물의 중량적 의미인 생물체량(biomass)을 미생물에 적용한 것이다. 시용자재별 미생물체량의 변화는 표 6-10처럼 퇴비시용구에서 가장 높고, 삼요소구는 무비구보다도 낮았다. 이것은 비록 비료시용에 의하여 작물의 생산량이 증가된다고 하더라도 토양 내의 미생물체량에는 별다른 영향을 주지 않는다는 것이다. 그러므로 적절한 유기물시용이 토양미생물의 활성을 높이는 데 있어 필수적임을 알 수 있다.

토양미생물체량은 앞에서 설명한 미생물수 및 활성값에 대한 보완적인 의미가 크다. 그 이유는 인공적인 방법으로 검출되지 않은 미생물들도 미생물체량에는 포함되기 때문이다. 또 다른 이유는 미생물체가 가지고 있는 양분보유기능, 즉 유기자원으로서의 기능이다. 물론 미생물이 토양 내에서 진행되는 원소순환에 직접적으로 관여하고 있지만 미생물 자체가 가지고 있는 양분보유기능도 매우 크기 때문이다. 이는 용탈 등 물리화학적으로 유실되는 토양 안에 들어 있는 유효영양원을 미생물이 흡수하여 새로운 유기자원으로 재순환시킨다는 것을 의미한다.

[표 6-10] 시용자재별 미생물체량(배추재배)

시용자재	미생물체량(μg g^{-1} 건토)	
	Biomass C	Biomass N
무 비	203 b	14.3 b
삼요소	191 b	12.9 b
퇴 비	362 a	43.8 a
LSD 5%	46	5.3

6.7.4 다양성지수

　토양에 서식하는 모든 미생물은 직간접적으로 상호 밀접한 관계를 가지고 있어 토양미생물성 조사에 이용된 미생물수, 미생물의 활성 및 미생물체량에 각종 미생물의 분포성을 나타내는 생태학 용어인 다양성(diversity)을 이용한 다양성지수(diversity index)라는 개념의 도입이 필요하다.

　다양성지수란 종다양성(species diversity)을 의미하며, 종다양성지수란 생태계를 구성하고 있는 개체수(number), 생체량(biomass) 및 생산성(productivity)과 종수(species number)의 비를 뜻한다. 여기서의 다양성지수는 극히 협의적인 의미로 어떤 개체군이 다른 개체군과 구별되는 정도의 뜻을 가지고 있다.

　다양성지수 계산의 일례로 다음의 Brillouin 방법이 있다. 이 방법에 의하여 계산된 다양성 지수는 0~1 사이의 값을 나타내며 1에 가까울수록 미생물분포가 다양하다는 것을 의미한다.

$$\frac{1}{N} \cdot \log \frac{N!}{N1! \cdot N2! \cdots Nn!}$$

N = 100 (%라는 의미) 또는 총균수
N1, N2, … Nn = 각 종류의 미생물이 점유하는 백분율(정수) 또는 균수

　시설재배지에서는 재배년수가 증가함에 따라 형광성 슈도모나스와 같이 염류에 감수성인 균은 감소되어야 하는데 표 6-11처럼 오히려 증가하다. 이는 장기간 재배할 수 있도록 토양이 지속적으로 관리되어 왔다는 것을 의미하지만, 토양미생물의 종류별 서식분포를 나타내는 다양성지수는 재배년수가 증가함에 따라 상대적으로 감소하였는데 이는 미생물종이 단순화되었다는 것을 의미한다(서장선 등, 1998). 이는 미생물의 대사활성이 건전토양에 비하여 상대적으로 낮다는 것을 의미하므로, 이러한 점만 개선한다면 보다 이상적인 토양관리가 될 수 있을 것이다. 이처럼 미생물균수에서는 알 수 없는 새로운 사실을 확인할 수 있기 때문에 보다 효율적인 토양관리가 될 수 있을 것이다.

　다양성지수는 지수화요인(factor)에 따라 다른 결과가 나올 수 있으므로 적용하고자 하

는 인자의 유연관계를 면밀히 검토하여야 한다. 즉, 검토대상이 되는 영역에 관련된 미생물의 속(genus) 또는 종(species)까지를 고려하여 접근할 필요가 있다.

[표 6-11] 재배년수별 미생물상 변화(세포형성수/g 건토)

구분	호기성세균	중온성 바실러스	형광성 슈도모나스	방선균	사상균	푸사리움속	다양성지수
	$(\times10^6)$	$(\times10^6)$	$(\times10^4)$	$(\times10^5)$	$(\times10^3)$	$(\times10^2)$	
11년 이상	94.1	35.1	126.7	57.1	157.9	14.6	0.26
7 ~10년	63.6	21.1	90.0	44.4	128.6	13.6	0.26
4 ~ 6년	76.8	22.7	91.5	60.7	142.5	12.1	0.27
1 ~ 3년	69.1	12.2	51.9	51.2	207.5	18.0	0.29

6.8 요약

토양미생물학이 다루는 주요 영역에는 유용미생물의 대사기작을 규명하거나 이용하는 것 외에, 토양의 질을 생물학적인 방법으로 평가하고 유지하는 종합적인 토양관리를 위하여 미생물이 가지고 있는 기능을 적극적으로 활용하는 분야도 포함되어 있다.

미생물은 환경에 적응하는 속도가 빨라 생태계에서 가장 먼저 생물적인 특성변화를 나타내므로, 물리화학성이 유사한 토양이라도 이들 미생물의 서식밀도가 달라진다. 그 이유는 토양이 가지고 있는 유입물질에 대한 부하량, 즉 생물학적 완충능력(Biological buffering capacity)이 다르기 때문이다. 이처럼 토양미생물은 고등동식물과는 달리 물질순환에 있어 핵심적인 역할을 하기 때문에 생태계의 가변적인 변동상을 평가하는 중요한 자료가 될 수 있다.

최근에는 환경오염원의 최종 집적지가 되고 있는 토양에 대한 생물학적 관리의 필요성이 크게 대두되고 있으며, 이에 따라 생물적 복원(Bioremediation)이라는 기법의 적용이 많은 분야에서 고려되고 있다.

생물적 복원에는 미생물학은 물론 생물공학 등 관련 분야들이 상호 밀접하게 결합되어야 한다. 이처럼 우리가 당면하고 있는 환경문제는 어떤 하나의 요인 규명과 방법만으로는 해결할 수 없다. 뿐만 아니라 이러한 문제점을 해결하려면 우선적으로 토양을 어떻게 하면 건전하게 유지하는가 하는 의문에 답할 수 있어야 한다. 이러한 모든 것은 토양이 가지고 있는 고유의 생물학적 용량(Biological capacity)에 의하여 좌우되므로 이에 대한 연구가 우선적으로 고려되어야 할 것이다(서장선, 1998).

참고문헌

서장선, 「바이오레디에이션」, 『농경과 원예』, 1997, 156-158면.

서장선, 「토양미생물」, 『한국토양비료학회』, 1998, 31(SI): 76-89면.

서장선·신제성, 「논토양 미생물의 다양성에 관한 연구」, 『토양비료학회지』, 1997, 30(2): 200-207면.

서장선·연병열, 「부숙퇴비시용내력 지표미생물로서의 고온성 Bacillus」, 『한국토양비료학회지』, 1998, 31(3): 285-290면.

서장선·정병간·권장식, 「우리나라 중부지방 시설재배지 토양미생물의 다양성에 관한 연구」, 『한국토양비료학회지』, 1998, 31(2): 197-203면.

Henry Lutz Ehrlich, *Geomicrobiology*, Marcel Dekker, Inc., 1990.

Pankhurst C., B. M Doube and V. V. S. R. Gupta, *Biological Indicators of Soil heath*, CAB International, 1997, pp.419-435.

Ag - Environmental Science

Ag-Environmental Science

Chapter **07**

농업환경관리

Chapter 07 농업환경관리

7.1 서론

농업환경의 유지와 보전은 현대농업이 안고 있는 중요한 과제이다. 특히 우리나라는 좁은 농경지에서 높은 소득을 얻기 위한 집약적 농업위주이므로, 외부에서 투입되는 요소가 많으며, 외부환경에 미치는 영향에 대한 고려가 어렵다. 오늘날 우리가 당면해 있는 환경문제는 제한된 토지에서 토지의 환경용량을 초과하는 경작활동에 의한 바 그 원인이 있다 (정영상 등, 1999). 환경의 수용능력을 초과하여 투입되는 물질의 일부는 축적되어 역기능으로 작용하게 되기 때문이다.

농업환경은 생태계에서 물질순환을 바탕으로 하여야 하며, 농업체계는 농업환경을 보전하면서 농업활동을 유지할 수 있는 방향으로 나아가야 한다. 이를 위하여 현대적 개념의 농업환경관리체계를 구축하여야 하고, 밀려오는 고도의 정보과학기술을 수용하여 농업체계의 효율성을 높여야 한다.

이 장에서는 우리나라 농업환경 여건의 변화를 살펴보고 환경농업을 위한 기술적 체계인 작물의 양분종합관리, 병해충의 종합관리, 토양보전을 위한 최적관리방안 등을 알아보며, 현대 정보과학기술을 농업기술에 접목시킬 수 있는 정밀농업체계를 살펴봄으로써 미래의 농업환경기술의 개발가능성에 대한 이해의 폭을 넓혀 보고자 한다.

7.2 농업환경 여건의 변화

　현재 우리의 농업환경은 내외로 큰 변화를 맞고 있다. 우선 내부적으로 우리나라의 농업환경은 경제발전과 더불어 많은 변화를 겪어 왔다(그림 7-1). 과거의 쌀과 보리 위주의 자가 식량생산 단계에서 이제는 고소득 시장현금 작물재배농업과 양축농업으로 분화하여 전업농화 되었다. 이에 따라서 산지농업도 1960년대 이전의 생계형 식량작물 재배형에서 점차 소득지향형 농업을 거쳐서, 지금은 상업형 전업농업을 지나 1990년대 후반부터 친환경농업으로 발전하였다. 한편 우리 농업환경은 외부적으로는 자유무역협정(FTA; Free Trade Agreement)이라는 커다란 변화에 직면하고 있다.

7.2.1 경지면적

　농업 여건의 변화 중에서 토지자원의 변화를 먼저 살펴보면, 논과 밭의 면적은 전국이 1980년에 비하여 크게 감소하였다. 그림 7-2에서 보는 바와 같이 논면적은 1990년 이후

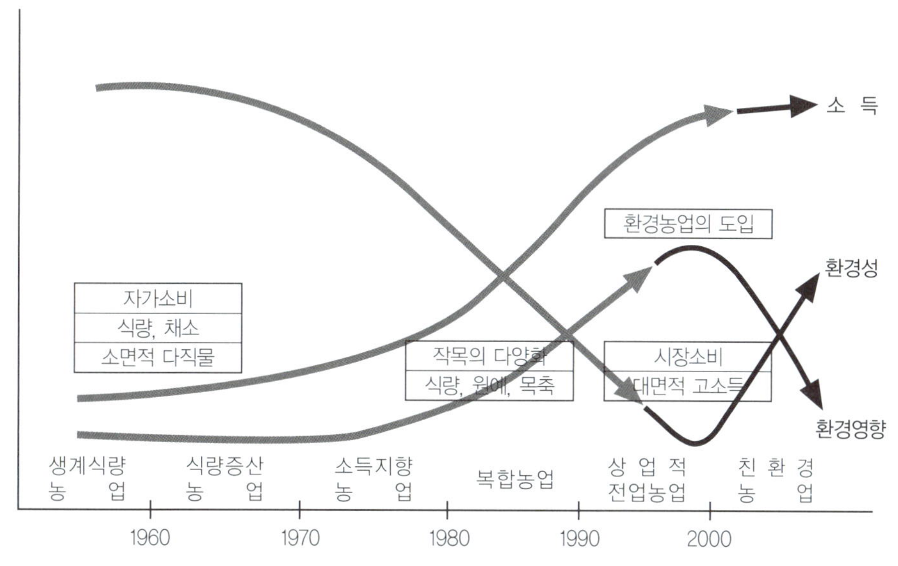

[그림 7-1] 농업환경의 변천

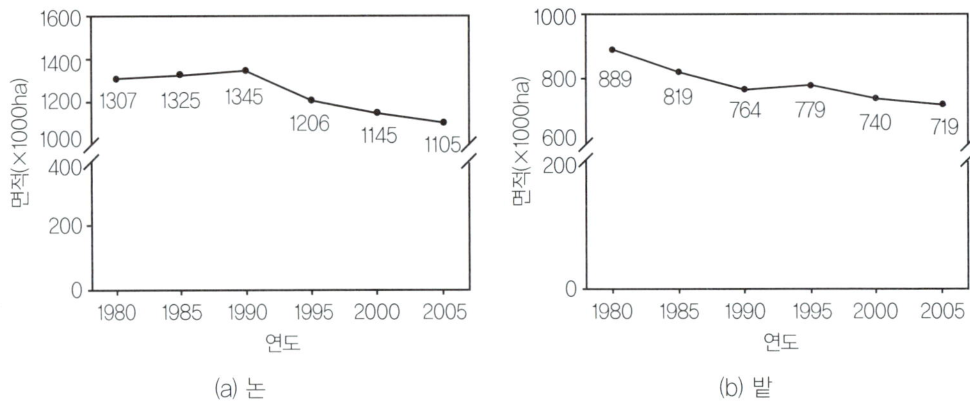

[그림 7-2] 연도별 논과 밭의 면적

지속적으로 감소하여 2005년에는 1990년에 비하여 240,000ha가 감소하였다. 밭면적도 1980년 이후 지속적으로 감소하여 2005년에는 1980년 대비 170,000ha가 감소하였다.

전국 밭면적의 현저한 감소에도 불구하고, 채소재배면적과 생산량은 현저히 증가하였다. 이는 과거의 식량생산을 위한 작물의 재배에서 고소득 채소작물의 재배로 이행되었음을 말해 주고 있다. 이러한 변화는 필연적으로 기술과 자재의 높은 투입을 요구하므로 환경에의 영향이 커지게 되었다. 그 결과로 환경농업기술체계의 도입이 이루어지게 되었다.

7.2.2. 화학비료와 부산물비료 사용량

우리나라는 단위면적당 비료, 농약 등의 농자재 투입량이 많은 나라에 속한다. 화학비료의 사용량은 비료가 사용된 1960년대부터 꾸준히 증가하다가 1990년대 초를 정점으로 감소되는 추세이다. 특히, 1997년도 이후부터 질소, 인산, 가리의 함유량이 낮은 저농도 비료와 주문비료(BB비료, bulk-blended fertilizer)의 공급으로 비료사용량을 줄이려는 노력이 시도되고 있으나, 대부분의 농가가 관행적인 비료사용을 계속하고 있으므로 단위면적당 비료사용량은 크게 줄어들지 않고 있다.

화학비료의 사용량은 비료의 종류에 따라 질소, 인산, 가리의 함량이 다르기 때문에 반드시 성분함량으로 표시하는 것이 원칙이다. 비료사용량이 가장 많았던 1990년도에는 ha

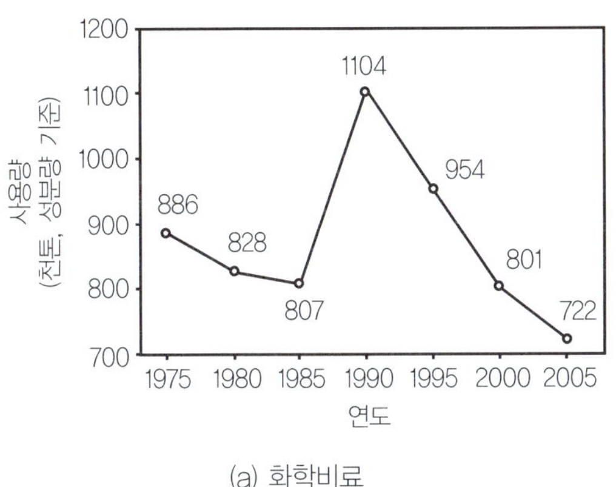

(a) 화학비료

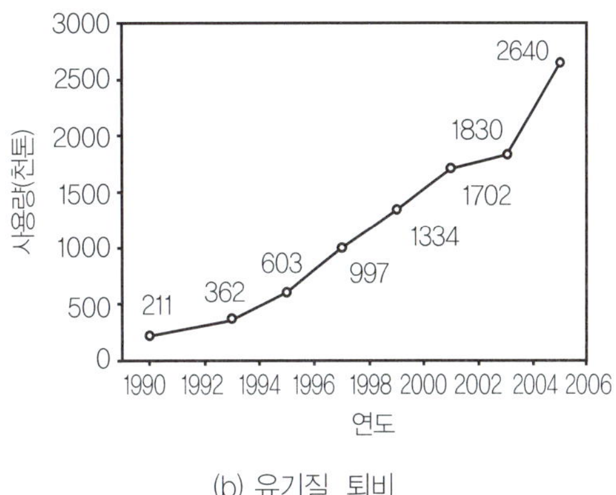

(b) 유기질, 퇴비

[그림 7-3] 화학비료와 유기질비료의 사용량

당 1,104 kg을 사용하였으며, 그 이후부터 점차 줄어들어 2000년도에는 842 kg으로 줄어들었다(그림 7-3).

부산물비료 퇴비의 사용량은 1990년도 이후의 통계만 잡혀 있는데, 거의 직선적으로 증가하고 있으며, 2000년도에는 ha당 1,334 kg을 사용하고 있다. 퇴비사용량은 화학비료와는 달리 수분을 함유한 상태에서의 무게기준으로 표시하고 있으며, 국내에서 사용되고 있는 퇴비가 20 kg 단위로 포장된 것을 감안하며 ha당 66.7포대를 사용하고 있다.

7.2.3. 농약사용량

농약사용량은 성분함량을 기준으로 표시하는 것이 원칙이다. 농약은 살균제, 살충제, 살비제, 살선충제, 살서제, 제초제, 보조제, 식물생장조절제 등이 있으며, 액체형태의 유제(乳劑, emulsifiable concentrate), 수용제(水溶劑, soluble powder), 수화제(水和劑, wettable powder), 유제(油劑, oil soluble), 고체형태의 분제(粉劑, dusts), 입제(粒劑, granule), 이 외에 훈증제(燻蒸劑, fumigant), 훈연제(燻煙劑, smoking agent) 등이 있다.

이들 농약들은 농약성분 외에 계면활성제, 용제, 고체 증량제 등이 함유되기 때문에 농약에 따라 성분함량이 3% 이하로 낮은 것에서부터 30% 이상의 고농도 농약이 있다. 따라서, 농약사용량은 화학비료와 마찬가지로 성분량으로 나타내는 것이 원칙이다.

[표 7-1] 농약사용량의 변화

구분		'75	'80	'85	'90	'93	'95	'97	'99	'01	'03	'05
사용총량(톤)		8,619	16,132	18,247	26,610	25,999	25,834	24,814	25,837	28,218	24,610	24,506
분류	수도용	2,808	6,430	8,069	8,316	6,000	4,867	6,526	7,255	6,558	4,529	5,110
	원예용 및 기타	5,723	10,489	10,939	18,294	19,108	21,714	18,762	18,718	21,232	18,558	18,859
단위면적당 사용량(kg/ha)		2.7	5.8	7.0	10.4	11.4	11.8	11.8	12.2	13.5	12.7	12.8

우리나라에서 농약사용량은 채소, 과수 등 병해충 방제에 많은 농약을 사용하는 소득 작물의 재배면적이 증가함에 따라 농약사용량도 많아지고 있으며, 기계화가 이루어지면서 제초제의 사용량이 증가되고 있다. 2001년도 기준으로 28,000톤에 가까운 양이 사용되고 있는데, 이는 1975년도에 비하여 약 3배 가량 증가된 양이다(표 7-1). 특히, 단위면적당 농약사용량도 매우 많아지고 있는데, 이는 1975년도에 비하여 무려 5배나 많아진 것이다. 그러나 2001년도 이후로는 농약사용량이 전체적으로 줄어들고 있는 것으로 나타났다.

이와 같은 농약사용량은 다른 여러 나라와 비교해 볼 때 높은 편에 속한다. 대만과 같이 농약을 많이 사용하는 국가와 비교하면 낮은 사용량을 보였지만 칠레의 2배, 프랑스와 일본

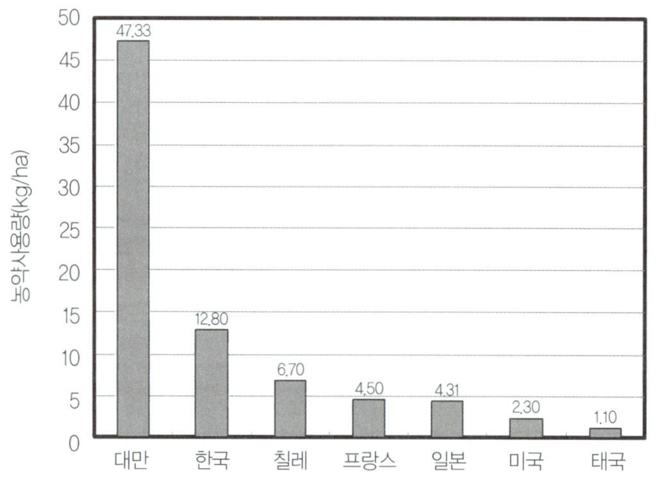

[그림 7-4] 다른 나라 농약사용량과의 비교

의 3배, 미국의 6배, 태국의 12배나 되는 농약을 사용하는 것으로 조사되었다(그림 7-4).

7.2.4. 농자재 과다사용에 의한 문제점

비료와 농약의 과다사용은 많은 문제점을 낳는다. 화학비료 중의 질소와 인산이 호수, 강 등으로 유입되었을 때에는 새로운 수질오염과 지하수로 용탈되는 경우에는 많은 문제점을 발생시킨다. 또한 필요량 이상으로 토양에 집적되었을 경우에는 토양 내에서 양분간의 불균형이 발생하며, 작물의 생육에 오히려 나쁜 영향을 미친다. 특히, 과다한 농약의 사용은 농약의 독성으로 인하여 사용자인 농민의 건강, 수질오염 등을 발생시킨다.

이와 같은 비료와 농약에 의한 문제점을 해결하기 위하여 도입된 시스템으로 작물양분종합관리(INM), 병해충종합관리(IPM)이 실용화되고 있으며, 이 두 시스템을 종합한 작물, 병해충종합관리시스템(IPNM)이 농업환경을 보호하고 환경오염을 줄이기 위한 방법으로 이용되고 있다.

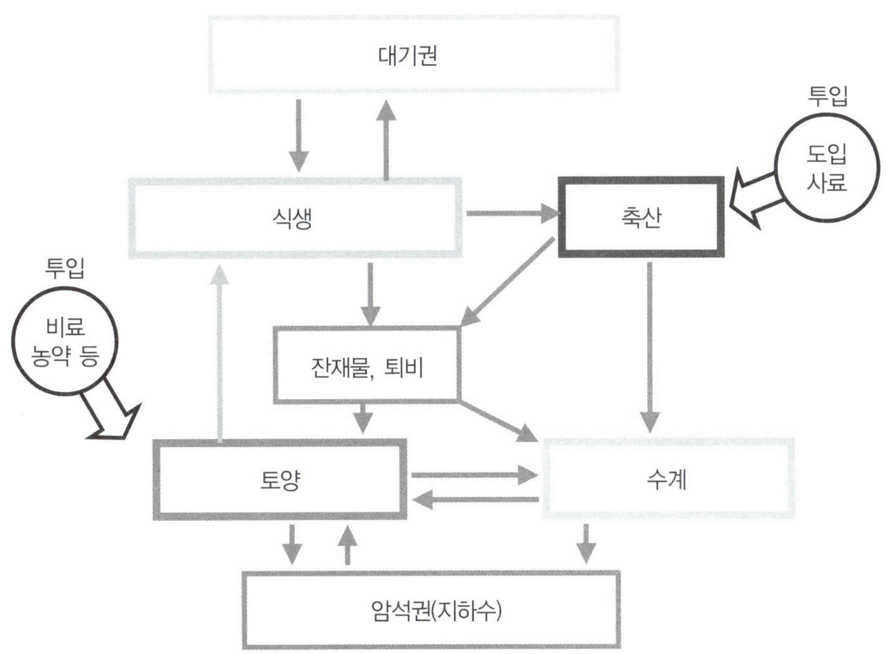

[그림 7-5] 농업생태계에서의 물과 물질의 순환

7.3 작물양분종합관리

7.3.1. INM의 의미

작물양분종합관리(Integrated Nutrient Management; INM)는 토양의 양분상태, 작물의 양분요구도, 환경에 미치는 비료의 영향 등을 종합적으로 고려하여 관리하는 시스템을 말한다(표 7-2). 이 시스템은 토양양분의 손실을 최소화하면서 작물이 필요로 하는 적정량의 비료를 공급함으로써 작물생육에는 지장이 없으면서 환경오염을 최소화시킬 수 있는 장점이 있다.

작물의 생산성을 높이기 위하여 사용하는 화학비료는 그림 7-5와 같은 생태계 내에서의 순환과정을 거친다. 작물의 생육을 돕기 위하여 사용하는 비료 모두가 작물에 이용되는 것은 아니다. 사용하는 비료의 일부는 작물이 이용하지만 많은 양의 비료가 토양에 잔류되어 집적되거나 빗물에 씻겨 지하수를 오염시킨다. 또한 표토에 남아 있는 비료성분은 유실되어 강 또는 호수를 오염시키는 원인으로 작용한다. 따라서 적정한 양의 비료를 줄 수 있도록 관리하는 것은 작물에 도움이 될 뿐만 아니라 환경오염을 감소시키는 장점이 있다.

작물양분을 종합관리하려면 비료성분과 토양과의 관계, 작물의 흡수와 관련된 지식을 필요로 한다. 작물의 흡수, 토양집적 또는 이동 등은 비료 자체의 특성과 토양과의 반응에 의하여 결정되는 것으로, 비료성분 중 일부만이 작물에 이용되고, 나머지는 토양에 잔류

[표 7-2] 작물양분종합관리의 필요성

구분	필요성
환경적 측면	• 균형시비는 식물체를 병해충에 강해지도록 하여 농약사용의 절감 유도 • 토양 및 수자원 보호
경제적 측면	• 시비효용의 극대화로 경제성 확보
생산자 측면	• 비료사용비 감소에 따른 생산비 절감 • 토양비옥도의 유지로 농업생산성 향상
소비자 측면	• 식품안전성 제고

하거나 지하수로 유실되어 환경오염을 유발시키게 된다. 참고로 질소의 경우는 10~50% 만 작물에 이용되는 것으로 알려지고 있다.

따라서 화학비료로 인한 환경오염을 줄이려면 토양의 양분상태와 작물의 양분요구도를 고려하여 적정하게 시비하는 것이 무엇보다 중요하다. INM은 화학비료의 적정 사용으로 경영비 절감과 환경보전을 동시에 도모할 수 있는 최선의 시비방법으로 알려져 있다.

7.3.2. INM의 기술체계

INM은 표 7-3과 같이 지역별 토양검정 결과를 토대로 토양의 양분상태 및 작물의 양분요구도를 조사하여 그에 가장 적합한 시비를 하고, 지역내 부존양분을 최대한 이용하여 화학비료의 사용을 줄이는 등의 방법으로 이루어진다.

FAO는 표 7-4에서와 같이 '식물양분종합체계(Integrated Plant Nutrition System;

[표 7-3] INM의 기술체계

단계	내용
제1단계	특정 지역의 양분소요량 정밀분석(토양비옥도 및 작물양분요구량 조사·분석)
제2단계	지역내 부존양분 총 활용(가축분뇨, 농산부산물, 음식쓰레기, 미생물제 등)
제3단계	부족양분 외부 구입
제4단계	토양 및 작물 양분요구도에 따른 적정 수준의 시비로 화학비료사용 최소화(안전농산물 생산, 환경부하 최소화)

구분	주요 내용
토양검정에 의한 적정 시비	– 토양검정에 의한 시비량 결정 – 축분 등 유기질 비료 사용에 다른 시비량 조절 – 단비 배합비료 및 입상 배합비료의 사용
환경보전형 비료의 확대	– 저인산 복합비료의 사용
완효성 복합비료의 시용	– 비료 지속기간 15일 → 100일 – 분시 4회 → 1회 사용 – 직파재배시 완효성 복비 전층시비
주문배합비료(BB)의 사용	– 작물별 단일 표준시비 → 토양검정 시비 – 비료 운반 및 시용과정 중 굳지 않음

[표 7-4] FAO의 IPNS 사업

구분	내용
과 제	− 적절하고 균형 있는 양분공급체계 및 시비기술 개발 • 수량 증대와 농업생산성 향상을 위한 양분 공급체계 • 양분의 누수 · 손실 방지와 환경부하 경감 − 토양비옥도와 연계한 농가단위의 양분관리 전략 개발
주요 사업내용	− 효율적인 양분관리방법 홍보 및 교육 − 곡류 · 콩과작물의 윤작체계와 쌀 작부체계 등에 대한 영양관리 − 아시아와 태평양연안 국가에서의 생물비료와 유기물 재순환 − 작물양분관리 연구를 위한 지원체계 수립

IPNS)’ 라는 사업명으로 균형 있는 양분공급체계 및 시비기술의 개발을 위한 연구를 진행하고 있으며, 이와 함께 토양비옥도 향상을 위한 농가단위의 양분관리전략을 적극 개발해 나가고 있다.

우리나라의 INM은 농촌진흥청과 전국 농업기술센터의 토양검정사업과 농협의 흙살리기 운동을 통하여 이루어져 왔다. 전국 시 · 군의 146개 농업기술센터는 정밀 토양검정실을 설치 · 운영하면서 산도(pH) · 유기물 · 질산태질소 · 암모니아태질소 등 16개 항목에 대하여 정밀검정을 실시하고 있으며, 이를 토대로 시비처방서를 발급하고 있다. 농림수산식품부는 앞으로 논 · 밭토양의 들녘별 특성을 전산입력하여 데이터베이스화하는 등 과학적인 토양관리 기반을 확충해 나갈 계획이다. 이를 위하여 논의 경우는 1998년 말까지, 밭의 경우는 2000~2004년까지 들녘별 토양특성을 데이터베이스화하고, 지역별 · 마을별 토양특성을 나타내는 지리정보시스템(Geographical Information System ; GIS)을 구축하였다.

7.4 병해충 및 잡초 종합관리

7.4.1. 병해충 종합관리의 의미

병해충 종합관리(Integrated Pest Management ; IPM)는 주어진 유해생물을 방제하기 위하여 여러 가지 가능한 수단들을 동시에 동원하여 적절히 통합하여 시행하는 병해충 방제 체계로서, 생태계의 기능을 최대로 살리면서, 환경에의 악영향을 줄이면서 병해충 방제의 목적을 달성하기 위한 방법이다. 농업에서 병과 병해충 피해의 제어를 위한 기술은 병의 감염을 관리가능한 범위 내로 유지하기 위하여 생태적으로 조화 있는 방향으로 모든 가능한 수단을 동원하는 것이다. IPM은 강력한 화학농약의 광범위한 사용에 의하여 야기된 심각한 생태적 문제 해결을 지향한다. IPM은 병해충의 제어방법으로 병해충 저항성 작물 품종의 육성, 병의 만연을 억제하는 경종방법의 개발, 천적 또는 병원균과 해충생물에 병을 일으키는 기생자의 방사 그리고 해충의 성호르몬, 즉 페로몬을 이용한 유인장치의 설치 등을 포함한 생물학적 수단을 동원하여, 강력한 화학농약의 사용을 최소화하는 것이다. 화학물질의 사용은 가능한 한 최후의 방제수단으로 이용하는 것이다.

IPM는 1962년 Rachel Carson이 『Silent Spring』이라는 저서를 통하여 무차별한 농약 사용이 인류와 환경에 얼마나 유해한가에 대하여 경종을 울린 후 미국 등 선진국을 중심으로 확산되기 시작하였다. 특히 1992년 리우환경개발회의에서 IPM의 중요성이 제기되면서 유엔식량농업기구(FAO) 등의 지원에 힘입어 개발도상국으로 확산되고 있는 추세이다. 우리나라도 다소 늦은 감은 있으나, 1999년부터 IPM의 시범마을을 운영하고 저투입 농업 실천농가에 대하여 직접지불을 실시하기로 하는 등 저투입농업을 적극 육성할 계획으로 있다.

IPM은 단지 환경보전의 기능만을 발휘하는 것은 아니다. 표 7-5에서와 같이 경제적 측면, 생산자 및 소비자 측면에서 그 필요성을 찾을 수 있다. 또한 IPM은 환경적인 면에서는 해충의 대발생 시기 등 필요할 때만 적정 수준의 농약을 사용하는 기술이기 때문에 농약사용을 크게 절감할 수 있다. 따라서 천적 및 기타 생물을 보호하여 생물종 다양성 유지에 기여할 수 있다.

[표 7-5] IPM의 필요성

구분	필요성
환경적 측면	• 생물종 다양성 유지에 기여(익충 및 여타생물 보호) • 토양 및 수자원 보호
경제적 측면	• 농약에 대한 해충의 저항성 감소로 새로운 농약개발 및 원재수입에 따른 비용 절감
생산자 측면	• 농민의 농약 노출에 대한 위험 감소 • 농약사용 감소에 따른 생산비절감
소비자 측면	• 농약의 식품잔류 감소로 소비자에게 양질의 농산물 제공

INM과 IPM을 혼합하면 적정량의 시비로 토양 및 수자원을 보호할 수 있는 것은 물론 농약사용도 절감할 수 있다. INM을 통한 균형 시비가 식물체를 병해충에 강하게 할 수 있기 때문이다.

경제적 측면에서도 IPM의 효용성은 크다. 예를 들어, 해충 방제를 위하여 농약을 과다 사용하면 해충은 시간이 지날수록 농약에 대한 저항성을 갖게 되어 농약의 방제효과가 떨어지게 된다. 따라서 새로운 농약개발이 요구되며, 이에 따라 막대한 비용이 소요되는 것이다. 실제로 농약에 대하여 해충이 저항성을 나타낸다는 연구 결과가 국내외에서 많이 발표되고 있다. 그러나 IPM을 통하여 농약사용을 줄이면 농약에 대한 해충의 저항성 발현 정도가 낮아지게 되어 새로운 농약개발에 따른 비용을 크게 절감할 수 있다. 이런 면에서 볼 때 IPM은 경제적으로도 큰 효용가치를 갖는 것이다.

IPM 체계에는 표 7-6에서와 같이 천적 또는 성페로몬, 미생물을 이용한 방제 등 환경오염 유발요인이 적은 여러 가지 방제방법이 사용되는데, 작물이나 해충의 특성에 따라 한 가지 또는 여러 가지의 방법이 사용된다. 그러나 환경친화적인 방법만을 이용할 경우 농업생산이 저하될 우려가 있어 농약이 최소한의 수준으로 사용되기도 한다. 다만, 농약 사용시에는 적정한 방제시기 및 사용량 등이 반드시 고려되어야 한다.

또한 관행화학방제에서 예방적 차원에서 살포하던 농약을 정확한 예찰 진단의 치료 예방으로 전환함으로써 방제횟수를 줄여, 농약의 사용을 줄일 수 있다.

우리나라에서의 IPM사업은 초기 단계이며, 친환경농업을 위한 생물학적 방제에 초점이 맞추어져 있다. 논에서 벼에 대한 IPM은 실천이 가능한 몇 가지 방제방법부터 단계적으로 실행해 나가도록 하고 있다(박종옥, 2000). 초기 방제대상 병해충은 상자처리법을, 본 논에서는 가급적 방제대상 병해충만 선택적으로 작용하여 천적과 유용곤충에 안전한 농

[표 7-6] IPM에 이용되는 방제법

구분	내용
생물적 방제	익충 및 거미 등 천적에 의한 방제
성페로몬 이용	해충의 암컷이 교미를 위해 발산하는 성페로몬을 인공적으로 합성, 방사하여 수컷을 유인·박멸하거나 수컷의 교미를 교란시켜 다음 세대의 해충밀도를 억제
수컷 불임화	해충의 수컷을 불임화시켜 포장에 방사, 이 수컷과 교미한 암컷이 무정란을 낳게 하여 다음 세대의 해충밀도를 억제
미생물 이용	미생물을 이용하여 해충을 방제하는 방법으로 해충에 독성물질을 내는 박테리아인 Bacillus Thuringiensis를 이용하는 것이 대표적인 예임(미생물농약의 일종인 BT제로 잘 알려져 있음)
재배적 방제	포장환경, 재배시기·방법, 수확방법, 수확후의 저장·가공과정을 해충에 불리하도록 조절
작물저항성 이용	해충에 대해 저항능력이 큰 품종을 육성, 재배
물리·기계적 방제	온도 및 습도 등을 조절하여 해충방제

[표 7-7] IPM 시범논 운영결과(전남 21개소 평균)

구분	관행논	IPM 실시 논	대비
비농약사용(회)	5.3	2.8	△2.5
생산량(kg/10a)	457.6	446.9	98%
조수입(천원/10a)	698.0	685.0	98%
경영비(천원/10a)	153.2	138.3	90%
소득(천원/10a)	544.8	546.7	100%

※자료: 농촌진흥청, 작물보호사업보고서, 1995.

약이나 침투성 농약을 투입하여 효율성을 높이는 것이다. 물론 여기에는 정확한 예찰에 의한 적기 방제가 전제되므로, 병해충 예찰정보의 활용은 IPM의 핵심요소기술 중 하나이다. IPM 시범논의 경우 소득에는 차이가 없고, 농약의 사용은 줄일 수 있다(표 7-7).

7.4.2. 잡초의 종합관리

농업이 시작된 이래 경작자들은 잡초로부터 작물을 보호하기 위하여 끊임없는 싸움을 계속하고 있다. 과학과 기술의 발달로 경작자들은 잡초와의 싸움에서 어느 정도 우위에

설 수 있게 되었으나 그 우위는 경작자들이 잡초방제를 위한 노력을 중지하는 그 순간부터 무너지고 말 것이다.

경작지에서 잡초는 작물의 생존에 필요한 광, 수분, 영양분을 놓고 끊임없이 경쟁하고, 또 작물을 가해하는 병해충의 서식지를 제공하며, 유익한 토양생물을 가해하는 화학물질을 방출하여 작물이 재배되는 환경을 직·간접적으로 위해하고 있다. 그러므로 잡초는 농업환경을 위해하는 식물이라고 할 수 있다.

(1) 잡초의 영향

1) 잡초가 농업환경에 미치는 영향

잡초는 농경지에서 발생하여 농업환경에 큰 영향을 주는데 그 영향은 어떠한 관점에서 보느냐에 따라 달라진다. 경작자의 관점에서 보면 잡초발생으로 인한 경제적인 피해 등의 악영향이 발생하게 된다. 환경생태계의 일원인 잡초가 농경지에 발생하면 우선 작물과 잡초 간에 경합과 상호 대립억제작용이 일어나게 된다. 농경지에서 작물수확량에는 큰 영향이 없을 정도로 잡초밀도가 낮다면 작물의 수확량에는 큰 영향이 없어 경제적인 피해는 나타나지 않겠지만, 잡초의 생물학적 특성상 농경지에 많은 종자가 확산되고, 시간경과에 따라 그 피해를 줄 수 있는 잠재적인 농업환경 위해원 또는 오염원으로서 작용하게 된다. 농경지에서 작물수확량이 영향을 받을 정도로 잡초의 발생이 심하다면 작물수확량의 감소, 방제비의 소요로 인한 경제적인 피해가 발생하게 될 것이다. 농경지에서 잡초발생으로 인한 피해는 다음과 같다.

첫째, 작물수확량을 감소시킨다.

식물이 생장하기 위해서는 광, 수분, 양분을 필요로 하는데, 광과 물을 이용하여 탄소동화작용을 하고 탄소원을 생산하며, 다양한 다량 및 미량 원소를 이용하여 질소원 및 기타 생장에 필요한 것들을 생합성하게 된다.

작물과 잡초가 동일 환경 내에서 자랄 경우, 생육에 필요한 광, 수분, 양분을 두고 치열한 경합을 벌이게 되는데, 더 많은 광, 수분, 양분을 확보하는 식물은 높은 수확량을 보이는 반면, 그렇지 못한 식물은 낮은 수확량을 보인다. 일반적으로 잡초의 수에 비례하여 작물의 수량은 감소하게 되는데, 잡초로 인한 작물수확량의 감소는 작물품종, 발생잡초의 종류와 수, 그리고 발생시기에 따라 영향을 받게 된다(표 7-8). 표 7-9에서 알 수 있듯이 농경지에 발생하는 잡초를 제거하지 않을 경우에 기계이앙벼는 30.5%, 콩은 50.2%, 양파는 40.6% 수량이 감소한다.

새삼과 기생초(witchweed, *Striga asiatica*)와 같은 기생잡초들은 작물에 부착하여 작물로부터 영양분을 직접 흡수하기 때문에 수수와 같은 곡물류에는 낟알이 전혀 형성되지 못하도록 한다.

둘째, 작물의 질에 악영향을 미친다.

작물에 잡초가 섞여 있는 경우 생산자의 입장에서 큰 경제적인 피해를 입게 된다. 보리나 밀과 같은 곡물수확 시에 이들 종자와 크기와 형태가 비슷한 메귀리(wild oats, *Avena fatua*)가 혼입될 경우 수매시 좋은 등급을 받을 수 없게 된다. 이럴 경우 메귀리 종자를 선별하여야 하는데 여기에는 막대한 비용이 소요되므로 곡물수확 전 반드시 잡초를 방제할 수 있는 노력을 기울여야 한다. 그리고 논에서 발생되는 자귀풀(*Aeschynomene indica*)은 수확시 나락과 같이 혼입·도정되어 조리과정에서도 같이 출현되어 고품질 쌀생산에 차질을 주고 있다.

[표 7-8] 잡초에 의한 수확량 감소

작물	수확량 감소율(%)	국가명
카사바	92	베네수엘라
목화	90	수단
땅콩	60~90	수단
양파	99	영국
벼	30~73	콜롬비아
수수	50~70	탄자니아/나이지리아
사탕무	78~93	텍사스(미국)
고구마	78	서인도
얌	72	나이지리아

[표 7-9] 농경지에 발생하는 잡초에 의한 수확량 감소

구분	기계이앙벼	콩	옥수수	감자	고추	양파
감소율(%)	30.5	50.2	32.0	30.0	17.2	40.6

※자료: 농촌진흥청, 2003.

셋째, 작물수확을 방해한다.

몇몇 잡초들은 농기계작업을 방해하여 작업비용을 증가시킬 뿐만 아니라 때로는 농작업 자체를 불가능하게 한다. 포복형 줄기를 갖는 사마귀풀(*Aneilema keisak*)이나 마디풀(*Polygonum aviculare*)과 직립형 줄기를 갖는 자귀풀(*Aeschynomene indica*)이나 명아주(*Chenopodium album*)는 기계수확시 수확기에 빨려 들어가 기계에 손상을 입히거나, 작업을 불가능하게 한다.

넷째, 병해충의 매개가 된다.

환경생태계의 일원인 잡초는 동물, 곤충의 먹이가 될 뿐만 아니라, 각종 병해충의 기주식물 또는 매개체가 되기도 한다. 특히 농업에 있어서 큰 피해를 주는 병원균인 곰팡이, 세균, 바이러스의 경우에는 몇몇 선택적인 경우를 제외하고는 비선택적으로 농업환경을 악화시킨다. 한 예로 경작지에서 흔히 볼 수 있는 속속이풀(*Rorippa islandica*)과 냉이(*Capsella bursa-pastoris*)는 순무 모자이크 바이러스(*turnip mosaic virus*)의 기주로 작용하여 경제적인 피해를 준다(최준근 등, 1994, 1998). 일년생잡초와는 달리 월동을 하는 냉이는 농경지 주변에서 발생하는 병해충의 좋은 기주가 되고, 이듬해 봄 경작지 작물에 큰 피해를 주는 것으로 알려져 있다.

다섯째, 가축생산에 악영향을 미친다.

인간과 가축에 치명적인 독소를 함유하고 있는 잡초들은 섭식시 치명적인 결과를 나타낸다. 고독성인 잡초들은 castorbean, water-hemlock, cocklebur, redroot pigweed, jimson weed, johnson weed를 들 수 있다. 이들의 독소와 인축에 미치는 영향은 표 7-10에 나와 있다.

고독성원을 함유하고 있지는 않지만, 앞서 언급한 바와 같이 외래잡초인 애기수영 역시 가축생산에 영향을 미친다. 애기수영 체내에는 다량의 옥살산(oxalic acid)이 함유되어 있는데, 가축이 섭식할 경우 옥살산-칼슘 킬레이트를 형성하거나 혹은 칼슘부족을 유발하여 가축을 치사시키는 것으로 알려져 있다.

2) 제초제 저항성 잡초가 농업환경에 미치는 영향

제초제 저항성 잡초란 잡초를 방제하기 위해 제초제를 잡초군락 내에 정상적으로 살포하였으나 그동안 방제가 잘 되었던 잡초가 방제가 되지 않고 생존하여 종자를 맺음으로써

[표 7-10] 인축에 악영향을 미치는 잡초와 독소원

잡초	독소원	인축에 대한 영향
Castorbean(Ricinus communis), 피마자	ricin	위염, 설사, 복통, 발작, 치사
Water-hemlock(Cicuta maculata), 독미나리	cicutoxin	호흡곤란, 근육통증, 급사
Cocklebur(Xanthium strumarium), 도꼬마리류	A glycoside, carboxyatractyloside	호흡곤란, 위경련, 행동 이상, 심장박동 이상, 치사
Redroot pigweed(Amaranthus retroflexus), 털비름	nephrotoxin	호흡곤란, 전율, 무기력증, 낙태, 혼수, 치사
Johnson grass(Sorghum halepense), 시리아수수새	cyanide	호흡곤란, 예민신경증, 혼수, 급사
Jimson weed(Datura stramonium), 독말풀	atropine, hyoscyamine, hyoscine (scopolamine)을 포함하는 alkaloid	동공 확대, 의식 불명, 발작, 혼수, 낙태

후대까지도 계속 이러한 능력이 유전되는 것을 말한다(박태선 등, 2006). 우리나라에서 제초제 저항성 잡초는 논에서는 설포닐우레아계(SU계) 제초제에 대해서만 그리고 과원에서는 그라목손(파라코액제)에 대해 망초가 저항성을 보이는 것으로 보고되고 있다(변종영 등, 2001).

논 다년생잡초를 방제하기 위해 SU계 제초제인 벤설푸론-메칠(bensulfuron-methyl)이 1980년대 초반부터 사용되기 시작한 이후, 1999년 충남 서산 간척지답에서 우점하고 있는 물옥잠이 SU계 제초제 저항성으로 확인된 후 일년생 6초종(물옥잠, 물달개비, 미국외풀, 마디꽃, 여뀌바늘, 알방동사니), 다년생 2초종(올챙이고랭이, 올미) 총 8초종이 발생하는 것으로 알려져 있으며 발생면적이 크게 늘어나고 있는 추세이다(박태선 등, 1999; 박태선 등, 2001; 박태선 등, 2005; 임일빈 등, 2003).

논에서 SU계 제초제 저항성 잡초가 발생하게 되면 다량의 종자들이 토양에 존재하여 연차적으로 불균칙하게 발생함에 따라 단기적으로 방제하는 데에는 많은 어려움이 있다. 또한 경엽처리의 경우는 물관리의 어려움과 벼의 캐노피(canopy) 형성에 의한 약제의 접촉량 부족으로 저항성 잡초가 재생할 뿐만 아니라 약해에 의한 수량감소도 예상할 수 있다.

3) 잡초가 비농업환경에 미치는 영향

잡초는 앞서 설명한 바와 같이, 항상 농업환경에 악영향을 끼는 것은 아니다. 잡초는 환경생태계를 구성하면서 생태계의 구성원들과 함께 조화를 이루며 살며 유용함을 주기도 한다. 잡초가 주는 유용함은 다음과 같다.

첫째, 잡초는 토양침식을 방지한다.

현재 국내에서 관행적으로 행해지고 있는 경운(conventional tillage)의 경우 작물재배를 위해 연간 3~4회에 걸친 경운이 필요하다. 경운작업은 파종, 잡초 방제, 비료나 유기물 투여, 곤충 및 병해충 방제, 제초제의 투여에 있어서 반드시 필요하지만 지속적인 경운을 실시할 경우 토양의 물리적 성질이 악화되고, 바람, 눈, 비에 의해 토양은 쉽게 침식된다.

작물 주변에 발생하여 경작지를 피복하고 있는 잡초는 비록 작물생장에 어느 정도 영향을 주기는 하겠지만 토양침식을 방지할 수 있다. 그 대표적인 예로는 경사지가 대부분인 강원도 고랭지대에 서식하고 있는 쇠별꽃을 들 수 있다(그림 7-6). 쇠별꽃은 지표면을 기면서 자라기 때문에 배추, 무, 당근, 감자와 같은 고랭지작물의 재배에 큰 문제를 일으키지 않으며, 또 군락을 지어 자라기 때문에 지표면을 덮는 효과를 나타내어, 침식으로 인한 피해를 어느 정도 최소화할 수 있다.

둘째, 잡초는 pioneering aspect를 가진다.

생태계 초기에 새로운 초생식물이 도입되고, 이 초생식물들이 어느 정도 생장하면, 목본식물들이 뒤이어 자라게 되어 생태계를 형성한다. 생태계 초기에 도입된 초생식물 중에는 농업환경에 막대한 피해를 주는데, 이들 대부분이 잡초이다. 새롭게 도입되는 초종 중 일부는 환경생태계에 잘 적응하여 우점하는 종대체현상을 보인다.

셋째, 잡초는 야생동물에

[그림 7-6] 경사지 경작지의 쇠별꽃 군락. 작물의 수확량에는 크게 영향을 주지 않는 잡초가 경사지 경작지의 헛골 사이에 서식할 경우 토양침식을 방지한다.

먹이와 서식지를 제공한다.

육상의 잡초는 야생동물과 조류의 먹이와 서식지로, 그리고 수생잡초는 어류의 먹이를 제공한다.

넷째, 잡초는 천연화합물 또는 유전자은행의 보고이다.

식물들은 종마다 고유한 유전자가 존재하며, 이로부터 기인하는 다양한 화합물들을 생산하기도 한다. 식물들이 생산해내는 화합물이 때로는 유용한 목적에 이용될 수 있다. 예를 들면 Artemisia 속의 방향성 식물들은 1,4-cineole과 같은 모노테르펜(monoterpene)을 생산하는데, 이들 중 상당수는 상호대립억제작용이 뛰어난 것으로 알려져 있다. 특히 1,4-cineole은 살초활성이 뛰어나 제초제인 cinmethylin[1-methyl-4-(1-methylehtyl)-7-oxabicyclo[2,2,1]heptane]의 개발에 활용되었다(그림 7-7).

수수(*Sorghum bicolar*) 뿌리에서 유출되는 천연물질인 솔골레온(sorgoleone)은 기생초(witchweed, *Striga asiatica*) 종자의 발아를 촉진하는 화합물이지만, 많은 식물에 대하여 살초활성을 나타내기도 한다(Nimbal 등, 1996). 또 다른 예로는 애기수영을 들 수 있다. 이 잡초는 한방에서는 뿌리를 소산모(小酸模)라고 하며, 청열양혈(淸熱涼血) 작용과 항암, 폐결핵, 객혈 등에 사용하고 있으며, 그 약리작용은 캐나다 인디언들에게도 오래 전부터 알려져 있었으며, 현재는 암치료 대체약품인 에시악(ESSIAC®)에 사용되고 있다(Chan 등, 1998). 이 외에도 한방에서는 오래 전부터 다양한 잡초들을 재료로 사용하여 왔다.

다섯째, 잡초는 인간에게 영양학적인 면을 제공한다.

역사적으로 흉년이나 재난시에 많은 잡초들을 구황식물로 이용한 기록이 있다. 예를 들

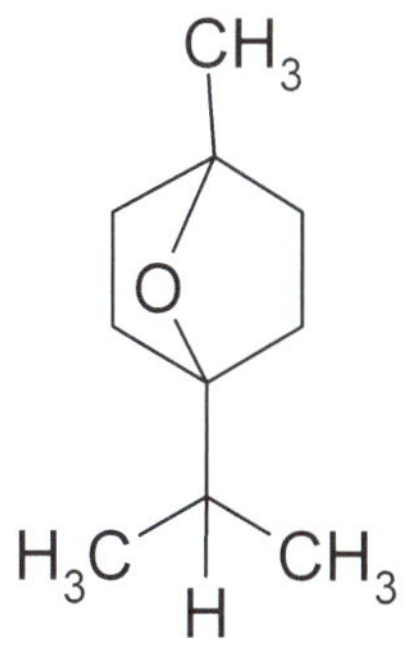

(a) 1,4-cineole 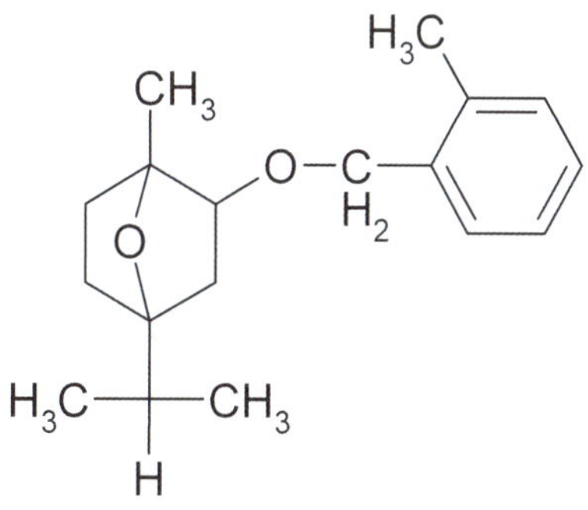　　　　　(b) cinmethylin

[그림 7-7] Monoterpene 1,4-cineole(왼쪽)과 이의 구조유사화합물인 cinmethylin(오른쪽).

면 이른 봄에 발생하여 토양수분을 고갈시키는 잡초인 말냉이(*Thlaspi arvense*)는 봄에 어린잎을 나물로 먹을 수 있으며, 논에서 발생하여 문제가 되고 있는 올방개(*Eleocharis kuroguwai*)는 가을에 괴경을 삶아 먹을 수 있다. 올방개는 향기가 있으며, 달고, 담백한 풍미가 있어, 괴경으로 전분을 만들어 먹으면 위장을 튼튼하게 할 수 있다.

여섯째, 잡초는 오염된 환경을 복원시키는 면도 있다.

오염된 환경의 복원은 다양한 방법이 이용될 수 있으나, 최근 식물을 이용하는 복원방법(phytoremedation)이 각광을 받고 있다. 카드뮴, 니켈, 페놀로 오염된 관개용수(소규호와 김복영, 1992) 혹은 축산폐수(김복영 등, 1988)로부터 중금속을 제거하는 데 열대우림이 원산지인 부레옥잠(*Eichhornia crassipes* Sloms-Laub)이 효과가 있는 것으로 알려져 있다.

(2) 잡초방제법

잡초발생으로 농업환경이 영향을 받는 것에 대해서는 앞 장에서 설명하였다. 작물경작을 통한 경제적인 수익이 최대 목표인 현대농업에서 농업환경은 단일 혹은 복합작물 환경계를 유지하는 것이 최선이 될 것이다. 이를 위해서 잡초의 발생을 방지 혹은 억제하는 방법이 사용되고 있으며, 과학기술의 발달과 함께 새로운 다양한 잡초방제기술들이 도입되었다(Ross와 Lembi, 1985).

1) 예방적 방제법

발생잡초는 번식체인 종자나 영양체를 형성하므로 이들의 생성을 미연에 방지하고, 이들 번식체가 다른 지역으로 전파되지 못하도록 예방하는 방법은 잡초문제로 인한 피해를 최소화하는 데 가장 이상적이라 할 수 있다. 이를 위하여 종자 정선, 농기구 청결, 수로관리, 토양관리, 퇴구비 및 사료 관리를 통해 잡초번식체의 유출입을 철저히 관리해야 하며, 농산물 수출입시 철저한 검역을 통해 토종잡초의 유출뿐만 아니라 외래잡초의 유입을 막아야 한다.

객토가 빈번하게 이루어지고 있고, 유기질비료가 상당히 사용되고 있는 곳에서는 예방적 방제법의 중요성이 부각되고 있다. 전혀 발견되지 않던 잡초가 객토용 토양과 유기질 비료에 혼입되어 농업환경을 파괴하는 예를 경사지 농경지대가 많이 발달되어 있는 강원도 고랭지대 경작지에서 찾아볼 수 있다. 이 지역의 우점잡초는 일반 농경지의 우점잡초와는 매우 다르며, 또 소리쟁이와 같은 외래잡초도 많이 발견되고 있다. 이러한 잡초들은 정확한 이동경로는 파악되고 있지 않지만, 다른 지역에서 유입된 객토용 토양 또는 유기질비료에 혼입된 것으로 추정된다.

2) 경종적 방제법

작물과 잡초의 생리·생태적 차이에 근거를 두고, 잡초에는 경합력이 저하되도록 유도하는 반면, 작물에는 경합력이 높아지도록 재배관리를 하는 방법으로 생태적 방제법 또는 경종적 방제법이라고도 한다.

경종적 방제법은 크게 작물-잡초간 경합특성을 이용하는 경합특성이용법과 경작지 환경을 작물생장에 유리하도록 바꾸는 환경제어법으로 나뉜다.

① 경합특성이용법

경합특성이용법은 작부체계, 육묘이식재배, 적정재식밀도, 적절한 작목 및 품종 선정, 피복작물이용, 병해충 및 잡초 방제를 통하여 작물생육에 유리한 환경을 조성하는 것이다.

• 작부체계

동일한 작물을 연작시, 토양의 생산성이 감소하고, 이 결과로 인해 수확량이 감소되며, 또한 특정한 제초제를 연용함으로써 제초제저항성 잡초가 발생한다. 제초제저항성 잡초란 특정한 제초제의 연용시 그 제초제에 내성이나 저항성을 갖는 잡초를 말하는데, 이 중에는 기존에 사용중인 상이한 제초제에 대해서도 다중저항성을 갖는 것들도 있어서 현대농업이 해결해야 할 또다른 문제점으로 부각되고 있다. 제초제저항성 잡초로 인한 문제를 해결하기 위해서는 윤작과 제초제 돌려쓰기가 최선의 방법이라 할 수 있다.

표 7-11은 연작이 잡초의 발생량에 미치는 효과를 보여주고 있는데, 밭벼의 경우 연작 2년에는 1년과 비교했을 때, 바랭이는 약 5배, 여뀌는 50배, 쇠비름은 8배 더 발생한 것을 알 수 있다. 연작을 통하여 다발생한 잡초는 작물과의 경합을 통하여 작물수확량을 크게 감소시키므로 작물수확량을 증대시키기려면 효과적인 작부체계의 운용이 요구된다.

[표 7-11] 동일작물 연속재배시 잡초발생량의 변화

기간	작물	발생수(개/m²)		
		바랭이	여뀌	쇠비름
1년	밭벼	20	0	12
	땅콩	25	2	7
	콩	24	2	5
	옥수수	23	1	10
2년	밭벼	117	50	95
	땅콩	290	16	66
	콩	79	5	10
	옥수수	53	4	20

• 이식재배

이앙묘를 본포에 이식하면 잡초보다 쉽게 초관이 형성되어 공간점유율이 높아져 작물의 생육에 유리하다.

• 피복재식밀도

작물의 재식밀도를 높여 초관을 촉진시킬 수 있지만 작물의 재식밀도가 일정 수준보다 높은 경우에는 작물간 경쟁이 촉발된다. 표 7-12는 벼의 재식밀도에 따른 너도방동사니의 발생을 보여주고 있는데, 벼의 재식밀도가 증가하면 할수록 너도방동사니의 발생은 감소하는 것을 알 수 있다. 이와 같은 결과는 벼와 너도방동사니와의 종간경쟁에서 재식밀도가 높은 벼가 우위에 있기에 가능한 것이다.

• 품종선발

작물품종 중 분지성, 엽면적, 출엽속도, 초장이 잡초에 비해 경합력이 탁월한 것을 선별 또는 개발한다. 최근에는 상호대립억제능력을 갖는 벼품종 선발을 통해 잡초의 발아, 생장을 억제하려는 시도가 이루어지고 있다. 이와 같은 경우 상호대립억제능을 갖는 벼품종 체내에서 생산된 페놀화합물, 알칼로이드, 터페노이드와 같은 2차 대사산물이 빗물, 휘발과 같은 경로를 통해 농업환경으로 유출되어 잡초의 발아와 생장을 억제하는 것으로 알려져 있다(신동현 등, 2001).

[표 7-12] 작부체계를 이용한 잡초방제법

벼 재식밀도(주/m²)	너도방동사니(개/m²)
13.9	207
18.5	168
22.2	88
27.8	78

② 환경제어법

환경제어법은 시비, 관배수조절, 제한경운을 이용하여 잡초보다는 작물의 생육에 유리한 환경을 조성하는 것이다. 환경제어법은 농업환경을 잘 이해하고 적절하게 조절할 때 가능하므로 친환경적인 잡초방제법이라고 할 수 있다.

• 시비

전면시비는 작물뿐만 아니라 잡초도 동일하게 비료를 이용할 수 있다. 이럴 경우 작물 생육공간 이외의 공간에서 자라는 잡초의 생육은 비료시비로 인해 더욱 촉진되고, 이를 방제하고자 농업환경은 더욱 악화되기 쉽다. 작물이 생육하는 공간에만 시비하는 방법으로의 시비방법 개선을 통해 작물생육은 촉진시키면서 비료투여량을 감소시킬 수 있는데, 비료투여량 감소는 결국 환경오염 경감으로 이어질 수 있다.

• 관배수조절

벼재배시 수심을 이용하여 습생잡초(피, 방동사니)의 발생을 억제할 수 있다. 벼는 습생식물로 특성상 산화상태에서 뿌리발달이 유리하며, 얕은 물관리가 요구된다. 그러나 벼는 심수로 인한 환원상태에 놓일 경우 통기조직이 발달하여 지상부로부터 뿌리로 산소를 공급하는 특징을 갖는다. 얕은 물관리시 논에 많은 잡초가 발생하게 되며, 이를 방제할 수 있는 방안은 제초제 사용이 최선을 방법이라고 할 수 있다.

습생잡초인 피와 방동사니는 발아와 생장초기에 호흡을 위해 많은 산소를 요구하는데, 관배수조절을 통해 심수상태에서 재배시 쉽게 방제를 할 수 있다. 따라서 이앙 후에는 수심을 3cm에서 시작하고, 피발아가 확인되면 10cm 이상으로 수위를 조절하여 완전 수목시키면 습생잡초를 방제할 수 있다.

관배수조절법은 물의 수위를 조절하여 잡초발생을 억제하는 친환경적인 방안이라고 할 수 있지만, 논 이외는 적용이 불가능하다는 단점이 있다.

③ 제한경운법

재래식 경운법(conventional tillage)이 실시되는 경작지에서는 관개준비, 잡초제거, 비료나 유기물투여, 농업해충 및 병원균 방제 및 농약투여를 목적으로 연간 2~3회씩 경운이 실시된다. 재래식 경운을 실시할 경우 토양물리성 악화, 수분증발의 증가로 인한 물부족문제의 심화, 토양침식의 가속화 이외에도, 심토에 존재하던 잡초종자가 표토로 이동되므로 1년생잡초의 발생이 증가하게 된다. 지하경 또는 뿌리로 번식하는 다년생 잡초들은 경운으로 지하경과 뿌리가 지속적으로 잘려나가 오히려 발생이 감소하는 효과를 얻을 수 있다.

재래식 경운법의 단점을 보완한 것이 제한경운법(최소경운법(minimum tillage)과 무경운법(no tillage))이다. 제한경운법 하에서는 경운이 연간 1~2회(최소경운법) 혹은 0회(무경운법) 실시되기 때문에 재래식 경운법이 갖는 문제점-토양물리성 악화, 물부족 심화, 토양침식 가속화 등-이 경감된다. 그러나 제한된 경운이 이루어지므로 지하경 혹은 뿌리로 번식하는 다년생잡초들은 방제가 쉽지 않게 된다(표 7-13).

[표 7-13] 재래식 경운법과 제한경운법의 비교

	재래식 경운법	제한경운법
장점 및 단점	2-3회 토양수분 손실이 심함 토양물리력 악화로 침식이 심함 토양압착으로 물리적 성질 악화	1-2회(최소경운법); 0회(무경운법) 토양수분 손실방지 토양침식 방지 토양압착 방지
잡초 변화	• 1년생잡초 경운으로 심토의 잡초종자가 표토로 유입 → 지속적으로 문제가 됨 • 다년생잡초 경운으로 영양기관인 지하경, 뿌리가 지속적으로 잘려나가 영양체 손실 → 발생이 억제됨	• 1년생잡초 최소의 경운으로 심토의 잡초종자가 표토로의 유입은 억제됨 → 문제가 감소됨 • 다년생잡초 최소의 경운으로 영양기관인 지하경과 뿌리에 타격이 없음 → 발생이 지속적으로 증가함.

3) 물리적 방제법

생육중인 잡초나 휴면중인 잡초종자 및 영양번식체에 물리적인 힘을 가하여 잡초의 발생을 억제하거나 사멸시키는 방법으로 매우 다양한 방법이 사용되고 있다. 그러나 몇몇 물리적 잡초방제법은 농업환경을 크게 악화시키는 것도 있으므로, 환경친화도가 매우 중요하게 부각되는 현대농업에 있어서는 적당하지 않은 면도 있다.

① 손제초

손으로 잡초를 제거하는 방법으로 소규모 농업에서는 가장 현실적이다. 초장이 크고, 뿌리가 깊지 않은 1년생잡초와 2년생잡초는 쉽게 방제를 할 수 있는 반면, 지표면에 붙어 생장하는 쇠별꽃, 달맞이꽃 등과 같은 잡초와 심근성의 다년생잡초의 경우 방제가 불가능하다.

[그림 7–8] 손제초를 이용한 잡초방제. 시간이 많이 소요되는 반면 확실하게 잡초를 방제할 수 있다는 장점이 있으며, 소규모 농업에 있어서 매우 효율적이다.

② 예취

호미나 괭이를 이용하여 잡초의 생장과 결실을 미연에 방제할 수 있는 방법으로, 소규모 농업에서는 현실적이다. 1년생잡초와 2년생잡초는 쉽게 방제할 수 있는 반면, 다년생잡초는 방제가 어렵다. 예취의 가장 큰 문제점으로는 비용이 많이 소요된다는 점이다.

[그림 7–9] 낫을 이용한 잡초방제. 잡초의 지상부는 확실하게 방제가 가능한 반면, 지하부는 방제가 불가능하다.

③ 피복

짚, 톱밥, 왕겨, 폴리에틸렌 필름과 같은 피복제를 사용하여 식물이 발아하고, 생육하는데 필요한 빛과 산소공급을 막는 방안으로(Stapleton, 2000), 주야간의 온도차가 줄어들기 때문에 잡초종자의 발아수는 격감한다. 이 방법

[그림 7-10] PVC 재질을 이용한 필름으로 피복한 후 정식하는 장면. 피복제를 사용할 경우 잡초의 발생을 억제하는 효과가 뛰어나다.

은 소규모 영농에는 도움을 주지만, 논과 대규모 농업지대에서는 적용이 불가능하다.

피복제 중 짚, 톱밥, 왕겨는 유기물로 직접 토양에 투입할 수 있지만, 폴리에틸렌 필름은 환경 중 난분해성인 것이 대부분이므로 농업환경을 오염시키는 폐단도 있어서 이에 대한 대책이 요구된다.

④ 열처리

프로판가스나 스팀을 이용하여 식물의 내열성이 약한 부위를 치사온도까지 높여 고사시키는 제초수단으로, 식물세포의 효소와 세포질의 기능을 저해하거나 세포막을 팽창시켜 세포벽을 붕괴시켜 식물을 고사시킨다.

열처리는 소규모 농경지 혹은 철로변 등과 같은 특별한 환경하에서는 적용이 가능하지만, 화재의 위험성, 제초효과의 불확실성, 고비용으로 인해 적용이 어렵다는 단점이 있다. 그러나 환경에 미치는 영향이 일정 시간경과 후 소멸되기에 상당히 환경친화적인 방법이라고 할 수 있다.

⑤ 전기이용

소형발전기로부터 발생하는 고전압의 전기를 잡초에 흐르게 하여 고사시키는 방법으로, 실제 포장에서 적용할 때에는 모든 잡초를 비선택적으로 방제한다. 전기이용시의 단점으로는 고비용이 소요된다는 점을 들 수 있다.

⑥ 경운

다양한 농기계를 사용하여 농경지를 갈아엎어 잡초를 방제하는 방법이다.

경운의 장점으로는 다양한 경운기계를 사용할 수 있고, 넓은 지역을 쉽고, 빠르고, 경제적으로 처리할 수 있다는 점을 들 수 있다. 단점으로는 작물 근처에서 서식하는 잡초의 방제가 어렵고, 에너지 소모가 많으며, 토양의 물리성이 악화되고, 잡초의 발아가 촉진되기도 하며, 잡초종자나 영양경의 확산을 돕기도 하고, 토양수분의 손실을 들 수 있다.

[그림 7-11] 트랙터를 이용한 농경지의 경운 사진

4) 생물적 방법

생물학적 잡초방제법이란 기생성, 식해성, 병원성을 지닌 생물을 이용하여 잡초의 집합밀도를 낮추는 것을 말한다.

생물학적 방제법의 장점으로는 방제가가 비교적 높고, 방제생물이 특정 잡초만을 공격하므로 작물에는 거의 피해가 나타나지 않고, 환경에 전혀 해롭지 않으며, 가격이 저렴하다는 것을 들 수 있다. 생물학적 잡초방제법의 단점으로는 완전방제가 불가능하다는 점, 방제대상 잡초종이 작물과 근친관계에 있는 것들이 환경 중에는 많다는 점, 방제생물이 때로는 도입된 새로운 환경에 적응하지 못할 경우 방제가가 매우 낮다는 점, 방제생물은 잡초방제 후 농업환경에 아무런 문제를 야기하지 않아야 한다는 점을 들 수 있다.

최근 국내에서는 환경생태를 유지하면서 공생동물을 이용하여 잡초를 방제하는 생물학적 잡초방제법이 소개되고 있다. 논의 잡초방제를 위해 공생동물인 오리, 잉어, 왕우렁이, 투구새우를 이용하는 방안과 공생식물인 개구리밥, 조류, 부초를 이용하는 방안이 개발되었다(김광은, 2001). 또한 식물병원균을 이용하여 올방개, 올챙이고랭이, 자귀풀, 토끼풀을 방제하는 방법이 이용되고 있으며(이동창 등, 2001; 홍연규 등, 1998; 홍연규 등, 2002; 홍연규 등, 2003), 목초지의 문제잡초인 돌소리쟁이를 방제곤충인 좀남색잎벌레 등으로 방제하는 방법 역시 연구되고 있다(권오석 등, 2004).

5) 화학적 방법

화학적 방제법은 제초제를 사용하여 잡초를 방제하는 방법이다. 현재 다양한 작용점을 저해하는 제초제가 시판되고 있으며, 이들은 광합성(광계 II, 광계 I) 저해제, 엽록소(프로토 포르피리노겐 산화효소) 생합성 저해제, 카로티노이드(프레닐 전달효소) 생합성 저해제, 플라스토퀴논 생합성 저해제, 아미노산(아세토락테이트 합성효소, EPSP 생성효소, 글루타민 합성효소) 생합성 저해제, 지방합성 관여 효소(아세틸코에이 카르복실 효소, 긴사슬지방 생합성) 저해제, 세포분열 저해제, 오옥신 수용체 저해제, 세포벽 생합성 저해제로 대별된다. 제초제와 관련된 세부적인 내용은 대부분의 농약관련 교재에 자세하게 기술되어 있으므로 본 교재에서는 기술하지 않는다.

6) 친환경 잡초방제법

친환경농업은 농업과 환경을 조화롭게 하여 농업생산을 지속가능하도록 하여 농가소득을 높이면서도 환경을 보전하여 안전한 농산물의 생산을 추구하는 농업을 말한다. 따라서 친환경농업은 농업과 환경, 식품안전성, 소비자의 건강을 동시에 고려하는 농업이라고 할 수 있다.

우리나라에서 친환경농업은 '90년대 초반까지는 민간단체 위주로 추진되어 왔으나 '90년대 후반 정부가 본격적으로 육성정책을 추진하면서 급속히 확산되고 있다. 1997년에는 친환경농업육성법이 발표되었고, 1999년부터 '친환경농업 직불제'가 시행되었으며, 2001년부터는 '친환경농업육성 5개년계획'이 시행되고 있다. 정부에서는 2013년까지 화학비료와 농약의 사용을 40% 감축하고, 2010년까지는 친환경인증 농산물을 전체 농산물의 10%로까지 확대하려고 계획하고 있어 향후 친환경농산물 시장은 확대될 것이다.

친환경농업은 크게 유기농업과 저투입농업으로 구분할 수 있다. 유기농업은 합성농약, 화학비료 등 환경과 농산물에 위해를 줄 여지가 있는 합성물질의 사용을 엄격하게 금지하고, 자연으로부터 얻을 수 있는 다양한 자재를 이용하여 병해충, 잡초를 방제함으로써 작물수량을 증대하고 상품성을 향상시키는 농업이다.

저투입농업은 병해충, 잡초방제를 위해 사용되는 합성농약, 화학비료의 사용을 최소로 줄여 사용하여 작물을 재배하는 농업이다.

친환경농업을 통해 생산된 농산물은 합성농약, 화학비료의 사용에 따라 저농약, 무농약, 유기–전환기와 같은 3종류로 구분하여 판매되고 있다. 최근 소비자들의 고품질 안전 농산물 선호 및 친환경직불제 등 정부 지원정책에 힘입어 친환경농업은 급속히 확산되고 있다.

친환경농업에 있어서 잡초방제는 자연의 자재를 이용하는 물리적인 방제법과 자연의 동식물 등 생물을 이용하는 생물학적 방제법으로 행해지고 있다.

- 물리적 방제법 : 종이멀칭, 쌀겨농법, 태평농법
- 생물학적 방제법 : 오리농법, 왕우렁이농법, 참게농법, 투구새우농법, 잉어농법

① 종이피복 기계이앙 재배기술

친환경 잡초방제법 중 하나인 종이피복(멀칭) 기계이앙 재배기술은 종이피복재료를 이앙기를 이용하여 벼이앙과 동시에 논바닥 전체에 피복하여 논에서 잡초의 발생과 생육을 억제시키는 물리적 방제법이다.

피복재료는 생분해성 폴리에스터로서 재생지에 코팅한 것이다. 종이피복지 시제품의 규격은 폭 1,900 mm, 두께 7/65 ㎛(수지/용지), 길이 200 m의 롤로 되어 있으며, 1롤이면 약 330㎡의 논에 피복이 가능하다.

잡초방제법의 원리는 물리적 방제법, 즉 피복(mulching)을 이용한 것이다. 포장상태에서 작물과 잡초는 빛을 놓고 주로 경합한다. 종이피복 기계이앙기술은 논바닥을 피복재료로 피복하여 빛을 차

[그림 7–12] 종이피복제를 이용한 벼의 기계이앙

단함으로써 잡초가 발아하지 못하게 하고, 잡초가 발아해서 발생하더라도 물리적·기계적으로 재생지를 뚫고 나오지 못해 잡초의 생육을 저해시킨다.

잡초방제효과는 인정되지만 대체적으로 종이멀칭재료가 비싼 편이며, 정밀균평작업과 이앙작업이 어려우며 작업속도가 느린 편이다. 또한 비, 바람 등에 의해 종이멀칭재료가 물 위에 뜨거나 날아갈 경우 잡초방제가 어렵고, 관리가 어려운 편이다.

② 쌀겨농법

쌀겨농법은 잡초를 물리적(피복), 생물학적(식물체에 의한 상호대립억제), 화학적(천연 유기산) 방법으로 제어하는 종합적 잡초방제법이다.

쌀겨는 제초효과는 물론이고, 벼에 양분을 공급할 수 있는 유기질비료원이라고 할 수 있다. 쌀겨에는 질소, 인산 및 칼리가 7.4kg 정도 함유되어 있어서 다른 유기질비료와 비교해도 손색이 없는 복합 유기질비료이다. 또한 탄질율이 23.3%로 토양 중 분해가 느린 편이다.

쌀겨를 논토양에 시용하면 토양의 환원을 촉진시켜 잡초의 발생 및 생육을 억제시키기에 제초제 대체원으로 활용될 수 있다. 이러한 이유로 최근 유기농법 실천농가에서는 쌀겨농법에 대한 높은 관심을 보이고 있다.

③ 태평농법

태평농법은 수 년간 자연생태계를 이용한 잡초관리 및 양분공급을 통한 순환농업을 말한다. 이 농법은 생산된 지상부(짚 등)를 농지로 되돌려줌으로써 유기물이 썩는 과정에서 작물의 뿌리호흡을 통해 흙이 부드러워지고, 수확후 남은 짚을 피복하여 부숙시킴으로써 토양으로 유기물을 지속적으로 공급하여 흙을 살리면서 잡초 및 병해충에 대한 저항성증진을 가져오게 하는 개념의 농업이다.

5~6월 보리(또는 밀)를 수확하면서 볍씨를 파종하고, 그 위에 수확하고 남은 보릿대를 피복하면 피복층 아래에는 광선이 차단되어 잡초 발생 및 생장이 억제되는 물리적 방제수단이다. 또한 유기물이 부식하는 과정에서 생성되는 유기산 등에 의한 잡초발아 및 생장억제로 잡초방제수단이 이용되고 있다.

태평농법에 의한 비교적 효율적인 잡초방제효과를 얻으려면 최소한 4~5년 이상 동일

포장에서 연속적으로 순환농법(벼/밀 또는 보리)을 해야 하는데, 이 기간 동안에는 수량감소, 잡초제거작업의 어려움 등이 따르게 된다.

또한 수확동시 파종작업기의 부착이 되어야 노동력을 줄일 수 있으며 5년 이후 태평농법 포장에서 발생되는 잡초관리에 대한 대책이 필요한 편이다.

④ 오리농법

친환경 잡초방제법 중 하나인 오리농법은 생물학적 논잡초 방제기술로 농가에서 알려지면서 최근 전국적으로 확대 재배되고 있다. 논에 방사된 오리가 논잡초를 사료로 먹어치움으로써 잡초를 제거하는 방법이다.

오리는 벼의 생육기간 동안 본답의 잡초 및 해충 제거작업을 주로 담당하며, 생육기간 이후에는 고기용으로 판매된다. 따라서 오리품종을 선택할 때에는 위의 두 가지 요건이 고려되어야 한다. 즉, 제초작업 및 벌레(해충) 잡아먹기와 같은 작업능력의 우수성, 고기생산량, 품질, 털 제거의 용이성, 사육의 용이성과 일정 공간에서만 사육되어야 하므로 날지 못해야 하는 점 등이 고려되어야 한다.

우리나라에서 이와 같은 요건에 가장 적합한 것으로 선택된 것은 집오리와 물오리의 교배종인 청둥오리이며, 전국 대부분의 농가에서 이 품종을 방사하는 것으로 알려져 있다.

오리는 부리로 생육중에 있는 잡초를 선택적으로 먹으며 토양표면 또는 표토 속에 있는 잡초종자를 먹는다. 또한 물갈퀴, 부리, 날개 등을 이용하여 오리가 흙탕물을 일으켜 광을 차단함으로써 잡초가 발아하지 못하도록 함으로써, 발아한 잡초종자를 수면에 띄워 뿌리가 활착하지 못하도록 함으로써 잡초의 정상적인 생육을 저해한다.

⑤ 왕우렁이농법

왕우렁이는 남아메리카 아마존강 유역의 얕은 호수나 늪지에서 서식하는 패류의 일종으로, 왕우렁이의 왕성한 잡식성 먹이습성이 알려지면서 우리나라에서도 논에 발생하는 잡초를 생물학적으로 방제하기 위해 이용되고 있다.

국내에 서식하고 있는 왕우렁이는 일본, 타이완, 필리핀에 서식하고 있는 종과 동일한 *Pomacea canaliculata* Lamarck이다.

왕우렁이는 각종 수초, 논잡초, 농작물(벼, 배추, 토마토, 무, 콩잎), 수중의 어류와 동물사

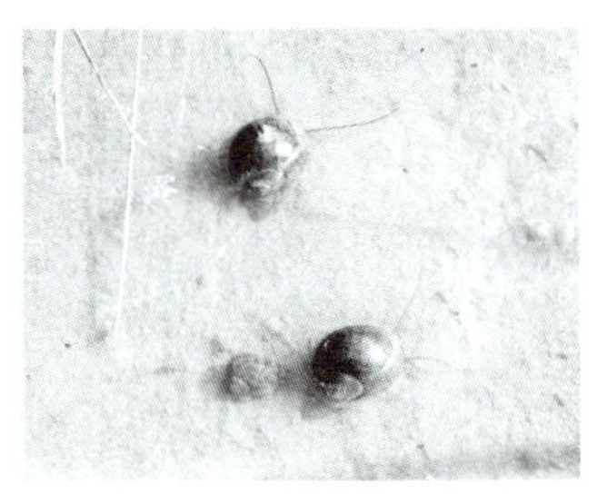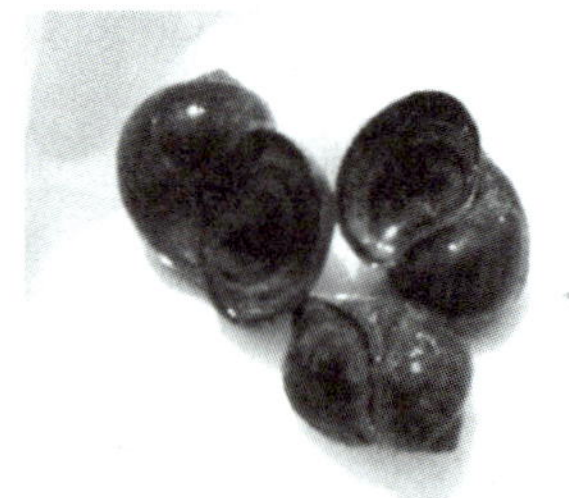

[그림 7-13] 왕우렁이가 논에서 활동하고 있는 사진(왼쪽), 왕우렁이(가운데), 왕우렁이의 알(오른쪽)

체를 섭식하는 잡식성이다. 먹이습성은 주로 수면에 접하거나 물 속에 있는 식물체를 치설로 잘라서 먹고 산다.

왕우렁이를 이용한 잡초방제(화본과 피 제외)는 비교적 양호한 편이다. 그러나 논바닥 균평작업이 정밀하지 못하고 깊은 곳에서는 벼의 피해도 발생한다. 최근에는 우리나라에서 왕우렁이에 의한 피해가 보고되고 있어서 이의 사용에 있어서는 주의가 요망된다. 또한 왕우렁이는 월동하여 주변 하천과 수로의 생태계를 교란하는 것으로 알려져 있다(그림 7-13).

⑥ 잉어농법

잉어농법은 논잡초의 방제에 이용할 수 있는 생물학적 잡초방제 수단이다. 잉어가 진흙을 휘저으며 논을 다니게 되면 뿌리를 확실하게 내리지 못한 잡초가 물 위로 떠오르고, 물이 흐려져서 차광이 되어 잡초발생이 억제되고, 잡초가 자란다 하더라도 잉어가 지속적으로 휘저어 주기 때문에 뿌리가 토양에 자리잡기가 어려워 잡초의 발아 및 생육이 저해된다. 그리고 잉어가 이동 중에 진흙을 휘저으면 끈적한 층이 만들어져서 잡초종자가 묻혀버리게 된다. 특히 잉어농법은 심수관리를 해야 하는 까닭에 깊은 물로 인한 환원상태 유지로 인하여 잡초의 발아가 억제된다.

7) 종합적 방제법

잡초를 방제하기 위하여 최소의 비용과 노력으로 작물의 생산성을 최대로 높여야 한다. 따라서 잡초를 완전방제하는 것보다는 경제적 허용범위까지 방제하는 것이 효과적이라 할 수 있다. 이를 위하여 특정한 방제법보다는 여러 가지 방제법을 상호 협력적인 조건하에서 연계성 있게 수행해 나가는 종합적 방제법이 각광받고 있다.

현재까지 개발된 잡초방제법 중 가장 효과적인 방법은 제초제를 사용하는 화학적 방제법이라 할 것이다. 그러나 제초제의 사용으로 토양환경과 식물환경이 모두 영향을 받게 되며, 이의 결과로 환경오염문제가 심각하게 대두되고 있다. 그리고 제초제의 연용으로 제초제 내성 혹은 저항성 잡초가 발생하여 농업환경 내에 우점하기 시작하였으며, 이를 방제하기 위해 더 많은 양의 제초제가 사용되기에 제초제의 과다사용으로 인한 환경오염이 우려되고 있다. 따라서 환경을 오염시키지 않는 예방적 · 생태적 · 물리적 · 생물적 방법과 화학적 방법을 가미하여 잡초를 방제할 수 있는 종합적 방제법이 요구되고 있다.

이를 위해서는 작물별 재배방법에 따른 잡초발생 생태생리 연구 및 방제법 개발, 제초제의 경감방안이 요구되고 있다. 종합적 잡초방제체계에서는 제초제의 사용이 줄어들고, 이 결과 제초제가 토양과 환경에 미치는 위해 정도가 감소된다.

7.5 토양보전과 최적관리방안

토양은 육상에서 자연의 힘으로 식량과 섬유, 그리고 인류가 필요로 하는 물질을 얻는 데 바탕이 되는 자원이다. 토양에서 생산되는 식량과 섬유는 특히 재생가능한 자원이고, 한 장소에서 생산되어 소모된 식물을 다시 재배하여 또 생산해 낸다. 우리나라에서 농업의 역사는 5천 년에 이르지만, 아직도 같은 장소에서 계속 농사를 짓고 있다. 토양의 탁월한 식량과 섬유의 재생산능력에 비하면, 토양 그 자체는 매우 느리게 생성되므로, 토양은 재생산이 불가능한 자원이다. 한 번 잃어버린 토양자원은 다시 회복하기 어려우므로, 토양자원을 유지 · 보전하는 일은 농업환경을 유지 · 보전하는 데 있어 핵심과제이다.

7.5.1 토양침식의 영향

토양침식에 의한 가장 큰 악영향은 침식이 일어나는 지표면에서 비옥한 표토가 제거되는 것이다. 토양의 침식은 토양생산성의 감퇴를 가져오며, 결국 토지의 황폐화에 이르게 된다. 토양의 침식은 토양악화의 큰 원인 중 하나이다. 경지에서 토양의 악화는 오랜 경작에서 온다. 유프라테스와 티그리스강 유역의 메소포타미아 문명은 농업 문명의 대표였다. 한때 메소포타미아 문명하에서의 인구는 25백 만에 이른 것으로 추정되고 있다. 그러나 오늘날 이들 문명은 고대 문명의 유적으로 남아 있을 뿐이며, 1930년대에 메소포타미아 문명의 중심인 이락의 유목민은 고작 4백 만에 불과하였다. 이는 농업의 붕괴에서 온 문명소멸의 대표적인 예이다. 그 중 한 원인은 바로 토양유실에 의한 농업생산력의 저하에 기인한 것이다. 이는 인간의 잘못된 토양관리가 인류 문명의 붕괴를 가져 올 수 있다고 하는 역사의 증언이다. 이러한 예는 이집트와 중앙아시아의 문명에서도 볼 수 있다.

토양침식이 일어나는 초기 단계에는 생산성의 변화를 알지 못한다. 그러나 토양침식이 반복되면, 서서히 토양생산성이 약화된다. 그 이유는 토양침식이 일어나는 곳이 주로 비옥한 표토이기 때문이다. 표토에는 유기물함량이 높고, 각종 양분이 심토보다 많다. 특히 물이나 바람에 의하여 이동되는 입자는 비교적 고운 입자가 많다.

토양침식은 토양생산성의 악화를 초래할 뿐 아니라, 토지의 기능을 떨어뜨린다. 깊게 패인 골은 농기계의 이동을 방해하며, 침식된 토양입자들은 수로를 매몰하여 그 기능을 잃게 한다. 바람에 날린 토양입자는 농업시설물의 기능에 악영향을 주고, 인축의 건강에까지 영향을 준다. 또한 침식된 토양입자들이 하천과 호소에 가라앉아 이들이 수계기능의 약화를 가져온다.

물에 의한 토양침식은 수계의 오염문제를 일으킨다. 토양과 함께 이동되어 수계로 들어간 각종 양분들은 부영양화의 원인물질이다. 토양침식에 의하여 발생되는 오염원은 확산성이 큰 비점오염원이다.

7.5.2 확산성 오염에 대한 관심과 최적관리체계의 도입

　농산촌의 오염부하는 도시와 산업단지의 오염부하의 원인과 조성이 다르다. 농산촌의 오염문제는 위에서 열거된 축산폐수나 농산촌의 생활오수문제에 국한되지 않는다. 우선 토지에의 의존도가 높고, 비점오염원이다. 어려운 문제는 확산성 오염원이라는 점이다. 농산촌 유역의 관리에 보다 많은 관심을 기울여야 한다. 확산성 오염은 종래의 비점오염원을 포함하여 보다 확산된 개념이다.

　농산촌에서 발생하는 확산성 오염원의 특징은 다음과 같다.

- 발생이 물보다 토지에서 이루어진다. 확산의 형태로 환경수용체인 지표수에 유입되며, 강수 등 기상조건의 영향을 크게 받는다.
- 오염물질의 발생은 광역적으로 일어나며, 지표수에 도달하거나 천층에 삼투되기 전에 육상에서 전이가 일어난다.
- 확산오염물 방출의 양적 규모는 지형지질학적 조건과 아울러 제어할 수 없는 기상조건과 관계가 있고, 장소에 따라서, 그리고 해에 따라서 달라질 수 있다.
- 확산오염원은 발생장소를 정확히 감시하는 것이 어렵거나 불가능하며, 오염물 방출과 배출은 배출한계로 제한될 수 없다.
- 점오염의 경우 오염물처리가 오염규제의 가장 효과적인 방법인 것과는 달리 확산오염의 경감은 토지와 유출수 관리방법에 초점이 맞추어져야 한다.
- 확산오염원으로부터 관리대상이 될 수 있는 가장 중요한 폐기물 성분은 부유 고형물과 퇴적물, 영양소, 그리고 농약 등 유해물질이다.

　확산성 비점오염원을 제어하기 위하여 사용되는 법적·제도적·기술적 메커니즘은 점오염원에 대하여 사용되는 것과 다르다. 비점오염원의 제어를 위하여 사용되는 접근법은 오염물질을 수집하거나 처리하는 것이 아니라 발생원의 관리이다. 영농관리는 농업활동으로부터 오는 비점오염원을 방지 또는 제어하기 위하여 비용효과적인 방법으로 사용된다. 최적관리체계(Best Management Practice; 이하 BMP)의 정의는 다음과 같다(정영상 등, 1999).

　비점오염원에서 발생하는 오염의 양이 수질목표에 합당한 수준으로 맞출 수 있도록 방

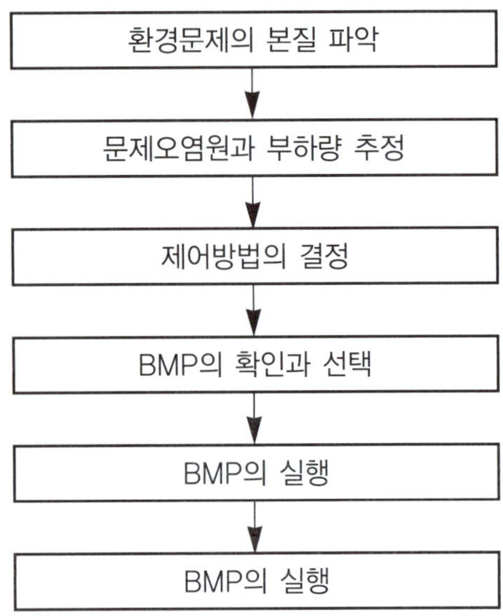

[그림 7-14] 비점오염원 제어를 위한 BMP 확인과 실행의 단계별 접근법

지하거나 감축시킬 수 있는 가장 효과적이며 적용성이 있는(기술적·경제적·제도적 타당성을 모두 고려한) 수단이 되는 문제의 평가, 대안의 검토, 적절한 공공 대중의 참여 후에, 주 정부(또는 지정된 지역의 광역계획기관)에 의하여 결정된 방안 또는 여러 방안의 조합이다.

BMP를 동정하고 실행하기 위한 일반적 단계가 그림 7-14에 있다. BMP의 선택과 적용은 제어하고자 하는 오염물, 그러한 오염물을 배출하는 농업활동의 형태, 그리고 요구되는 부하 감축량, 지역 특이기후, 지형, 관리적 고려사항 등에 달려 있다. 모든 비점오염원을 관리·억제할 수 있는 단일한 기술 또는 단일한 BMP는 없으며, 개개 기술요소를 복합적으로 적용하여야 한다.

환경문제가 확인되면, 문제에 기여하는 농업에서의 발생원에 관심을 갖게 된다. 잠재 비점오염원 오염물질이 발생되고, 잠재 비점오염원은 지표수로 수송되는 과정을 확인할 필요가 있다. 농업활동 전체 또는 유역 내 모든 토지가 그러한 오염물질을 발생하는 것은 아니며, 그들이 모두 오염에 기여하는 것도 아니고, 모두가 똑같이 기여하는 것도 아니다. 문제 발생원이 될 수 있고 이를 확인하기 위하여 부하량 추정이 필요한 분야는 축산, 농경지, 비료사용량, 가축분뇨시용량, 농약사용량과 폐기량 등이다.

문제와 농업 발생원이 결정되면, 사용될 제어방법과 특정 관리방법은 명쾌해진다. 필요한 제어형태는 식생, 토양과 양분유실, 구조물 제어, 토지이용과 관리형태 등이다. 가장 알맞은 BMP는 농업적으로 효과적이며, 환경적으로 효과적이고, 경제적으로 타당성이 있으며, 사회적 수용성이 있고, 실행가능한 것이어야 한다.

농업적 효율성을 갖춘 BMP란 생산성과 농산물의 품질을 높일 수 있고, 토양생산력을 보전, 보호, 그리고 강화시킬 수 있는 방법을 말한다. 환경적 효율성을 갖춘 BMP는 물에 용존되거나 고형입자에 흡착된 상태로 지표수나 지하수계에 유입되는 오염물질이 수질목표에 적합한 수준으로 유지될 수 있도록 오염부하를 방지하고, 줄이며, 제어할 수 있는 방법이다. 경제적 타당성을 갖춘 BMP는 수질과 경합되는 경제적 수익목표가 부합되는 방법이다. 사회적 수용성을 갖춘 BMP는 합리적이며, 공공 이익의 지지를 받을 수 있는 방법이다. 시행가능한 BMP는 합법적이며, 실행을 위한 행정의 유연성과 단순성을 갖춘 제도화된 방법이다.

토양과 물의 유실에 영향을 주는 토양 및 물 보전방법(SWCP)의 주요 영향은 표 7–14에 있다. 이 정보는 효과가 긍정적인 것일지 부정적일 것인지를 단순하게 나타내고 있는데, SWCP가 토양 또는 포장의 성질을 변화시킬 것인지는 지점 특이성(site-specific)에 달려 있기 때문이다. 가장 효과적이라고 생각되는 보전경작방법은 최소경운과 무경운방법이다. 무경운과 같이 앞 작물의 잔재가 있는 상태에 직접 후 작물을 재배하는 것이다.

무경운방법에서 제초제가 잡초방제를 위하여 사용되었다. 최소경운법에서 제초제와 경

[표 7–14] 토양 및 수질 보전을 위한 BMP의 효과

메커니즘	수분손실에 대한 효과	토양유실에 대한 효과
작물피복 기간의 증가	토양의 수분 저장력 증가 유거 속도와 양 감소	강우강도에 의한 피해 감소 세류침식 감소 토양의 이동성 감소
표층 잔류물의 증가	유거 속도의 감소 토양의 수분 저장력 증가	강우 낙하에 의한 피해 감소 세류침식과 토양의 이동성 감소
토양의 경사장 및 경사도 감소	유거 속도의 감소 침투성 토양에서 유거량 감소	세류, 협곡침식 감소 토양의 이동성 감소
경운 감소	투수의 증가	강우강도에 의한 영향 감소 토양 구조개선에 의한 토양침식도 감소
표층의 저장력 증가	투수시간의 증가로 인한 토양 수분 저장력 증가	세류, 협곡침식과 토사 이동성 감소

운법이 복합적으로 사용되었다. 보전경작법을 택하면 농약의 사용은 늘어나겠지만, 전체적인 수질영향은 적을 것으로 예상되며, 그 이유는 토양유실 방지는 농약의 유실 또한 줄일 수 있기 때문이다. 무경운과 최소경운이 적절히 사용된다면 토양유실은 60% 이상 감소될 수 있을 것으로 예측된다.

7.5.3. 최적관리 실행의 문제점

BMP의 실행은 어떤 유역을 하나의 환경시스템으로 산림—농지와 축산지—거주지를 망라하는 수계 단위로 그 수계의 수문특성에 맞는 농업, 임업, 축산업의 모든 가능한 기술을 환경기술과 함께 투입하는 것이다. 우리나라에서의 BMP 실행에는 커다란 장애가 있다. 하나는 농업 내적인 문제이고 다른 하나는 농업 외적인 문제이다. 농업 내적인 문제에서 가장 중요한 것은 농촌사회를 구성하고 있는 구성원의 농업환경에 대한 인식의 부재이다. 비료나 농약 등에 대한 환경문제는 다소 인식이 확산되고 있지만, 토양유실을 방지하여야 한다는 등에 대한 개념이 아직 없다. 그리고 농민 자체가 이를 방지할 수 있는 투자에 여력이 없고, 관리대상 토지들이 너무 세분화되어 있으며, 소유주의 수가 많아 의견을 모으기가 쉽지 않다. 이와 더불어 농민들은 이러한 문제의 해결을 국가에 의존하고, 국가의 책임으로 미루려는 의타심이 많다. 이와 반하여 농업 외적 문제로 국가 개발과 관리의 우선순위에서 농업문제는 늘 뒤쳐진다는 점이다. 농촌환경보전을 위한 투자가 조금씩 이루어지고 있기는 하지만, 농산촌의 토지를 하나의 환경시스템으로 관리하려는 의지와 투지가 없다.

외국에서 성공적으로 적용되고 있는 어떠한 제도나 기술을 우리나라에 도입하여 적용하고자 할 때에는 충분한 기술적 검토가 필요하다. 농산촌의 환경시스템에 대한 종합적 접근법으로 BMP에 대한 농업과학과 환경과학적인 기술의 개발은 우리 과학도들의 몫이다. 그러나 기술적인 해결과 아울러 사회·경제·문화적 적응성도 함께 검토하여야 한다.

7.6 정밀농업의 구축

7.6.1. 정밀농업의 의미

정밀농업(Precision Agriculture System; PAS)이란 이제까지의 농장 전체 또는 평균을 바탕으로 한 농업자재의 투입에서 한걸음 더 나아가 정밀하게 정확한 장소(right place)에 정확한 시간(right time)에 정확한 방법(right way)으로 농업자재를 투입하는 새로운 개념의 농업체계이다.

정밀농업의 기술과 방법은 농업의사결정과정을 근본적으로 바꿔 놓을 가능성이 있다. 대형기계와 공용인력문제는 많은 농민으로 하여금 대형농지를 기본관리단위로 생각하게 유도한 주요 원인이다. 어떤 포장에서는 다른 포장에서보다 수량이 더 높다는 것을 농민들은 경험적으로 알고 있지만, 관행관리방법은 전체 포장에 균일한 비율로 투입하는 데 초점이 맞추어져 있다. 정보기술은 현대 경작자들이 과거의 작은 규모의 농장에서나 얻을 수 있었던 정밀한 많은 정보를 얻을 수 있게 해 주었고, 매우 세밀한 규모로 토지를 효과적으로 관리할 수 있도록 해 주었다.

7.6.2 정밀농업의 기술체계

정밀농업의 개념이 가능하게 된 배경으로 두 개의 큰 요인을 들 수 있다. 첫 번째는, 환경문제를 중시한 사회의 움직임이고, 두 번째는 GPS(전지구측위시스템)와 GIS(지리정보시스템), 원격탐사(remote sensing) 등의 과학기술의 발전, 그리고 인터넷 정보전달시스템의 접목이다. 이와 같은 환경보존을 전제로 한 사회적 요청을 배경으로, 고도의 과학기술이 농업현장에서도 쉽게 이용될 수 있게 되고, 정밀농업의 연구와 보급이 시작되고 있다. 정밀농업에는 농업에 관한 많은 종합적인 요인과 최첨단의 기술이 관여하여, 시스템적·비즈니스적 성격을 가진다. 그러므로 정밀농업의 기술은 발전적·유동적이고 정밀농업의 효과에 대한 결론은, 이제부터 명확하게 될 것이라는 견해가 일반적이다.

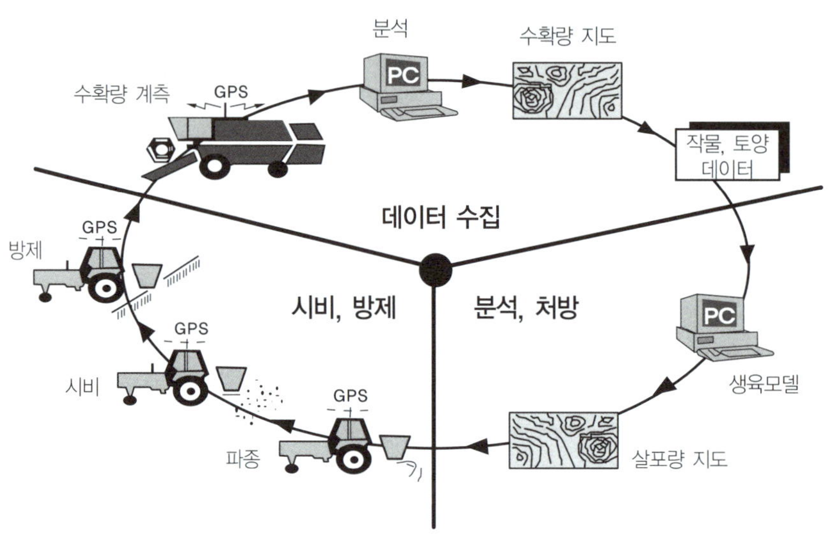

[그림 7-15] 정밀농업요소 기술구성

GPS를 농업에 활용하면 작물재배 위치별 특성에 따라 IPM, INM 등의 농업생산전략을 세우는 정밀농업(precision agriculture)이 가능하다. 정밀농업은 토양·기상조건, 병해충의 발생 정도, 작물의 양분상태 등 작물재배 위치마다 각각 다양한 특성을 토양검정 및 GIS 등을 이용·분석·정보화하여 그 지역에 가장 적합한 농업생산방식을 결정하는 경영전략이라고 할 수 있다. 미국 국가연구위원회(National Research Council; NRC)는 "다양한 자료가 활용되는 정보기술을 이용하여 작물생산에 관한 의사결정을 하는 경영전략"으로 정밀농업을 정의하고 있다. 정밀농업은 따라서 토양자원·기후 등 지역적으로 다양한 특성을 고려하여 농업경영의 의사결정이 획일적이 아니라 지역마다 적합한 구체적인 형태로 이루어지는 농업생산방식인 것이다.

정밀농업은 일반적으로 표 7-15와 같이 정보 수집, 정보 분석·가공, 기술 추천·적용 등 세 과정으로 이루어진다.

우리나라의 경우는 농가의 경제상황 및 컴퓨터 보유현황, 농지의 규모 등을 감안할 때 미국과 같은 정밀농업을 적용하기는 어려울 것으로 보인다. 그러나 그동안 실시해온 토양검정 결과를 활용하고, 현재 추진중인 GIS가 완성되면 특성이 비슷한 토양을 일정 규모로 묶어서 권역별로 그에 적합한 IPM, INM 등의 작물생산관리체계를 구축할 수 있을 것이다.

[표 7-15] 과정별 주요 내용 및 적용기술

과정	주요 내용	적용기술
정보 수집	• 작물재배 위치별로 토양 및 기상상태 등 작물 생산과 관련된 다양한 정보 수집 　– 정보 종류: 토양의 양분상태, 토양의 산도(pH), 잡초 및 병해충 발생정도 등	• 지구위치확정 시스템, 토양검정기 등 이용
정보 분석 · 가공	• 수집된 정보를 이용하여 작물의 성장상태를 모형화하고, 병해충 방제와 수확의 적정 시기 등을 결정	• 지리정보시스템, 전문가시스템 등 이용
기술 추천 · 적용	• 작물재배 위치별로 가장 적합한 생산방식을 농가에 추천 　– 비료 · 농약 등의 적정 투입량 및 시기 추천 　– 적정 수확시기 추천 등	• 적정투입량 결정기술 등 이용

※자료: USDA, 1998.

7.7 농업환경관리에 사용하는 기술들

농업환경을 관리하기 위하여 원격탐사, 지리정보시스템 등이 이용되고 있으며, 이와 관련하여 간략하게 소개하면 다음과 같다.

7.7.1. 원격탐사

(1) 원격탐사의 정의

원격탐사(remote sensing; RS)는 전자기파(electromagnetic energy)를 감지하는 각종 센서를 이용하여 지표면, 물, 대기현상에 대하여 비접촉 · 비파괴적인 방법으로 필요한 정보를 얻어내는 과학기술이다. 원격탐사는 수백 킬로 떨어진 위성탑재 센서에서 항공기 센서, 크레인 및 삼각대에 탑재된 지상센서, 작물 또는 토양 근접센서에 이르기까지 탑재체이나 촬영높이에 따라 다양한 자료를 목적에 따라 달리 얻어 이용한다.

농업에 있어서 RS는 작물, 토양, 물 및 기후를 포함하는 농경지 표면의 상태를 탐지하고 정량화함으로써 즉각적 또는 장기적인 농경지 및 농업환경관리, 나아가 친환경농업정책 결정을 위한 자료를 제공하는 역할을 하게 된다.

(2) 원격탐사를 이용한 식생연구

원격탐사를 이용한 식생에 대한 연구는 근적외선과 가시광선 영역의 복사 또는 반사율을 이용한다. 식생지수(vegetation indices)는 식생 녹색도의 상대적인 양과 활력의 지표로서 단위가 없는 방사학적인 측정값이다. 식생지수는 작물의 생물물리학적 매개변수로 민감하게 작용하는 반면 군락 하부의 변이와 같은 내부적인 효과와 태양고도, 관측각, 대기와 같은 외부효과를 정규화하여야 한다. 원격탐사에 의한 분광특성분석에서 식생지수는 식생의 생산성과 활력을 추정하는 데 널리 이용되고 있다. 또한, 기초적인 생물학, 화학, 물리학보다는 경험적인 실증에 기초하고 있다. 근적외광과 가시광의 비율에 기초한 가장 먼저 사용되기 시작한 식생지수는 RVI(Ratio Vegetation Index; Jordan, 1969)이고, 이를 정규화하여 선형화하여 가장 많이 쓰이는 식생지수는 NDVI(Normalized Difference Vegetation Index; Rouse et al., 1973)이며, 토양배경으로 인한 잡음을 최소화하도록 고안된 것은 SAVI(Soil Adjusted Vegetation Index; Huete, 1988)이다.

태양복사에너지는 표토에서 부분적으로 흡수되고 대부분은 열로 변환된다. 이 에너지의 일부분이 확산되어 반사되는데 파장별로 반사하는 양상은 식물과 크게 다르다. 물흡수대는 $1.45\,\mu m$, $0.95\,\mu m$, $2.90\,\mu m$이고, 수많은 토양성질이 전자기에너지의 반사와 방사에 영향을 미치는 것으로 알려져 있다. 토양의 분광반사특성 토양유기물과 수분이 토양의 반사율에 가장 영향을 크게 미치고, 그 외에 토성, 산화철, 토양구조와 표면 거칠기(roughness), 토양입자의 크기, 토성, 토색, 토양 무기성분, 편광(polarization)특성, 수용성 염 등도 영향을 미치는 것으로 알려져 있다. 태양광을 이용하는 경우는 태양의 고도(solar elevation)와 방위각(solar azimuth angle)에 따라서도 반사율에 영향을 미친다.

7.7.2. 지리정보시스템

지리정보시스템(Geographic Information System; GIS)은 컴퓨터를 기반으로 한 공간자료를 입력·저장·관리·분석·표현하는 시스템으로 지형공간을 분석하는 데 이용된다. GIS를 통하여 사용하는 모든 정보는 수치공간자료이므로 컴퓨터에 저장하여 사용자가 원하는 정보를 선택하여 다양한 형태로 보거나 출력할 수 있다. 실세계의 2차원적인 표현과 모델링이 가능하고 일단 데이터베이스가 구축되면 수작업에 의한 지도의 작성에 비하여 상대적으로 비용이 적게 든다. 다양한 형태의 자료를 데이터베이스에 의하여 효율적으로 관리할 수 있고 컴퓨터상에서 의사결정을 위한 모의를 수행할 수 있다.

농업환경관리 분야에서는 토양특성의 공간분포와 지질·지형적인 특성을 연계하여 토양을 이해하고, 토양이나 양분의 분포를 매핑하고 시료를 채취하기 위한 사전 정보로 이용할 수 있고 미지의 지점에 대한 특성을 예측하는 데 유용하게 사용될 수 있다. 토양정보와 더불어 작물, 기상, 수자원, 지형, 작부체계 등의 정보와 함께 농업환경과 생태계를 모니터링하기 위하여 필요하다.

현재 구축된 지리정보시스템의 대표적인 예는 지형도, 토양도, 지질도, 토지이용, 피복도 등이 있으며, 토양도의 경우 토양 분석자료(토성, 배수등급, 경사 등의 토양물리적 특성 및 pH, 양이온치환용량, 유기물함량 등의 토양화학적 특성) 등이 자료로 입력되어 있다.

그림 7-16은 축척 1:25,000 정밀토양도에 기초한 한국의 토성지도이다. 사양질토양이 가장 넓게 분포하고 있는 토성이고 어느 지역에 주로 분포하

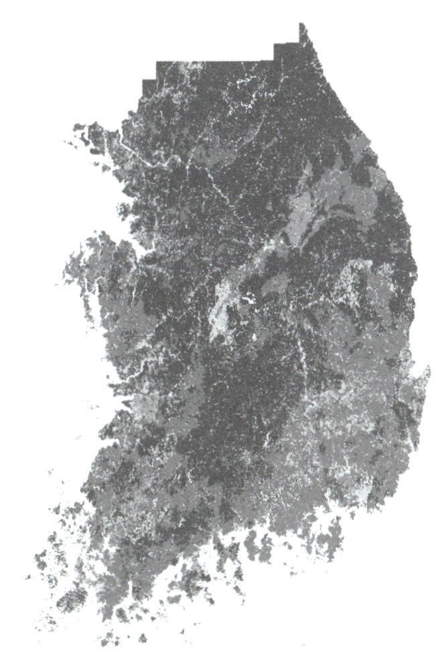

[그림 7-16] 한국의 토성지도(1:25,000)

고 있다는 것을 한눈에 알 수 있다. 토양정보는 농경지의 토양관리 외에도 각종 재해예측, 환경영향평가, 농업용수의 효율적 이용, 수질모델링, 퇴사량 산정, 토지 적성등급 평가, 물유출량 산정, 홍수량 분석, 토양유실량 산정 등 농업, 환경, 국토이용 등 정부기관, 지자체에서는 정책지원을 위하여 대학에서는 연구와 교육을 위하여 산업분야에서는 실용적인 목적으로 다양한 분야에서 활용되고 있다.

7.7.3. 농업토양정보 웹시스템

농업토양정보시스템(asis.rda.go.kr)은 농경지 토양자원을 효율적으로 이용하고, 농업인이 요구하는 각종 토양정보를 신속히 제공하기 위하여 농촌진흥청에서 40여 년간 수행한 대규모 국책사업 결과에서 얻어진 각종 정보를 종합 전산화하여 농업인과 관련기관에 실시간으로 서비스하는 인터넷시스템이다.

농업토양정보 웹시스템 배경을 살펴보면, 정밀토양조사(1964~1979), 농토배양 10개년

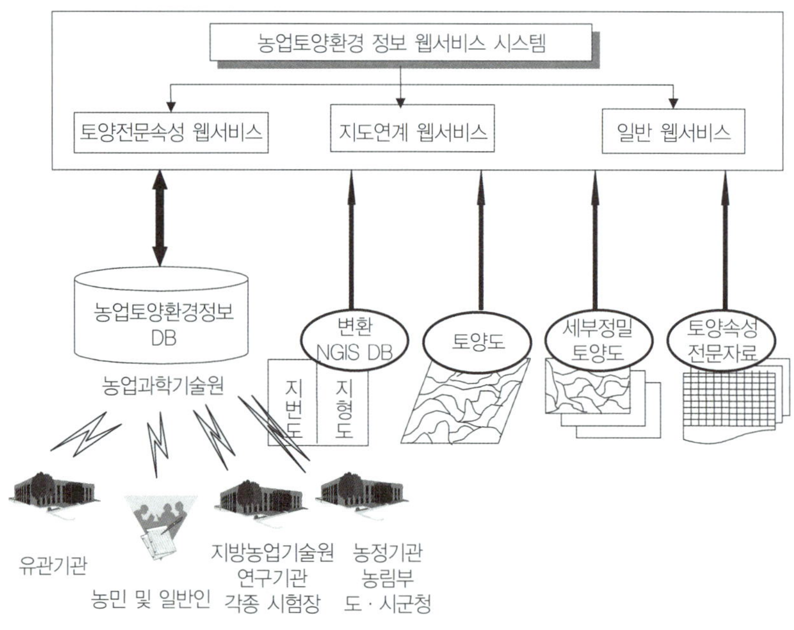

[그림 7-17] 농업토양환경정보의 구성(농업과학기술원)

사업(1980~1989), 밭토양세부정밀조사(1995~1999) 등 국책사업 결과를 이용하여 농경지 토양조사성적을 DB화하고 구축된 DB를 이용하여 토양의 과학적 관리방식을 추진하며 이들 정보를 농업인에게 제공함으로써 영농의 과학화를 기함과 동시에 농업생산성 제고 및 환경보전 목적으로 추진하게 되었다. 현재 농업토양정보시스템에서 서비스하고 있는 토양정보는 1:5,000 세부정밀토양도에 기초하고 있다. 웹서비스에는 토양지도, 시비처방, 토양통계, 토양과 토양조사에 대한 일반적인 정보 등이 포함되어 있다(그림 7-17).

참고문헌

권오석 · 이인용 · 박재읍 · 박남일 · 지승환, 「소리쟁이속 잡초의 생물적 방제곤충군 선발」, 『한국잡초학회지』, 2004, 24(별2): 32-33면.

김광은, 『제초제를 쓰지 않는 벼농사』, 2001, 155-201면.

김복영 · 김규식 · 박영대, 「축산폐수의 오염물질제거를 위한 수초선택활용연구」, 『한국환경농학회지』, 1988, 7(2): 111-116면.

농촌진흥청, 『농약의 안정성과 식물보호』, 2003, 1면.

농촌진흥청, 『작물보호사업보고서』, 1995.

박종옥, 「천적을 이용한 병해충 종합관리(IPM)」, 『친환경농업 선도요원교육교재』, 농촌진흥청, 2000, 112-120면.

박태선 · 권오도 · 김창석 · 박재읍 · 김길웅, 「한국 수도답에서 sulfonylurea 제초제에 대한 저항성 물달개비 출현」, 『한국잡초학회지』, 1999, 19(별2): 71-73면.

박태선 · 문병철 · 조정래, 「한국의 논에서 제초제에 대한 저항성잡초 개요」, 『한국잡초학회지』, 2005, 25(2): 134-148면.

변종영 · 박인철 · 노석원, 「한국에서 paraquat 저항성 망초의 출현 및 분포」, 『한국잡초학회지』, 2001, 21(1): 27-32면.

소규호 · 김복영, 「부레옥잡(수초)을 이용한 관계수 중 유해중금속 제거방안」, 『한국환경농학회지』, 1992, 11(2): 133-139면.

신동현 · 박광호 · 정일민 · 유창연 · 김길웅, 「벼의 allelopathy와 품종 개발 전략」, 『한국 잡초학회지』, 2001, 21(2): 181-190면.

이동창 · 홍연규 · 류길림 · 신동범 · 이봉춘 · 송석보, 「유기합성농약이 올방개 지문무늬병균의 제초활성에 미치는 영향과 벤타존 액제와의 혼용처리 효과」, 『한국잡초학회지』 2001, 21(4): 365-372면.

임일빈 · 강종국 · 김선 · 나승용 · 경은선, 「논에서 sulfonylurea계 제초제에 대한 저항성 올챙이고랭이의 방제」, 『한국잡초학회지』, 2003, 23(1): 92–99면.

정영상 · 양재의 · 엄기철, 「작부체계에 따른 환경 영향 평가」, 『환경친화형 농경지 고도용을 위한 심포지움』, 농촌진흥청, 1999, 61–143면.

최준근 · 윤주연 · 이세원 · 최장경, 「순무 모자이크 바이러스(TuMV)의 새로운 기주식물 탐색」, 『한국식물병리학회지』, 1998, 14: 625–629면.

최준근 · 최국선 · 최장경 · 유병주 · 정태성, 「속속이풀(Rorippa islandica Borb.)에서 분리한 순무 모자이크 바이러스」, 『한국식물병리학회지』, 1994, 10: 136–139면.

홍연규 · 송석보 · 배순도 · 황재복 · 박성태 · 김순철, 「제초활성 곰팡이(BWC98-105) 균사체의 자귀풀 방제 효과 평가」, 『한국잡초학회지』, 2003, 23(4): 364–370면.

홍연규 · 송석보 · 현종내 · 이봉춘 · 이동창 · 김순철, 「올챙이고랭이 기주특이적 미생물 YK 201 균주의 분리와 제초효과」, 『한국잡초학회지』, 2002, 22(1): 55–60면.

홍연규 · 엄재열 · 조재민 · 조현제 · 김순철, 「클로버 기생균 YK101 균주를 이용한 클로버의 생물적 방제」, 『한국잡초학회지』, 1998, 18(별2): 37–38면.

Chan J., C. Gussa, C. B. Olsen and P. Bond, *Essiac: A native herbal cancer remedy*, Kali Press, 1998, p.132.

Huete A. R., A soil-adjusted vegetation index (SAVI). *Remote Sens. Environ*, 1988, 25: pp.295–309.

Jordan C. F., Derivation of leaf area index from quality of light on the forest floor, *Ecology*, 1969, 50: pp.663–666.

Nimbal C. I., J. F. Pedersen, C. N. Yerkes, L. A. Weston, S. C. Weller, Phytotoxicity and distribution of sorgoleone in grain sorghum germplasm, *J. Agric. Food Chem*, 1996, 44: pp.1343–1347.

Ross M. A., C. A. Lembi, *Applied weed science*, Macmillan Publishing Co., 1985, p.340.

Rouse J. W., Haas R. H., Schell J. A. and Deering D. W., Monitoring vegetation systems in the great plains with ETRA, In Third ETRS Symposium, NASA SP-353 U.S. Govt. Printing Office Washington D.C., 1973, Vol. 1: pp.309–317.

Stapleton J. J., Soil solarization in various agricultural production systems, *Crop Protect*, 2000, 19: pp.837–841.

USDA, "Precision Agriculture: Information Technology for Improved Resource Use", Agricultural Outlook, 1998. 4.

저자와의
협의하에
인지생략

Ag-Environmental Science

농 업 환 경 학

초판인쇄	2008년 6월 30일
초판발행	2008년 7월 08일
집필대표	양재의 · 정종배 · 김장억 · 이규승
펴 낸 이	김성배
펴 낸 곳	도서출판 씨아이알
디 자 인	김민정, 송성용, 나영선
등록번호	제 2-3285호
등 록 일	2001년 3월 19일
주 소	100-250 서울특별시 중구 예장동 1-151
전화번호	02-2275-8603(대표) 팩스번호 02-2265-9394
홈페이지	www.circom.co.kr

ISBN 978-89-92259-16-3 93520

정가 23,000원